O que o cérebro tem para contar

V.S. Ramachandran

O que o cérebro tem para contar

Desvendando os mistérios da natureza humana

Tradução:
Maria Luiza X. de A. Borges

Revisão técnica:
Edson Amâncio
neurocirurgião, doutor pela
Universidade Federal de São Paulo – Unifesp

3ª reimpressão

Para minha mãe, V.S. Meenakshi, e meu pai, V.M. Subramanian.
Para Jaya Krishnan, Mani e Diane. E para meu sábio ancestral Bharadhwaja,
que trouxe a medicina dos deuses para os mortais.

Copyright © 2011 by V.S. Ramachandran

Tradução autorizada da primeira edição americana, publicada em 2011 por W.W. Norton, de Nova York, Estados Unidos

Grafia atualizada segundo o Acordo Ortográfico da Língua Portuguesa de 1990, que entrou em vigor no Brasil em 2009.

Título original
The Tell-Tale Brain: A Neurocientist's Quest for What Makes Us Human

Capa
Estúdio Insólito

Preparação
Elisabeth Spaltemberg

Revisão
Clarice Goulart
Édio Pullig

CIP-Brasil. Catalogação na publicação
Sindicato Nacional dos Editores de Livros, RJ

R14q	Ramachandran, V.S., 1951-
	O que o cérebro tem para contar: desvendando os mistérios da natureza humana / V.S. Ramachandran; tradução Maria Luiza X. de A. Borges. – 1ª ed. – Rio de Janeiro: Zahar, 2014.
	il.
	Tradução de: The Tell-Tale Brain: A Neurocientist's Quest for What Makes Us Human.
	Inclui bibliografia e índice
	ISBN 978-85-378-1213-6
	1. Neurociências. 2. Cérebro. I. Título.
	CDD: 612.8
14-10358	CDU: 612.8

Todos os direitos desta edição reservados à
EDITORA SCHWARCZ S.A.
Praça Floriano, 19, sala 300 – Cinelândia
20031-050 – Rio de Janeiro – RJ
Telefone: (21) 3993-7510
www.companhiadasletras.com.br
www.blogdacompanhia.com.br
facebook.com/editorazahar
instagram.com/editorazahar
twitter.com/editorazahar

Sumário

Prefácio 7

Introdução: Não um simples macaco 21

1. Membros fantasma e cérebros plásticos 47
2. Ver e saber 67
3. Cores berrantes e gatinhas quentes: Sinestesia 107
4. Os neurônios que moldaram a civilização 157
5. Onde está Steven? O enigma do autismo 179
6. O poder do balbucio: A evolução da linguagem 199
7. Beleza e o cérebro: A emergência da estética 245
8. O cérebro astuto: Leis universais 276
9. Um macaco com alma: Como a introspecção evoluiu 309

Epílogo 361
Glossário 367
Notas 379
Bibliografia 400
Crédito das ilustrações 414
Agradecimentos 416
Índice 419

Prefácio

> Não há, no vasto campo da investigação filosófica, um assunto mais interessante para todos os que têm sede de conhecimento do que a natureza exata da importante superioridade mental que eleva o ser humano acima do bruto...
>
> EDWARD BLYTH

DURANTE OS ÚLTIMOS 25 anos, tive o maravilhoso privilégio de trabalhar no campo emergente da neurociência cognitiva. Este livro é um extrato de uma grande parte do trabalho da minha vida, que foi desembaraçar um a um os elusivos fios que estabelecem as misteriosas conexões entre cérebro, mente e corpo. Nos capítulos que se seguem narro minhas investigações de vários aspectos de nossa vida mental que nos despertam uma curiosidade natural. Como percebemos o mundo? O que é a chamada conexão mente-corpo? O que determina nossa identidade sexual? O que é consciência? O que dá errado no autismo? Como explicar todas essas misteriosas faculdades tão fundamentalmente humanas, como arte, linguagem, metáfora, criatividade, autoconsciência e até sensibilidades religiosas? Como cientista, sou compelido por uma intensa curiosidade de aprender como o cérebro de um macaco – um macaco! – conseguiu desenvolver uma série tão divina de habilidades mentais.

Minha abordagem a essas questões foi estudar pacientes que apresentam, em diferentes partes de seus cérebros, lesões ou peculiaridades genéticas que produzem efeitos bizarros sobre suas mentes ou seu comportamento. Ao longo dos anos, trabalhei com centenas de pacientes afligidos (embora alguns se sentissem abençoados) por grande diversidade de distúrbios neurológicos. Por exemplo, uma pessoa que "vê" tons musicais ou "saboreia" as texturas de tudo que toca, ou o paciente que tem a impressão de sair de seu corpo e vê-lo de cima, perto do teto. Neste livro descrevo o que aprendi com esses casos. Distúrbios como esses são sempre desconcertantes a princípio, mas graças à mágica do método científico podemos torná-los compreensíveis fazendo os experimentos certos. Ao narrar cada caso, vou conduzi-lo através do mesmo raciocínio passo a passo – ocasionalmente tentando transpor as lacunas com palpites intuitivos – que percorri em minha mente enquanto quebrava a cabeça em busca de uma maneira de torná-lo explicável. Muitas vezes, quando um mistério clínico é decifrado, a explicação revela algo de novo sobre o modo como o cérebro normal, saudável, funciona, e permite descobertas inesperadas a respeito de algumas de nossas faculdades mentais mais valorizadas. Espero que você, leitor, considere essas jornadas tão interessantes quanto eu.

Leitores que acompanharam regularmente o meu trabalho ao longo dos anos vão reconhecer alguns dos casos que apresentei nos meus livros anteriores, *Phantoms in the Brain* e *A Brief Tour of Human Consciousness*. Os mesmos leitores ficarão satisfeitos ao ver que tenho coisas novas a dizer até sobre minhas antigas concepções e observações. A ciência do cérebro avançou num ritmo assombroso durante os últimos quinze anos, proporcionando novas perspectivas sobre – bem, sobre praticamente tudo. Depois que a neurociência se debateu por décadas à sombra das ciências exatas, sua era finalmente raiou, e esse rápido progresso dirigiu e enriqueceu meu próprio trabalho.

Os últimos duzentos anos viram um progresso empolgante em muitas áreas da ciência. Na física, pouco depois de a *intelligentsia* do fim do século XIX ter declarado que a teoria física estava quase completa, Einstein nos mostrou que espaço e tempo eram infinitamente mais estranhos que qualquer coisa com que antes sonhara a nossa filosofia, e Heisenberg demonstrou que no nível subatômico até nossas noções mais básicas de causa e efeito não resistiam. Assim que superamos nosso choque, fomos recompensados pela revelação de buracos negros, emaranhamentos quânticos e uma centena de outros mistérios que continuarão alimentando nosso sentimento de espanto por vários séculos. Quem teria pensado que o universo é feito de cordas que vibram em sintonia com a "músicas de Deus"? É possível fazer listas semelhantes com as descobertas feitas em outros campos. A cosmologia nos deu o universo em expansão, a matéria escura, vistas de cair o queixo de intermináveis bilhões de galáxias. A química explicou o mundo usando a tabela periódica dos elementos e nos deu plásticos e uma imensa quantidade de drogas milagrosas. A matemática nos deu computadores – embora muitos matemáticos "puros" prefeririam não ver sua disciplina manchada por usos práticos como esse. Na biologia, a anatomia e a fisiologia do corpo foram desvendadas em refinados detalhes, e os mecanismos que impulsionam a evolução começaram por fim a ficar claros. Doenças que haviam literalmente torturado a humanidade desde o princípio da sua história foram afinal compreendidas pelo que realmente eram (em contraposição a, digamos, artes de bruxaria ou castigo divino). Revoluções ocorreram na cirurgia, na farmacologia e na saúde pública, e a expectativa de vida do ser humano no mundo desenvolvido dobraram no espaço de apenas quatro ou cinco gerações. A suprema revolução foi a decifração do código genético nos anos 1950, que marca o nascimento da biologia moderna.

Em comparação, as ciências da mente – psiquiatria, neurologia, psicologia – marcaram passo por séculos. De fato, até o último quarto do século XX, teorias rigorosas da percepção, emoção, cognição e inteligência não podiam ser encontradas em parte alguma (uma exceção notável era a visão de cores). Durante a maior parte do século XX, tudo o que tínhamos a oferecer em matéria de explicação do comportamento humano eram dois edifícios teóricos – o freudismo e o behaviorismo – que seriam ambos espetacularmente ofuscados nos anos 1980 e 90, quando a neurociência conseguiu por fim avançar além da Idade do Bronze. Em termos históricos, não é um tempo muito longo. Comparada com a física e a química, a neurociência ainda é uma novidade. Mas progresso é progresso, e que período de progresso foi esse! De genes a células, de circuitos à cognição, a profundidade e a amplitude da neurociência de hoje – por mais que possam estar longe de uma Teoria da Grande Unificação – encontram-se anos-luz à frente do ponto em que estavam quando comecei a trabalhar nesse campo. Na última década vimos até mesmo a neurociência tornar-se confiante o suficiente para começar a oferecer ideias a disciplinas tradicionalmente reivindicadas pelas ciências humanas. Assim temos agora, por exemplo, a neuroeconomia, o neuromarketing, a neuroarquitetura, a neuroarqueologia, o neurodireito, a neuropolítica, a neuroestética (ver capítulos 4 e 8) e até a neuroteologia. Algumas delas não passam de neuropropaganda, mas em geral estão dando contribuições reais e bastante necessárias para muitos campos.

Por mais impetuoso que nosso progresso tenha sido, precisamos continuar inteiramente honestos com nós mesmos e reconhecer que só descobrimos uma minúscula fração do que há para saber sobre o cérebro humano. Mas a modesta porção que descobrimos produz uma história mais excitante que qualquer romance de Sherlock Holmes. Tenho certeza de que, à medida que o progresso continuar através das próximas décadas, as curvas conceituais e os desvios tecnológicos que temos de enfrentar serão pelo menos tão desconcertantes, tão contrários ao senso comum e tão simultaneamente humilhantes e enaltecedores para o espírito humano quanto as revoluções conceituais que subverteram a física clássica um século atrás. O axioma segundo o qual a realidade é mais estranha que a ficção parece especialmente verdadeiro no caso do funcionamento do cérebro. Neste livro espero poder transmitir ao menos parte do encanto que meus colegas e eu sentimos no curso dos anos à medida que removíamos com toda a paciência as camadas do mistério mente-cérebro. Espero que ele desperte seu interesse pelo que o pioneiro neurocirurgião Wilder-Penfield chamou de "o órgão do destino" e a que Woody Allen, com espírito menos reverente, se referiu como "o segundo órgão favorito" do homem.

Visão geral

Embora este livro cubra um amplo espectro de tópicos, você notará alguns temas importantes percorrendo todos eles. Um é que os seres humanos são verdadeiramente únicos e especiais, não "apenas" mais uma espécie de primata. Ainda acho um pouco surpreendente que essa posição precise de tanta defesa – e não só contra o clamor dos antievolucionistas, mas contra um número significativo de colegas meus que parecem se sentir confortáveis declarando que somos "apenas macacos", num tom desenvolto e desdenhoso que parece festejar nossa inferioridade. Por vezes me pergunto: será essa talvez a versão do pecado original dos humanistas seculares?

Outro fio comum é uma perspectiva evolucionária generalizada. É impossível compreender como o cérebro funciona sem também entender como ele evoluiu. Como disse o grande biólogo Theodosius Dobzhansky, "nada na biologia faz sentido exceto à luz da evolução". Isso contrasta fortemente com a maioria dos outros problemas de engenharia reversa. Por exemplo, quando decifrou o código da máquina Enigma dos nazistas – um dispositivo usado para criptografar mensagens secretas –, o grande matemático inglês Alan Turing não precisou saber nada sobre a pesquisa e a história do desenvolvimento do dispositivo. Não precisou saber nada a respeito de versões e modelos anteriores do produto. As únicas coisas de que precisou foram um protótipo da máquina, um bloco de notas e seu próprio cérebro brilhante. Mas em sistemas biológicos há uma profunda unidade entre estrutura, função e origem. Não se pode fazer muito progresso na compreensão de qualquer desses aspectos a menos que se esteja também rigorosamente atento aos outros dois.

Você me verá afirmar que muitos de nossos traços mentais únicos parecem ter se desenvolvido a partir de estruturas cerebrais que evoluíram originalmente por outras razões. Isso acontece o tempo todo na evolução. As penas evoluíram a partir de escamas, cujo papel original era isolamento, não voo. As asas dos morcegos e pterodátilos são modificações de membros anteriores a princípio projetados para caminhar. Nossos pulmões desenvolveram-se a partir das vesículas natatórias dos peixes, que evoluíram para permitir o controle da flutuação. A natureza oportunística, "circunstancial", da evolução foi defendida por muitos autores, mais notavelmente por Stephen Jay Gould em seus famosos ensaios sobre história natural. Sustento que esse mesmo princípio aplica-se com força ainda maior ao desenvolvimento do cérebro humano. A evolução encontrou maneiras de redirecionar de forma radical muitas funções do cérebro símio para criar funções inteiramente novas. Alguma delas – a linguagem me vem à mente – são tão poderosas que eu chegaria ao ponto de afirmar que elas produziram uma espécie que transcende a condição simiesca no mesmo grau em que a vida transcende a química e a física triviais.

Este livro é, portanto, minha modesta contribuição para a grande tentativa de decifrar o código do cérebro humano, com suas miríades de conexões e módulos que o tornam infinitamente mais enigmático do que qualquer máquina Enigma. A Introdução oferece perspectivas e um panorama histórico sobre a singularidade da mente humana, fornecendo também rápidas informações preliminares sobre a anatomia básica do cérebro humano. Usando meus primeiros experimentos com os membros fantasma sentidos por muitos amputados, o capítulo 1 realça a surpreendente capacidade do cérebro humano para mudar e revela como uma forma mais ampla de plasticidade pode ter moldado o curso de nosso desenvolvimento evolucionário e cultural. O capítulo 2 explica como o cérebro processa a informação sensorial que nos chega, em particular a informação visual. Mesmo aqui, meu foco é a singularidade humana: embora nossos cérebros empreguem os mesmos mecanismos básicos de processamento sensorial que os de outros mamíferos, levamos esses mecanismos para um novo nível. O capítulo 3 trata de um intrigante fenômeno chamado sinestesia, uma estranha mescla dos sentidos que algumas pessoas experimentam em decorrência de padrões incomuns de conexão neural no cérebro. A sinestesia abre uma janela para a conectividade dos genes e do cérebro que torna algumas pessoas bastante criativas, e pode encerrar pistas sobre o que faz de nós, antes de mais nada, uma espécie tão profundamente inventiva.

Esses três capítulos investigam um tipo de célula nervosa que demonstro ser especialmente decisiva para nos tornar humanos. O capítulo 4 introduz essas células especiais, chamadas de neurônios-espelho, situadas no centro de nossa capacidade de adotar diferentes pontos de vista e sentir empatia para com outros. Os neurônios-espelho do ser humano alcançam um nível de sofisticação que supera de longe o de qualquer primata inferior, e parece ser a chave que nos proporcionará uma cultura plenamente desenvolvida. O capítulo 5 explora como problemas com o sistema de neurônios-espelho podem estar subjacentes ao autismo, um distúrbio do desenvolvimento caracterizado por extremo isolamento mental e indiferença social. O capítulo 6 explora como os neurônios-espelho podem ter também desempenhado um papel na realização máxima da humanidade, a linguagem. (Mais tecnicamente, a protolinguagem, que é linguagem menos sintaxe.)

Os capítulos 7 e 8 passam a considerar as sensibilidades únicas de nossa espécie no tocante à beleza. Sugiro que há leis da estética que são universais, atravessando fronteiras culturais e até de espécie. Por outro lado, a Arte com A maiúsculo é provavelmente exclusiva dos seres humanos.

No capítulo final, faço uma tentativa de elucidar o mais desafiador de todos os problemas, a natureza da autoconsciência, que sem dúvida só os seres humanos possuem. Não pretendo ter resolvido o problema, mas vou compartilhar as intrigantes descobertas que consegui compilar ao longo dos anos com base em algumas síndromes verdadeiramente extraordinárias que ocupam a zona de penumbra entre a psiquiatria e a neurologia. Por exemplo, pessoas que saem temporariamente de seus corpos, que veem Deus durante convulsões, ou até algumas que negam existir. Como pode alguém negar a própria existência? Acaso a própria negação não implica existência? Pode essa pessoa escapar algum dia desse pesadelo gödeliano? A neuropsiquiatria está cheia de paradoxos como esse, que me fascinavam quando frequentava os corredores do hospital como estudante de medicina com vinte e poucos anos. Eu conseguia ver que os problemas desses pacientes, ainda que fossem terríveis, eram também ricos tesouros que revelavam a capacidade humana, maravilhosamente única, de apreender sua própria existência.

Como meus livros anteriores, *O que o cérebro tem para contar* é escrito num estilo simples para um público geral. Parto do princípio de que o leitor tenha algum grau de interesse por ciência e de curiosidade sobre a natureza humana, mas não pressuponho que tenha algum tipo de formação científica institucional ou mesmo familiaridade com minhas obras anteriores. Espero que este livro se prove instrutivo e inspirador para estudantes de todos os níveis e formações, para colegas em outras disciplinas e para leitores leigos sem nenhum interesse profissional por esses assuntos. Assim, ao escrever este livro, enfrentei o desafio comum da divulgação científica, que é o equilíbrio no limite sutil entre simplificação e precisão. A supersimplificação pode despertar a ira de colegas inflexíveis e, pior, pode induzir leitores a sentir que estão sendo tratados com condescendência. Por outro lado, excesso de detalhes pode ser desanimador para não especialistas. O leitor casual quer ser conduzido de forma estimulante através de um assunto pouco conhecido – não um ensaio, não um volume erudito. Fiz o possível para atingir a medida ideal.

Por falar em precisão, deixe-me ser o primeiro a ressaltar que algumas das ideias que apresento neste livro estão, por assim dizer, no lado especulativo. Muitos capítulos têm base em fundamentos sólidos, tais como meu trabalho a respeito de membros fantasma, percepção visual, sinestesia e o delírio de Capgras. Mas também abordo alguns tópicos escorregadios e não tão bem mapeados, como as origens da arte e a natureza da autoconsciência. Nesses casos, deixei que a intuição e conjecturas relativamente embasadas conduzissem meu pensamento nos pontos em que os dados empíricos fossem inconsistentes. Isso não é algo que deva nos envergonhar: todas as áreas ainda não discutidas da investigação científica devem ser exploradas primeiro dessa maneira. É fundamental para o processo científico que, quando os dados são escassos ou muito básicos e as teorias existentes são frágeis, os pesquisadores pensem nas mais variadas soluções possíveis. Precisamos formular nossas melhores hipóteses, palpites e intuições prematuras e depois refletir para encontrar maneiras de pôr tudo isso à prova. Vemos isso o tempo todo na história da ciência. Por exemplo, um dos primeiros modelos do átomo associava-o a um pudim de ameixa, com os elétrons aninhados como ameixas na espessa "massa" do átomo. Algumas décadas mais tarde os físicos pensavam em átomos como sistemas solares em miniatura, com elétrons disciplinados que orbitavam o núcleo como planetas em torno de uma estrela. Cada um desses modelos foi útil, e cada um nos aproximou um pouco mais da verdade final (ou pelo menos, a que vigora atualmente). É assim que a coisa funciona. Em meu próprio campo, meus colegas e eu estamos investindo nossos melhores esforços para avançar nossa compreensão de algumas faculdades verdadeiramente misteriosas e difíceis de explicar com precisão. Como salientou o biólogo Peter Medawar: "Toda boa ciência emerge de uma concepção imaginativa do que *poderia* ser verdade." Compreendo, no entanto, que apesar dessa ressalva provavelmente vou irritar no mínimo alguns de meus colegas. Mas como lorde Reith, o primeiro diretor-geral da BBC, ressaltou certa vez: "Há algumas pessoas que temos o direito de irritar."

Seduções de infância

"Você conhece os meus métodos, Watson", diz Sherlock Holmes antes de explicar como descobriu uma pista decisiva. E assim, antes que avancemos mais rumo aos mistérios do cérebro humano, sinto-me no dever de esboçar os métodos por trás de minha abordagem. Trata-se acima de tudo de uma ampla abordagem multidisciplinar, impelida pela curiosidade e por uma pergunta incessante: "E se?" Embora meu interesse atual seja neurologia, meu caso de amor com a ciência remonta à minha infância em Chennai, na Índia. Eu me sentia perpetuamente fascinado pelos fenômenos naturais, e minha primeira paixão foi a química. Encantava-me a ideia de que todo o universo se baseia em interações simples entre elementos numa lista finita. Mais tarde me vi arrastado para a biologia, com suas complexidades frustrantes, embora fascinantes. Quando eu tinha doze anos, lembro-me de ler sobre axolotes, que são na verdade uma espécie de salamandra que evoluiu para continuar permanentemente no estágio larval aquático. Elas conseguem conservar suas guelras (em vez de trocá-las por pulmões, como salamandras ou rãs), interrompendo a metamorfose e tornando-se sexualmente maduras na água. Fiquei completamente perplexo ao ler que bastava dar a essas criaturas o "hormônio da metamorfose" (extrato de tireoide) para que voltassem a ser como seu já extinto ancestral adulto, terrestre e desprovido de guelras, o animal a partir do qual haviam evoluído. Era possível voltar no tempo, ressuscitando um animal pré-histórico que não existe mais em lugar algum na terra. Aprendi também que, por alguma razão desconhecida, as pernas amputadas de salamandras adultas não se regeneram, mas as dos girinos, sim. Minha curiosidade levou-me um passo adiante: questionar se um axolote – que é, afinal de contas, um "girino adulto" – conservaria sua capacidade de regenerar uma perna perdida tal como um girino de rã moderno. E quantos seres semelhantes ao axolote existem na terra, perguntei-me, que poderiam ser restaurados à sua forma ancestral se apenas lhes déssemos hormônios? Poderiam seres humanos – que são, afinal, macacos que evoluíram para conservar muitas características juvenis – ser revertidos a uma forma ancestral, talvez algo assemelhado a *Homo erectus*, mediante o uso do coquetel apropriado de hormônios? Uma torrente de questões e especulações brotava de minha mente, e continuei entusiasmado com a biologia para sempre.

Eu descobria mistérios e possibilidades em toda parte. Aos dezoito anos, li uma nota de rodapé, num obscuro volume médico, segundo a qual quando uma pessoa com um sarcoma, um câncer maligno que afeta tecidos moles, desenvolve uma febre alta decorrente de uma infecção, o câncer entra por vezes em completa remissão. Redução de um câncer como resultado de uma febre? Por quê? O que poderia explicar isso, e poderia isso levar possivelmente a uma terapia prática para o câncer?[1] Eu ficava encantado com a possibilidade dessas conexões estranhas, inesperadas, e aprendi uma lição importante: nunca aceite o óbvio como ponto pacífico. Antigamente era tão óbvio que uma pedra de dois quilos iria cair em direção ao solo duas vezes mais depressa que uma pedra de um quilo que ninguém se dava ao trabalho de pôr isso à prova. Isto é, até que Galileu Galilei entrou em cena e dedicou dez minutos à realização de uma experiência elegantemente simples que produziu um resultado contrário ao que seria de se esperar e mudou o curso da história.

Tive uma paixonite de infância pela botânica também. Lembro-me de perguntar a mim mesmo como poderia conseguir minha própria dioneia, que Darwin chamara de a "planta mais maravilhosa no mundo". Ele havia

Prefácio

mostrado que ela se fecha quando tocamos em dois fios dentro de sua armadilha em rápida sucessão. O gatilho duplo torna muito mais provável que ela reaja aos movimentos de insetos, em contraposição à queda ou passagem aleatória de um detrito inanimado. Depois que abocanha sua presa, a planta continua fechada e secreta enzimas digestivas, mas somente se tiver apanhado alimento real. Fiquei curioso. O que define alimento? Permanecerá ela fechada para aminoácidos? Ácido fático? Que ácidos? Amido? Açúcar puro? Sacarina? Que grau de sofisticação têm os detectores de alimento em seu sistema digestivo? Para meu pesar, na época não consegui adquirir uma como planta de estimação.

Minha mãe estimulava ativamente meu interesse precoce pela ciência, trazendo-me espécimes zoológicos do mundo inteiro. Lembro-me particularmente bem da vez em que ela me deu um minúsculo cavalo-marinho seco. Meu pai também aprovava minha obsessão. Comprou-me um microscópio de pesquisa Carl Zeiss quando eu ainda estava entrando na adolescência. Poucas coisas poderiam se equiparar à alegria de olhar para paramécio e *volvox* através de uma lente objetiva de alta potência. (*Volvox*, aprendi, é a única criatura biológica no planeta que tem realmente uma roda.) Mais tarde, quando parti para a universidade, disse a meu pai que meu coração estava decidido por ciências básicas. Nenhuma outra coisa chegava perto de estimular tanto a minha mente. Homem sábio que era, ele me convenceu a estudar medicina. "Você pode se tornar um médico de segunda e ainda ganhar a vida decentemente", disse, "mas não pode ser um cientista de segunda; isso é uma contradição em termos." Mostrou-me que, se eu estudasse medicina, poderia evitar correr riscos, mantendo ambas as portas abertas e decidir depois da graduação se eu era apto ou não para a pesquisa.

Todas as buscas enigmáticas da minha infância tinham o que considero um agradável e antiquado sabor vitoriano. A era vitoriana terminou há mais de um século (tecnicamente em 1901) e poderia parecer distante da neurociência do século XXI. Mas sinto-me compelido a mencionar meu antigo romance com a ciência do século XIX porque ela foi uma influência formativa sobre meu estilo de pensamento e de condução de pesquisa.

Trocando em miúdos, esse "estilo" enfatiza experimentos conceitualmente simples e de fácil execução. Quando era estudante, eu lia vorazmente, não só a respeito de biologia moderna, mas também sobre a história da ciência. Lembro-me de ler sobre Michael Faraday, o homem de classe baixa, autodidata, que descobriu o princípio do eletromagnetismo. No início da década de 1800, ele pôs um ímã de barra atrás de uma folha de papel e jogou limalha de ferro sobre a folha. A limalha alinhou-se instantaneamente em arcos. Ele havia tornado o campo magnético visível! Essa era praticamente a demonstração mais direta possível de que esses campos são reais e não apenas abstrações matemáticas. Em seguida, Faraday moveu um ímã de barra para cá e para lá através de uma bobina de fio de cobre, e veja só, uma corrente elétrica começou a correr pela bobina. Ele havia demonstrado uma ligação entre duas áreas inteiramente separadas da física: magnetismo e eletricidade. Isso abriu caminho não só para aplicações práticas – como energia hidrelétrica, motores elétricos e eletromagnetos –, mas também para as profundas descobertas teóricas de James Clerk Maxwell. Sem nada além de ímãs de barra, papel e fio de cobre, Faraday havia inaugurado uma nova era na física.

Lembro de ficar impressionado com a simplicidade e elegância desses experimentos. Qualquer colegial pode repeti-los. Era algo semelhante a Galileu deixando cair suas pedras, ou Newton usando dois prismas para explorar a natureza da luz. Para o bem ou para o mal, histórias como essas fizeram de mim, cedo na vida, um tecnofóbico. Ainda tenho dificuldade em usar um iPhone, mas minha tecnofobia prestou-me bons serviços em outros aspectos. Alguns colegas advertiram-me que essa fobia podia cair muito bem no século XIX, quando a biologia e a física encontravam-se em sua infância, mas não nesta época da "grande ciência", em que grandes avanços só podem ser feitos por grandes equipes empregando máquinas de alta tecnologia. Discordo. E mesmo que seja parcialmente verdade, a "pequena ciência" é muito mais divertida e pode muitas vezes levar a grandes descobertas. Ainda me encanta pensar que meus primeiros experimentos com membros fantasma (ver capítulo 1) não exigiram nada além de cotonetes, copos de água quente e fria e espelhos comuns. Hipócrates,

Sushruta, o sábio Bharadwaja meu ancestral, ou quaisquer outros médicos entre a Antiguidade e o presente poderiam ter realizado esses mesmos experimentos básicos. No entanto, nenhum deles o fez.

Considere a pesquisa de Barry Marshall mostrando que as úlceras são causadas por bactérias – não por ácido ou estresse, como todos os médicos "sabiam". Num experimento heroico para convencer céticos de sua teoria, ele engoliu de fato uma cultura da bactéria *Helicobacter pylori* e mostrou que as paredes de seu estômago ficaram pontilhadas com dolorosas úlceras, que curou prontamente consumindo antibióticos. Mais tarde, ele e outros foram adiante para mostrar que muitos outros distúrbios, inclusive câncer de estômago e até ataques cardíacos, podiam ser desencadeados por microrganismos. Em apenas algumas semanas, usando materiais e métodos que haviam estado disponíveis por décadas, o dr. Marshall inaugurara toda uma nova era da medicina. Dez anos depois, ganhou o Prêmio Nobel.

Minha preferência por métodos de baixa tecnologia tem tanto aspectos positivos quanto desvantagens, é claro. Gosto deles – em parte porque sou preguiçoso –, mas nem todos vão preferi-los. E isso é bom. A ciência necessita de uma variedade de estilos e abordagens. A maioria dos pesquisadores precisa especializar-se, mas o empreendimento científico como um todo torna-se mais robusto quando cientistas marcham segundo diferentes toques de tambor. A homogeneidade gera fraqueza: pontos cegos teóricos, paradigmas rançosos, uma mentalidade de câmara de eco e cultos de personalidade. Um elenco diversificado é um revigorante poderoso contra esses males. A ciência se beneficia quando ele inclui os professores distraídos, perdidos em abstrações, os obsessivos maníacos por controle, os rabugentos viciados em estatísticas a contar grãos de feijão, os advogados do diabo do contra por natureza, os literalistas inflexíveis orientados para dados e os românticos com os olhos nas estrelas que embarcam em aventuras extremamente arriscadas e promissoras, tropeçando muitas vezes ao longo do caminho. Se todo cientista fosse como eu, não haveria ninguém para limpar o pincel ou exigir testes de realidade periódicos. Mas se todo cientista fosse um limpador de pincéis, do tipo que nunca ousa ir além do fato estabelecido, a ciência avançaria num passo de lesma e teria muita dificuldade em sair das enrascadas em que se mete. Ficar preso em especializações estreitas que não levam a nada e em "clubes" que só admitem os que se congratulam e financiam uns aos outros é um risco ocupacional na ciência moderna.

Quando digo que prefiro cotonetes e espelhos a aparelhos de imagiologia cerebral, não quero dar a impressão de que evito a tecnologia por completo. (Basta pensar no que seria fazer biologia sem um microscópio!) Posso ser um tecnofóbico, mas não sou um luddista. A ideia que defendo é a de que a ciência deveria ser impelida por questões, não por metodologia. Depois que seu departamento gastou milhões de dólares com a última palavra em matéria de aparelho de imagiologia cerebral refrigerado a hélio líquido, você passa a se sentir pressionado a usá-lo o tempo todo. Como diz o velho ditado: "Quando a única ferramenta que você tem é um martelo, tudo começa a se parecer com um prego!" Mas não tenho nada contra esses *scanners* cerebrais de alta tecnologia (nem contra martelos). Na verdade, obtêm-se tantas imagens do cérebro hoje em dia que é inevitável que se façam algumas descobertas significativas, ainda que por mero acidente. Seria possível argumentar que a caixa de ferramentas moderna de engenhocas do último tipo tem um lugar vital e indispensável na pesquisa. E, de fato, meus colegas propensos ao uso de baixa tecnologia e eu muitas vezes recorremos a imagens do cérebro, mas apenas para testar hipóteses específicas. Por vezes isso funciona, por vezes não, mas nos sentimos sempre agradecidos por ter a alta tecnologia à nossa disposição – caso sintamos necessidade dela.

Introdução: Não um simples macaco

> Hoje, tenho certeza de que se tivéssemos essas três criaturas fossilizadas ou preservadas em álcool para comparação e fôssemos juízes completamente livres de preconceito, admitiríamos de imediato que, como animais, há um intervalo bem pouco maior entre o gorila e o homem do que o existente entre o gorila e o babuíno.
>
> Thomas Henry Huxley, em conferência na Royal Institution, Londres

> Sei bem, meu caro Watson, que você compartilha meu amor por tudo que é bizarro e alheio às convenções e à enfadonha rotina da vida cotidiana.
>
> Sherlock Holmes

"O homem é um macaco ou um anjo?", perguntou Benjamin Disraeli num famoso debate sobre a teoria da evolução de Darwin. Somos meros chimpanzés com uma atualização de *software*? Ou ainda, *especiais* em algum sentido verdadeiro, uma espécie que transcende os fluxos irracionais da química e do instinto? Muitos cientistas, a começar pelo próprio Darwin, postularam a primeira questão: que as habilidades mentais humanas são, em última análise, apenas elaborações de faculdades do mesmo *tipo* que vemos em outros primatas. Essa era uma proposta radical e controversa no século XIX – algumas pessoas ainda não a aceitaram – mas, desde que Darwin abalou o mundo com seu tratado sobre a teoria da evolução, a defesa das origens primatas do homem foi respaldada mil vezes. Hoje é impossível refutar essa ideia: somos anatômica, neurológica, genética, fisiologicamente macacos. Quem quer que já tenha se impressionado com a fantástica quase humanidade dos grandes símios no jardim zoológico sentiu a verdade disso.

Parece-me estranho que algumas pessoas sejam tão ardentemente atraídas por dicotomias ou-ou. "Os macacos são autoconscientes *ou* são autômatos?" "A vida tem sentido *ou* é desprovida dele?" "Os seres humanos são 'apenas' animais *ou* somos sublimes?" Como cientista, sinto-me perfeitamente confortável em tirar conclusões categóricas – quando isso faz sentido. Mas com muitos desses dilemas metafísicos supostamente urgentes, devo admitir que não vejo o conflito. Por exemplo, por que não podemos ser um ramo do reino animal *e* um *fenômeno* inteiramente singular e gloriosamente original no universo?

Também me parece estranha a grande frequência com que as pessoas introduzem palavras como "simplesmente" e "nada além de" em declarações sobre nossas origens. Os seres humanos são símios. Portanto, também somos mamíferos. Somos vertebrados. Somos colônias pulposas e pulsantes de dezenas de trilhões de células. Somos todas essas coisas, mas não somos "simplesmente" essas coisas. E somos, além de todas essas coisas, algo de único, algo sem precedentes, algo transcendente. Somos algo verdadeiramente novo sob o sol, com um potencial não mapeado e talvez ilimitado. Somos a primeira e a única espécie cujo destino repousa nas próprias mãos, e *não* apenas nas mãos da química e do instinto. No grande palco darwiniano que chamamos de Terra, eu afirmaria que não houve uma sublevação tão grande quanto nós desde a origem da própria vida. Quando penso a respeito do que somos e do que ainda podemos alcançar, não consigo ver nenhum cabimento para pequenos "simplesmente" depreciativos.

Qualquer macaco pode se esforçar para pegar uma banana, mas só seres humanos podem se esforçar para chegar às estrelas. Os macacos vivem, lutam, procriam e morrem em florestas – fim da história. Os seres humanos escrevem, investigam, criam e buscam. Nós emendamos genes, fendemos átomos, lançamos foguetes. Levantamos os olhos para examinar o coração do Big Bang e nos aprofundamos nos dígitos de pi. E, no que talvez seja o mais extraordinário de tudo, olhamos para dentro, montando o quebra-cabeça de nosso único e maravilhoso cérebro. Isso faz a mente vacilar. Como pode uma massa de gelatina de pouco mais de um quilo e trezentos gramas que cabe na palma da nossa mão imaginar anjos, contemplar o sentido de infinidade e até questionar seu próprio lugar no cosmo? Especialmente assombroso é o fato de que qualquer simples cérebro, inclusive o seu, é feito de átomos que foram forjados nos corações de incontáveis e vastas estrelas bilhões de anos atrás. Essas partículas derivaram por éons e anos-luz até que a gravidade e o acaso as trouxeram juntas para este lugar aqui, agora. Esses átomos agora formam um conglomerado – seu cérebro – que pode refletir não só sobre as estrelas que lhe deram origem mas também pensar a respeito de sua capacidade de pensar e assombrar-se com a própria capacidade de assombrar-se. Com a chegada de seres humanos, já foi dito, o universo tornou-se subitamente consciente de si mesmo. Isso, na verdade, é o maior de todos os mistérios.

É difícil falar sobre o cérebro sem ficar lírico. Mas como podemos realmente estudá-lo? Há muitos métodos, que variam desde estudos de um único neurônio à imagiologia cerebral de alta tecnologia e à comparação entre espécies. Os métodos que prefiro são, assumo, da velha escola. Em geral vejo pacientes que sofreram lesões cerebrais devido a tumores, ferimentos na cabeça ou acidentes vasculares cerebrais, em decorrência dos quais estão experimentando perturbações em sua percepção e consciência. Por vezes também vejo pessoas que não parecem ter dano ou deterioração cerebral, mas relatam vivenciar experiências perceptuais ou mentais extremamente inusitadas. Em ambos os casos, o procedimento é o mesmo: eu as entrevisto, observo seu comportamento, administro alguns testes simples, dou uma olhadela em seus cérebros (quando possível) e depois proponho uma hipótese que faz uma ponte entre psicologia e neurologia – em outras palavras, uma hipótese que conecta o comportamento estranho com o que foi avariado na intricada rede de conexões do cérebro.[1] Numa percentagem razoável de vezes, sou bem-sucedido. E assim, paciente por paciente, caso por caso, ganho novas percepções sobre como a mente e o cérebro humano funcionam – e como estão inextricavelmente ligados. Na esteira dessas descobertas, muitas vezes alcanço também percepções evolucionárias, que nos fazem chegar mais perto de compreender o que torna nossa espécie única.

Considere os seguintes exemplos:

- Sempre que Susan olha para números, vê cada dígito colorido com seu próprio matiz inerente. Por exemplo, 5 é vermelho, 3 é azul. Essa condição, chamada sinestesia, é oito vezes mais comum em artistas, poetas e romancistas que na população em geral, sugerindo que ela pode estar ligada à criatividade de alguma maneira misteriosa. Poderia a sinestesia ser uma espécie de fóssil neuropsicológico – um indício para a compreensão das origens evolucionárias e da natureza da criatividade humana em geral?
- Humphrey tem um braço fantasma posterior a uma amputação. Membros fantasma são uma experiência comum para amputados, mas observamos algo incomum em Humphrey. Imagine seu espanto quando ele apenas me observa afagar e dar batidinhas no braço de um estudante voluntário – e experimenta realmente essas sensações táteis em seu membro fantasma. Quando vê uma estudante acariciar um cubo de gelo, sente o frio em seus dedos fantasma. Quando a vê massagear sua própria mão, sente uma "massagem fantasma" que alivia a cãibra dolorosa em sua mão fantasma! Onde é que seu corpo, seu corpo fantasma, e o corpo de um estranho se misturam em sua mente? O que é ou onde está sua verdadeira noção de self?
- Um paciente chamado Smith está sendo submetido a uma neurocirurgia na Universidade de Toronto. Está totalmente desperto e consciente. Seu couro cabeludo foi borrifado com um anestésico local e seu crânio foi aberto. O cirurgião põe um eletrodo em seu cingulado anterior, uma região próxima à frente do cérebro em que muitos neurônios reagem à dor. E, de fato, o médico consegue encontrar um neurônio que fica ativo cada vez que a mão de Smith é picada com uma agulha. Mas o cirurgião se assombra com o que vê em seguida. O mesmo neurônio se excita de maneira igualmente vigorosa quando Smith apenas *vê* outro paciente sendo picado. É como se o neurônio (ou o circuito funcional de que é parte) estivesse sentindo empatia para com outra pessoa. A dor de um estranho torna-se a dor de Smith, quase literalmente. Místicos indianos

e budistas afirmam não haver nenhuma diferença essencial entre a própria pessoa e o outro, e que a verdadeira iluminação decorre da compaixão que dissolve essa barreira. Eu costumava pensar que isso era apenas mistificação bem intencionada, mas aqui está um neurônio que não conhece a diferença entre si mesmo e o outro. Serão nossos cérebros fisicamente constituídos, de maneira singular, para a empatia e a compaixão?

- Quando se pede a Jonathan que imagine números, ele sempre vê cada número numa localização espacial particular diante de si. Todos eles, de 1 a 60, estão dispostos em sequência numa linha virtual de números elaboradamente enroscada no espaço tridimensional, chegando até a se dobrar sobre si mesma. Jonathan chega ao ponto de dizer que essa linha enroscada o ajuda a efetuar operações aritméticas. (É interessante que Einstein afirmou várias vezes ver os números espacialmente.) O que casos como o de Jonathan nos revelam sobre nossa facilidade incomparável com os números? Temos em geral uma vaga tendência a imaginá-los da esquerda para a direita, mas por que os de Jonathan são empenados e enroscados? Como veremos, esse é um exemplo admirável de uma anomalia neurológica que não faz absolutamente sentido algum, a não ser em termos evolucionários.

- Um paciente em São Francisco torna-se progressivamente demente, mas começa a criar pinturas de uma beleza perturbadora. Terá sua lesão cerebral desencadeado de algum modo um talento oculto? Do outro lado do mundo, na Austrália, um estudante de graduação chamado John está participando como voluntário de um experimento incomum. Ele se senta numa cadeira e lhe põem um capacete que transmite pulsos magnéticos para seu cérebro. Alguns dos músculos de sua cabeça se contraem involuntariamente com a corrente induzida. Mais espantoso, porém, é que John começa a produzir lindos desenhos – algo que ele diz que não podia fazer antes. De onde estão emergindo esses artistas interiores? Será verdade que a maioria de nós "usa apenas 10% de seu cérebro"? Haverá um Picasso, um Mozart e um Srinivasa Ramanujan (um prodígio matemático) em todos nós,

à espera de ser libertado? Terá a evolução suprimido nossos gênios interiores por alguma razão?
- Até sofrer um acidente vascular cerebral, o dr. Jackson era um médico importante em Chula Vista, na Califórnia. Ficou parcialmente paralisado do lado direito, mas felizmente apenas uma pequena parte de seu córtex, a sede da inteligência mais elevada no cérebro, havia sido danificada. Suas funções mentais superiores estão intactas em boa medida: ele é capaz de compreender a maior parte do que lhe é dito e pode manter razoavelmente bem uma conversa. Ao investigar sua mente com várias tarefas e questões simples, a grande surpresa vem quando lhe pedimos para explicar um provérbio: "Nem tudo que reluz é ouro."

"Isso significa que o simples fato de uma coisa ser brilhante e amarela não significa que ela é ouro, doutor. Poderia ser cobre ou alguma liga."

"Sim", digo, "mas há algum sentido mais profundo além desse?"

"Sim", responde ele, "isso significa que é preciso ter muito cuidado quando se vai comprar joias; muitas vezes nos passam a perna. Seria possível medir o peso específico do metal, suponho."

O dr. Jackson tem um distúrbio que chamo de "cegueira para metáforas". Deveríamos concluir disso que o cérebro humano desenvolveu um "centro de metáforas" especial?
- Jason é paciente de um centro de reabilitação em San Diego. Passou vários meses num estado semicomatoso chamado mutismo acinético antes de ser visto por meu colega, o dr. Subramaniam Sriram. Jason está acamado, incapaz de andar, reconhecer pessoas ou interagir com elas – nem mesmo com seus pais –, embora esteja plenamente alerta e muitas vezes acompanhe o movimento das pessoas com os olhos. No entanto, se seu pai for para o quarto ao lado e lhe telefonar, torna-se no mesmo instante totalmente consciente, reconhece o pai e conversa com ele. Quando o pai volta para o quarto, Jason retorna de imediato a um estado semelhante ao de um zumbi. É como se houvesse dois Jasons presos dentro de um corpo: um conectado à visão, que está alerta mas não consciente, e outro conectado

à audição, alerta e consciente. Que poderiam essas extraordinárias idas e vindas da personalidade consciente revelar a respeito do modo como o cérebro gera autoconsciência?

Essas histórias podem parecer contos fantasmagóricos de autores como Edgar Allan Poe ou Philip K. Dick. No entanto, são todas verdadeiras, e apenas alguns dos casos que você encontrará neste livro. Um estudo aprofundado dessas pessoas pode não só nos ajudar a entender por que seus bizarros sintomas ocorrem, mas também nos auxiliar a compreender as funções do cérebro normal – o seu e o meu. Talvez um dia cheguemos até a responder à mais difícil de todas as questões: como o cérebro humano dá origem à consciência? O que ou quem é esse "eu" dentro de mim que ilumina um minúsculo canto do universo, enquanto o resto do cosmo segue seu curso, indiferente a todas as inquietações humanas? Essa questão aproxima-se perigosamente da teologia.

AO REFLETIR SOBRE NOSSA SINGULARIDADE, é natural que nos perguntemos em que medida outras espécies antes de nós podem ter se aproximado de nosso estado de graça cognitivo. Antropólogos descobriram que a árvore genealógica dos hominíneos ramificou-se várias vezes nos últimos milhões de anos. Em vários momentos, numerosas espécies de símios proto-humanos e humanoides floresceram e vagaram pela terra, mas por alguma razão nossa linhagem foi a única que "deu certo". Como eram os cérebros desses outros hominíneos? Terão eles perecido por não terem topado com a combinação certa de adaptações neurais? A única coisa em que podemos nos basear agora é o testemunho mudo de seus fósseis e de suas ferramentas de pedra dispersas. Infelizmente, talvez nunca venhamos a aprender muito sobre a maneira como se comportavam ou como eram as suas mentes.

Temos uma chance muito melhor de decifrar o mistério dos neandertais, uma espécie prima da nossa extinta há relativamente pouco tempo e que, é quase certo, estava a poucos passos de alcançar a humanidade plenamente desenvolvida. Embora por tradição descrito como o habitante arquetípico da caverna, bruto e estúpido, o *Homo neanderthalensis* tem tido sua imagem seriamente transformada nos últimos anos. Assim como nós, eles faziam arte e joias, tinham uma dieta rica e variada e enterravam seus mortos. E crescem as evidências de que sua linguagem era mais complexa do que sugere a estereotípica "fala de homem das cavernas". Apesar disso, cerca de 30 mil anos atrás eles desapareceram da face da terra. A suposição dominante sempre foi a de que os neandertais morreram e os seres humanos floresceram porque os últimos eram de alguma forma superiores: melhor linguagem, melhores ferramentas, melhor organização social, ou algo desse gênero. Mas a questão está longe de se encontrar resolvida. Teremos levado a melhor sobre eles? Teremos assassinado todos eles? Teremos – para tomar emprestada uma expressão do filme *Coração valente* – eliminado suas características mediante um processo controlado de procriação? Teremos apenas tido sorte, e eles azar? Poderiam ter sido facilmente eles, em vez de nós, aqueles que fincaram uma bandeira na lua? A extinção dos neandertais é recente o bastante para que tenhamos sido capazes de recuperar ossos reais (não apenas fósseis), e junto com eles amostras de DNA neandertal. Com a continuação dos estudos genéticos, com certeza aprenderemos mais sobre a tênue linha que nos separou.

Além disso, é claro, houve os hobbits.

Muito longe, numa ilha remota próxima de Java, viveu, não muito tempo atrás, uma raça de criaturas pequeninas – eu deveria talvez dizer um povo –, que mal passavam dos noventa centímetros de altura. Elas eram muito próximas dos seres humanos, no entanto, para assombro do mundo, revelaram ser uma espécie diferente que coexistiu lado a lado com a nossa quase até os tempos históricos. Na ilha de Flores, do tamanho de Connecticut, subsistiam com grande dificuldade caçando lagartos-dragão, ratos gigantes e elefantes pigmeus. Fabricavam miniaturas de ferramentas para manejar com suas mãos minúsculas e, ao que parece, possuíam habilidades de planejamento e previsão para navegar em mares abertos. No entanto, por incrível que pareça, seus cérebros tinham cerca de um terço do tamanho de um cérebro humano, sendo menores que o de um chimpanzé.[2]

Se eu lhe apresentasse essa história como um roteiro para um filme de ficção científica, é provável que você a considerasse implausível demais. Ela soa como algo saído diretamente de H.G. Welles ou Júlio Verne. No entanto, por incrível que pareça, é verdadeira. Os descobridores dessas criaturas incluíram-nas no registro científico como *Homo floresiensis*, mas muitos preferem chamá-las por seu apelido, hobbits. Os ossos têm apenas cerca de 15 mil anos de idade, o que implica que esses estranhos primos humanos viveram lado a lado com nossos ancestrais, talvez como amigos, talvez como adversários – não sabemos. Tampouco sabemos por que eles desapareceram, embora, em face da triste crônica de nossa espécie como administradores responsáveis pela natureza, é uma aposta razoável que os tenhamos empurrado para a extinção. Mas muitas ilhas na Indonésia continuam inexploradas, e não é inconcebível que um bolsão deles tenha sobrevivido em algum lugar. (Segundo uma teoria, a CIA já os localizou, mas a informação está sendo mantida em sigilo até que se exclua a hipótese de que estejam acumulando armas de destruição em massa, como zarabatanas.)

Os hobbits põem em xeque todas as noções preconcebidas que temos a respeito do nosso suposto status privilegiado como *Homo sapiens*. Se houvessem tido os recursos do continente eurasiano à sua disposição, teriam podido inventar a agricultura, a civilização, a roda, a escrita? Eram autoconscientes? Tinham senso moral? Estavam cientes de sua mortalidade? Cantavam e dançavam? Ou essas funções mentais (e, *ipso facto*, também os circuitos neurais correspondentes) são encontradas apenas em seres humanos? Ainda sabemos muito pouco sobre os hobbits, mas suas semelhanças e diferenças em relação aos seres humanos poderiam nos ajudar a compreender melhor o que nos torna diferentes dos grandes símios e macacos, e se houve um salto quântico em nossa evolução ou uma mudança gradual. Na verdade, conseguir algumas amostras de DNA de hobbit seria uma descoberta de importância científica muito maior do que qualquer cenário de recuperação de DNA à la *Jurassic Park*.

Essa questão do nosso status especial, que reaparecerá muitas vezes neste livro, tem uma história longa e contenciosa. Ela foi uma grande preocupação para intelectuais da era vitoriana. Os protagonistas foram alguns dos gigantes da ciência do século XIX, entre os quais Thomas Huxley, Richard Owen e Alfred Russel Wallace. Embora tivesse iniciado tudo isso, o próprio Darwin esquivou-se da controvérsia. Mas Huxley, um homem grande de penetrantes olhos escuros e sobrancelhas cerradas, era conhecido por sua belicosidade e perspicácia e não tinha os mesmos escrúpulos. Em contraste com Darwin, ele era franco no tocante às implicações da teoria evolucionária para seres humanos, o que lhe valeu o epíteto "buldogue de Darwin".

O adversário de Huxley, Owen, estava convencido de que os seres humanos eram únicos. Fundador da ciência da anatomia comparada, Owen inspirou o estereótipo muitas vezes satirizado de um paleontologista que tenta reconstruir um animal inteiro a partir de um só osso. Seu brilhantismo só era igualado à sua arrogância. "Ele sabe que é superior à maioria dos homens", escreveu Huxley, "e não esconde isso." Ao contrário de Darwin, Owen ficava mais impressionado com as diferenças do que com as semelhanças entre um grupo animal e outro. Causava-lhe admiração a ausência de formas vivas intermediárias entre espécies, do tipo que se poderia esperar encontrar se uma delas tivesse evolvido gradualmente em outra. Nunca se viram elefantes com trombas de trinta centímetros ou girafas com pescoços da metade do tamanho de suas análogas modernas. (Os ocapis, que têm pescoços assim, foram descobertos muito mais tarde.) Observações como essas, juntamente com suas fortes concepções religiosas, o levaram a considerar as ideias de Darwin ao mesmo tempo implausíveis e heréticas. Ele enfatizava a imensa lacuna entre as habilidades mentais de macacos e humanos e mostrava (erroneamente) que o cérebro humano tinha uma estrutura anatômica única chamada de *"hippocampus minor"*, que segundo ele estava inteiramente ausente em macacos.

Huxley contestou essa ideia; suas próprias dissecções fracassaram em revelar o *hippocampus minor*. Os dois titãs se digladiaram em torno disso por décadas. A controvérsia ocupava lugar de destaque na imprensa vitoriana, criando o tipo de sensação de mídia que hoje em dia está reservado para coisas como os escândalos sexuais de Washington. Uma paródia do debate do *hippocampus minor*, publicada no livro infantil de Charles Kingsley, *The Water Babies*, capta o espírito da época:

> [Huxley] sustentava teorias muito estranhas sobre uma porção de coisas. Ele ... declarava que, assim como os homens, os macacos tinham *hippopotamus majors* [sic] em seus cérebros. O que era uma coisa chocante de se dizer; pois, se fosse assim, que seria da fé, da esperança e da caridade de milhões de seres imortais? Você pode pensar que há outras diferenças mais importantes entre você e um macaco, como ser capaz de falar e construir máquinas, e discernir entre o bem e o mal, e dizer suas orações, e outros pequenos detalhes desse tipo; mas isso é fantasia de criança, meu querido. O único fator decisivo é o grande teste do *hippopotamus*. Se você tiver um *hippopotamus major* no seu cérebro, você não é macaco, ainda que tenha quatro mãos, nenhum pé, e seja mais macaqueador que os macacos de todas as macaquices.

Quem também participava da briga era o bispo Samuel Wilberforce, um leal criacionista que muitas vezes se valia das observações anatômicas de Owen para contestar a teoria de Darwin. A batalha se estendeu por vinte anos até que, tragicamente, Wilberforce foi arremessado de um cavalo e morreu na hora quando sua cabeça bateu na calçada. Diz-se que Huxley estava bebericando seu conhaque no Athenaeum em Londres quando a notícia lhe foi dada. Ele gracejou, com ironia, para o mensageiro: "Finalmente o cérebro do bispo entrou em contato com a dura realidade, e o resultado foi fatal."

A biologia moderna demonstrou amplamente que Owen estava errado. Não existe nenhum *hippocampus minor*, nenhuma descontinuidade súbita entre os símios e nós. Costuma-se pensar que a ideia de que somos especiais é sustentada apenas por criacionistas fanáticos e fundamentalistas religiosos. No entanto, estou pronto para defender a concepção um tanto radical de que, nessa questão particular, Owen estava certo afinal de contas – embora por razões totalmente diferentes daquelas que tinha em mente. Ele estava correto ao afirmar que o cérebro humano – ao contrário, digamos, de um fígado ou coração humano – é de fato único e distingue-se daquele do macaco por um enorme intervalo. Mas essa ideia é inteiramente compatível com a afirmação de Huxley e Darwin de que nosso cérebro evoluiu de maneira gradativa, sem intervenção divina, ao longo de milhões de anos.

Mas se é assim, você pode se perguntar, de onde vem nossa singularidade? Como Shakespeare e Parmênides já haviam declarado muito antes de Darwin, nada vem de nada.

É uma falácia comum supor que mudanças graduais, pequenas, só podem engendrar resultados graduais, incrementais. Mas esse é um raciocínio linear, que parece ser nosso modo-padrão de pensar a respeito do mundo. Isso pode decorrer do simples fato de que a maior parte dos fenômenos perceptíveis para os seres humanos, em escalas de tempo e magnitude habituais e dentro do escopo limitado de nossos sentidos, tende a seguir direções lineares. Duas pedras parecem duas vezes mais pesadas que uma. É necessária uma quantidade de comida três vezes maior para alimentar um número três vezes maior de pessoas. E assim por diante. Mas fora da esfera das ocupações humanas práticas, a natureza está cheia de fenômenos não lineares. Processos de extrema complexidade podem emergir de regras ou partes enganosamente simples, e pequenas mudanças num fator subjacente de um sistema complexo podem engendrar mudanças radicais, qualitativas, em outros fatores que dele dependem.

Pense nesse exemplo muito simples: imagine que você tem um bloco de gelo na sua frente e está aquecendo-o pouco a pouco: –6 graus célsius … –5 graus … –4 graus … . Na maior parte do tempo, o aquecimento por um grau a mais não causa nenhum efeito interessante: a única coisa que você tem e que não tinha um minuto atrás é um bloco de gelo ligeiramente menos gelado. Mas, então, chega-se a 0 grau célsius. Assim que atinge essa temperatura crítica, você vê uma mudança abrupta, espetacular. A estrutura cristalina do gelo desagrega-se, e de repente as moléculas de água começam a escorregar e fluir livremente umas em torno das outras.

Sua água congelada transformou-se em líquida, graças a um grau crítico de energia térmica. Nesse ponto-chave, mudanças incrementais cessaram de ter efeitos incrementais e precipitaram uma súbita mudança qualitativa chamada "transição de fase".

A natureza está repleta de transições de fase. A passagem da água congelada para água líquida é uma. Da água líquida para água gasosa (vapor) é outra. Mas elas não estão confinadas a exemplos da química. Podem ocorrer em sistemas sociais, por exemplo, em que milhões de decisões ou atitudes individuais podem interagir para mudar rapidamente todo o sistema para um novo equilíbrio. Transições de fase estão em andamento durante bolhas especulativas, craques em bolsas de valores e engarrafamentos de trânsito espontâneos. Numa nota mais positiva, elas se manifestaram na desintegração do Bloco Soviético e na ascensão exponencial da internet.

Eu sugeriria até que transições de fase podem se aplicar às origens humanas. No curso dos milhões de anos que conduziram ao *Homo sapiens*, a seleção natural continuou a remendar os cérebros de nossos ancestrais na maneira evolucionária normal – isto é, gradual e fragmentada: uma expansão do córtex do tamanho de uma moeda de dez centavos aqui, um espessamento de 5% do trato de fibras que conecta duas estruturas ali, e assim por diante por inúmeras gerações. A cada nova geração, os resultados desses pequenos melhoramentos neurais eram macacos ligeiramente melhores em várias coisas: ligeiramente mais destros para manejar paus e pedras; ligeiramente mais espertos em maquinações sociais, acordos e trocas de favores; ligeiramente mais previdentes com relação aos comportamentos de jogo ou aos presságios das condições climáticas e das estações; ligeiramente melhores para recordar o passado distante e ver conexões com o presente.

Depois, em algum momento há cerca de 150 mil anos, ocorreu um desenvolvimento explosivo de certas estruturas e funções fundamentais do cérebro cujas combinações fortuitas resultaram nas habilidades mentais que nos tornam especiais no sentido que estou defendendo. Passamos por uma transição de fase *mental*. Todas as mesmas velhas partes estavam lá, porém começaram a funcionar juntas de novas maneiras que eram muito mais do que a soma de suas partes. Essa transição nos proporcionou coisas como a linguagem humana plenamente desenvolvida, sensibilidades artísticas e religiosas, e consciência e autoconsciência. No espaço de talvez 30 mil anos, começamos a construir nossos próprios abrigos, costurar couros e peles para fazer roupas, criar joias com conchas e pinturas rupestres e entalhar flautas com ossos. Nossa evolução genética estava praticamente concluída, mas havíamos iniciado uma forma (muito!) mais acelerada de evolução que agia não sobre genes, mas sobre a cultura.

E que aperfeiçoamentos cerebrais estruturais precisamente foram as chaves para tudo isso? Terei muito prazer em explicar. Antes, porém, devo lhe dar uma visão geral da anatomia do cérebro que lhe permita melhor apreciar a resposta.

Um breve passeio pelo seu cérebro

O cérebro humano é constituído por cerca de 100 bilhões de células nervosas, ou neurônios (figura Int.1). Os neurônios "conversam" uns com os outros por meio de fibras semelhantes a fios que parecem alternativamente moitas densas e cheias de ramos (dendritos) e longos e sinuosos cabos de transmissão (axônios). Cada neurônio faz de mil a 10 mil contatos com outros neurônios. É nesses pontos de contato, chamados sinapses, que a informação é compartilhada entre os neurônios. Cada sinapse pode ser excitatória ou inibitória, e em qualquer momento dado pode estar ligada ou desligada. Com todas essas permutações, o número de estados cerebrais possíveis é assombrosamente vasto; na verdade, ele excede com facilidade o número de partículas elementares conhecidas.

Em face dessa desnorteante complexidade, por certo não é de surpreender que estudantes de medicina considerem neuroanatomia uma matéria complicada. Há quase cem estruturas com que lidar, a maioria das quais com nomes que parecem misteriosos. A *fimbria*. O *fornix*. O *indusium griseum*. O *locus coeruleus*. O *nucleus motoris dissipatus formationis* de Riley. A *medulla oblongata*. Devo confessar que adoro a maneira como a língua se enrola para produzir esses nome latinos. Meh-*dull*-a oblong-*gah*-ta! Meu favorito é a *substantia innominata*, o que significa literalmente "substância sem nome". E o menor músculo do corpo, usado para abduzir o dedo mínimo do pé, é o *abductor ossis metatarsi digiti quinti minimi*. Aos meus ouvidos, isso soa como um poema. (Com a primeira onda da geração Harry Potter chegando agora à escola de medicina, talvez logo comecemos por fim a ouvir esses termos pronunciados com mais do prazer que merecem).

Felizmente, por baixo de toda essa complexidade lírica há um plano básico de organização que é fácil de compreender. Os neurônios estão conectados em redes que podem processar informação. As muitas dúzias de estruturas cerebrais são em última análise redes de neurônios formadas para múltiplos propósitos, e têm muitas vezes uma elegante organização interna. Cada uma dessas estruturas desempenha alguma série de funções cognitivas ou fisiológicas discretas (embora nem sempre fáceis de decifrar). Cada estrutura cerebral estabelece conexões padronizadas com outras, formando assim circuitos. Os circuitos transmitem informação para cá e

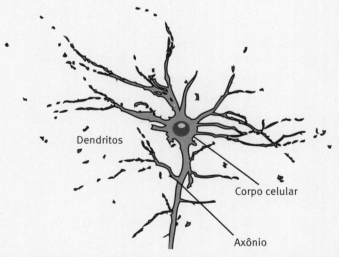

FIGURA INT.1 Desenho de um neurônio mostrando o corpo celular, dendritos e axônio. O axônio transmite informação (na forma de impulsos nervosos) ao neurônio seguinte (ou conjunto de neurônios) na cadeia. O axônio é bastante longo, e somente parte dele é mostrada aqui. Os dendritos recebem informação dos axônios de outros neurônios. O fluxo de informação é, portanto, unidirecional.

para lá em círculos repetidos e permitem às estruturas cerebrais trabalhar juntas para criar percepções, pensamentos e comportamentos sofisticados.

O processamento de informação, que ocorre tanto dentro das estruturas cerebrais quanto entre elas, pode ficar muito complicado – esse é, afinal de contas, o motor de processamento de informação que gera a mente humana –, mas muita coisa pode ser compreendida e apreciada por não especialistas. Vamos revisitar muitas dessas áreas em maior profundidade nos capítulos que se seguem, mas um conhecimento básico de cada região neste momento ajudará a apreciar como essas áreas especializadas trabalham juntas para determinar mente, personalidade e comportamento.

O cérebro humano se parece com uma noz feita de duas metades em imagem espelhada (figura Int.2). Essas metades semelhantes a uma casca são o córtex cerebral, que é dividido ao meio em dois hemisférios: um à esquerda, outro à direita. Nos seres humanos, o córtex cresceu tanto que foi forçado a se tornar enrolado (dobrado), o que lhe confere sua famosa aparência de couve-flor. (Em contraposição, o córtex da maioria dos outros mamíferos é liso e chato em sua maior parte, com poucas dobras, ou mesmo nenhuma, na superfície.) O córtex é essencialmente a sede do pensamento superior, a *tabula* (longe de ser) *rasa* em que todas as nossas funções mentais mais elevadas são levadas a cabo. Como não é de surpreender, ele é especialmente bem desenvolvido em dois grupos de mamíferos: golfinhos e primatas. Retornaremos ao córtex mais tarde neste capítulo. Por ora vamos dar uma olhada nas outras partes do cérebro.

Correndo para cima e para baixo pelo centro da coluna espinhal há um espesso feixe de fibras nervosas – a medula espinhal – que conduz um fluxo constante de mensagens entre cérebro e corpo. Essas mensagens incluem coisas como tato e dor que emanam da pele, e comandos motores baixados aos músculos em rápida sucessão. Em sua extensão superior, a medula espinhal emerge de sua bainha óssea de vértebras, penetra no crânio e torna-se espessa e bulbosa (figura Int.3). Esse espessamento, chamado tronco cerebral, divide-se em três lobos: medula, ponte e mesencéfalo. A medula e os núcleos (grupos neurais) no assoalho da ponte controlam funções vitais importantes como a respiração, a pressão sanguínea e a

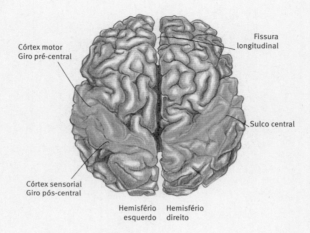

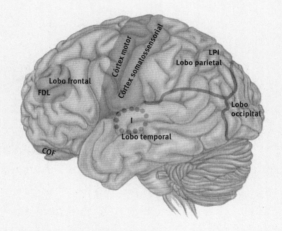

FIGURA INT.2 O cérebro humano visto de cima e do lado esquerdo. A visão de cima mostra os dois hemisférios cerebrais especularmente simétricos, cada um dos quais controla os movimentos – e recebe sinais – do lado oposto do corpo (embora haja algumas exceções a essa regra). Abreviações: FDL, córtex pré-frontal dorsolateral; COF, córtex orbitofrontal; LPI, lobo parietal inferior; I, ínsula, que está profundamente escondido debaixo da fissura silviana sob o lobo frontal. O córtex pré-frontal ventromedial (FVM, não rotulado) está escondido na parte interna inferior do lobo frontal, e o COF é parte dele.

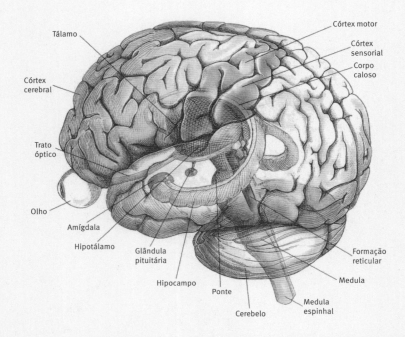

FIGURA INT.3 Desenho esquemático do cérebro humano mostrando estruturas internas como amígdala, hipocampo, gânglios basais e hipotálamo.

temperatura corporal. Uma hemorragia mesmo que numa artéria minúscula que abasteça essa região pode significar morte instantânea. (De modo paradoxal, as áreas mais elevadas do cérebro podem sofrer lesões comparativamente grandes e deixar o paciente vivo e até apto. Por exemplo, um grande tumor no lobo frontal poderia produzir sintomas neurológicos difíceis de serem detectados.)

Pousado no teto da ponte está o cerebelo (de *cerebellum*, "pequeno cérebro" em latim), que controla a coordenação fina do movimento e está também envolvido no equilíbrio, na marcha e na postura. Quando seu córtex motor (uma região cerebral superior que emite comandos para o movimento voluntário) envia um sinal para os músculos através da medula espinhal, uma cópia desse sinal – uma espécie de e-mail cc – chega ao cerebelo. Este também recebe um *feedback* sensorial dos receptores de músculos e articulações por todo o corpo. Assim, ele é capaz de detectar quaisquer discordâncias que possam ocorrer entre a ação pretendida e a ação real, e em resposta pode inserir correções apropriadas no sinal motor que está sendo emitido. Esse tipo de mecanismo impelido por *feedback* em tempo real é chamado circuito servo-controle. Um dano ao cerebelo faz o circuito passar a oscilar. Por exemplo, um paciente pode tentar tocar seu próprio nariz, sentir sua mão passando do ponto, e tentar compensar com um movimento contrário, o que faz sua mão passar ainda mais descabidamente do ponto na direção inversa. Isso é chamado tremor de intenção.

Em torno da porção superior do tronco cerebral estão o tálamo e os gânglios basais. O tálamo recebe seus principais *inputs* dos órgãos dos sentidos e os retransmite ao córtex sensorial para um processamento mais sofisticado. A razão por que precisamos de uma estação retransmissora está longe de ser clara. Os gânglios basais são um grupo de estruturas de formato estranho envolvidas com o controle de movimentos automáticos associados a ações volitivas complexas – por exemplo, ajustar o ombro quando lançamos um dardo, ou coordenar a força e a tensão em dúzias de músculos espalhados por todo o corpo quando andamos. O dano a células nos gânglios basais resulta em distúrbios como a doença de Parkinson, em que o torso do paciente fica rígido, sua face é uma máscara inexpressiva e ele anda com uma característica marcha arrastada. (Nosso professor de neurologia na escola de medicina costumava diagnosticar o Parkinson simplesmente ouvindo os passos do paciente na sala ao lado; quando não conseguíamos fazer o mesmo, ele nos reprovava. Aqueles eram os dias anteriores à medicina de alta tecnologia e às imagens de ressonância magnética, ou IRM.) Em contraposição, quantidades excessivas da substância química cerebral dopamina nos gânglios basais podem levar a transtornos conhecidos como coreias, que se caracterizam por movimentos incontroláveis que têm uma semelhança superficial com uma dança.

Por fim, chegamos ao córtex cerebral. Cada hemisfério cerebral está subdividido em quatro lobos (ver figura Int.2): occipital, temporal, parietal e frontal. Esses lobos têm distintos domínios de funcionamento, embora na prática haja grande quantidade de interação entre eles.

Grosso modo, os lobos occipitais estão mais voltados para o processamento visual. De fato, eles estão subdivididos em nada menos que trinta diferentes regiões de processamento, cada uma parcialmente especializada em um aspecto diferente da visão, como cor, movimento e forma.

Os lobos temporais são especializados em funções perceptuais superiores, como o reconhecimento de rostos e outros objetos e a vinculação deles a emoções apropriadas. Eles executam essa última tarefa em estreita cooperação com uma estrutura chamada de amígdala ("amêndoa"), que se situa na porção anterior dos lobos temporais. Também escondido embaixo de cada lobo temporal está o hipocampo ("cavalo-marinho"), que estabelece novos traços de memória. Além de tudo isso, a parte superior do lobo temporal esquerdo contém uma área de córtex conhecida como área de Wernicke. Em seres humanos, ela expandiu-se muito, sendo sete vezes maior do que nos chimpanzés; ela é uma das poucas áreas cerebrais que podemos declarar com segurança só estar presente em nossa espécie. Sua função é nada menos que a compreensão do significado e dos aspectos semânticos da linguagem – funções que são diferenciadores primordiais entre seres humanos e meros símios.

Os lobos parietais estão envolvidos principalmente no processamento das informações sobre tato, músculos e articulações provenientes do corpo e na sua combinação com a visão, a audição e o equilíbrio, de modo a nos dar uma rica compreensão "multimídia" de nosso self corpóreo e do mundo que o cerca. Danos ao lobo parietal direito resultam comumente num fenômeno chamado negligência hemiespacial: os pacientes perdem a consciência da metade esquerda do espaço visual. Mais extraordinária ainda é a somatoparafrenia, a negação veemente pelo paciente de que possua o próprio braço esquerdo e sua insistência de que o mesmo pertence a alguma outra pessoa. Os lobos parietais expandiram-se muito na evolução humana, mas nenhuma parte deles cresceu mais do que os lobos parietais inferiores (LPI; veja figura Int.2). Essa expansão foi tão grande que em algum momento de nosso passado uma grande porção dela se dividiu em duas novas regiões de processamento chamadas giro angular e giro supramarginal. Essas áreas, exclusivas do homem, abrigam algumas habilidades humanas verdadeiramente quintessenciais.

Introdução: Não um simples macaco

O lobo parietal direito está envolvido na criação de um modelo mental da disposição espacial do mundo exterior: nosso ambiente imediato, mais todas as localizações (mas não identidades) dos objetos, riscos, e pessoas dentro dele, juntamente com nossa relação física com cada um desses elementos. Assim podemos agarrar coisas, nos esquivar de mísseis e evitar obstáculos. O lobo parietal direito, sobretudo o lobo *superior* direito (logo acima do LPI), é também responsável pela construção de nossa imagem corporal – a vívida consciência que temos da configuração de nosso corpo e seus movimentos no espaço. Observe que embora isso seja chamado de "imagem", a imagem corporal não é um construto puramente visual; ela se baseia também, em parte, em tato e músculos. Afinal, uma pessoa cega tem uma imagem corporal também, e muito boa, diga-se de passagem. De fato, se nosso giro angular direito for fulminado com um eletrodo, teremos uma experiência extracorpórea.

Agora vamos considerar o lobo parietal esquerdo. O giro angular esquerdo está envolvido em importantes funções exclusivamente humanas como aritmética, abstração e aspectos da linguagem como a busca de palavras e a metáfora. O giro supramarginal esquerdo, por outro lado, evoca uma vívida imagem de ações especializadas intencionais – por exemplo, costurar com uma agulha, martelar um prego ou fazer um aceno de adeus – e as executa. Em consequência, lesões no giro angular esquerdo eliminam habilidades abstratas como leitura, escrita e aritmética, ao passo que danos ao giro supramarginal esquerdo nos impedem de orquestrar movimentos especializados. Quando lhe peço para fazer continência, você evoca uma imagem mental da continência e, de certo modo, usa essa imagem para guiar os movimentos do seu braço. Mas se seu giro supramarginal esquerdo estiver lesado, você simplesmente olhará para sua mão, perplexo, ou a agitará a esmo. Embora ela não esteja paralisada ou fraca e a ordem lhe pareça muita clara, você não será capaz de fazer sua mão responder à sua intenção.

Os lobos frontais também desempenham várias funções distintas e vitais. Parte dessa região, o córtex motor – a tira vertical de córtex que corre bem em frente ao grande sulco no meio do cérebro (figura Int.2) – está envolvido na emissão de comandos motores simples. Outras partes estão relacionadas ao planejamento de ações e à manutenção dos objetivos em mente por tempo suficiente para alcançá-los. Outra pequena parte do lobo frontal é requerida para a manutenção de coisas na memória por tempo suficiente para sabermos a que devemos dar atenção. Essa faculdade é chamada de memória de trabalho ou memória de curto prazo.

Até aqui, tudo bem. Mas quando passamos para a parte mais anterior dos lobos frontais entramos na mais inescrutável *terra incognita* do cérebro: o córtex pré-frontal (identificado na figura Int.2). Estranhamente, uma pessoa pode sofrer uma grande lesão nessa área e não mostrar qualquer sinal óbvio de quaisquer déficits neurológicos ou cognitivos. O paciente pode parecer perfeitamente normal se interagirmos com ele de maneira informal por alguns minutos. No entanto, se conversarmos com seus parentes, eles nos dirão que a personalidade dessa pessoa mudou a ponto de se tornar irreconhecível. "Ela não está mais ali. Eu nem reconheço essa nova pessoa" – esse é o tipo de declaração de cortar o coração que ouvimos com frequência de cônjuges e amigos da vida inteira, perplexos. E se interagirmos com o paciente por algumas horas ou dias, nós também veremos que há algo profundamente desordenado.

Se o lobo pré-frontal esquerdo estiver lesado, o paciente pode se afastar do mundo social e mostrar acentuada relutância em fazer o que quer que seja. Isso é eufemisticamente chamado de pseudodepressão – "pseudo" porque nenhum dos critérios usuais para a identificação da depressão, como sentimentos de desolação e padrões negativos de pensamento crônicos, é revelado por sondagem psicológica ou neurológica. Ao contrário, se o lobo pré-frontal direito estiver lesado, o paciente parecerá eufórico, ainda que, mais uma vez, de fato não esteja. Casos de lesão pré-frontal são especialmente consternadores para os parentes. Um paciente desse tipo parece perder todo interesse por seu próprio futuro e não mostrar nenhum tipo de escrúpulo moral. Pode rir num funeral ou urinar em público. O grande paradoxo é que parece normal na maior parte dos aspectos: sua linguagem, sua memória e até seu QI estão incólumes. Apesar disso, perdeu muitos dos atributos quintessenciais que definem a natureza humana: ambição, empatia, previdência, uma personalidade complexa, um senso de moralidade e um senso de dignidade como ser humano. (Curiosamente, uma falta de empatia, de padrões morais e de autocontrole é também vista muitas vezes em sociopatas, e o neurologista António Damásio salientou que eles podem ter alguma disfunção frontal não detectada clinicamente.) Por essas razões, o córtex pré-frontal foi considerado durante muito tempo a "sede da humanidade". Quanto à questão de *como* uma área relativamente pequena do cérebro consegue orquestrar um conjunto tão sofisticado e evasivo de funções, ainda não sabemos nada ao certo.

Seria possível isolar uma dada parte do cérebro, como Owen tentou, que torna nossa espécie única? Não exatamente. Não há nenhuma região ou estrutura que pareça ter sido enxertada no cérebro *de novo* por um projetista inteligente; no nível anatômico, cada parte de nosso cérebro tem um análogo direto nos cérebros dos símios. No entanto, pesquisas recentes identificaram um punhado de regiões cerebrais que foram tão radicalmente elaboradas que, no nível *funcional* (ou cognitivo), de fato podem ser consideradas novas e únicas. Mencionei anteriormente três dessas áreas: a área de Wernicke no lobo temporal esquerdo, o córtex pré-frontal e o LPI em cada lobo parietal. Na verdade, as ramificações do LPI – a saber, os giros supramarginal e angular – são anatomicamente inexistentes em macacos. (Owen teria adorado ter conhecimento deles.) O desenvolvimento extraordinariamente rápido dessas áreas em seres humanos sugere que *alguma coisa* crucial deve ter se passado, e observações clínicas confirmam isso.

Dentro de algumas dessas regiões, há uma classe especial de células nervosas chamadas neurônios-espelho. Esses neurônios não se excitam apenas quando executamos uma ação, mas também quando vemos alguém executar essa mesma ação. Isso soa tão simples que é fácil deixar de perceber suas enormes implicações. O que essas células fazem é nos permitir efetivamente ter empatia para com a outra pessoa e "entender" suas intenções – imaginar o que ela está realmente pretendendo. Fazemos isso executando uma simulação de suas ações usando nossa própria imagem corporal.

Quando vemos outra pessoa estender a mão para pegar um copo d'água, por exemplo, nossos neurônios-espelho logo simulam o mesmo gesto em nossa (usualmente subconsciente) imaginação. Nossos neurônios-espelho dão muitas vezes um passo a mais e fazem você executar a ação que eles *preveem* que a outra pessoa está prestes a executar – digamos, levar o copo aos lábios e tomar um gole. Assim você forma automaticamente uma suposição sobre as intenções e motivações da outra pessoa – neste caso, que ela está com sede e tomando medidas para saciá-la. É claro que você poderia estar errado nessa suposição – a pessoa poderia ter a intenção de usar a água para apagar um fogo ou jogar na cara de um pretendente mal-educado –, mas em geral seus neurônios-espelho são adivinhos razoavelmente precisos das intenções de outrem. Como tais, eles são a coisa mais próxima da telepatia de que a natureza foi capaz de nos dotar.

Essas habilidades (e o conjunto de circuitos de neurônio-espelho subjacente) são vistas também em macacos, mas só em seres humanos elas parecem ter se desenvolvido a ponto de serem capazes de modelar aspectos das *mentes* de outras pessoas, não apenas suas ações. Inevitavelmente isso teria requerido o desenvolvimento de conexões adicionais para permitir um uso mais sofisticado desses circuitos em situações sociais complexas. Decifrar a natureza dessas conexões – em vez de dizer simplesmente "Isso é feito por neurônios-espelho" – é um dos principais objetivos das pesquisas atuais sobre o cérebro.

É difícil exagerar a importância de compreender neurônios-espelho e sua função. É bem possível que eles sejam centrais para o aprendizado social, a imitação e a transmissão cultural de habilidades e atitudes – talvez até dos grupos comprimidos de sons que chamamos de "palavras". Ao hiperdesenvolver o sistema de neurônios-espelho, a evolução transformou de fato a cultura num novo genoma. Armados com a cultura, os seres humanos puderam se adaptar a novos ambientes hostis e descobrir como explorar fontes de alimento antes inacessíveis ou venenosas em apenas uma ou duas gerações – em vez das centenas ou milhares de gerações que essas adaptações teriam levado para se efetuar por meio de evolução genética.

Assim a cultura se tornou uma nova e importante fonte de pressão evolucionária, que ajudou a selecionar cérebros dotados de sistemas de neurônios-espelho ainda melhores e o aprendizado imitativo associado a eles. O resultado foi um dos muitos efeitos tipo bola de neve autoamplificadores que culminaram no *Homo sapiens*, o macaco que olhou para dentro de sua própria mente e viu todo o cosmo ali refletido.

1. Membros fantasma e cérebros plásticos

> Gosto muito de experimentos tolos. Faço-os a toda hora.
> CHARLES DARWIN

QUANDO EU ERA ESTUDANTE de medicina e fazia estágio em neurologia, examinei uma paciente chamada Mikhey. Os testes clínicos de rotina exigiam que eu espetasse seu pescoço com uma agulha. Isso deveria ter sido um pouco doloroso, mas a cada espetada ela ria alto, dizendo sentir cócegas. Esse, eu me dei conta, era o supremo paradoxo: riso em face da dor, um microcosmo da própria condição humana. Nunca pude investigar o caso de Mikhey como teria gostado.

Logo após esse episódio, decidi estudar a visão e a percepção humanas, uma decisão influenciada em boa medida por *Eye and Brain*, o excelente livro de Richard Gregory. Passei vários anos fazendo pesquisas sobre neurofisiologia e percepção visual, primeiro no Trinity College da Universidade de Cambridge, e depois em colaboração com Jack Pettigrew no Caltech.

Mas nunca me esqueci dos pacientes como Mikhey que havia encontrado durante meu estágio em neurologia quando estudava medicina. Nessa especialidade, ao que parecia, havia um grande número de questões ainda não resolvidas. Por que Mikhey ria quando espetada? Por que, quando tocamos na borda externa do pé de um paciente de acidente vascular cerebral, seu dedão se levanta? Por que pacientes com crises convulsivas do lobo temporal acreditam que experimentam Deus e exibem hipergrafia (escrita incessante, incontrolável)? Por que pacientes sob outros aspectos inteligentes, perfeitamente lúcidos, com lesão no lobo parietal direito negam que seu braço esquerdo lhes pertence? Por que uma anoréxica magérrima com visão perfeitamente normal se olha no espelho e afirma estar obesa? Assim, após anos de especialização em visão, retornei ao meu primeiro amor: a neurologia. Fiz um levantamento das muitas questões não respondidas nesse campo e decidi me concentrar em um problema específico: membros fantasma. Mal tinha ideia de que minha pesquisa produziria evidências sem precedentes da assombrosa plasticidade e adaptabilidade do cérebro humano.

Sabia-se havia mais de um século que, ao ter um braço amputado, um paciente pode continuar a sentir vividamente a sua presença – como se seu espectro ainda se demorasse ali, assombrando o antigo coto. Fizeram-se várias tentativas de explicar esse desconcertante fenômeno: desde excêntricas hipóteses freudianas envolvendo realização de desejo até invocações de uma alma imaterial. Não satisfeito com nenhuma dessas explicações, decidi atacar o problema de uma perspectiva da neurociência.

Lembro de um paciente chamado Victor que submeti durante quase um mês aos mais desvairados experimentos. Ele me procurou porque seu braço esquerdo havia sido amputado abaixo do cotovelo três semanas antes. Primeiro, verifiquei que não havia nada de errado com Victor neurologicamente: seu cérebro estava intacto, sua mente, normal. Baseado num palpite, pus-lhe uma venda nos olhos e comecei as tocar várias partes de seu corpo com um cotonete, pedindo-lhe para me relatar o que sentia, e onde. Suas respostas foram todas normais e corretas até que comecei a tocar o lado esquerdo de seu rosto. Então, algo de muito estranho aconteceu.

Ele disse: "Doutor, sinto isso na minha mão fantasma. Você está tocando meu polegar."

Usei meu martelo de reflexo para bater na parte inferior de seu maxilar. "Que sente agora?", perguntei.

"Sinto um objeto afiado movendo-se através do dedo mínimo até a palma", disse ele.

Repetindo esse procedimento, descobri que havia em seu rosto um mapa completo da mão ausente. O mapa era surpreendentemente preciso e coerente, com os dedos muito bem delineados (figura 1.1). Em uma ocasião apertei um cotonete úmido contra sua bochecha e deixei uma gota de água escorrer por ela, como uma lágrima. Ele sentiu a água descer face abaixo da maneira normal, mas afirmou que pôde também sentir a gota escorrendo por toda a extensão de seu braço fantasma. Usando o dedo indicador direito, ele até traçou o curso sinuoso da gota através do ar vazio em frente a seu coto. Movido pela curiosidade, pedi-lhe para levantar seu coto e apontar o fantasma para cima em direção ao teto. Para seu espanto, ele sentiu a gota d'água seguinte escorrendo *para cima* ao longo do braço fantasma, em desafio à lei da gravidade.

Victor disse que nunca havia descoberto sua mão virtual no seu rosto antes, mas assim que tomou conhecimento dela encontrou uma maneira de explorá-la: segundo ele, sempre que sente uma coceira na palma fantasma – ocorrência frequente que costumava deixá-lo maluco –, agora pode aliviá-la coçando o local correspondente no rosto.

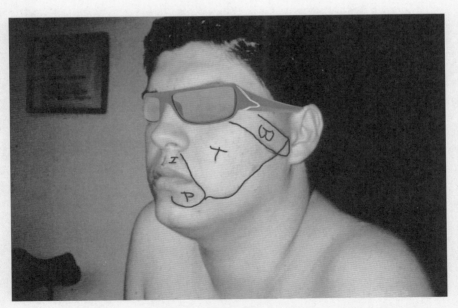

FIGURA 1.1 Paciente com braço esquerdo fantasma. O toque em diferentes partes de seu rosto evocou sensações em diferentes partes do fantasma: P, dedo mínimo; T, polegar; B, tênar; I, dedo indicador.

Por que tudo isso acontece? A resposta, compreendi, reside na anatomia do cérebro. Toda a superfície de pele do lado esquerdo do corpo está mapeada numa faixa de córtex chamada giro pós-central (ver figura Int.2) que desce pelo lado direito do cérebro. Esse mapa é muitas vezes ilustrado com o desenho de um homem enrolado na superfície do cérebro (figura 1.2). Embora esse mapa seja preciso em sua maior parte, algumas porções dele estão embaralhadas com relação ao diagrama real do corpo. Observe como o mapa do rosto está localizado ao lado do mapa da mão, em vez de perto do pescoço, onde "deveria estar". Isso me forneceu a pista que eu estava procurando.

Pense no que acontece quando um braço é amputado. Deixa de haver um braço, mas continua havendo um *mapa* do braço no cérebro. A tarefa desse mapa, sua *raison d'être*, é representar o braço. O braço pode ter desaparecido, mas o mapa cerebral, não tendo nada melhor para fazer, persiste. Ele continua a representar o membro, segundo por segundo, dia após dia. Essa persistência do mapa explica o fenômeno básico do membro fantasma – por que a presença sentida do membro persiste por muito tempo depois de o membro de carne e osso ter sido cortado.

Mas como explicar a bizarra tendência a atribuir à mão fantasma sensações táteis originárias do rosto? O mapa cerebral órfão continua a representar o braço e a mão que faltam in *absentia*, mas não está recebendo nenhum *input* de tato real. Está escutando um canal fora do ar, por assim dizer, e ávido por sinais sensoriais. Há duas explicações possíveis para o que acontece em seguida. A primeira é que os *inputs* sensoriais que fluem da pele do rosto para o mapa do rosto no cérebro começam a invadir ativamente o território desocupado correspondente à mão perdida. As fibras nervosas da pele do rosto, que costumam se projetar para o córtex do rosto, fazem brotar milhares de gavinhas neurais que avançam furtivamente para o mapa do braço e estabelecem novas e fortes sinapses. Em consequência dessa fiação cruzada, estímulos táteis aplicados ao rosto não apenas ativam o mapa do rosto, como normalmente fazem, mas também ativam o mapa da mão no córtex, que grita "mão!" para áreas cerebrais superiores. O resultado final é que o paciente sente que sua mão fantasma está sendo tocada cada vez que seu rosto é tocado.

Membros fantasma e cérebros plásticos

Uma segunda possibilidade é que, mesmo antes da amputação, os *inputs* provenientes do rosto não apenas fossem enviados para a área do rosto, mas invadissem parcialmente a região correspondente à mão, quase como soldados de reserva prontos a ser mobilizados. Mas essas conexões

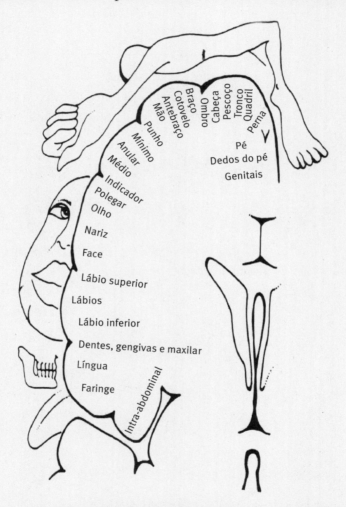

FIGURA 1.2 O mapa de Penfield da superfície da pele no giro pós-central (ver figura Int.2). O desenho mostra uma seção coronal (aproximadamente, uma seção transversal) que passa pelo meio do cérebro no nível do giro pós-central. A maneira fantasiosa como o artista descreve uma pessoa envolvida pela superfície do cérebro mostra as representações exageradas de certas partes do corpo (rosto e mão) e o fato de que o mapa da mão fica acima do mapa da face.

anormais costumam ser silenciosas; talvez sejam continuamente inibidas ou abafadas pela atividade normal padrão da própria mão. A amputação exporia essas sinapses comumente silenciosas de tal modo que um toque no rosto passa a ativar células na área cerebral correspondente à mão. Isso por sua vez faz o paciente experimentar as sensações como se fossem originárias da mão perdida.

Seja qual for a teoria correta entre essas duas – brotação e revelação –, há em ensinamento importante a assimilar. Gerações de estudantes de medicina ouviram que os trilhões de conexões neurais do cérebro são estabelecidos no feto e na primeira infância e que cérebros adultos perdem sua

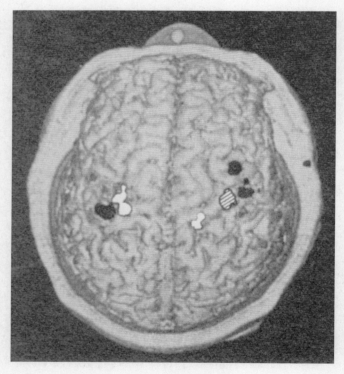

FIGURA 1.3 Mapa MEG (magnetoencefalógrafo) da superfície do corpo num amputado do braço esquerdo. Área hachurada, mão; áreas pretas, face; áreas brancas, braço. Observe que a região correspondente à mão direita (área hachurada) está ausente no hemisfério esquerdo, mas é ativada quando se toca a face ou o braço.

capacidade de formar novas conexões. Essa falta de plasticidade – essa falta de capacidade de ser remodelado ou moldado – foi muitas vezes usada como uma desculpa para dizer a pacientes por que eles só podiam esperar recuperar muito poucas funções após um acidente vascular cerebral ou uma lesão traumática do cérebro. Nossas observações contrariavam frontalmente esse dogma, indicando, pela primeira vez, que até esses mapas sensoriais básicos no cérebro humano adulto podem mudar ao longo de distâncias de vários centímetros. Depois pudemos usar técnicas de imagiologia cerebral para mostrar diretamente que nossa teoria estava correta: os mapas do cérebro de Victor haviam realmente mudado da maneira prevista (figura 1.3).

Logo depois de nossa publicação, evidências que confirmavam e ampliavam esses achados começaram a chegar de muitos grupos. Dois pesquisadores italianos, Giovanni Berlucchi e Salvatore Aglioti, descobriram que após a amputação de um dedo havia um "mapa" de um único dedo claramente estendido através do rosto, como seria de esperar. Em outro paciente, o nervo trigêmeo (o nervo sensorial que abastece o rosto) foi cortado e logo um mapa do rosto apareceu na palma: exatamente o inverso do que havíamos visto. Por fim, após a amputação do pé de outro paciente, sensações originárias do pênis passaram a ser sentidas no pé fantasma. (Na verdade, o paciente afirmava que seu orgasmo se espalhava por seu pé, sendo portanto "muito maior do que costumava ser".) Isso ocorre em razão de outra dessas estranhas descontinuidades no mapa cerebral do corpo: o mapa dos genitais fica bem ao lado do mapa do pé.

Meu segundo experimento com membros fantasma foi ainda mais simples. Em poucas palavras, criei um arranjo simples usando espelhos comuns para mobilizar membros fantasma paralisados e reduzir a dor fantasma. Para você compreender como isso funciona, primeiro preciso explicar por que alguns pacientes são capazes de "mover" seus membros fantasma, mas outros não.

Muitos pacientes com membros fantasma têm a vívida sensação de ser capazes de movê-los. Eles dizem coisas como "minha mão está dando adeus", ou "ela está se estendendo para atender o telefone". Sabem muito bem, é claro, que suas mãos não estão realmente fazendo essas coisas – não são delirantes, apenas manetas –, mas subjetivamente têm uma sensação realística de estar movendo o fantasma. De onde vêm essas sensações?

Conjecturei que estavam vindo dos centros de comando motor na frente do cérebro. Talvez você se lembre do trecho da Introdução que explica como o cerebelo faz ajustes finos em nossas ações por meio de um processo de servo-controle. O que não mencionei foi que os lobos parietais também participam desse processo de servo-controle essencialmente através do mesmo mecanismo. Mais uma vez, em resumo: cópias dos sinais de *output* motor enviados aos músculos são (de fato) remetidas aos lobos parietais, onde são comparadas com sinais de *feedback* sensorial oriundos dos músculos, pele, articulações e olhos. Se detectam quaisquer discrepâncias entre os movimentos pretendidos e os movimentos reais da mão, os lobos parietais fazem ajustes corretivos na rodada seguinte de sinais motores. Usamos esse sistema servo-orientado o tempo todo. É ele que nos permite, por exemplo, manobrar uma pesada jarra de suco até um ponto vazio na mesa do café da manhã sem derramar nem bater nos demais utensílios de mesa. Agora imagine o que acontece se o braço for amputado. Os centros de comando motor na frente do cérebro não "sabem" que o braço desapareceu – eles estão no piloto automático –, por isso continuam a enviar sinais de comando motor para o braço perdido. Da mesma maneira, mantêm-se enviando cópias desses sinais para os lobos parietais. Esses sinais fluem para a região da mão órfã, ávida por *inputs*, do nosso centro de imagem corporal no lobo parietal. Essas cópias de sinais de comando motor são erroneamente interpretadas pelo cérebro como movimentos reais do fantasma.

Agora talvez você se pergunte por que, se isso for verdade, você não experimenta o mesmo tipo de vívido movimento fantasma quando *imagina* estar movendo a mão ao mesmo tempo que a mantém deliberadamente parada. Aqui está a explicação que propus vários anos atrás, e que foi confirmada depois por estudos de imagens cerebrais. Quando seu braço está intacto, o *feedback* sensorial vindo dos sensores na pele, músculos e articulações do seu braço, bem como o *feedback* visual proveniente de seus olhos estão todos testemunhando em uníssono que ele não está de fato se movendo. Mesmo que seu córtex motor esteja enviando sinais de movimento para seu lobo parietal, o testemunho contrário do *feedback* sensorial age como um veto poderoso. Em consequência, você não experimenta o movimento imaginado como se fosse real. Se o braço tiver desaparecido, contudo, seus músculos, pele, articulações e olhos não podem fornecer esse potente teste de realidade. Sem o veto do *feedback*, o sinal mais forte que entra no seu lobo parietal é o comando motor para a mão. O resultado é que você experimenta sensações reais de movimento.

Mover membros fantasma é bastante esquisito, mas a coisa fica ainda mais estranha. Muitos pacientes com membros fantasma relatam exatamente o oposto: seus fantasmas estão paralisados. "Ele está congelado, doutor." "Está num bloco de cimento." Para alguns desses pacientes, o fantasma está torcido numa posição desajeitada, extremamente penosa. "Se pelo menos eu pudesse mexê-lo", disse-me certa vez um paciente, "isso poderia ajudar a aliviar a dor."

Quando vi isso pela primeira vez, fiquei perplexo. Não fazia sentido algum. Eles tinham perdido seus membros, mas as conexões sensório-motoras em seus cérebros estavam presumivelmente iguais ao que haviam sido antes de suas amputações. Intrigado, comecei a examinar as fichas médicas de alguns desses pacientes e logo encontrei a pista que procurava. Antes da amputação, muitas dessas pessoas tinham sofrido paralisia real de seu braço causada por uma lesão nervosa periférica: o nervo que costumava inervar o braço havia sido arrancado da medula espinhal, como um fio de telefone puxado para fora da tomada, por um acidente violento. Assim, o braço ficara intacto, mas paralisado por vários meses antes da amputação. Comecei a me perguntar se era possível que esse período de paralisia real pudesse levar a um estado de paralisia aprendida, que, segundo minhas conjecturas, poderia se produzir da seguinte maneira:

Durante o período pré-amputação, cada vez que o córtex motor enviava um comando de movimento para o braço, o córtex sensorial no lobo parietal recebia um *feedback* negativo dos músculos, pele, articulações e olhos. Todo o circuito de *feedback* estava parado. Ora, está bem estabelecido que a experiência modifica o cérebro, reforçando ou enfraquecendo as sinapses que ligam os neurônios uns aos outros. Esse processo de modificação é conhecido como aprendizado. Quando padrões são constantemente reforçados – quando o cérebro vê que o evento B sucede invariavelmente ao evento A, por exemplo –, as sinapses entre os neurônios que representam A e os neurônios que representam B são reforçadas. Por outro lado, se A e B deixam de ter qualquer relação aparente um com o outro, os neurônios que os representam irão encerrar suas conexões mútuas para refletir essa nova realidade.

Temos aqui, portanto, uma situação em que o córtex motor estava enviando todo o tempo comandos de movimento para o braço, os quais o lobo parietal via continuamente como tendo efeito muscular ou sensorial absolutamente nulo. As sinapses que antes apoiavam as fortes correlações entre comandos motores e o *feedback* sensorial que eles deviam gerar eram reveladas como mentirosas. Cada novo sinal motor impotente reforçava essa tendência, de modo que as sinapses ficaram cada vez mais fracas e por fim tornaram-se moribundas. Em outras palavras, a paralisia foi aprendida pelo cérebro, carimbada no conjunto de circuitos em que a imagem corporal do paciente estava construída. Mais tarde, quando o braço foi amputado, a paralisia aprendida foi transferida para o membro fantasma, que passou a ser sentido como paralisado.

Como pôr à prova uma teoria tão extravagante? Ocorreu-me a ideia de construir uma caixa de espelho (figura 1.4). Coloquei um espelho na vertical no centro de uma caixa de papelão cuja tampa e a frente tinham sido removidas. Se uma pessoa se postasse diante da caixa, mantivesse as mãos dos dois lados do espelho e baixasse os olhos para elas de um ângulo determinado, veria o reflexo de uma das mãos precisamente superposto à localização sentida de sua outra mão. Em outras palavras, ela teria a impressão vívida, mas falsa, de estar olhando para suas duas mãos; na verdade, estaria apenas olhando para a mão real e seu reflexo.

Se você tem duas mãos normais, intactas, pode ser divertido brincar com essa ilusão na caixa de espelho. Por exemplo, você pode mexer suas mãos de maneira sincrônica e simétrica por alguns momentos – fazer de conta que está regendo uma orquestra funciona bem –, e depois subita-

Membros fantasma e cérebros plásticos

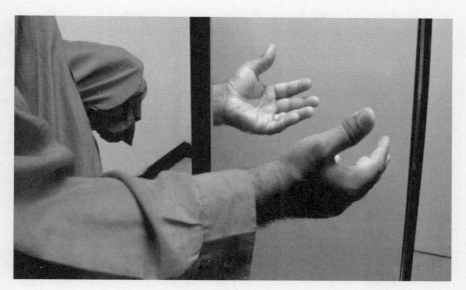

FIGURA 1.4 O arranjo do espelho para animar o membro fantasma. O paciente "põe" seu braço esquerdo fantasma paralisado e dolorido atrás do espelho e sua mão direita intacta em frente a ele. Em seguida, se ele vê o reflexo especular da mão direita ao olhar para o lado direito do espelho, tem a ilusão de que o membro fantasma foi ressuscitado. O movimento da mão real faz com que o fantasma pareça se mover, e depois ele passa a ser sentido como se estivesse se movendo – por vezes pela primeira vez em anos. Em muitos pacientes esse exercício alivia a cãibra fantasma e a dor associada. Em experimentos clínicos, demonstrou-se também que o *feedback* visual do espelho é mais eficaz do que tratamentos convencionais para a síndrome de dor regional crônica e paralisia resultante de acidente vascular cerebral.

mente movê-las de maneiras diferentes. Embora você saiba que se trata de uma ilusão, invariavelmente uma leve surpresa sacode a sua mente quando faz isso. A surpresa vem do súbito desacordo entre dois fluxos de *feedback*: aquele de pele e músculos que você recebe da mão que está atrás do espelho diz uma coisa, mas o *feedback* visual que você recebe da mão refletida – que seu lobo parietal se convenceu ser sua própria mão escondida – relata outro movimento.

Consideremos agora o que essa caixa de espelho faz para uma pessoa com um membro fantasma paralisado. O primeiro paciente com quem experimentamos isso, Jimmie, tinha um braço direito intacto e um braço esquerdo fantasma. Este se projetava de seu coto como o antebraço moldado em resina de um manequim. E o pior, esse membro era também sujeito a cãibras dolorosas acerca das quais os médicos nada podiam fazer. Mostrei-lhe a caixa de espelho e expliquei-lhe que estávamos prestes a experimentar algo que talvez lhe parecesse um pouco disparatado, não havendo nenhuma garantia de que surtiria algum efeito, mas Jimmie mostrou-se bem disposto a fazer uma tentativa. Ele pôs o seu fantasma paralisado do lado esquerdo do espelho, olhou para o lado direito da caixa e posicionou com cuidado a mão direita de modo que sua imagem fosse congruente com a posição sentida do fantasma (isto é, ficasse superposta a ela). Isso lhe deu de imediato a surpreendente impressão visual de que o braço fantasma ressuscitara. Pedi-lhe então para executar movimentos em simetria especular com ambos os braços e mãos enquanto continuava olhando para o espelho. Ele exclamou: "É como se ele tivesse sido ligado de novo!" Agora, não apenas tinha uma vívida impressão de que o fantasma estava obedecendo a seus comandos, como, para seu espanto, isso começou a aliviar seus dolorosos espasmos fantasma pela primeira vez em anos. Era como se o *feedback* visual do espelho (FVE) tivesse permitido a seu cérebro "desaprender" a paralisia aprendida.

De maneira ainda mais extraordinária, quando um de nossos pacientes, Ron, levou a caixa para casa e brincou com ela durante três semanas em seu tempo livre, seu membro fantasma desapareceu por completo, junto com a dor. Todos nós ficamos chocados. Uma simples caixa de espelho havia exorcizado um fantasma. Como? Até hoje ninguém provou esse mecanismo, mas aqui está como suspeito que isso funcione. Quando se vê diante de tal confusão de *inputs* sensoriais conflitantes – nenhum *feedback* de articulações ou músculos, cópias impotentes de sinais de comando motor, e agora *feedback* visual discrepante, acrescentados por meio da caixa de espelho – o cérebro simplesmente desiste e diz, para todos os efeitos: "Para o diabo com isso; não há braço nenhum." O cérebro recorre à negação. Costumo dizer para meus colegas médicos que esse foi o primeiro caso na história da medicina de amputação bem-sucedida de um membro fantasma. Quando observei pela primeira vez esse desaparecimento do fantasma usando o FVE, eu mesmo não consegui acreditar de todo naquilo. A noção de que era possível amputar um fantasma com um espelho parecia esquisita, mas isso foi replicado por outros grupos de pesquisadores, em especial Herta Flor, uma neurocientista na Universidade de Heidelberb. A redução da dor fantasma foi também confirmada pelo grupo de Jack Tsao no Walter Reed Army Medical Center em Maryland. Eles conduziram um estudo clínico controlado por placebo com 24 pacientes (dos quais dezesseis no grupo de controle). A dor fantasma desapareceu após apenas três semanas nos oito pacientes que usaram o espelho, ao passo que nenhum dos pacientes do grupo de controle (que usaram Pexiglas e imagens visuais em vez de espelhos) mostrou qualquer melhora. Além disso, quando os pacientes do grupo de controle passaram a usar o espelho, mostraram a mesma redução substancial da dor exibida pelo grupo experimental original.

O que é mais importante, o FVE está sendo usado agora para acelerar a recuperação da paralisia subsequente a acidentes vasculares cerebrais. Meu colega de pós-doutorado Eric Altschuler e eu relatamos isso pela primeira vez em *The Lancet* em 1998, mas nossa amostra era pequena – somente nove pacientes. Um grupo alemão liderado por Christian Dole experimentou a técnica recentemente com cinquenta pacientes de acidente vascular cerebral num estudo triplo-cego controlado, e mostrou que a maioria deles recuperou funções tanto sensoriais quanto motoras. Uma vez que uma pessoa em seis vai sofrer um acidente vascular cerebral, essa é uma descoberta importante.

Mais aplicações clínicas para o FVE continuam a emergir. Uma delas está relacionada a um curioso distúrbio da dor com um nome também curioso – síndrome da dor regional complexa – Tipo II (SDRC-II) – o que é simplesmente uma cortina de fumaça verbal para: "Parece horrível! Não tenho ideia do que é." Como quer que a chamemos, essa aflição é na verdade muito comum: ela se manifesta em cerca de 10% das vítimas de acidente vascular cerebral. A variante mais conhecida do distúrbio ocorre depois de um pequeno ferimento, como uma fratura capilar comumente inócua em um dos metacarpos (ossos da mão). De início há dor, é claro, como a que se espera que acompanhe uma mão quebrada. Em geral, a dor desaparece pouco a pouco à medida que o osso fica bom. Mas num desafortunado subconjunto de pacientes, isso não acontece. Eles acabam com uma dor crônica excruciante que não cede e persiste indefinidamente muito tempo depois que a fratura original consolidou. Não há cura – pelo menos foi isso que me ensinaram na escola de medicina.

Ocorreu-me que uma abordagem evolucionária a esse problema poderia ser útil. Em geral pensamos na dor como algo simples, mas, de um ponto de vista funcional, há pelo menos duas espécies de dor. Há a dor aguda – quando você põe, por acidente, a mão sobre um fogão quente, dá um grito e a retira depressa – e depois há a dor crônica: aquela que persiste ou retorna durante períodos longos ou indefinidos, como a que poderia acompanhar uma fratura óssea na mão. Embora pareçam iguais (dolorosas), as duas têm diferentes funções biológicas e diferentes origens evolucionárias. A dor aguda nos faz afastar a mão instantaneamente do fogão para evitar maior dano tecidual. A dor crônica nos motiva a manter nossa mão fraturada imobilizada para evitar nova lesão enquanto ela sara.

Comecei a conjecturar: se paralisia aprendida podia explicar fantasmas imobilizados, talvez a SDRC-II fosse uma forma de "dor aprendida". Imagine um paciente com uma das mãos, fraturada. Pense em como, durante sua longa convalescença, a dor irradia por sua mão cada vez que ele a move. Seu cérebro está vendo um padrão de eventos "se A então B" constante, em que A é movimento e B é dor. Assim as sinapses entre os vários neurônios que representam esses dois eventos são reforçadas dia a dia – por meses a fio. Por fim, a mera tentativa de mover a mão provoca dor excruciante. Essa dor pode até se estender ao braço, fazendo-o enrigecer. Em alguns desses exemplos, o braço não só desenvolve paralisia, mas fica realmente inchado e inflamado, e no caso da atrofia de Sudek o osso pode até começar a se atrofiar. Tudo isso pode ser visto como uma estranha manifestação de interações mente-corpo que deram terrivelmente errado.

No simpósio "A década do cérebro" que organizei na Universidade da Califórnia, em San Diego, em outubro de 1996, sugeri que a caixa de espelho poderia ajudar a aliviar a dor aprendida da mesma maneira que afeta a dor fantasma. O paciente poderia tentar mover seus membros em sincronia enquanto estivesse olhando para o espelho, criando a ilusão de que o braço afligido estaria se movendo livremente, sem que nenhuma dor fosse evocada. Observar isso repetidas vezes pode permitir que a dor aprendida seja "desaprendida". Alguns anos depois, a caixa de espelho foi testada por dois grupos de pesquisa e provou-se eficaz no tratamento da SDRC-II numa maioria de pacientes. Ambos os estudos foram duplo-cego e controlados por placebo. Para ser franco, fiquei muito surpreso. Desde esse tempo, dois outros estudos aleatórios duplo-cego confirmaram a impressionante eficácia do procedimento. (Há uma variante da SDRC-II vista em 15% das vítimas de acidente vascular cerebral, e o espelho é eficaz nesse caso também.)

Vou mencionar uma última observação a respeito de membros fantasma ainda mais extraordinária que os casos mencionados até aqui. Usei a caixa de espelho convencional mas acrescentei uma novidade. Fiz o paciente, Chuck, olhar para o reflexo de seu membro intacto de modo a ressuscitar opticamente o fantasma como antes. Dessa vez, porém, em vez de lhe pedir para mover o braço, pedi-lhe que o mantivesse parado enquanto eu punha uma lente côncava minificadora (redutora da imagem) entre sua linha de visão e o reflexo no espelho. Do ponto de vista de Chuck, seu fantasma parecia agora ter cerca de metade ou um terço de seu tamanho "real".

Chuck pareceu surpreso e disse: "É espantoso, doutor. Meu fantasma não só parece pequeno mas eu o sinto pequeno também. E sabe de uma coisa? A dor encolheu também! Está reduzida um quarto da intensidade que tinha antes."

Isso suscita uma intrigante questão: seria possível diminuir uma dor real num braço real, provocada por uma picada de alfinete, diminuindo opticamente o alfinete e o braço? Em vários dos experimentos que acabo de descrever, vimos como visão (ou a falta dela) é um fator capaz de exercer poderosa influência sobre a dor fantasma e a paralisia motora. Se fosse possível demonstrar que esse tipo de anestesia mediada opticamente funciona numa mão intacta, teríamos mais um assombroso exemplo de interação mente-corpo.

É RAZOÁVEL DIZER que essas descobertas – juntamente como os estudos animais pioneiros de Mike Merzenich e John Kaas e alguns engenhosos trabalhos clínicos de Leonardo Cohen e Paul Back y Rita – inauguraram toda uma nova era na neurologia, e em especial na neurorreabilitação. Eles levaram a uma mudança radical na maneira como pensamos sobre o cérebro. Segundo a antiga visão, que prevaleceu durante os anos 1980, o cérebro consistia em muitos módulos especializados que estão conectados desde o nascimento para desempenhar tarefas específicas. (Os diagramas de caixas e setas da conectividade cerebral nos manuais de anatomia estimularam essa imagem nas mentes de gerações de estudantes de medicina. Até hoje, alguns manuais continuam a representar esse tipo de visão "pré-copernicana".)

A partir dos anos 1990, porém, essa visão estática do cérebro foi pouco a pouco suplantada por uma representação muito mais dinâmica. Os chamados módulos do cérebro não executam suas tarefas de maneira isolada; há uma grande quantidade de interação para lá e para cá entre eles, muito mais do que se suspeitava anteriormente. Mudanças na operação de um módulo – digamos, por lesão, ou por maturação, ou por aprendizado e experiência de vida – podem levar a mudanças significativas nas operações de muitos outros módulos a que ele está conectado. Numa medida surpreendente, um módulo pode até assumir as funções de outro. Longe de estar estabelecidas segundo modelos genéticos pré-natais rígidos, as interconexões cerebrais são extremamente maleáveis – e não só em bebês e crianças pequenas, mas durante a vida de todos os adultos. Como vimos, até o mapa "tátil" básico no cérebro pode ser modificado ao longo de distâncias relativamente longas, e um membro fantasma pode ser "amputado" com um espelho. Podemos dizer agora com segurança que o cérebro é um sistema biológico extraordinariamente plástico que está num estado de equilíbrio dinâmico com o mundo externo. Até suas conexões básicas estão sendo atualizadas a todo momento em reação a exigências sensoriais cambiantes. E se levarmos em conta os neurônios-espelho, podemos inferir que nosso cérebro está também em sincronia com outros cérebros – análogo a uma Internet global ou a amigos do Facebook, modificando e enriquecendo uns aos outros a todo instante.

Por mais notável que essa mudança de paradigma tenha sido, e deixando de lado sua vasta importância clínica, talvez você esteja perguntando a si mesmo a essa altura o que essas histórias de membros fantasma e cérebros plásticos têm a ver com a singularidade humana. Será a plasticidade vitalícia um traço caracteristicamente humano? Na verdade, não. Acaso primatas inferiores não têm membros fantasma? De fato, têm. Têm eles seu membro cortical e representações da face remapeados após amputação? Sem dúvida. Então o que a plasticidade nos diz a respeito de nossa singularidade?

A resposta é que a plasticidade vitalícia (e não apenas os genes) é um dos principais atores na evolução da singularidade humana. Por meio de seleção natural, nossos cérebros desenvolveram a capacidade de explorar o aprendizado e a cultura para impelir nossas transições de fase mentais. Poderíamos, do mesmo modo, nos intitular *Homo plasticus*. Embora os cérebros de outros animais exibam plasticidade, somos a única espécie a usá-la como um ator central no refinamento e na evolução do cérebro. Uma das mais importantes maneiras como conseguimos alavancar a neuroplasticidade a alturas tão estratosféricas é conhecida como neotenia – nossas infância e juventude quase absurdamente prolongadas, que nos deixam tanto hiperplásticos quanto hiperdependentes de gerações mais velhas por muito mais de uma década. A infância humana ajuda a assentar os fundamentos da mente adulta, mas a plasticidade continua sendo uma força importante durante a vida toda. Sem neotenia e plasticidade, ainda seríamos macacos nus da savana – sem fogo, sem ferramentas, sem escrita, tradição, crenças ou sonhos. Realmente não seríamos "nada mais que" macacos, em vez de aspirantes a anjos.

Incidentalmente, embora eu nunca tenha podido estudar diretamente Mikhey – a paciente que ria quando deveria estar gritando de dor, que conheci quando era estudante de medicina –, nunca parei de refletir sobre seu caso. O riso de Mikhey suscita uma interessante questão: por que alguém ri de alguma coisa? O riso – e seu companheiro cognitivo, o humor – é um traço universal presente em todas as culturas. Sabe-se que alguns macacos "riem" quando lhes fazem cócegas, mas duvido que ririam ao ver um macaco corpulento escorregar numa casca de banana e cair de bunda no chão. Jane Goodall certamente nunca relatou nada a respeito de chimpanzés fazendo esquetes de pantomima uns para os outros à maneira dos Três Patetas ou dos Keystone Kops. Por que e como o humor se desenvolveu em nós é um mistério, mas o problema de Mikhey me deu uma pista.

Toda piada ou incidente cômico tem a seguinte forma: você narra uma história passo a passo, conduzindo seu ouvinte a uma expectativa enganosa, depois introduz uma guinada inesperada, um clímax, cuja compreensão exige uma completa reinterpretação dos eventos precedentes. Mas isso não é tudo: provavelmente nenhum cientista cujo edifício teórico é demolido por um único e feio fato que acarreta uma completa revisão vai achar isso engraçado. (Acredite-me, eu tentei!) A deflação da expectativa é necessária, mas não suficiente. O ingrediente essencial extra é que a nova interpretação não tenha consequências. Deixe-me ilustrar: o reitor da escola de medicina começa a andar por um caminho, mas antes de chegar a seu destino escorrega numa casca de banana e cai. Se ele fraturar o crânio e o sangue começar a esguichar, você corre para ajudá-lo e chama a ambulância. Você não ri. Mas se ele se levanta incólume, esfregando as manchas de banana de suas calças caras, você cai na gargalhada. Isso é chamado comédia pastelão. A diferença essencial é que no primeiro caso há um verdadeiro alarme que requer atenção urgente. No segundo há um *falso* alarme, e ao rir você informa a seus semelhantes nas proximidades que não precisam desperdiçar seus recursos correndo para socorrê-lo. É o sinal de "está tudo bem" da natureza. O que fica inexplicado é o ligeiro aspecto *Schadenfreude** que cerca a coisa toda.

Como isso explica o riso de Mikhey? Eu não sabia disso na época, mas muitos anos depois vi outra paciente, chamada Dorothy, com uma síndrome semelhante de "riso de dor". Uma imagem por tomografia computadorizada (TC) revelou que uma das vias da dor em seu cérebro estava danificada. Embora pensemos na dor como uma sensação única, ela tem de fato várias camadas. É inicialmente processada numa pequena estrutura chamada ínsula ("ilha"), que está dobrada bem debaixo do lobo temporal em cada lado do cérebro (ver figura Int.2). Da ínsula a informação de dor é em seguida retransmitida para o cingulado anterior nos lobos frontais. É *aqui* que sentimos o real desagrado – a agonia e o horror da dor – junto com uma expectativa de perigo. Se esse caminho está cortado, como estava em Dorothy e presumivelmente em Mikhey, a ínsula continua a fornecer a sensação básica de dor, mas esta não conduz ao esperado horror e agonia: o cingulado anterior não recebe a mensagem. Ele diz, para todos os efeitos, "está tudo bem". Temos aqui, portanto, os dois ingredientes-chave para o riso: uma indicação palpável e iminente de alarme é acionada (a partir da ínsula) e seguida por um acompanhamento de "nada de importante" (a partir do silêncio do cingulado anterior). Por isso o paciente ri incontrolavelmente.

O mesmo se aplica às cócegas. O enorme adulto aproxima-se da criança de forma ameaçadora. Ela está claramente subjugada, capturada, completamente à mercê de um imenso bicho-papão. Uma parte instintiva dela – seu primata interior, aparelhado para fugir dos terrores de águias, jaguares e pítons (oh!) – não pode deixar de interpretar a situação dessa maneira. Mas, em seguida, o monstro revela-se gentil. Ele esvazia a expectativa de perigo. O que poderiam ter sido presas e garras enterrando-se fatalmente em suas costelas revela ser nada além de dedos que ondulam com firmeza. E a criança ri. É possível que essas cócegas tenham evolvido como um primitivo ensaio brincalhão para o humor adulto.

---

* Alegria pela desgraça alheia. (N.T.)

A teoria do falso alarme explica a comédia pastelão, e é fácil ver como ela pode ter sido evolucionariamente cooptada (exaptada, para usar o termo técnico) para comédias pastelão *cognitivas* – em outras palavras, piadas. A comedia pastelão cognitiva pode do mesmo modo servir para esvaziar expectativas de perigo falsamente evocadas, que de outro modo poderiam resultar num grande desperdício de recursos com perigos imaginários. De fato, poderíamos até dizer que o humor ajuda como um antídoto eficaz para uma luta inútil contra o supremo perigo: o onipresente medo da morte em seres autoconscientes como nós.

Por fim, considere aquele gesto universal de saudação em seres humanos: o sorriso. Quando um macaco se aproxima de outro, a suposição padrão deste é que está sendo abordado por um estranho potencialmente perigoso, e por isso indica sua prontidão para lutar projetando seus caninos numa careta. Isso evoluiu e tornou-se ritualizado numa expressão zombeteira de ameaça, um gesto agressivo que adverte o intruso para uma retaliação potencial. Mas se o macaco que se aproxima for reconhecido como um amigo, a expressão de ameaça (caninos à mostra) é desfeita a meio caminho, e essa careta intermediária (em que os caninos são ocultos em parte) torna-se uma expressão de apaziguamento e amizade. Mais uma vez uma ameaça potencial (ataque) é abruptamente desfeita – os ingredientes-chave para o riso. Não admira que um sorriso corresponda à mesma sensação subjetiva que o riso. Ele incorpora a mesma lógica e pode estar sustentado pelos mesmos circuitos neurais. Como é estranho que, quando sua bem-amada sorri para você, ela esteja na verdade semidescobrindo seus caninos, fazendo-o lembrar de suas origens bestiais.

Assim foi que pudemos começar com um estranho mistério que poderia ter saído diretamente das páginas de Edgar Allan Poe, aplicar os métodos de Sherlock Holmes, diagnosticar e explicar os sintomas de Mikhey e, como um bônus, iluminar a possível evolução e função biológica de um aspecto muito valorizado mas profundamente enigmático da mente humana.

2. Ver e saber

> *"Você vê, mas não observa."*
> Sherlock Holmes

Este capítulo é sobre a visão. Os olhos e a visão, é claro, não são exclusivos dos seres humanos – em absoluto. Na verdade, a capacidade de ver é tão útil que se desenvolveu em muitas fases distintas na história da vida. Os olhos do polvo são extraordinariamente parecidos com os nossos, embora nosso último ancestral comum tenha sido uma criatura aquática cega parecida com uma lesma que viveu muito mais de meio bilhão de anos atrás.[1] Os olhos não são uma exclusividade nossa, mas a visão não ocorre no olho. Ela ocorre no cérebro. E não há na terra uma criatura que veja os objetos exatamente da mesma maneira que nós. Às vezes ouvimos alguns factoides, como o fato de que uma águia pode ler minúsculas notinhas de jornal a quinze metros de distância. Mas águias não leem, é claro.

Este livro trata do que torna os seres humanos especiais, e um tema recorrente é que nossos traços mentais singulares evoluíram necessariamente de estruturas cerebrais preexistentes. Começamos nossa jornada com a percepção visual, em parte porque se sabe mais sobre suas complexidades do que a respeito de qualquer outra função cerebral e em parte porque o desenvolvimento de áreas visuais acelerou-se enormemente na evolução dos primatas, culminando nos seres humanos. É provável que os carnívoros e herbívoros tivessem menos do que uma dúzia de áreas visuais e nenhuma percepção de cor. O mesmo pode ser dito de nossos ancestrais, pequeninos insetívoros noturnos correndo por galhos de árvores, mal sabendo que seus descendentes iriam um dia herdar – e possivelmente aniquilar! – a terra. Mas os seres humanos têm nada menos do que trinta áreas visuais, em vez de meras doze. O que elas estão fazendo, uma vez que uma ovelha consegue se virar com muito menos?

Quando nossos ancestrais parecidos com musaranhos tornaram-se diurnos, evoluindo para prossímios e macacos, eles começaram a desenvolver capacidades visomotoras precisamente para agarrar e manipular galhos, ramos e folhas. Além disso, a substituição da dieta de pequeninos insetos noturnos por frutas vermelhas, amarelas e azuis, bem como por folhas cujo valor nutricional era codificado pela cor em vários tons de verde, marrom e amarelo, impulsionou a emergência de um sofisticado sistema para a visão de cores. Talvez esse aspecto recompensador da percepção de cores tenha sido explorado subsequentemente por primatas fêmeas para anunciar sua receptividade sexual e ovulação mensal com o estro – um inchamento claramente visível do traseiro para se assemelhar a frutas maduras. (Esse traço foi perdido em fêmeas humanas, que evoluíram para ser continuamente receptivas sexualmente durante todo o mês – algo que, eu mesmo, ainda estou por observar.) Numa alteração adicional, como nossos ancestrais macacos evoluíram rumo à adoção de uma postura ereta bípede, a sedução por traseiros rosados e inchados pode ter se transferido para lábios carnudos. Ficamos tentados a sugerir – não muito a sério – que nossa predileção por sexo oral talvez seja também um retrocesso evolucionário aos tempos de nossos ancestrais, como frugívoros (comedores de frutas). É irônico pensar que nossa apreciação de um Monet ou um Van Gogh ou de Romeu saboreando o beijo de Julieta pode remontar em última análise a uma antiga atração por frutas maduras e traseiros. (É isso que torna a psicologia evolucionária tão divertida: você pode desenvolver uma teoria irônica bizarra e dar um jeito de justificá-la.)

Além da extrema agilidade de nossos dedos, o polegar humano desenvolveu uma articulação em forma de sela que lhe permite opor-se ao dedo indicador. Esse traço, que possibilita a chamada preensão precisa, pode parecer trivial, mas é útil para colher frutas pequenas, castanhas e insetos. Revela-se também de grande utilidade para enfiar linhas em agulhas, empunhar machados de mão, contar ou fazer o gesto de paz do Buda. A exigência de movimentos finos e independentes dos dedos, polegares oponíveis e coordenação visomotora primorosamente precisa – cuja evolução foi posta em movimento cedo na linhagem primata – pode ter sido a fonte final da pressão de seleção que nos levou a desenvolver nossa pletora de sofisticadas áreas visuais e visomotoras no cérebro. Sem todas essas áreas, é discutível se você poderia soprar um beijo, escrever, contar, arremessar um dardo, fumar um baseado ou – caso fosse um monarca – empunhar um cetro.

A ligação entre ação e percepção ficou especialmente clara na última década com a descoberta, nos lobos frontais, de uma nova classe de neurônios chamados canônicos. Esses neurônios são parecidos sob alguns aspectos com os neurônios-espelho que introduzi no capítulo anterior. Como eles, cada neurônio canônico se excita durante o desempenho de uma ação específica, como estender a mão para agarrar um ramo vertical ou uma maçã. Mas o mesmo neurônio ficará excitado também à mera *visão* de um ramo ou maçã. Em outras palavras, é como se a propriedade abstrata da "agarrabilidade" estivesse sendo codificada como um aspecto intrínseco da forma visual do objeto. A distinção entre percepção e ação existe em nossa linguagem comum, mas é evidente que o cérebro nem sempre a respeita.

Embora a linha entre percepção visual e ação preênsil tenha se tornado cada vez mais indistinta na evolução primata, o mesmo ocorreu com a linha entre percepção visual e imaginação visual na evolução humana. Um macaco, um golfinho, um cachorro provavelmente gozam de uma forma rudimentar de imaginação visual, mas só seres humanos podem criar símbolos visuais e manipulá-los mentalmente para experimentar novas justaposições. É provável que um símio possa evocar a imagem mental de uma banana ou do macho alfa de seu bando, mas só um ser humano pode manipular símbolos visuais para criar novas combinações, como bebês criando asas (anjos) ou seres que são metade cavalo, metade ser humano (centauros). Essa imaginação e manipulação *"off-line"* de símbolos pode, por sua vez, ser uma exigência para outro traço que pertence unicamente ao ser humano, a linguagem, de que trataremos no capítulo 6.

Em 1988, um homem de sessenta anos foi levado para uma sala de emergência de um hospital de Middlesex, na Inglaterra. John havia sido piloto de combate na Segunda Guerra Mundial. Até o fatídico dia em que desenvolveu subitamente severa dor abdominal e vômitos, ele havia gozado de perfeita saúde. O interno que o atendeu, dr. David McFee, colheu uma história da doença. A dor havia começado perto do umbigo e depois migrado para o lado direito inferior do abdome. Isso soou para o dr. McFee como um caso clássico de apendicite: uma inflamação de um pequenino apêndice vestigial que se projeta do cólon sobre o lado direito do corpo. No feto, o apêndice começa a crescer primeiro diretamente sob o umbigo, mas à medida que os intestinos se alongam e ficam retorcidos, ele é empurrado para o quadrante direito inferior do abdome. Mas o cérebro se lembra de sua localização original, por isso é ali que experimenta a dor inicial – sob o umbigo. Logo a inflamação se espalha para a parede abdominal que o cobre. É então que a dor migra para a direita.

Em seguida o dr. McFee obteve um sinal clássico chamado sensibilidade de rebote. Com três dedos, ele comprimiu lentamente a parede abdominal direita inferior e notou que isso não provocava nenhuma dor. Mas quando retirou a mão de repente para aliviar a pressão, houve um pequeno espaço de tempo seguido por dor súbita. Essa demora resulta do atraso inercial do apêndice inflamado quando ele ricocheteia para atingir a parede abdominal.

Por fim, o dr. McFee aplicou pressão no quadrante esquerdo inferior de John, fazendo-o sentir uma aguda pontada de dor na direita inferior, o verdadeiro local do apêndice. A dor é causada pelo deslocamento do gás do lado esquerdo para o lado direito do cólon promovido pela pressão, o que faz o apêndice inflar ligeiramente. Esse sinal revelador, junto com a febre alta e os vômitos de John, selaram o diagnóstico. O dr. McFee marcou a apendicectomia de imediato: o apêndice inchado e inflamado poderia se romper a qualquer momento e despejar seus conteúdos na cavidade abdominal, produzindo uma peritonite que ameaçaria a vida do paciente. A cirurgia se realizou sem complicações, e John foi levado para a enfermaria de recuperação para descansar e se recuperar.

Lamentavelmente, os problemas de John haviam apenas começado.[2] O que deveria ter sido uma recuperação de rotina tornou-se um pesadelo quando um pequeno coágulo de uma veia da sua perna foi lançado em seu sangue e entupiu uma de suas artérias cerebrais, causando um acidente vascular cerebral. O primeiro sinal apareceu quando sua mulher entrou no quarto. Imagine o espanto de John – e o dela – quando ele não foi mais capaz de reconhecer o rosto da esposa. Só sabia com quem estava conversando porque ainda podia reconhecer a voz da mulher. Também não podia reconhecer o rosto de mais ninguém – nem mesmo o seu próprio num espelho.

"Sei que sou eu", disse ele. "Ele pisca quando eu pisco e se mexe quando eu me mexo. Isso é obviamente um espelho. Mas isso não se parece comigo."

John enfatizou repetidas vezes que não havia nada errado com sua visão.

"Minha visão está ótima, doutor. As coisas estão fora de foco na minha mente, não em meus olhos.

Mais extraordinário ainda era que ele não conseguia reconhecer objetos familiares.

Quando lhe mostraram uma cenoura, ele disse: "É uma coisa comprida com um tufo na ponta – um pincel?"

Ele estava usando fragmentos do objeto para deduzir intelectualmente o que era aquilo, em vez de reconhecê-lo instantaneamente como um todo como a maioria de nós fazemos.

Quando lhe mostraram a foto de uma cabra, ele a descreveu como "algum tipo animal. Talvez um cachorro". Muitas vezes John conseguia perceber a classe genérica a que o objeto pertencia – podia distinguir animais de plantas, por exemplo – mas não conseguia dizer de que exemplar específico dessa classe se tratava. Esses sintomas não eram causados por nenhuma limitação do intelecto ou de sofisticação verbal. Aqui está a descrição que John fez de uma cenoura, a qual, como você certamente concordará, é muito mais detalhada do que aquela que a maioria de nós poderia produzir:

Uma cenoura é um vegetal de raiz cultivado e usado para consumo humano no mundo inteiro. Criada a partir de semente como cultura anual, a cenoura produz folhas finas e longas que brotam da raiz tuberosa. Esta tem um crescimento profundo e é grande em comparação com o crescimento das folhas, chegando, por vezes, quando o vegetal cresce num solo bom, a medir mais de trinta centímetros sob uma copa folhosa de altura semelhante. As cenouras podem ser comidas cozidas ou cruas e podem ser colhidas com qualquer tamanho ou em qualquer estágio de crescimento. A forma geral de uma cenoura é um cone alongado, e sua cor varia entre vermelho e amarelo.

John não conseguia mais identificar objetos, mas ainda podia lidar com eles em termos de sua extensão espacial, suas dimensões e seu movimento. Ele era capaz de andar pelo hospital sem tropeçar em obstáculos. Podia até dirigir por curtas distâncias com alguma ajuda – uma façanha verdadeiramente espantosa em face de todo o tráfego que tinha de enfrentar. Era capaz de localizar veículos em movimento e avaliar sua velocidade aproximada, embora não pudesse distinguir se era um Jaguar, um Volvo ou até um caminhão. Essas distinções provam-se irrelevantes para o exercício real da direção.

Quando chegou em casa, ele viu uma gravura da catedral de St. Paul, pendurada na parede havia décadas. Disse que sabia que alguém lhe tinha dado o quadro, mas não se lembrava do que ele representava. Foi capaz de produzir um desenho surpreendentemente preciso, copiando todos os detalhes da gravura – até as falhas de impressão! Mesmo depois de fazer isso, porém, continuava não sendo capaz de dizer o que era aquilo. John podia ver com absoluta clareza; apenas não sabia o que estava vendo – razão por que as falhas não eram "falhas" para ele.

John havia sido um jardineiro entusiasta antes de seu acidente vascular cerebral. Ele saiu de casa e, para grande surpresa da esposa, pegou um par de tesouras e pôs-se a aparar a sebe sem esforço. No entanto, quando tentou limpar o jardim, várias vezes arrancou as flores do chão porque não conseguia distingui-las das ervas daninhas. Aparar a sebe, por outro lado, exigia apenas que localizasse desníveis. Não era necessário identificar objetos. A distinção entre ver e saber é bem ilustrada pelo problema de John.

Embora uma incapacidade de saber para o que estava olhando fosse a principal dificuldade de John, havia outras mais sutis também. Por exemplo, ele tinha visão em túnel, muitas vezes fazendo confusão entre a floresta e as árvores. Podia estender o braço e pegar uma xícara de café quando o objeto estava isolado numa mesa bem-arrumada, mas ficava irremediavelmente confuso quando confrontado com um serviço de bufê. Imagine sua surpresa ao descobrir que tinha posto maionese em vez de creme no café.

Comumente, nossa percepção do mundo parece requerer tão pouco esforço que tendemos a não valorizá-la. Olhamos, vemos, compreendemos – isso parece tão natural e inevitável quanto água correndo morro abaixo. Só quando alguma coisa dá errado, como em pacientes como John, percebemos como isso é de fato extraordinariamente sofisticado. Mesmo que nossa imagem do mundo pareça coerente e unificada, ela emerge de fato da atividade dessas trinta (ou mais) diferentes áreas visuais do córtex, cada uma das quais medeia múltiplas funções sutis. Muitas delas são áreas que compartilhamos com outros mamíferos, mas algumas "separaram-se" em algum ponto para se tornar módulos recém-especializados em primatas superiores. Não sabemos ao certo, exatamente, quantas de nossas áreas visuais só estão presentes nos seres humanos. Mas sabemos muito mais a respeito delas do que sobre outras regiões cerebrais superiores como os lobos frontais, que estão envolvidos em coisas como moralidade, compaixão e ambição. Uma compreensão completa de como o sistema visual realmente funciona pode fornecer, portanto, ideias sobre as estratégias mais gerais usadas pelo cérebro para lidar com informações, inclusive aquelas exclusivamente nossas.

Alguns anos atrás estava em um discurso pós-jantar proferido por David Attenborough no aquário universitário em La Jolla, Califórnia, perto de onde trabalho. Sentado ao meu lado estava um homem de aparência distinta, com um bigode de morsa. Depois de tomar sua quarta taça de vinho ele me contou que trabalhava no instituto de ciência da criação em San Diego. Senti-me muito tentado a lhe dizer que ciência da criação é um oximoro, mas antes que pudesse fazê-lo ele me interrompeu para perguntar onde eu trabalhava e quais eram meus interesses naquele momento.

"Autismo e sinestesia, ultimamente. Mas também estudo a visão."

"Visão? O que há para estudar?"

"Bem, o que você pensa que se passa na sua cabeça quando olha para alguma coisa – aquela cadeira, por exemplo?"

"Há uma imagem óptica da cadeira em meu olho – em minha retina. A imagem é transmitida ao longo de um nervo para a área visual do cérebro e eu a vejo. Claro, como a imagem no olho está de cabeça para baixo, o cérebro tem de pô-la na posição correta antes que possamos vê-la."

Sua resposta encarna uma falácia lógica chamada falácia do homúnculo. Se a imagem na retina fosse transmitida para o cérebro e "projetada" sobre uma tela mental interna, precisaríamos ter uma espécie de "homenzinho" – um homúnculo – dentro de nossa cabeça olhando para a imagem e interpretando-a ou compreendendo-a para nós. Mas como o homúnculo seria capaz de compreender as imagens que vão sendo exibidas em sua tela? Seria preciso haver outro sujeito, ainda menor, olhando para a imagem em *sua* cabeça – e assim por diante. É uma situação de regressão infinita de olhos, imagens e homenzinhos, sem realmente resolver o problema da percepção.

Para compreender a percepção, precisamos primeiro nos livrar da noção de que a imagem do fundo de seu olho é simplesmente "retransmitida" para nosso cérebro para ser exibida numa tela. Em vez disso, temos de compreender que a partir do momento em que os raios de luz são convertidos em impulsos neurais no fundo de nosso olho, não faz mais nenhum sentido pensar na informação visual como uma imagem. Temos de pensar, em vez disso, em descrições simbólicas que *representam* as cenas e objetos que compõem a imagem. Digamos que eu quisesse que alguém soubesse que aspecto tem a cadeira que vejo do outro lado de uma sala. Eu poderia levar a pessoa até lá e apontar o objeto, de modo que ela pudesse vê-lo por si mesma, mas isso não é uma descrição simbólica. Eu poderia lhe mostrar uma fotografia ou um desenho da cadeira, mas isso ainda não é simbólico porque possui uma semelhança física. Mas se eu entrego à pessoa um bilhete escrito descrevendo a cadeira, teremos penetrado na esfera da descrição simbólica: os rabiscos de tinta no papel não têm nenhuma semelhança física com a cadeira; eles meramente a representam.

De maneira análoga, o cérebro cria descrições simbólicas. Ele não recria a imagem original, mas representa as várias características e aspectos da imagem em termos totalmente novos – não com rabiscos de tinta, é claro, mas em seu próprio alfabeto de impulsos nervosos. Essas codificações simbólicas são criadas em parte em nossa própria retina, mas sobretudo em nosso cérebro. Uma vez ali, elas são divididas, transformadas e combinadas na extensa rede de áreas cerebrais visuais que finalmente nos permitem reconhecer objetos. Evidentemente, a vasta maioria desses processamentos ocorre nos bastidores, sem penetrar em nossa percepção consciente, razão por que parece se dar sem esforço e ser óbvia, como parecia para meu companheiro de jantar.

Rejeitei a falácia do homúnculo com desenvoltura, apontando o problema da regressão infinita. Mas há alguma evidência direta de que isso é de fato uma falácia?

Primeiro, o que você vê não pode ser simplesmente a imagem na retina porque a imagem retiniana pode permanecer constante, mas sua percepção mudar radicalmente. Se a percepção envolvesse mera transmissão e exibição de uma imagem numa tela mental interior, como isso pode ser verdade? Segundo, o inverso também é verdadeiro: a imagem retiniana pode mudar, mas sua percepção do objeto permanecer estável. Terceiro, apesar das aparências, a percepção demanda tempo e acontece em estágios.

A primeira razão é a mais fácil de apreciar. Ela é a base de muitas ilusões visuais. Um exemplo famoso é o cubo de Necker, descoberto por acaso pelo cristalógrafo suíço Louis Albert Necker (figura 2.1). Um dia, ele estava contemplando um cristal cuboide através de um microscópio, e imagine sua surpresa quando o cristal de repente pareceu dar uma reviravolta! Sem se mexer visivelmente, o objeto mudou de orientação bem diante de seus próprios olhos. Estaria o cristal de fato modificando-se? Para descobrir, Necker desenhou um cubo de arame num pedaço de papel e notou que o desenho fazia a mesma coisa. Conclusão: sua percepção estava mudando, não o cristal.

Você pode experimentar isso por si mesmo. É divertido, mesmo que você já o tenha feito dezenas de vezes no passado. Verá que o desenho faz uma reviravolta diante de você e isso ocorre em parte – mas só em parte – sob controle voluntário. O fato de sua percepção de uma imagem inalterada poder mudar e dar uma reviravolta radical é prova de que ela deve envolver mais do que a mera exibição de uma imagem no cérebro. Até o mais simples ato de percepção envolve julgamento e interpretação. A percepção é uma opinião ativamente formada sobre o mundo, não uma reação passiva a um *input* sensorial proveniente dele.

Outro exemplo impressionante é a famosa ilusão da sala de Ames (figura 2.2). Imagine pegar uma sala comum, como aquela em que você está agora, e esticar um canto de maneira que o teto fique muito mais alto nesse canto que no resto do cômodo. Agora faça um furinho em qualquer uma das paredes e olhe para dentro da sala. De quase qualquer ângulo de visão,

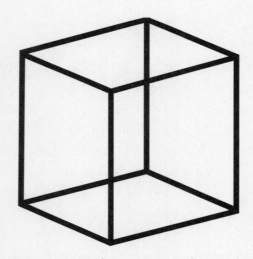

FIGURA 2.1 Desenho esquemático de um cubo: podemos vê-lo de duas maneiras diferentes, como se ele estivesse acima de nós ou abaixo de nós.

FIGURA 2.2 Esta foto não foi editada no Photoshop! Foi feita com uma câmera comum do ponto de vista especial que faz a sala de Ames funcionar. A parte divertida dessa ilusão é criada quando fazemos duas pessoas andarem para cantos opostos da sala: tem-se a nítida impressão de que, embora estejam a apenas poucos passos uma da outra, uma delas tornou-se gigantesca, com sua cabeça roçando o teto, ao passo que a outra encolheu para o tamanho de uma fada.

você vê uma sala trapezoidal estranhamente deformada. Mas há um ponto de vista especial do qual, para nossa surpresa, a sala parece completamente normal! As paredes, piso e teto, tudo parece estar arranjado de modo a formar entre si os ângulos retos apropriados, e as janelas e os ladrilhos do piso parecem ser de tamanho uniforme. A explicação usual para essa ilusão é que, desse ponto de vista particular, a imagem projetada sobre sua retina pela sala distorcida é idêntica àquela que seria produzida por uma sala normal – é uma mera questão de óptica geométrica. Mas isso certamente é uma petição de princípio. Como nosso sistema visual sabe que aparência uma sala normal deveria ter exatamente desse ponto de vista?

Para inverter o problema, vamos supor que você esteja olhando para uma sala normal através de um olho mágico. Na verdade, há uma infinidade de salas de Ames trapezoidais distorcidas que poderiam produzir a mesma imagem, no entanto, você percebe de forma estável uma sala normal. Sua percepção não oscila desvairadamente entre um milhão de possibilidades; ela encontra de imediato o caminho para a interpretação correta. A única maneira pela qual é possível fazer isso é introduzindo certo conhecimento incorporado ou suposições ocultas a respeito do mundo – como as de que paredes são paralelas, ladrilhos do piso são quadrados e assim por diante – para eliminar a infinidade de falsas salas.

O estudo da percepção, portanto, é o estudo dessas suposições e da maneira pela qual elas são preservadas no *hardware* neural de nosso cérebro. É difícil construir uma sala de Ames de tamanho natural, mas, ao longo dos anos, psicólogos criaram centenas de ilusões visuais astuciosamente inventadas para nos ajudar a explorar as suposições que impelem a percepção. É divertido ver ilusões porque elas parecem violar o senso comum. Mas elas exercem sobre um psicólogo da percepção o mesmo efeito que cheiro de borracha queimada sobre um engenheiro – provocam um irresistível desejo de descobrir a causa (para citar o que o biólogo Peter Medawar disse num contexto diferente).

Tome a mais simples das ilusões, prenunciada por Isaac Newton e claramente estabelecida por Thomas Young (que, por coincidência, também decifrou os hieróglifos egípcios). Se você projetar um círculo de luz vermelha e outro verde de modo que se superponham numa tela branca, o círculo que você vê parece na realidade amarelo. Se você tiver três projetores – um lançando luz vermelha, outro verde e outro azul – com o ajuste adequado do brilho de cada projetor você pode produzir qualquer cor do arco-íris – na verdade, centenas de tons diferentes, simplesmente misturando-os na razão correta. Você pode até produzir o branco. Essa ilusão é tão assombrosa que as pessoas têm dificuldade em acreditar nela quando a veem pela primeira vez. Ela também está nos contando algo fundamental a respeito da visão. Ilustra o fato de que, embora sejamos capazes de distinguir milhares de cores, temos apenas três classes de células sensíveis a elas no olho: uma para luz vermelha, uma para verde e uma para azul. Cada uma delas reage de forma ideal a apenas um comprimento de onda, mas continuará reagindo, embora de modo inferior, aos outros comprimentos de onda. Assim, qualquer cor observada excita os receptores para vermelho, verde e azul em diferentes razões, e mecanismos cerebrais superiores interpretam cada razão como uma cor diferente. Luz amarela, por exemplo, cai na metade do espectro entre vermelho e verde, por isso ativa receptores vermelhos e verdes da mesma maneira – e o cérebro aprendeu, ou evoluiu para interpretar, isso como a cor que chamamos de amarelo. Usar apenas luzes coloridas para decifrar as leis da cor foi um dos grandes triunfos da ciência visual. E isso abriu caminho para a impressão de cores (com o uso econômico de apenas três pigmentos) e a TV em cores.

Meu exemplo favorito de como podemos usar ilusões para descobrir as suposições ocultas subjacentes à percepção é a forma pela sombra (figura 2.3). Embora há muito os artistas usem o sombreamento para acentuar a impressão de profundidade em suas pinturas, só recentemente cientistas começaram a investigá-lo com cuidado. Por exemplo, em 1987 criei vários *displays* computadorizados como o mostrado na figura 2.3 – séries de discos aleatoriamente espalhados num campo cinza. Cada disco contém um suave gradiente que vai do branco numa extremidade ao preto na outra, e o pano de fundo é o exato "cinza intermediário" entre preto e branco. Esses experimentos foram inspirados, em parte, pelas observações do físico vitoriano David Brewster. Se você examinar os discos na figura 2.3, eles vão parecer de início um conjunto de ovos iluminados a partir do lado direito. Com algum esforço você pode vê-los também como cavidades iluminadas a partir do lado esquerdo. Mas não será possível ver ao mesmo tempo alguns como ovos e alguns como cavidades, por mais que tente. Por quê? Uma possibilidade é que o cérebro escolha automaticamente a interpretação mais simples, vendo todos os discos da mesma maneira. Ocorreu-me que outra possibilidade é que nosso sistema visual presuma que há apenas uma fonte de luz iluminando toda a cena, ou grandes pedaços dela. Isso não é estritamente verdadeiro com relação a um ambiente iluminado artificialmente com muitas lâmpadas, mas é em boa medida verdadeiro no tocante ao mundo natural, uma vez que nosso sistema planetário tem apenas um sol. Se alguma vez você topar com um ET, não deixe de lhe mostrar esse *display* para verificar se o sistema solar dele tem um único sol como o nosso. Uma criatura de um sistema com uma estrela binária talvez seja imune à ilusão.

Então qual das explicações está correta – uma preferência pela interpretação mais simples, ou a presunção de uma única fonte de luz? Para tirar isso a limpo, fiz o experimento óbvio de criar o *display* misto mostrado na figura 2.4, em que as fileiras de cima e de baixo têm diferentes direções de sombreamento. Você perceberá que nesse *display*, se você consegue ver a fileira de cima como ovos, a de baixo sempre parecerá feita de cavidades, e vice-versa, sendo impossível vê-las simultaneamente como ovos ou como cavidades. Isso prova que o fator determinante não é a simplicidade, mas a presunção de uma única fonte de luz.

A coisa fica melhor. Na figura 2.5, os discos foram sombreados verticalmente, não horizontalmente. Você notará que aqueles claros no topo são quase sempre vistos como ovos, avolumando-se em sua direção, ao passo que aqueles escuros no topo são vistos como cavidades. Podemos concluir que, além da suposição da única fonte de luz revelada pela figura 2.4,

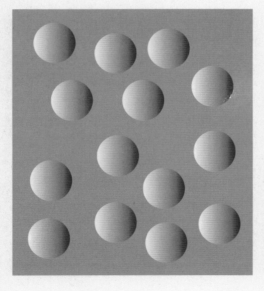

FIGURA 2.3 Ovos ou cavidades? Você pode passar rapidamente de uma coisa para a outra dependendo da direção em que decide que a luz está sendo projetada, direita ou esquerda. Eles sempre mudam todos juntos.

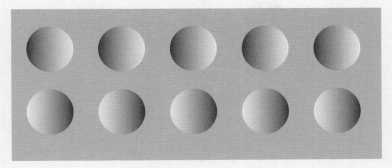

FIGURA 2.4 Duas fileiras de discos sombreados. Quando a fileira de cima é vista como ovos, a de baixo parece composta por cavidades, e vice-versa. É impossível ver todos da mesma maneira. Isto ilustra a suposição da "única fonte de luz" incorporada no processo perceptual.

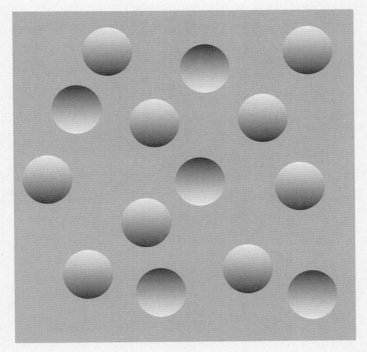

FIGURA 2.5 Lado ensolarado para cima. Metade dos discos (claros no alto) é vista como ovos e metade como cavidades. Essa ilusão mostra que o sistema visual presume automaticamente que a luz é projetada de cima. Veja a página de cabeça para baixo, e ovos e cavidades se inverterão.

há outra suposição, ainda mais forte em ação: a de que a luz está brilhando a partir de cima. Mais uma vez, isso faz sentido dada a posição do sol no mundo natural. É claro que isso nem sempre é verdadeiro; por vezes o sol está no horizonte. Mas é estatisticamente verdadeiro – e ele com certeza nunca está abaixo de nós. Se você girar a figura, de modo que ela fique de cabeça para baixo, todas as protuberâncias e cavidades trocam de lugar. Por outro lado, se a girar exatos noventa graus, verá que os discos sombreados tornam-se tão ambíguos quanto na figura 2.4, pois não temos uma tendência incorporada a supor que a luz vem da direita ou da esquerda.

Agora eu gostaria que você tentasse outro experimento. Retorne à figura 2.4, mas, dessa vez, em vez de girar a página, mantenha-a na vertical e incline seu corpo e sua cabeça para a direita, de modo que sua orelha direita quase toque seu ombro direito e fique paralela ao solo. O que acontece? A ambiguidade desaparece. Os discos da fileira de cima sempre parecem protuberâncias e os da fileira de baixo, cavidades. Isso ocorre porque agora a fileira de cima está clara no alto com referência à sua cabeça e sua retina, embora continue clara à direita com referência ao mundo. Outra maneira de dizer isso é que a suposição da iluminação a partir do alto é centrada na cabeça, não no mundo ou no eixo do corpo. É como se seu cérebro supusesse que o sol está preso ao topo de sua cabeça e continua preso a ela quando você inclina noventa graus! Por que uma suposição tão tola? Porque, estatisticamente falando, sua cabeça está na vertical durante a maior parte do tempo. Seus ancestrais macacos raramente andavam por aí olhando para o mundo com as cabeças inclinadas. Seu sistema visual, portanto, toma um atalho: ele faz a suposição simplificadora de que o sol está preso à sua cabeça. O objetivo da visão não é apreender as coisas de maneira perfeitamente correta o tempo todo, mas apreendê-las de maneira correta com frequência e rapidez suficientes para que você sobreviva o mais longamente possível e deixe para trás tantos bebês quanto puder. No que diz respeito à evolução, essa é a única coisa que importa. É claro que esse atalho o torna vulnerável a certos julgamentos incorretos, como quando você inclina a cabeça, mas isso acontece tão raramente na vida real que seu cérebro pode se safar mesmo sendo tão preguiçoso. A explicação para essa ilusão visual ilustra como você pode começar com um conjunto relativamente simples de *displays*, fazer perguntas do tipo daquelas que sua avó faria, e obter, numa questão de minutos, revelações reais a respeito da maneira como percebemos o mundo.

As ilusões são um exemplo da abordagem da caixa preta ao cérebro. A metáfora da caixa preta nos vem da engenharia. Um estudante de engenharia pode receber uma caixa selada com terminais elétricos e lâmpadas espalhados pela superfície. A corrente de eletricidade através de certos terminais faz certas lâmpadas acenderem, mas não numa relação direta ou uma a uma. A tarefa dada ao estudante é tentar diferentes combinações de *inputs* elétricos, observando que lâmpadas são ativadas em cada caso, e a partir desse procedimento por tentativa e erro deduzir o diagrama de fiação do circuito no interior da caixa sem a abrir.

Na psicologia perceptual, defrontamo-nos muitas vezes com o mesmo problema básico. Para reduzir a gama de hipóteses sobre a maneira como o cérebro processa certos tipos de informação visual, tentamos simplesmente variar os *inputs* sensoriais, observando ao mesmo tempo o que as pessoas veem ou acreditam ver. Esses experimentos nos permitem descobrir as leis da função visual, mais ou menos como Gregor Mendel foi capaz de descobrir as leis da hereditariedade cruzando plantas com vários traços, mesmo que não tivesse nenhuma maneira de saber coisa alguma a respeito dos mecanismos moleculares e genéticos que as tornavam verdadeiras. No caso da visão, penso que o melhor exemplo é um que já consideramos, no qual Thomas Young previu a existência de três tipos de receptores de cor no olho com base em observações casuais feitas com luzes coloridas.

Ao estudar a percepção e descobrir as leis subjacentes, mais cedo ou mais tarde queremos saber como essas leis surgem realmente da atividade de neurônios. A única maneira de descobrir é abrindo a caixa preta – ou seja, experimentando diretamente com o cérebro. Por tradição, há três modos de abordagem: neurologia (o estudo de pacientes com lesões cerebrais), neurofisiologia (monitoramento da atividade de circuitos neurais ou mesmo de células isoladas) e imagiologia cerebral. Os especialistas em cada uma dessas três áreas desprezam-se mutuamente e tenderam a ver sua própria metodologia como a mais importante janela para o funcionamento cerebral, mas nas últimas décadas houve uma crescente compreensão de que um ataque combinado ao problema se faz necessário. Até filósofos entraram na briga agora. Alguns deles, como Pat Churchland e Daniel Dennett, têm uma visão ampla, que pode ser um antídoto valioso aos estreitos *cul-de-sacs* de especialização em que a maioria dos neurocientistas se vê aprisionada.

EM PRIMATAS, inclusive nos seres humanos, um grande pedaço do cérebro – compreendendo os lobos occipitais e parte dos lobos temporal e parietal – é devotado à visão. Cada uma das cerca de trinta áreas dentro desse pedaço contém um mapa completo ou parcial do mundo visual. Quem pensa que a visão é simples deveria dar uma olhada num dos diagramas anatômicos de David van Essen representando a estrutura das vias visuais em macacos (figura 2.6), tendo em mente que provavelmente elas são ainda mais complexas em seres humanos.

Observe em especial que há pelo menos tantas fibras (de fato, muito mais!) voltando de cada estágio de processamento para um estágio anterior do que fibras avançando de cada área para a seguinte, mais acima na hierarquia. A noção clássica da visão como uma análise sequencial, estágio por estágio, da imagem, com crescente sofisticação à medida que avançamos, é demolida pela existência de tanto *feedback*. O que essas projeções para trás estão fazendo fica por conta da adivinhação de cada um, mas meu palpite é que em cada estágio de processamento, sempre que o cérebro chega a uma solução parcial para um "problema" perceptual – como determinar a identidade, a localização ou o movimento de um objeto –, essa solução parcial é imediatamente transmitida de volta aos estágios anteriores. Ciclos repetidos desse processo iterativo ajudam a eliminar becos sem saída e falsas soluções quando olhamos para imagens visuais "ruidosas", como objetos camuflados (como a cena "oculta" na figura 2.7).[3] Em outras palavras, essas projeções para trás permitem-nos jogar uma espécie de jogo "das vinte questões" com a imagem, possibilitando-nos chegar rapidamente à resposta

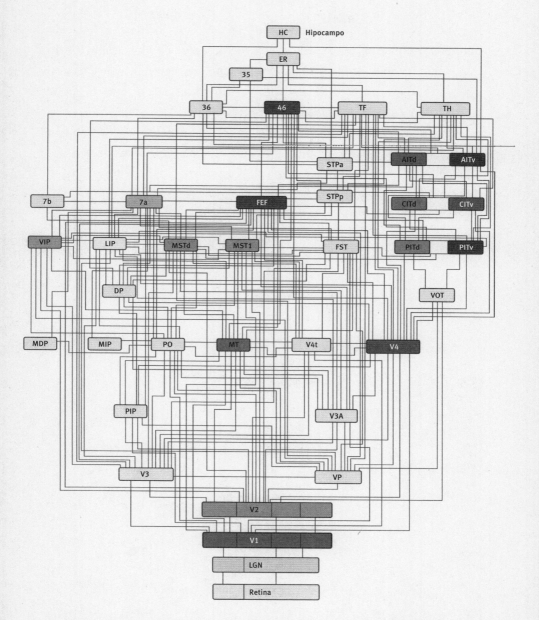

FIGURA 2.6 O diagrama de David van Essen descreve a extraordinária complexidade das conexões entre as áreas visuais em primatas, com múltiplos circuitos de *feedback* em cada estágio da hierarquia. A "caixa preta" foi aberta, e revela conter... todo um labirinto de caixas pretas menores! Bem, nenhuma divindade nos prometeu algum dia que seria fácil nos compreendermos.

correta. É como se cada um de nós estivesse alucinando o tempo todo, e o que chamamos de percepção envolvesse meramente a escolha da alucinação que melhor corresponde ao *input* do momento. Isso é um exagero, é claro, mas tem um grande grão de verdade. (E, como veremos mais tarde, pode ajudar a explicar aspectos de nossa apreciação da arte.)

A maneira exata como o reconhecimento do objeto é alcançado continua muito misteriosa. Como neurônios que se excitam quando você olha para um objeto o reconhecem como um rosto e não, digamos, como uma cadeira? Quais são os atributos definidores de uma cadeira? Em lojas modernas de móveis de design, uma grande bolha de plástico com uma depressão no meio é reconhecida como uma cadeira. Ao que parece, o que é crítico é sua função – algo em que se pode sentar –, não o fato de ter ou não quatro pernas e um encosto. De alguma maneira o sistema nervoso traduz o ato de sentar-se como sinônimo da percepção da cadeira. Se for um rosto, como você reconhece a pessoa de maneira instantânea,

FIGURA 2.7 O que você vê? A princípio você só vê aqui respingos aleatórios de tinta preta, mas, depois que olha por tempo suficiente, consegue divisar a cena oculta.

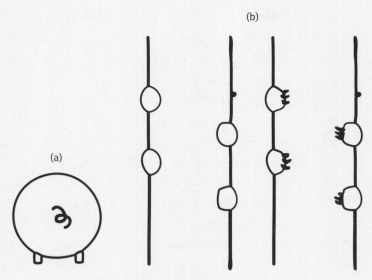

FIGURA 2.8 (a) Um traseiro de porco. (b) Um urso.

muito embora tenha encontrado milhões de rostos durante toda a vida e guardado as representações correspondentes em seus bancos de memória?

Certos traços ou marcas distintivas de um objeto podem servir como um atalho para reconhecê-lo Na figura 2.8a, por exemplo, há um círculo com uma garatuja no meio, mas você vê o traseiro de um porco. De maneira semelhante, na figura 2.8b temos quatro bolotas de cada lado de um par de linhas verticais retas, mas assim que acrescentamos alguns traços como garras, você pode ver isso como um urso trepando numa árvore. Essas imagens sugerem que certos traços muito simples podem servir como etiquetas diagnósticas para objetos mais complexos, mas elas não respondem à questão ainda mais básica de como esses traços são eles próprios extraídos e reconhecidos. Como uma garatuja pode ser reconhecida como uma garatuja? E sem dúvida a garatuja na figura 2.8a só pode ser um rabo, dado o contexto geral de estar dentro de um círculo. Não vemos nenhum traseiro se a garatuja cair fora do círculo. Isso suscita o problema central no reconhecimento de objetos: a saber, como o sistema visual determina relações entre traços para identificar o objeto? Ainda temos muito pouco conhecimento.

O problema é ainda mais agudo para rostos. A figura 2.9a é um rosto esquemático. A mera presença de traços horizontais e verticais pode substituir nariz, olho e boca, mas apenas se a relação entre eles estiver correta. O rosto na figura 2.9b tem exatamente os mesmos traços que aquela na figura 29a, mas eles estão embaralhados. Não se vê nenhum rosto – a menos que você seja Picasso. O arranjo correto dos traços é crucial.

Mas sem dúvida não é só isso. Como mostrou Steven Kosslyn da Universidade Harvard, a relação entre traços (como nariz, olhos, boca nas posições relativamente certas) nos diz somente que isso é um rosto e não, digamos, um porco ou um burro; não nos diz de quem é o rosto. Para reconhecer rostos individuais, temos de passar a medir os tamanhos relativos dos traços e as distâncias entre eles. É como se nosso cérebro tivesse criado um molde genérico de rosto humano mesclando os milhares de rostos que encontrou. Depois, ao encontrar um novo rosto, nós o comparamos com o molde – isto é, nossos neurônios subtraem matematicamente o rosto médio do novo. O padrão de desvio em relação ao rosto médio torna-se nosso molde específico para o novo rosto. Por exemplo, comparado com o rosto médio, o rosto de Richard Nixon teria um nariz bulboso e sobrancelhas desgrenhadas. De fato, podemos exagerar deliberadamente esses desvios e produzir uma caricatura – um rosto a cujo respeito se pode dizer que é mais parecido com Nixon do que o original. Mais uma vez, veremos mais

FIGURA 2.9 (a) Cara de boneco. (b) Uma cara embaralhada.

tarde como isso tem relevância para alguns tipos de arte. Temos de ter em mente, contudo, que palavras como "exagero", "molde" e "relações" podem nos tranquilizar, dando-nos a ilusão de ter explicado muito mais do que realmente explicamos. Elas ocultam abismos de ignorância. Não sabemos como neurônios no cérebro executam qualquer dessas operações. Apesar disso, o esquema que delineei poderia fornecer um ponto de partida útil para futuras pesquisas a respeito dessas questões. Por exemplo, há mais de vinte anos, neurocientistas descobriram, nos lobos temporais de macacos, neurônios que reagem a rostos; cada conjunto de neurônios se excita quando o macaco olha para um rosto conhecido específico, como Joe, o macho alfa, ou Lana, o orgulho de seu harém. Num ensaio sobre arte que publiquei em 1998, previ que esses neurônios poderiam, paradoxalmente, se excitar ainda mais vigorosamente em resposta a uma caricatura exagerada do rosto em questão que em resposta ao original. De maneira intrigante, essa previsão foi confirmada numa elegante série de experimentos conduzidos em Harvard. Esses experimentos são importantes porque nos ajudarão a traduzir especulações puramente teóricas sobre visão e arte em modelos mais precisos e testáveis da função visual. O reconhecimento de objetos é um problema difícil, e ofereci algumas especulações sobre quais são os passos envolvidos. A palavra "reconhecimento", contudo, não nos diz grande coisa, a menos que possamos explicar como o objeto ou rosto em questão evoca significado – com base nas associações mnemônicas do rosto. A questão de como neurônios codificam significado e evocam todas as associações semânticas de um objeto é o santo graal da neurociência, quer estejamos estudando memória, percepção, arte ou consciência. Mais uma vez, não sabemos realmente por que nós, primatas superiores, temos um número tão grande de áreas visuais distintas, mas parece que todas elas são especializadas em diferentes aspectos da visão, como visão de cores, de movimento, de formas, reconhecimento de rostos e assim por diante. As estratégias computacionais para cada um desses aspectos poderiam ser suficientemente diferentes para que a evolução desenvolvesse o *hardware* neural de maneira separada.

Um bom exemplo disso é a área temporal média (TM), um pequeno retalho de tecido cortical encontrado em cada hemisfério, que parece estar voltado principalmente para a visão de movimento. No final dos anos 1970, uma mulher em Zurique, que vou chamar de Ingrid, sofreu um acidente vascular cerebral que danificou as áreas TM em ambos os lados do seu cérebro, mas deixou o resto do órgão intacto. A visão de Ingrid era normal na maioria dos aspectos: podia ler jornais e reconhecer objetos e pessoas. Tinha grande dificuldade, porém, em ver movimento. Quando olhava para um carro em movimento, ele aparecia como uma longa sucessão de instantâneos estáticos, como as imagens fornecidas por um estroboscópio. Ela podia ler o número da placa e dizer qual era a cor do veículo, mas não havia nenhuma impressão de movimento. Tinha pavor de atravessar a rua, porque não sabia com que rapidez os carros estavam se aproximando. Quando vertia água num copo, o fluxo de água parecia um sincelo estático. Ingrid não sabia quando interromper o gesto, porque não era capaz de ver a taxa em que o nível da água estava subindo, por isso o líquido sempre transbordava. Até conversar com as pessoas era como "conversar pelo telefone", dizia ela, porque não podia ver os lábios se movendo. A vida tornou-se um estranho suplício. Parece, portanto, que as áreas TM estão envolvidas principalmente com a visão de movimento, mas não com outros aspectos da visão. Há quatro outros fragmentos de evidência que corroboram essa ideia.

Primeiro, podemos registrar a atividade de células nervosas únicas nas áreas TM de um macaco. As células indicam a direção de objetos em movimento, mas não parecem muito interessadas em cor ou forma. Segundo, podemos usar microeletrodos para estimular minúsculos grupos de células numa área TM de um macaco. Isso faz as células se excitarem, e os macacos começam um movimento alucinante quando a corrente é aplicada. Sabemos disso porque o macaco começa a mover seus olhos para cá e para lá, acompanhando objetos imaginários em movimento em seu campo visual. Terceiro, em voluntários humanos, podemos observar a atividade da TM com imagens funcionais do cérebro, como através da imagiologia por ressonância magnética funcional (IRMf). Na IRMf, medem-se campos magnéticos no cérebro produzidos por mudanças no fluxo sanguíneo enquanto o sujeito está agindo ou olhando para alguma coisa. Nesse caso, as áreas TM se iluminam quando estamos olhando para objetos móveis, mas não quando nos são mostradas imagens estáticas, cores ou palavras impressas. E quarto, podemos usar um aparelho chamado estimulador magnético transcraniano para atordoar brevemente os neurônios das áreas TM de voluntários – criando de fato uma lesão cerebral temporária. Veja só! Os sujeitos ficam por um breve tempo cegos para o movimento, como Ingrid, enquanto o resto de suas habilidades visuais permanece, segundo todas as aparências, intacto. Tudo isso para provar a única ideia de que TM é a área do movimento no cérebro poderia parecer exagero, mas em ciência nunca faz mal ter linhas convergentes de evidência que provam a mesma coisa.

Assim também, há uma área chamada V4 no lobo temporal que parece ser especializada no processamento de cores. Quando essa área é lesada em ambos os lados do cérebro, o mundo todo se esvazia de cores e fica parecido com um filme preto e branco. Mas as outras funções visuais do paciente parecem continuar perfeitamente intactas: ele ainda pode perceber movimento, reconhecer rostos, ler e assim por diante. E exatamente como no caso das áreas TM, é possível obter linhas de evidência convergentes através de estudos de neurônios isolados, imagiologia funcional e estimulação elétrica para mostrar que V4 é o "centro das cores" do cérebro.

Infelizmente, ao contrário de TM e V4, a maior parte das cerca de trinta áreas visuais do cérebro primata não revela suas funções tão claramente quando são lesionadas, retratadas por imagiologia ou destruídas. Talvez isso ocorra por elas não serem tão estreitamente especializadas, ou porque suas funções são mais facilmente compensadas por outras regiões (como água correndo em volta de um obstáculo), ou talvez nossa definição do que constitui uma única função seja turva ("mal proposta", como dizem os cientistas da computação). Seja como for, sob toda a desconcertante complexidade anatômica há um padrão organizacional simples que é muito útil no estudo da visão. Esse padrão é uma divisão do fluxo da informação visual ao longo de vias paralelas (semi)separadas (figura 2.10).

Consideremos primeiro as duas vias pelas quais a informação visual entra no córtex. A chamada via antiga começa na retina, é retransmitida através de uma antiga estrutura chamada colículo superior e depois se projeta – passando pelo pulvinar – para os lobos parietais (ver figura 2.10). Essa via diz respeito aos aspectos espaciais da visão: onde o objeto está, mas não o que ele é. A via antiga permite que nos orientemos em relação aos objetos e os acompanhemos com nossos olhos e cabeças. Se você danificar essa via num hamster, o animal desenvolve uma curiosa visão túnel, só vendo e reconhecendo o que está bem em frente ao seu nariz.

A via nova, superdesenvolvida em seres humanos e primatas geralmente, permite sofisticada análise e reconhecimento de cenas e objetos visuais complexos. Essa via se projeta da retina para V1, o primeiro e maior de nossos mapas visuais corticais, e a partir dali se divide em duas subvias,

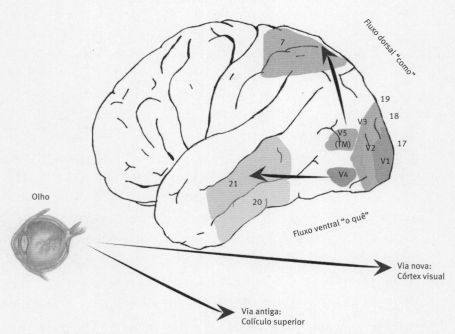

FIGURA 2.10 A informação visual proveniente da retina chega ao cérebro através de duas vias. Uma (chamada via antiga) retransmite a informação por meio do colículo superior chegando por fim ao lobo parietal. A outra (chamada via nova) vai através do núcleo geniculado lateral (NGL) até o córtex visual e depois volta a se dividir nos fluxos "como" e "o quê".

ou fluxos: a via 1, ou o que é muitas vezes chamado fluxo "como", e a via 2, o fluxo "o quê". Você pode pensar o fluxo "como" (por vezes chamado fluxo "onde") como ligado às relações *entre* objetos visuais no espaço, enquanto o fluxo "o quê" diz respeito às relações dos traços *dentro* dos próprios objetos visuais. Assim a função do fluxo "como" se superpõe em alguma medida à da via antiga, mas ela medeia aspectos muito mais sofisticados da visão espacial – determinando o esboço espacial global da cena visual e não a mera localização de um objeto. O fluxo "como" se projeta para o lobo parietal e tem fortes ligações com o sistema motor. Quando você se esquiva de um objeto atirado em sua direção, quando você se move por uma sala evitando tropeçar nas coisas, quando você pisa cautelosamente num galho de árvore ou sobre um buraco, ou quando estende a mão para pegar um objeto ou apara um golpe, você está dependendo de seu fluxo "como". Em sua maior parte, essas computações são inconscientes e extremamente automatizadas, como um robô ou um copiloto zumbi que segue nossas instruções sem necessidade de muita orientação ou monitoramento. Antes de considerarmos o fluxo "o quê", permita-me mencionar o fascinante fenômeno visual da "visão cega". Ele foi descoberto em Oxford no final dos anos 1970 por Larry Weizkrantz. Um paciente chamado Gy havia sofrido um dano substancial em seu córtex visual esquerdo – o ponto de origem para ambos os fluxos, "como" e "o quê". Em consequência, ele ficou completamente cego em seu campo visual direito – pelo menos, foi o que pareceu a princípio. Quando testava a visão intacta de Gy, Weizkrantz lhe disse para estender a mão e tentar tocar um pequenino ponto de luz, informando-o de que ele estava à sua direita. Gy protestou, dizendo que não podia vê-lo e que não havia ponto nenhum, mas Weizkrantz lhe pediu para tentar mesmo assim. Para seu espanto, Gy tocou corretamente o ponto. Gy insistiu que havia "chutado" e ficou surpreso quando lhe foi dito que tocara o ponto corretamente. Mas tentativas repetidas provaram que aquilo não havia sido o acerto casual de uma tentativa a esmo; o dedo de Gy apontava exatamente para alvo após alvo, ainda que ele não tivesse nenhuma experiência visual consciente de onde esses alvos estavam ou de que aspecto tinham. Weizkrantz chamou isso de síndrome da visão cega para enfatizar sua natureza paradoxal. Exceto por percepção extrassensorial, como podemos explicar isso? Como pode alguém localizar uma coisa que não pode ver? A resposta reside na divisão anatômica entre as vias antiga e nova no cérebro. A via nova de Gy, passando através de V1, estava danificada, mas sua via antiga continuava perfeitamente intacta. Informações sobre a localização do ponto viajavam sem percalços até seus lobos parietais, que por sua vez orientavam a mão para se mover para o local correto. Essa explicação da visão cega é elegante e amplamente aceita, mas ela suscita uma questão ainda mais intrigante: isso não implica que somente a via nova tem consciência visual? Quando a via nova está bloqueada, como no caso de Gy, a percepção visual cessa. A via antiga, por outro lado, parece estar efetuando computações igualmente complexas para guiar a mão, mas sem que uma sombra de consciência tome forma. Essa é uma das razões por que comparei essa via com um robô ou um zumbi. Por que deveria ser assim? Afinal, elas são apenas duas vias paralelas, compostas de neurônios de idêntica aparência. Então por que apenas uma delas está associada à percepção consciente? De fato, por quê? Embora eu a tenha levantado aqui para aguçar sua curiosidade, a questão da percepção consciente é vasta e vamos deixá-la para o capítulo final. Agora vamos dar uma olhada na via 2, o fluxo "o quê". Esse fluxo diz respeito principalmente ao reconhecimento do que um objeto é e do que ele significa para nós. Essa via se projeta de V1 para o giro fusiforme (ver figura 3.6), e dali para outras partes dos lobos temporais. Observe que a própria área fusiforme efetua uma classificação sumária dos objetos: ela discrimina Ps de Qs, falcões de serras e Joe de Jane, mas não atribui significação a nenhum deles. Seu papel é análogo ao de um colecionador de conchas (conquilólogo) ou de borboletas (lepidopterologista), que classifica e rotula centenas de espécimes em compartimentos conceituais discretos que não se superpõem, sem necessariamente saber (ou se interessar) por qualquer outra coisa a respeito deles. (Isto é aproximadamente verdadeiro, mas não de todo; alguns aspectos de significados são provavelmente enviados de volta dos centros superiores para o fusiforme.) Mas, à medida que a via 2 avança além do fusiforme para outras partes dos lobos temporais, ela evoca não somente o nome de uma coisa mas uma penumbra de lembranças e fatos associados a ela – em linhas gerais, a semântica, ou significado, de um objeto. Você não só reconhece o rosto de Joe como sendo "Joe", mas se lembra de todo tipo de coisas a respeito dele: é casado com Jane, tem um senso de humor pervertido, é alérgico a gatos e faz parte do seu time de boliche. Esse processo de recuperação semântica envolve ativação difundida dos lobos frontais, mas parece centrar-se num punhado de "gargalos" que incluem a área da linguagem de Wernicke e o lobo parietal inferior (LPI), que está envolvido em habilidades humanas quintessenciais como nomear, ler, escrever e fazer cálculos. Depois que o significado é extraído nessas regiões gargalo, as mensagens são retransmitidas para a amígdala, que está incrustada na ponta frontal dos lobos temporais, para evocar sentimentos relativos a o quê (ou quem) você está vendo. Além das vias 1 e 2,[4] parece haver uma via alternativa, um tanto mais reflexiva, para a resposta emocional que chamo de via 3. Se as duas primeiras eram os fluxos "como" e "o quê", poderíamos pensar na terceira como o fluxo "e daí". Nessa via, estímulos biologicamente salientes como olhos, comida, expressões faciais e movimento vivaz (como a marcha e os gestos de alguém) saem do giro fusiforme e atravessam uma área no lobo temporal chamada sulco temporal superior (STS) e de lá vão direto para a amígdala.[5] Em outras palavras, a via 3 passa ao largo da percepção de objetos de alto nível – e toda a rica penumbra de associações evocadas ao longo da via 2 – e se desvia rapidamente para a amígdala, a porta para o núcleo emocional do cérebro, o sistema límbico. Esse atalho provavelmente se desenvolveu para promover reação rápida a situações de grande importância, quer seja inata ou adquirida. A amígdala funciona em conjunção com lembranças armazenadas e outras estruturas no sistema límbico para avaliar a significação emocional de qualquer coisa que estejamos olhando: é ela amiga, adversária, companheira? Comida, água, perigo? Ou é apenas algo trivial? Se for insignificante – apenas um tronco, um fiapo de tecido, as árvores farfalhando ao vento – você não sente nada com relação a isso e muito provavelmente o ignorará. Mas se for importante, você sente algo instantaneamente. Se for um sentimento intenso, os sinais provenientes da amígdala também fluem em grande quantidade para seu hipotálamo (ver figura Int.3), que não só orquestra a liberação de hormônios, mas também ativa o sistema nervoso autônomo para preparar você para executar a ação apropriada, seja de se alimentar, lutar, fugir ou cortejar. Essas respostas autônomas incluem todos os sinais fisiológicos de forte emoção como ritmo cardíaco acelerado, respiração superficial e rápida e suor. A amígdala humana está também conectada com os lobos frontais, que acrescentam sabores sutis a esse coquetel de emoções primárias, de modo que você não tenha apenas raiva, desejo e medo, mas também arrogância, orgulho, cautela, admiração, magnanimidade e coisas do gênero.

Vamos agora retornar a John, o paciente de acidente vascular cerebral sobre o qual já falamos neste capítulo. É possível explicar pelo menos alguns de seus sintomas com base no esboço do sistema visual que acabo de pintar em largas pinceladas? John certamente não era cego. Lembre-se, ele era capaz de copiar na perfeição uma gravura da catedral St. Paul, embora não reconhecesse o que estava desenhando. Os primeiros estágios do processamento visual estavam intactos; assim, o cérebro de John podia extrair linhas e formas e até discernir relações entre elas. Mas o elo seguinte decisivo no fluxo "o quê" – o giro fusiforme – a partir do qual a informação visual poderia desencadear reconhecimento, memória e sentimentos – tinha sido cortado. Esse distúrbio é chamado agnosia, termo cunhado por Sigmund Freud para indicar que o paciente vê, mas não sabe. (Teria sido interessante ver se John tinha a resposta emocional correta a um leão, mesmo sendo incapaz de distingui-lo conscientemente de uma cabra, mas os pesquisadores não tentaram isso. O que teria sugerido que a via 3 fora seletivamente poupada.)

John ainda podia "ver" objetos, estender a mão, pegá-los e andar em volta da sala evitando obstáculos porque seu fluxo "como" estava em grande parte intacto. Na verdade, uma pessoa que o visse andar de um lado para outro nem sequer suspeitaria de que sua percepção havia sido profundamente perturbada. Lembre-se, ao voltar do hospital para casa, ele era capaz de aparar uma sebe ou arrancar uma planta do solo. No entanto, não conseguia distinguir ervas daninhas de flores, como tampouco reconhecer rostos ou carros ou distinguir molho de salada de creme. Assim, sintomas que de outro modo pareceriam bizarros e incompreensíveis começam a fazer sentido em termos do esquema anatômico com suas múltiplas vias visuais que acabo de delinear.

Isso não quer dizer que o senso espacial de John estava completamente intacto. Lembre-se de que ele podia agarrar uma xícara de café isolada com bastante facilidade, mas ficava tonto com uma mesa de bufê atulhada. Isso sugere que estava experimentando também alguma perturbação de um processo que os pesquisadores da visão chamam de segmentação: saber que fragmentos de uma cena visual pertencem uns aos outros para constituir um único objeto. A segmentação é um prelúdio crítico para o reconhecimento de objetos no fluxo "o quê". Por exemplo, ao ver a cabeça e os quartos traseiros de uma vaca se projetando de lados opostos de um tronco de árvore, você automaticamente percebe o animal inteiro – sua mente o completa sem questionamento. Realmente não temos nenhuma ideia de como neurônios nos primeiros estágios do processamento visual realizam essa conexão com tão pouco esforço. Aspectos desse processo de segmentação provavelmente estavam também danificados em John.

Adicionalmente, a falta de visão de cores do paciente sugere que havia uma lesão em sua área da visão de cores, V4, que, como não é de surpreender, situa-se na mesma região cerebral – o giro fusiforme – que a área do reconhecimento facial. Os principais sintomas de John podem ser parcialmente explicados em termos de dano a aspectos específicos da função visual, mas alguns deles não. Um de seus sintomas mais intrigantes manifestou-se quando ele foi solicitado a desenhar flores de memória. A figura 2.11 mostra os desenhos que produziu, os quais rotulou confiantemente de rosa, tulipa e íris. Observe que as flores são bem desenhadas, mas não se parecem com nenhuma flor real que conheçamos! É como se ele tivesse um conceito geral de flor, e, privado de acesso a lembranças de flores reais, produzisse o que poderíamos chamar de flores marcianas que não existem.

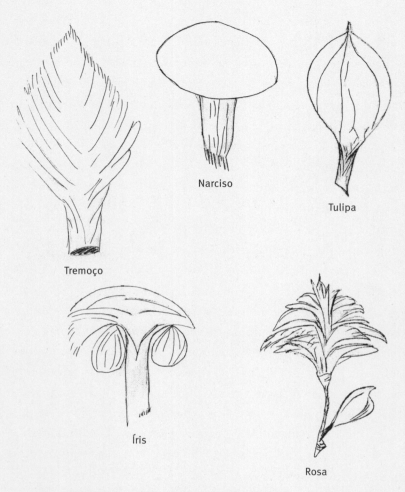

FIGURA 2.11 "Flores marcianas". Quando solicitado a desenhar flores específicas, John produziu, em vez disso, flores genéricas, que evocou, sem se dar conta, com a imaginação.

Alguns anos depois que John voltou para casa, sua mulher morreu e ele foi transferido para um asilo onde passou o resto de sua vida. (Ele faleceu cerca de três anos antes de este livro ser publicado.) Enquanto esteve lá, conseguia cuidar de si mesmo permanecendo num quartinho onde tudo estava organizado para facilitar seu reconhecimento. Lamentavelmente, como seu médico Glyn Humphreys ressaltou para mim, ele ficava completamente desnorteado ao sair – chegou até a se perder no jardim certa vez. No entanto, apesar dessas deficiências, demonstrava considerável fortaleza e coragem, mantendo seu ânimo elevado até o fim.

Os sintomas de John são bastante estranhos, mas, não muito tempo atrás, encontrei um paciente chamado David que tinha um sintoma ainda mais esquisito. Seu problema não era reconhecer objetos ou rostos, mas reagir a eles emocionalmente – o último passo na cadeia de eventos que chamamos de percepção. Eu o descrevi em meu livro anterior, *Phantoms in the Brain*. David fora aluno de um de meus cursos antes de se envolver num acidente de carro que o deixou em coma durante duas semanas. Depois que acordou, teve uma notável recuperação em poucos meses. Podia pensar com clareza, era alerta e atento e capaz de compreender o que lhe era dito. Também podia falar, escrever e ler com fluência embora sua fala estivesse ligeiramente arrastada. Ao contrário de John, não apresentava problema em reconhecer objetos e pessoas. No entanto, tinha uma profunda ilusão. Sempre que via sua mãe, dizia: "Doutor, essa mulher é exatamente igual à minha mãe, mas não é ela – é uma impostora tentando se passar pela minha mãe."

Ele tinha uma ilusão semelhante em relação ao pai, mas não em relação a mais ninguém. David tinha o que hoje chamamos de síndrome (ou ilusão) de Capgras, que recebeu o nome do médico que primeiro a descreveu. David foi o primeiro paciente que vi com esse distúrbio, e fui transformado de cético em crente. Ao longo dos anos, aprendi a ser cauteloso com síndromes estranhas. A maioria delas é real, mas por vezes lemos a respeito de uma síndrome que representa pouco mais que a vaidade de um neurologista ou psiquiatra – uma tentativa de pegar um atalho para a fama por ter uma doença com seu nome ou com o crédito de sua descoberta.

Mas o contato com David me convenceu de que a síndrome de Capgras é autêntica. Qual poderia ser a causa de uma ilusão tão bizarra? Uma interpretação, que ainda pode ser encontrada em manuais de psiquiatria mais antigos, é freudiana. A explicação seria mais ou menos esta: talvez David, como todo homem, tivesse uma forte atração sexual por sua mãe quando era bebê – o chamado complexo de Édipo. Felizmente, quando ele cresceu seu córtex ganhou um domínio maior sobre suas estruturas emocionais primitivas e começou a reprimir ou inibir esses impulsos sexuais proibidos em relação à mãe. Mas talvez o golpe que David sofreu na cabeça tenha danificado seu córtex, removendo assim a inibição e permitindo a seus impulsos sexuais latentes emergir na consciência. De maneira súbita e inexplicável, David viu-se sexualmente excitado por sua mãe. Talvez a única maneira pela qual pôde "racionalizar" isso tenha sido supor que ela não era realmente sua mãe. Daí a ilusão.

Essa explicação é engenhosa, mas nunca fez muito sentido para mim. Por exemplo, logo depois de ver David, encontrei outro paciente, Steve, que tinha a mesma ilusão em relação a seu poodle de estimação! "Esse cachorro parece exatamente igual à Fifi", dizia ele, "mas na verdade não é ela. Só se parece com a Fifi." Ora, como poderia a teoria freudiana explicar isso? Teríamos de postular tendências bestiais latentes ocultando-se nas mentes subconscientes de todos os homens, ou algo igualmente absurdo.

A explicação correta, pelo que se verifica, é anatômica. (Ironicamente, o próprio Freud disse, numa frase famosa: "A anatomia é destino.") Como foi observado anteriormente, a informação visual é enviada de início para o giro fusiforme, onde os objetos, inclusive rostos, são primeiro discriminados. O *output* do fusiforme é retransmitido através da via 3 para a amígdala, que exerce uma vigilância emocional sobre o objeto ou rosto e gera a reação emocional apropriada. Mas e quanto a David? Ocorreu-me que o acidente automobilístico poderia ter danificado seletivamente as fibras na via 3 que conectam seu giro fusiforme, em parte através do STS, à sua amígdala, deixando ao mesmo tempo essas duas estruturas, assim como a via 2, completamente intactas. Como a via 2 (significado e linguagem) não está afetada, ele ainda reconhece o rosto de sua mãe ao vê-lo e se lembra de tudo a respeito dela. E como sua amígdala e o resto de seu sistema límbico estão incólumes, ele ainda pode achar graça e ter sentimentos de perda como qualquer pessoa normal. Mas o *vínculo* entre percepção e emoção foi rompido, por isso o rosto de sua mãe não evoca os esperados sentimentos de afeto. Em outras palavras, há reconhecimento, mas sem o esperado impacto emocional. Talvez a única maneira como o cérebro de David pode enfrentar esse dilema é racionalizando-o de modo a concluir que essa pessoa é uma impostora.[6] Essa parece ser uma racionalização extrema, mas, como veremos no último capítulo, o cérebro abomina discrepâncias de qualquer tipo e de vez em quando uma ilusão absurdamente forçada é a única saída.

A vantagem de nossa teoria neurológica sobre a concepção freudiana é que ela pode ser posta à prova de maneira experimental. Como vimos antes, quando olhamos para algo emocionalmente evocativo – um tigre, nossa amante, ou de fato nossa mãe –, nossa amígdala envia um sinal ordenando ao hipotálamo que se prepare para a ação. A reação de luta ou fuga não é tudo ou nada; ela opera num *continuum*. Uma experiência branda, moderada ou profundamente emocional provoca uma reação autônoma branda, moderada ou profunda, respectivamente. E parte dessas reações autônomas contínuas à experiência consiste em microtranspiração: todo o nosso corpo, inclusive as palmas das mãos, fica mais úmido ou seco em proporção a quaisquer elevações ou baixas em nosso nível de excitação emocional em qualquer momento dado.

Essa é uma boa notícia para nós cientistas, porque significa que podemos medir suas reações emocionais às coisas que você vê mediante o simples monitoramento de sua microtranspiração. Podemos fazer isso simplesmente aplicando dois eletrodos passivos à sua pele e fazendo-os passar por um aparelho chamado ohmímetro para monitorar as respostas galvânicas de sua pele (RGP), as flutuações momento a momento da resistência elétrica de sua pele. (A RGP é também chamada de resposta de condutância da pele, ou RCP.) Assim, quando você vê uma *pin-up* sexy ou uma medonha ilustração médica, seu corpo sua, a resistência da sua pele cai, e você obtém uma grande RGP. Por outro lado, se você vir algo completamente neutro, como uma maçaneta ou um rosto desconhecido, não obtém nenhuma RGP (embora a maçaneta possa sem dúvida produzir uma RGP num psicanalista freudiano).

Ora, talvez você esteja se perguntando por que deveríamos nos dedicar a esse elaborado processo de medir a RGP para monitorar a excitação emocional. Por que não perguntar simplesmente às pessoas como alguma coisa as fez se sentir? A resposta é que entre o estágio da reação emocional e o relato verbal há muitas camadas complexas de processamento, de modo que muitas vezes obtemos uma história intelectualizada ou censurada. Por exemplo, se um sujeito é um homossexual enrustido, ele pode de fato negar sua excitação quando vê um dançarino do Chippendales. Sua RGP, porém, não pode mentir porque ele não tem nenhum controle sobre ela. (A RGP é um dos sinais fisiológicos usados nos testes com polígrafo, o chamado detector de mentiras.) Trata-se de um teste infalível para ver se as emoções são genuínas, em contraposição às verbalmente falseadas. E, acredite ou não, todas as pessoas normais obtêm enormes solavancos na RGP quando lhes mostram fotos de suas mães – elas nem precisam ser judias!

Com base nesse raciocínio, monitoramos a RGP de David. Quando exibimos imagens neutras como uma mesa e cadeiras, não houve nenhuma RGP. Ela também não se alterou quando lhe foram mostrados rostos desconhecidos, pois não houve nenhum choque de familiaridade. Até aí, nada de incomum. Mas quando lhe mostramos a foto de sua mãe, também não houve nenhuma RGP. Isso nunca ocorre com pessoas normais. Essa observação fornece notável confirmação de nossa teoria.

Mas se isso é verdade, por que David não chama, digamos, seu carteiro de impostor, supondo que ele conhecesse o carteiro antes do acidente? Afinal de contas, a desconexão entre visão e emoção deveria se aplicar igualmente ao carteiro – não apenas à sua mãe. Não deveria isso levar ao mesmo sintoma? A resposta é que o cérebro não espera um choque emocional quando ele vê o carteiro. Nossa mãe é nossa vida; nosso carteiro é apenas uma pessoa qualquer.

Outro paradoxo era que David não tinha a ilusão da impostura quando sua mãe conversava com ele por telefone do quarto ao lado.

"Oh mamãe, é tão bom falar com você. Como vai?", ele dizia.

Como minha teoria explica isso? Como pode alguém ter uma ilusão com relação à sua mãe quando ela lhe aparece em pessoa, mas não quando ela lhe telefona? Há de fato uma explicação elegantemente simples. Ocorre que há uma via anatômica separada que vai dos centros auditivos do cérebro (o córtex auditivo) para nossa amígdala. Essa via não está destruída em David, por isso a voz de sua mãe evocava as fortes emoções positivas que ele esperava sentir. Dessa vez não havia necessidade de ilusão.

Logo depois que nossos achados sobre David foram publicados na revista *Proceedings of the Royal Society of London*, recebi uma carta de um paciente chamado sr. Turner, que vivia na Geórgia. Ele afirmava ter desenvolvido a síndrome de Capgras após um ferimento na cabeça. Gostou de minha teoria, disse ele, porque agora compreendia que não estava louco ou perdendo o juízo; havia uma explicação perfeitamente lógica para seus estranhos sintomas que agora tentaria superar se pudesse. Mas em seguida continuou para acrescentar que o que mais o perturbava não era a ilusão da impostura, mas o fato de que deixara de apreciar cenas visuais – como belas paisagens e jardins floridos – que lhe eram imensamente agradáveis antes do acidente. Tampouco admirava grandes obras de arte como antes. Seu conhecimento de que isso era causado por desconexões no cérebro não restaurou o atrativo por flores ou pela arte. Isso me fez pensar se essas conexões poderiam desempenhar um papel em todos nós quando apreciamos arte. Podemos estudar essas conexões para explorar as bases neurais de nossa reação estética à beleza? Retornarei a essa questão quando discutirmos a neurologia da arte nos capítulos 7 e 8.

Um último desdobramento imprevisto nessa estranha história: era tarde da noite e eu estava na cama quando o telefone tocou. Acordei e olhei para o relógio. Eram quatro horas da madrugada. Era um advogado. Ele me ligava de Londres e parecia não ter se importado com a diferença de fuso horário.

"É o dr. Ramachandran?"

"Sim, é ele", murmurei, ainda semiadormecido.

"Sou o sr. Watson. Temos um caso em que gostaríamos de ter sua opinião. O senhor não poderia pegar um avião e vir examinar o paciente?"

"Do que se trata?", respondi, tentando não me mostrar irritado.

"Meu cliente, sr. Dobbs, sofreu um acidente de carro", disse ele. "Passou vários dias inconsciente. Quando voltou a si estava bastante normal, exceto por uma ligeira dificuldade de encontrar a palavra certa quando fala."

"Bem, fico feliz em sabê-lo", disse eu. "Uma ligeira dificuldade em encontrar palavras é extremamente comum após lesão cerebral – não importa onde ela ocorra." Houve uma pausa. Então perguntei: "O que posso fazer pelo senhor?"

"O sr. Dobbs – Jonathan – quer mover um processo contra as pessoas cujo carro abalroou o seu. A culpa foi claramente da outra parte, por isso a companhia seguradora vai compensar Jonathan financeiramente pelo estrago em seu veículo. Mas o sistema jurídico é muito conservador aqui na Inglaterra. Os médicos consideraram que ele está fisicamente normal – seu exame de ressonância magnética é normal e não há nenhum sintoma neurológico ou outros ferimentos em lugar algum em seu corpo. Por isso a seguradora só pagará pelos danos ao carro, não por nenhuma questão relacionada à saúde."

"Bem."

"O problema, dr. Ramachandran, é que ele afirma ter desenvolvido a síndrome de Capgras. Embora saiba que está olhando para sua mulher, ela muitas vezes parece uma estranha, uma nova pessoa. Isso lhe causa profunda perturbação, e ele quer exigir da outra parte uma indenização de 1 milhão de dólares por ter causado um distúrbio neuropsiquiátrico permanente."

"Por favor, continue."

"Logo após o acidente alguém encontrou o livro *Phantoms in the Brain* na mesa de centro de meu cliente. Ele admitiu tê-lo lido, e teria sido então que compreendeu que podia ter a síndrome de Capgras. Mas esse autodiagnóstico não o ajudou em nada. Os sintomas continuaram exatamente iguais. Por isso, ele e eu queremos processar a outra parte, exigindo que ela pague 1 milhão de dólares por ter produzido esse sintoma neurológico permanente. Ele teme que possa acabar se divorciando de sua mulher.

"O problema, dr. Ramachandran, é que a outra parte afirma que meu cliente simplesmente fabricou a coisa toda depois de ler o seu livro. Porque, pensando bem, é muito fácil simular a síndrome de Capgras. O sr.

Dobbs e eu gostaríamos de trazê-lo a Londres para que o senhor possa administrar o teste de RGP e provar para o tribunal que ele de fato tem a síndrome de Capgras, que não está se fingindo de doente. Pelo que sei, não se pode falsear esse teste."

O advogado havia feito o dever de casa. Mas eu não tinha nenhuma intenção de pegar um avião para Londres apenas para administrar esse teste.

"Sr. Watson, qual é o problema? Se o sr. Dobbs acha que sua esposa parece uma nova mulher cada vez que a vê, ele deveria achá-la perpetuamente atraente. Isso é uma boa coisa – não tem nada de ruim. Deveríamos todos ter a mesma sorte!" Minha única desculpa para essa piada de mau gosto é que eu ainda não estava completamente acordado.

Fez-se uma longa pausa do outro lado e ouvi um clique quando ele desligou o telefone na minha cara. Nunca mais ouvi falar dele. Meu senso de humor nem sempre é bem recebido.

Embora possa ter soado frívolo, meu comentário não era de todo despropositado. Há um fenômeno psicológico bem conhecido, o efeito Coolidge, assim chamado em alusão ao presidente Calvin Coolidge. É baseado num experimento pouco conhecido conduzido por psicólogos que trabalhavam com ratos décadas atrás. Comece com um rato macho privado de sexo numa gaiola. Coloque junto a ele uma fêmea. Esse macho monta a fêmea, consumando a relação várias vezes até cair de pura exaustão sexual. Pelo menos, é o que parece. A graça começa se introduzirmos uma nova fêmea na gaiola. Ele entra em ação novamente e executa o ato sexual várias vezes até ficar de novo completamente exausto. Se introduzirmos nesse momento uma terceira nova rata, nosso rato macho aparentemente exausto começa tudo de novo mais uma vez. Esse experimento voyeurístico é uma notável demonstração do poderoso efeito da novidade sobre a atração e o desempenho sexual. Sempre me perguntei se o efeito também ocorre em ratas que estão cortejando machos, mas pelo que sei isso ainda não foi experimentado – provavelmente porque durante muitos anos os psicólogos eram homens em sua maioria.

Conta-se a história de que o presidente Coolidge e sua mulher estavam numa visita oficial a Oklahoma e foram convidados a visitar um galinheiro – ao que parece, uma das principais atrações turísticas do lugar. O presidente tinha de fazer um discurso antes, mas, já o tendo ouvido muitas vezes, a sra. Coolidge decidiu ir ao galinheiro uma hora mais cedo. O fazendeiro começou a lhe mostrar o lugar. Ela ficou surpresa ao ver que o galinheiro tinha dúzias de galinhas, mas apenas um majestoso galo. Quando perguntou ao guia sobre isso, ele respondeu: "Bem, ele é um ótimo galo. Passa dia e noite sempre cobrindo as galinhas."

"A noite toda?", indagou a sra. Coolidge. "O senhor me faria um grande favor? Quando o presidente chegar, diga-lhe, exatamente com as mesmas palavras, isso que acaba de me dizer."

Uma hora mais tarde, quando o presidente chegou, o fazendeiro repetiu a história.

O presidente então perguntou: "Diga-me uma coisa: o galo passa a noite toda com a mesma galinha ou com galinhas diferentes?"

"Ora, galinhas diferentes, é claro", respondeu o fazendeiro.

"Bem, faça-me um favor", disse o presidente. "Conte para a primeira-dama o que acaba de me dizer."

Essa história é apócrifa, mas suscita uma questão fascinante. Será que um paciente com síndrome de Capgras nunca ficaria entediado com sua mulher? Será que ela permaneceria perpetuamente nova e atraente? Se a síndrome pudesse ser evocada temporariamente com estimulação magnética transcraniana... seria possível ganhar uma fortuna.

3. Cores berrantes e gatinhas quentes: Sinestesia

> "Minha vida é passada num longo esforço para escapar das trivialidades da existência. Esses pequenos problemas me ajudam nisso."
>
> SHERLOCK HOLMES

SEMPRE QUE FECHA os olhos e toca uma textura particular, Francesca experimenta uma vívida emoção: brim, extrema tristeza. Seda, paz e calma. Casca de laranja, choque. Cera, vergonha. Às vezes ela sente nuances sutis de emoção. Lixa grau 60 produz culpa, e grau 120, "a sensação de estar contando uma mentira leve".

Mirabelle, por outro lado, experimenta cores a cada vez que vê números, mesmo que eles estejam impressos em tinta preta. Ao lembrar um número de telefone, ela evoca em sua mente um espectro das cores correspondentes e passa a ler os números um a um, deduzindo-os das cores. Isso torna fácil para ela memorizar números de telefone.

Quando ouve um dó agudo tocado ao piano, Esmeralda vê azul. Outras notas evocam tons diferentes – de tal modo que as diferentes teclas do piano estão de fato codificadas em cores, tornando mais fácil lembrar e tocar escalas musicais.

Essas mulheres não são loucas, nem sofrem de um transtorno neurológico. Elas e milhões de pessoas normais sob os demais aspectos têm sinestesia, uma mescla surreal de sensação, percepção e emoção. Os sinestesistas (como essas pessoas são chamadas) experimentam o mundo ordinário de maneiras extraordinárias, parecendo habitar uma estranha terra de ninguém entre realidade e fantasia. Elas saboreiam cores, veem sons, ouvem formas ou tocam emoções em miríades de combinações.

Quando meus colegas de laboratório e eu topamos pela primeira vez com a sinestesia em 1997, não sabíamos o que fazer com ela. Mas, no tempo que se passou desde então, ela provou ser uma chave inesperada para destrancar os mistérios do que nos torna inconfundivelmente humanos. Ocorre que esse fenomenozinho extravagante não apenas lança luz sobre o processamento sensorial normal, como nos conduz por um caminho sinuoso para encarar alguns dos aspectos mais intrigantes de nossa mente – como o pensamento abstrato e a metáfora. Ele pode iluminar atributos da arquitetura do cérebro e da genética humana que talvez sejam subjacentes a aspectos importantes da criatividade e da imaginação.

Quando iniciei essa jornada, quase vinte anos atrás, tinha quatro objetivos em mente. Primeiro, mostrar que a sinestesia é real: essas pessoas não a estão inventando simplesmente. Segundo, propor uma teoria do que está se passando exatamente em seus cérebros que as distingue dos não sinestesistas. Terceiro, explorar a genética da condição. E quarto, e mais importante, explorar a possibilidade de que, longe de ser uma mera curiosidade, a sinestesia possa nos dar pistas valiosas para compreender alguns dos aspectos mais misteriosos da mente humana – habilidades como a linguagem, a criatividade e o pensamento abstrato, que adquirimos com tanta facilidade que não lhes damos valor. Por fim, como um bônus, a sinestesia pode também lançar luz sobre antigas questões filosóficas relativas a *qualia* – as qualidades inefáveis, puras da experiência – e consciência.

De modo geral, estou satisfeito com a maneira como nossa pesquisa avançou desde então. Chegamos a respostas parciais para todas as nossas quatro questões. Mais importante, galvanizamos um interesse sem precedentes por esse fenômeno; existe agora praticamente uma indústria da sinestesia, com mais de uma dúzia de livros publicados a respeito do assunto.

NÃO SABEMOS QUANDO a sinestesia foi reconhecida pela primeira vez como uma característica humana, mas há indícios de que talvez Isaac Newton a experimentasse. Ciente de que a altura de um som depende de seu comprimento de onda, Newton inventou um brinquedo – um teclado musical – que lançava diferentes cores numa tela para diferentes notas. Assim, cada canção era acompanhada por uma exibição caleidoscópica de cores. Ficamos nos perguntando se a sinestesia som-cor inspirou sua invenção. Poderia uma mistura dos sentidos em seu cérebro ter fornecido o ímpeto original para sua teoria das cores baseada no comprimento de onda? (Newton provou que a luz branca é composta por uma mistura de cores que pode ser separada por um prisma, com cada cor correspondendo a um comprimento de onda de luz particular.)

Francis Galton, um primo de Charles Darwin e um dos mais exuberantes e excêntricos cientistas da era vitoriana, conduziu o primeiro estudo sistemático da sinestesia nos anos 1890. Galton deu muitas contribuições valiosas para a psicologia, em especial a mensuração da inteligência. Infelizmente, ele era também um racista radical: ajudou a introduzir a pseudociência da eugenia, cuja meta era "aperfeiçoar" a humanidade por meio da procriação seletiva do tipo praticado com animais domesticados. Galton estava convencido de que os pobres eram pobres em razão de genes inferiores, e de que eles deveriam ser proibidos de procriar demais, sob o risco de inundarem e contaminarem o *pool* de genes da pequena nobreza fundiária e das pessoas ricas como ele. Não fica muito claro como um homem inteligente sob outros aspectos podia sustentar ideias como essas, mas meu palpite é que ele tinha uma necessidade inconsciente de atribuir sua própria fama e sucesso a um gênio inato, em vez de reconhecer o papel das oportunidades e das circunstâncias. (Ironicamente, ele mesmo não teve filhos.)

Em retrospectiva, as ideias de Galton sobre eugenia parecem quase cômicas, contudo não há como negar seu gênio. Em 1892 ele publicou um curto artigo sobre sinestesia na revista *Nature*. Esse foi um de seus artigos menos conhecidos, mas cerca de um século mais tarde despertou meu interesse. Embora Galton não tenha sido o primeiro a observar o fenômeno, foi o primeiro a documentá-lo de maneira sistemática e estimular as pessoas a continuar explorando-o. Seu artigo concentrava-se nos dois tipos mais comuns de sinestesia: aquele em que sons evocam cores (sinestesia auditivo-visual) e aquele em que números impressos parecem sempre tingidos com uma cor inerente (sinestesia grafema-cor). Ele salientou que, embora um número específico produza sempre a mesma cor para qualquer sinestesista, as associações número-cor são diferentes para cada um. Em outras palavras, não é como se todos os sinestesistas vissem 5 como vermelho ou 6 como verde. Para Mary, 5 sempre parece azul, 6 é magenta e 7 é verde-amarelado. Para Susan, 5 é vermelhão, 6 é verde-claro e 4 é amarelo.

Como explicar as experiências dessas pessoas? Elas são loucas? Têm simplesmente associações vívidas baseadas em lembranças da infância? Estão meramente falando em sentido poético? Quando cientistas encontram estranhezas anômalas como sinestesias, sua primeira reação em geral é varrê-las para baixo do tapete e ignorá-las. Essa atitude – a que muitos de meus colegas são muito vulneráveis – não é tão tola quanto parece. Como a maioria das anomalias – torção de colheres, abdução por ETs, visões de Elvis – acaba se revelando alarmes falsos, não é má ideia para um cientista jogar pelo seguro e ignorá-las. Carreiras inteiras, até existências, foram desperdiçadas na perseguição de estranhezas desse gênero, como poliágua (uma forma hipotética de água baseada em ciência amalucada), telepatia ou fusão a frio. Por isso não fiquei surpreso ao constatar que, embora tenhamos ouvido falar dela há mais de um século, a sinestesia foi em geral posta de lado como uma curiosidade porque não fazia "sentido".

Mesmo agora, o fenômeno é muitas vezes rejeitado como fictício. Quando o trago à baila numa conversa informal, vejo-o ser muitas vezes destruído no ato. Ouvi coisas como: "Então você estuda viciados em ácido?" e "Você está louco?" e uma dúzia de outras rejeições. Lamentavelmente, nem médicos estão imunes – e ignorância num médico pode ser uma coisa muito perigosa para a saúde das pessoas. Sei de pelo menos um caso em que uma sinestesista foi erroneamente diagnosticada como sofrendo de esquizofrenia e recebeu prescrição de medicação antipsicótica para se livrar de suas alucinações. Felizmente, seus pais tomaram o cuidado de se informar, e no curso de suas leituras toparam com um artigo sobre sinestesia. Chamaram a atenção do médico, e a medicação da filha foi rapidamente suspensa.

A sinestesia como um fenômeno real teve na verdade alguns defensores, entre os quais o neurologista dr. Richard Cytowic, que escreveu dois livros sobre o assunto, *Synesthesia: A Union of Senses* (1989) e *The Man Who Tasted Shapes* (1993/2003). Cytowic foi um pioneiro, mas era um profeta pregando no deserto e foi em grande parte ignorado pelo *establishment*. O fato de a teoria que ele propôs para explicar a sinestesia ser um pouco vaga não ajudou. Ele sugeriu que o fenômeno era uma espécie de retrocesso evolucionário a um estado cerebral mais primitivo em que os sentidos ainda não haviam se separado por completo e estavam sendo misturados no núcleo emocional do cérebro.

Essa ideia de um cérebro primitivo indiferenciado não fazia sentido para mim. Se o cérebro do sinestesista estava revertendo a um estado anterior, como explicar a natureza inconfundível e específica das experiências do sinestesista? Por que, por exemplo, Esmeralda "vê" dó agudo como sendo invariavelmente azul? Se Cytowic estivesse certo, seria de esperar que os sentidos simplesmente se misturassem uns com os outros para criar uma confusão indistinta.

Uma segunda explicação por vezes proposta é que os sinestesistas estão apenas evocando lembranças e associações de infância. Talvez eles tivessem brincado com ímãs de geladeira, e o 5 fosse vermelho e o 6 verde. Talvez se lembrassem dessa associação vividamente, assim como podemos nos lembrar do perfume de uma rosa, do gosto de Marmite* ou de curry, ou do canto de um melro na primavera. Essa teoria não explica, é claro, por que só algumas pessoas permanecem presas a essas vívidas lembranças sensoriais. Eu certamente não vejo cores quando olho para números ou ouço tons, e duvido que você o faça. Embora eu possa pensar em frio quando vejo a imagem de um cubo de gelo, certamente não o sinto, por mais experiências de infância que possa ter tido com gelo e neve. Eu poderia dizer que, quando acaricio um gato, ele me parece cálido e felpudo, mas nunca diria que tocar metal faz com que eu me sinta enciumado.

---

* Popular produto britânico para untar torradas. De gosto e odor característicos, costuma dividir opiniões, sendo odiado ou amado. (N.T.)

Uma terceira hipótese é que o sinestesista esteja usando uma maneira de falar vaga e tangencial ou metáforas quando fala de dó maior sendo vermelho ou do gosto de frango como sendo pontudo, assim como você e eu falamos de uma camisa "berrante" ou de um queijo cheddar "picante". Queijo, afinal de contas, é algo suave ao tato, portanto o que você tem em mente quando diz que ele pica? Picante ou ardido são adjetivos táteis, então por que você os aplica sem hesitação ao gosto de queijo? Nossa linguagem comum está repleta de metáforas sinestéticas – gatinha quente, roupa de bom gosto, filme insosso –, portanto talvez os sinestesistas sejam apenas especialmente bem-dotados nesse aspecto. Mas há um sério problema com essa explicação. Não temos a mais pálida ideia de como as metáforas funcionam ou de como são representadas no cérebro. A noção de que sinestesia é apenas metáfora ilustra um das armadilhas clássicas em ciência – a tentativa de explicar um mistério (sinestesia) em termos de outro (metáfora).

O que proponho, em vez disso, é virar o problema de cabeça para baixo e sugerir exatamente o oposto. Sugiro que sinestesia é um processo sensorial concreto cuja base neural podemos descobrir, e que a explicação talvez venha, por sua vez, a fornecer pistas para a solução da questão mais profunda de como metáforas são representadas no cérebro e como desenvolvemos a capacidade de considerá-las e desenvolvê-las, antes de mais nada. Isso não implica que as metáforas sejam apenas uma forma de sinestesia; somente que a compreensão da base neural desta última pode ajudar a iluminar as primeiras. Assim, quando decidi fazer minha própria investigação da sinestesia, meu primeiro objetivo era estabelecer se ela era uma experiência sensorial genuína.

Em 1997, um aluno de doutorado em meu laboratório, Ed Hubbard, e eu começamos a procurar alguns sinestesistas para começar nossas investigações. Mas como? Segundo a maior parte dos levantamentos publicados, a incidência era de um em mil para um em 10 mil pessoas. Naquele outono, eu lecionava para uma turma de graduação de trezentos alunos. Talvez tivéssemos sorte. Assim, fizemos um anúncio:

"Certas pessoas normais afirmam poder ver sons, ou que certos números sempre evocam certas cores", dissemos para a turma. "Se algum de vocês experimenta isso, por favor levante a mão."

Para nossa decepção, nenhuma mão se levantou. Mas mais tarde, naquele dia, quando eu conversava com Ed em minha sala, duas estudantes bateram à porta. Uma delas, Susan, tinha admiráveis olhos azuis, riscas de tinta vermelha em seus cachos louros, um anel de prata espetado no umbigo e um enorme skate. Ela nos disse: "Sou uma dessas pessoas sobre as quais você falou em sala, dr. Ramachandran. Não levantei a mão porque não queria que os outros pensassem que sou estranha ou algo assim. Eu nem sabia que havia outras pessoas como eu ou que essa condição tinha um nome."

Ed e eu olhamos para ela, agradavelmente surpresos. Pedimos à outra estudante para voltar mais tarde e indicamos uma cadeira para Susan. Ela apoiou o skate contra a parede e sentou-se.

"Há quanto tempo você experimenta isso?", perguntei.

"Ah, desde que eu era muito criança. Mas não prestava realmente muita atenção a isso naquela época, suponho. Depois, pouco a pouco fui me dando conta de que isso era realmente estranho, e não conversava a respeito com ninguém... Eu não queria que as pessoas pensassem que sou maluca, ou algo assim. Até você mencionar isso em classe, eu não sabia que isso tinha um nome. Como é que você chamou isso, sin... es... alguma coisa que rima com anestesia?"

"Isso é chamado sinestesia", eu disse. "Susan, quero que você descreva suas experiências para mim em detalhes. Nosso laboratório tem um interesse especial nisso. O que você experimenta exatamente?"

"Quando vejo certos números, sempre vejo cores específicas. O número 5 é sempre de um tom específico de vermelho embaçado, 3 é azul, 7 é vermelho-sangue brilhante, 8 é amarelo e 9 é verde-amarelado."

Peguei uma caneta pilot e um bloco que estavam sobre a mesa e desenhei um grande 7.

"O que está vendo?"

"Bem, não é um 7 muito nítido. Mas parece vermelho... eu lhe disse isso."

"Agora quero que pense com cuidado antes de responder a esta pergunta: você realmente vê o vermelho? Ou o número simplesmente a faz pensar em vermelho ou a faz visualizar vermelho... como uma imagem lembrada. Por exemplo, quando ouço a palavra 'Cinderela', penso numa mocinha ou em abóboras ou em carruagens. É alguma coisa assim? Ou você vê literalmente a cor?"

"É uma pergunta difícil. Isso é algo que muitas vezes perguntei a mim mesma. Acho que realmente vejo a cor. Esse número que você desenhou parece inconfundivelmente vermelho para mim. Mas também posso ver que ele na verdade é preto – ou eu deveria dizer, sei que é preto. Assim, em certo sentido é uma espécie de imagem lembrada... Devo estar vendo isso em minha mente, ou algo assim. Mas certamente não é isso que sinto. O que sinto é que estou realmente vendo a cor. É muito difícil descrever, doutor."

"Você está se saindo muito bem, Susan. Você é uma boa observadora e isso torna tudo que diz valioso."

"Bem, uma coisa que posso lhe dizer com certeza é que não é como imaginar uma abóbora ao ver uma imagem de Cinderela ou ao ouvir a palavra 'Cinderela'. Eu realmente vejo a cor."

Uma das primeiras coisas que ensinamos a alunos de medicina é a ouvir o paciente, colhendo uma história com cuidado. Em 90% dos casos é possível chegar a um diagnóstico assombrosamente preciso prestando estreita atenção, usando o exame físico e testes de laboratório sofisticados para confirmar nosso palpite (e aumentar a conta para a companhia seguradora). Comecei a me perguntar se esse preceito poderia se aplicar não só a pacientes como também a sinestesistas.

Decidi submeter Susan a alguns testes e questões simples. Por exemplo, era a aparência visual real do numeral que evocava a cor? Ou era o conceito numérico – a ideia de sequência, ou mesmo de quantidade? Nesse último caso, numerais romanos produzem o mesmo efeito, ou só os arábicos? (Na verdade, eu deveria chamá-los de numerais indianos; eles foram inventados na Índia no primeiro milênio a.C. e exportados para a Europa pelos árabes.)

Desenhei um grande VII no bloco e o mostrei a ela.

"O que você vê?"

"Vejo que é um sete, mas parece preto – nenhum traço de vermelho. Eu sempre soube disso. Os numerais romanos não funcionam. Ei, doutor, será que isso não prova que não pode ser uma coisa de memória? Porque eu sei que é um sete, mas mesmo assim ele não gera o vermelho!"

Ed e eu percebemos que estávamos lidando com uma estudante muito inteligente. Começava a parecer que a sinestesia era de fato um genuíno fenômeno sensorial, provocado pela aparência visual real do numeral – não pelo conceito numérico. Mas isso ainda estava longe de ser uma prova. Podíamos ter certeza absoluta de que isso não estava acontecendo porque lá atrás, no jardim de infância, ela tinha visto muitas vezes um sete vermelho na porta da sua geladeira? Perguntei-me o que aconteceria se eu mostrasse a ela fotos preto e brancas meio-tom de frutas e hortaliças que (para a maioria de nós) têm fortes associações mnemônicas de cor. Desenhei uma cenoura, um tomate, uma abóbora e uma banana e os mostrei a ela.

"O que você vê?"

"Bem, não vejo nenhuma cor, se é isso que você está perguntando. Sei que a cenoura é laranja e posso imaginá-la dessa cor, ou visualizá-la como laranja. Mas não vejo realmente a cor laranja da maneira como vejo vermelho quando você me mostra o 7. É difícil explicar, doutor, mas é assim: quando vejo a cenoura em preto e branco, sei que ela é laranja, mas posso visualizá-la como sendo de qualquer cor esquisita que eu queira, como uma cenoura azul. É muito difícil para mim fazer isso com o 7; ele continua gritando vermelho para mim! Isso tudo está fazendo algum sentido para vocês dois?"

"Ok", eu disse a ela, "agora quero que você feche os olhos e me mostre as suas mãos."

Ela pareceu ligeiramente surpresa com meu pedido, mas seguiu minhas instruções. Em seguida desenhei o numeral 7 na palma de sua mão.

"O que eu desenhei? Aqui, deixe-me fazer isso de novo."

"É um 7!"

"Ele é colorido?"

"Não, de maneira alguma. Bem, deixe refrasear isso; a princípio não vejo vermelho, embora 'sinta' que é um 7. Mas depois começo a visualizar o 7, e ele está de certo modo colorido de vermelho."

"Certo, Susan, e se eu digo 'sete'? Aqui, vamos tentar: sete, sete, sete."

"Não era vermelho de início, mas depois começo a experimentar vermelho... Depois que começo a visualizar a aparência da forma do 7, então vejo o vermelho – mas não antes disso."

Por capricho, eu disse: "Sete, cinco, três, dois, oito. Então, o que você viu, Susan?"

"Meu Deus... isso é muito interessante. Vejo um arco-íris!"

"Como assim?"

"Bem, vejo as cores correspondentes espalhadas diante de mim como num arco-íris, com as cores correspondendo à sequência numérica que você leu em voz alta. É um arco-íris muito bonito."

"Mais uma pergunta, Susan. Aqui está de novo aquele desenho do 7. Você vê a cor diretamente sobre o número, ou ela se espalha em volta dele?"

"Vejo-a diretamente sobre o número."

"O que me diz a respeito de um número branco num papel preto? Aqui está um. O que você vê?"

"É ainda mais claramente vermelho que o número preto. Não sei por quê."

"E quanto a números de dois dígitos?" Desenhei um nítido 75 no bloco e mostrei-o a ela. Seu cérebro começaria a mesclar as cores? Ou veria uma cor totalmente nova?"

"Vejo cada número com sua cor apropriada. Mas eu mesma observei isso muitas vezes. A menos que os números estejam próximos demais."

"Muito bem, vamos tentar. Aqui, o 7 e o 5 estão muito mais próximos. O que você vê?"

"Ainda vejo as cores correspondentes, mas elas parecem 'lutar' ou anular uma à outra; parecem mais apagadas."

"E se eu desenhar o número sete com tinta da cor errada?"

Desenhei um 7 verde no papel e mostrei a ela.

"Ugh! Parece horrível. Dá aflição, como se houvesse alguma coisa errada com ele. Eu certamente não misturo a cor real com a cor mental. Vejo ambas as cores simultaneamente, mas parece horrível."

A observação de Susan me lembrou do que eu havia lido nos artigos mais antigos sobre sinestesia: que a experiência de cor tinha muitas vezes uma tonalidade emocional para os sinestesistas e que cores incorretas podiam produzir uma forte aversão. Evidentemente, todos nós experimentamos emoções com certas cores. Azul parece calmante e vermelho, apaixonado. Seria possível que o mesmo processo seja, por alguma estranha razão, exagerado nos sinestesistas? O que a sinestesia pode nos revelar a respeito da ligação entre cor e emoção pela qual artistas como Van Gogh e Monet sentiram-se fascinados durante tanto tempo?

Ouvimos uma batida hesitante à porta. Não tínhamos notado que quase uma hora se passara e que a outra estudante, uma moça chamada Becky, continuava esperando junto à porta da minha sala. Felizmente ela estava de bom humor, apesar de ter esperado tanto tempo. Pedimos a Susan para voltar na semana seguinte e convidamos Becky para entrar. Revelou-se que ela também era uma sinestesista. Repetimos as mesmas perguntas e a submetemos aos mesmos testes propostos a Susan. Suas respostas foram assombrosamente semelhantes, com algumas pequenas diferenças.

Becky via números coloridos, mas eles não tinham para ela as mesmas cores que para Susan. Para Becky 7 era azul e 5 era verde. Ao contrário de Susan, ela via as letras do alfabeto em cores vívidas. Numerais romanos e números traçados em sua mão não surtiam efeito, o que sugeria que, como para Susan, as cores eram impelidas pela aparência visual dos números e não pelo conceito numérico. E por fim, assim como Susan, ela viu o mesmo efeito semelhante a um arco-íris quando recitei uma sequência de números ao acaso.

Percebi naquele momento que estávamos seguindo muito de perto um fenômeno genuíno. Todas as minhas dúvidas se dissiparam. Susan e Becky nunca tinham se encontrado antes, e o alto nível de semelhança entre seus relatos não podia ser coincidência. (Mais tarde ficamos sabendo que há muita variação entre sinestesistas, de modo que foi muita sorte nossa ter topado com dois casos muito parecidos.) Mas embora eu estivesse convencido, ainda teríamos de trabalhar muito para produzir evidências fortes o suficiente para publicar. Comentários verbais e relatos introspectivos de pessoas são notoriamente pouco confiáveis. Pessoas num ambiente de laboratório são com frequência extremamente sugestionáveis e podem descobrir de maneira inconsciente o que você quer ouvir e agradá-lo dizendo-lhe aquilo. Além disso, algumas vezes, falam de maneira ambígua ou vaga. Como eu deveria compreender a desnorteante observação de Susan: "Realmente vejo vermelho, mas também sei que não é – então acho que devo estar vendo isso minha mente, alguma coisa assim."

Sensação é algo inerentemente subjetivo e inefável: você sabe como "é" experimentar a vermelhidão vibrante da casca de uma joaninha, por exemplo, mas jamais poderia *descrever* essa vermelhidão para uma pessoa cega, ou mesmo para uma pessoa daltônica, que não consegue distinguir o vermelho do verde. Aliás, você nunca poderá saber com certeza se as experiências mentais interiores de vermelhidão das outras pessoas são iguais à sua. Isso torna um pouco complicado (para dizer o mínimo) estudar a percepção de outras pessoas. A ciência trabalha com evidências objetivas, ao passo que quaisquer "observações" que façamos sobre a experiência sensorial subjetiva de pessoas são necessariamente indiretas ou de segunda mão. Eu ressaltaria, contudo, que impressões subjetivas e estudos de caso com um único sujeito podem muitas vezes fornecer fortes pistas para o projeto de experimentos mais formais. De fato, a maior parte das grandes descobertas em neurologia baseou-se de início nos testes clínicos aplicados a casos únicos (e seus relatos subjetivos), antes de ser confirmada em outros pacientes.

Um dos primeiros "pacientes" com quem iniciamos um estudo sistemático em busca de uma prova incontestável da realidade da sinestesia foi Francesca, uma mulher afável na metade da casa dos quarenta anos que vinha se consultando com um psiquiatra devido a uma leve depressão. Ele prescreveu lorazepam e Prozac, mas não sabendo o que fazer diante de suas experiências sinestéticas, encaminhou-a para o meu laboratório. Era a mulher, que mencionei antes, que afirmava que desde a infância experimentava vívidas emoções ao tocar diferentes texturas. Mas como poderíamos pôr à prova a veracidade de sua afirmação? Talvez ela fosse apenas uma pessoa muito emotiva e simplesmente gostasse de falar sobre as emoções que vários objetos desencadeavam nela. Talvez fosse "mentalmente perturbada" e quisesse apenas atenção ou sentir-se especial.

Um dia, Francesca foi ao meu laboratório. Depois de uma xícara de chá e das amenidades usuais, meu aluno David Brang e eu a conectamos a um ohmímetro para medir sua RGP. Como vimos no capítulo 2, esse aparelho mede a cada momento a microtranspiração produzida por níveis flutuantes de excitação emocional. Ao contrário de uma pessoa, que pode dissimular verbalmente ou mesmo ser subconscientemente iludida sobre as sensações que alguma coisa provoca nela, a RGP é instantânea e automática. Quando a medimos em sujeitos normais que tocaram várias texturas comuns, como veludo cotelê ou linóleo, ficou claro que eles não experimentavam nenhuma emoção. Mas Francesca era diferente. Para as texturas que, segundo ela, geravam fortes reações emocionais, como medo ou ansiedade ou nojo, seu corpo produzia um forte sinal de RGP. Mas quando tocava texturas que dizia causar sensações cálidas, relaxadas, não havia nenhuma alteração na resistência elétrica de sua pele. Como não é possível falsificar uma resposta de RGP, isso forneceu forte evidência de que ela estava nos dizendo a verdade.

Mas para ter absoluta certeza de que Francesca estava experimentando emoções específicas, usamos um procedimento adicional. Mais uma vez a levamos para uma sala e a conectamos a um ohmímetro. Pedimos a ela para seguir as instruções numa tela de computador que lhe diriam em quais de vários objetos dispostos na mesa à sua frente ela deveria tocar e por quanto tempo. Dissemos que ficaria sozinha na sala, pois ruídos de nossa presença poderiam interferir na monitoração da RGP. Sem que ela soubesse, havíamos escondido uma videocâmera atrás do monitor para registrar todas as suas expressões faciais. O que nos levou a fazer isso secretamente foi a necessidade de assegurar que suas reações eram genuínas e espontâneas. Após o experimento, pedimos a avaliadores independentes estudantis para classificar a magnitude e a qualidade das expressões em seu rosto, como medo ou calma. É claro que asseguramos que os avaliadores não conhecessem o objetivo do experimento e não soubessem que objeto Francesca havia tocado em cada teste dado. Mais uma vez descobrimos que havia clara correlação entre as classificações subjetivas que Francesca fazia de várias texturas e suas expressões faciais espontâneas. Pareceu bastante claro, portanto, que as emoções que ela afirmava experimentar eram autênticas.

MIRABELLE, uma jovem esfuziante, de cabelo escuro, ouvira por acaso uma conversa minha com Ed Hubbard no Espresso Roma Cafe, no campus, a poucos passos do meu laboratório. Ela arqueou as sobrancelhas – não sei se por diversão ou ceticismo.

Pouco depois, ela se apresentou em nosso laboratório oferecendo-se como objeto de estudo. Assim como Susan e Becky, cada número lhe parecia tingido de uma cor especial. Susan e Becky haviam nos convencido informalmente de que estavam relatando sua experiência de maneira precisa e verdadeira, mas com Mirabelle quisemos ver se podíamos obter alguma prova incontestável de que ela estava realmente vendo cor (como quando você vê uma maçã), e não apenas experimentando uma vaga imagem mental de cor (como quando você imagina uma maçã). Esse limite entre ver e imaginar sempre se provara elusivo em neurologia. Talvez a sinestesia ajudasse a determinar a diferença entre essas duas coisas.

Indiquei-lhe uma cadeira em minha sala, mas ela relutou em se sentar. Disparava olhares para todos os cantos, olhando para os vários instrumentos científicos antigos e fósseis pousados sobre a mesa e no chão. Parecia a criança proverbial na loja de doces ao engatinhar por todo o piso, examinando uma coleção de peixes fósseis do Brasil. Sua calça jeans escorregava para baixo nos seus quadris, e tentei não olhar diretamente para a tatuagem em sua cintura. Os olhos de Mirabelle iluminaram-se quando ela viu um osso fossilizado longo e lustroso um pouco parecido com um úmero (osso superior do braço). Pedi-lhe para adivinhar o que era. Ela tentou costela, tíbia e osso da coxa. Na verdade, era um báculo (osso do pênis) de uma morsa extinta do Pleistoceno. Aquele, em particular, havia sido obviamente fraturado no meio e voltado a se soldar num ângulo enquanto o animal estava vivo, como era evidenciado por uma formação calosa. Havia também uma marca calosa de dente na linha da fratura, sugerindo que ela havia sido causada por uma mordida, sexual ou predatória. Há um aspecto detetivesco na paleontologia, assim como na neurologia, e poderíamos ter continuado a conversar sobre tudo isso por mais duas horas. Mas nosso tempo estava se esgotando. Precisávamos voltar à sua sinestesia.

Começamos com um experimento simples. Mostramos a Mirabelle um número 5 numa tela preta de computador. Como se esperava, ela o viu colorido – em seu caso, vermelho vivo. Havíamos lhe pedido para fixar o olhar num pequeno ponto branco no meio da tela. (Isso é chamado ponto de fixação; ele impede que os olhos fiquem vagando.) Depois fomos afastando o número cada vez mais do ponto central para ver se isso tinha algum efeito sobre a cor evocada. Mirabelle observou que a cor vermelha tornava-se progressivamente menos vívida à medida que o número foi sendo afastado, até se tornar por fim de um cor-de-rosa, pálido, muito diluído. Por si mesmo, isso pode não parecer muito surpreendente; um número visto fora de eixo induz uma cor mais fraca. Apesar disso, estava nos revelando algo importante. Mesmo deslocado para um lado, o próprio número continuava perfeitamente visível, no entanto a cor ficava muito mais fraca. Num só golpe esse resultado mostrava que a sinestesia não podia ser apenas uma memória da infância ou uma associação metafórica.[1] Se o número estivesse meramente evocando a lembrança ou a ideia de uma cor, por que o lugar em que estava colocado no campo visual importaria, contanto que ele ainda fosse claramente reconhecível?

Em seguida usamos um segundo teste, mais direto, chamado *popout*, que psicólogos usam para determinar se um efeito é verdadeiramente perceptual (ou apenas conceitual). Olhando para a figura 3.1, você verá um conjunto de linhas inclinadas espalhadas em meio a uma floresta de linhas verticais. As linhas inclinadas destacam-se como um polegar machucado – elas saltam aos olhos [*"pop out"*]. De fato, você não só pode distingui-las da multidão de maneira quase instantânea, mas também agrupá-las mentalmente para formar um plano ou grupo separado. Se fizer isso, poderá ver facilmente que o grupo de linhas inclinadas compõe a forma global de um X. Da mesma maneira, na figura 3.2, pontos vermelhos espalhados entre pontos verdes (retratados aqui como pontos pretos entre pontos cinzas) destacam-se vivamente e compõem a forma global de um triângulo.

FIGURA 3.1 Linhas inclinadas inseridas numa matriz de linhas verticais podem ser facilmente detectadas, agrupadas e segregadas das linhas retas por nosso sistema visual. Esse tipo de segregação só pode ocorrer com traços extraídos precocemente no processamento visual. (Lembre-se do capítulo 2, formas tridimensionais resultantes de sombreamento podem também levar a agrupamento.)

Cores berrantes e gatinhas quentes: Sinestesia

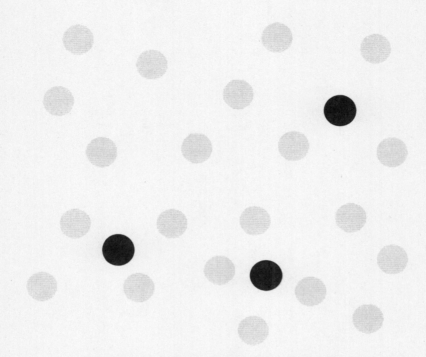

FIGURA 3.2 Bolinhas de cores ou sombreamento semelhantes podem também ser agrupados sem esforço. A cor é um traço detectado precocemente no processamento visual.

Em contraposição, olhe para a figura 3.3. Você vê um conjunto de *T*s espalhados no meio de *L*s, mas, ao contrário das linhas inclinadas e dos pontos coloridos das duas figuras anteriores, os *T*s não produzem o mesmo efeito vívido e automático ("Estou aqui!") de salto, apesar do fato de *L*s e *T*s serem tão diferentes entre si quanto linhas verticais e inclinadas. Você também tem muito mais dificuldade para agrupar os *T*s, e precisa até se dedicar a uma inspeção item por item. Disso, podemos concluir que somente certas características perceptuais "primitivas", ou elementares, como cor e orientação de linha podem fornecer uma base para agrupamento e *popout*. Símbolos perceptuais mais complexos como grafemas (letras e números) não podem fazer isso, por mais diferentes que sejam uns dos outros.

FIGURA 3.3 Não é fácil detectar ou agrupar *Ts* espalhados entre *Ls*, talvez por serem feitos dos mesmos traços de nível inferior: linhas verticais e horizontais. Só o arranjo das linhas é diferente (produzindo quinas *versus* junções em T), e isso não é extraído precocemente no processamento visual.

Para tomar um exemplo extremo: se eu lhe mostrasse uma folha de papel com a palavra *amor* impressa por ela toda, com a palavra ódio aparecendo algumas vezes no meio, você não conseguiria localizar os ódios muito facilmente. Teria de procurar por eles com certo afinco. E mesmo quando os encontrasse, eles ainda não se destacariam do pano de fundo da mesma maneira que linhas inclinadas e cores. Mais uma vez, isso ocorre porque conceitos linguísticos, como amor e ódio, não podem servir como base para agrupamento, por mais dissimilares que possam ser conceitualmente.

Nossa capacidade de agrupar e segregar traços semelhantes provavelmente se desenvolveu para vencer a camuflagem e descobrir objetos ocultos no mundo. Por exemplo, se um leão se esconder atrás de uma folhagem verde mosqueada, a imagem crua que entra em nossos olhos e atinge a retina nada mais é que um amontoado de fragmentos amarelados separados por intervalos de verde. No entanto, não é isso que você *vê*. Seu cérebro costura os fragmentos de pele fulva uns aos outros para discernir a forma global, e ativa sua categoria visual para leão. (E de lá, isso segue direto para a amígdala!) Seu cérebro trata a probabilidade de que todas essas manchas amarelas poderiam ser verdadeiramente isoladas e independentes umas das outras como essencialmente zero. (É por isso que uma pintura ou fotografia de um leão escondido atrás de uma folhagem, em que as manchas de cor *são* realmente independentes e não relacionadas entre si, ainda faz você "ver" o leão.) Seu cérebro tenta automaticamente agrupar traços perceptuais de nível baixo para ver se eles formam alguma coisa importante. Como leões.

Psicólogos da percepção exploram rotineiramente esses efeitos para determinar se um traço visual particular é elementar. Se ele nos permite *popout* e agrupamento, é provável que o cérebro o esteja extraindo numa etapa inicial do processamento sensorial. Se *popout* e agrupamento estiverem mudos ou ausentes, o processamento sensorial de ordem mais elevada ou mesmo conceitual deve estar envolvido na representação dos objetos em questão. L e T compartilham os mesmos traços elementares (uma linha horizontal curta e uma linha vertical curta tocando-se em ângulos retos); os principais elementos que os distinguem em nossas mentes são fatores linguísticos e conceituais.

Voltemos então para Mirabelle. Sabemos que cores reais podem levar a agrupamento e *popout*. Seriam suas cores "particulares" capazes de provocar nela os mesmos efeitos?

Para responder a essa questão, criei padrões semelhantes àquele mostrado na figura 3.4: uma floresta de 5s semelhantes a blocos, com alguns 2s com o mesmo tipo de configuração espalhados entre eles. Sendo apenas imagens espelhadas uns dos outros, 2s e 5s são compostos de traços idênticos: duas linhas verticais e duas horizontais. Ao olhar para essa imagem, você manifestamente não obtém nenhum *popout*; só consegue descobrir os 2s mediante inspeção item por item. E não pode discernir facilmente a forma global – o grande triângulo – agrupando os 2s mentalmente; eles simplesmente não se destacam do pano de fundo. Embora possa acabar deduzindo logicamente que os 2s formam um triângulo, você não vê um grande triângulo da maneira como vê o que está na figura 3.5, onde os 2s foram representados em preto e os 5s em cinza. Agora, o que aconteceria se mostrássemos a figura 3.4 a uma sinestesista que afirma experimentar 2s como vermelhos e 5s como verdes? Se ela estivesse meramente pensando em vermelho (ou verde), assim como você ou eu, não iria ver instantaneamente um triângulo. Por outro lado, se a sinestesia fosse um efeito sensorial genuinamente de baixo nível, ela poderia literalmente ver o triângulo da maneira como você e eu o vemos na figura 3.5.

Para esse experimento, mostramos primeiro imagens muito parecidas com a figura 3.4 para vinte estudantes normais e os instruímos a procurar uma forma global (feita de pequenos 2s) em meio à confusão. Algumas das figuras continham um triângulo, outras mostravam um círculo. Exibimos essas figuras numa sequência aleatória num monitor de computador por cerca de meio segundo cada uma, tempo curto demais para uma inspeção visual detalhada. Após ver cada figura, os sujeitos tinham de apertar um de dois botões para indicar se acabara de lhes ser mostrado um círculo ou um triângulo. Como não é de surpreender, a taxa de acertos dos estudantes foi de cerca de 50%; em outras palavras, estavam apenas adivinhando, não tendo conseguido discernir espontaneamente a forma. Mas quando colorimos todos os 5s de verde e todos os 2s de vermelho (na figura 3.5 isso é simulado com cinza e preto), sua performance elevou-se para 80% ou 90%. Agora podiam ver a forma instantaneamente sem pausa ou reflexão.

A surpresa veio quando mostramos os *displays* preto e branco para Mirabelle. Diferentemente dos não sinestesistas, ela foi capaz de identificar a forma corretamente em 80 a 90% das tentativas – exatamente como se os números fossem de fato de outra cor! As cores sinesteticamente induzidas tinham exatamente a mesma eficácia que cores reais para lhe permitir des-

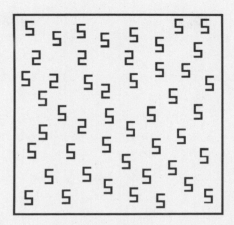

FIGURA 3.4 Um grupo de *2s* espalhados entre *5s*. É difícil para sujeitos normais detectar a forma composta pelos *2s*, mas os sinestesistas inferiores como um grupo têm um desempenho muito melhor. O efeito foi confirmado por James Wards e colegas.

FIGURA 3.5 O mesmo arranjo que na figura 3.4, exceto pelos números que estão sombreados de maneira diferente, o que permite a pessoas normais ver o triângulo instantaneamente. Sinestesistas inferiores ("projetores") provavelmente veem algo semelhante.

cobrir e relatar a forma global.² Esse experimento fornece prova irrefutável de que as cores induzidas de Mirabelle são genuinamente sensoriais. Ela simplesmente não poderia ter falsificado os resultados que obteve, e eles não poderiam ser de maneira alguma o resultado de memórias de infância ou de qualquer das explicações alternativas propostas.

Ed e eu compreendemos, pela primeira vez desde Francis Galton, que tínhamos uma prova clara, sem ambiguidade, produzida por nossos experimentos (agrupamento e *popout*) de que a sinestesia era de fato um fenômeno sensorial real – prova que havia escapado a pesquisadores por mais de um século. Na verdade, nossos *displays* podiam ser usados não só para distinguir falsos sinestesistas dos genuínos, mas também para tirar sinestesistas do armário: pessoas que podem ter a habilidade mas não se dão conta disso ou não o querem admitir.

ED E EU VOLTAMOS a nos sentar no café, discutindo nossos achados. Entre nossos experimentos com Francesca e Mirabelle, havíamos estabelecido que a sinestesia existe. A questão seguinte era: por que ela *existe*? Poderia uma falha nas conexões neurais do cérebro explicá-la? O que sabíamos que poderia nos ajudar a tirar isso a limpo? Primeiro, tínhamos ciência de que o tipo mais comum de sinestesia era aparentemente número-cor. Segundo, sabíamos que um dos principais centros da cor no cérebro está na área chamada V4 e no giro fusiforme dos lobos temporais. (A área V4 foi descoberta por Semir Zeki, professor de neuroestética no University College of London, e autoridade mundial na organização do sistema visual primata.) Terceiro, sabíamos que aproximadamente na mesma área do cérebro podia haver áreas especializadas em números. (Sabemos disso porque pequenas lesões nessa parte do cérebro fazem pacientes perder habilidades aritméticas.) Pensei: não seria maravilhoso se a sinestesia número-cor fosse causada simplesmente por alguma "fiação cruzada" acidental entre os centros dos números e das cores no cérebro? Isso parecia quase óbvio demais para ser verdade – mas por que não? Sugeri que déssemos uma olhada em alguns atlas do cérebro para ver o grau exato de proximidade existente entre essas duas áreas.

Cores berrantes e gatinhas quentes: Sinestesia

"Ei, talvez possamos perguntar a Tim", Ed respondeu. Ele estava se referindo a Tim Rickard, um colega nosso no centro. Tim havia usado técnicas sofisticadas de imagiologia cerebral, como IRMf, para mapear a área cerebral em que o reconhecimento visual de números ocorre. Horas depois na mesma tarde, Ed e eu comparamos a localização exata de V4 e a área dos números num atlas do cérebro humano. Para nosso espanto, vimos que a área dos números e V4 ficavam exatamente ao lado uma da outra no giro fusiforme (figura 3.6). Isso era um forte apoio para a hipótese da fiação cruzada. Pode realmente ser coincidência que o tipo mais comum de sinestesia seja o tipo número-cor, e as áreas de números e cores sejam vizinhas imediatas no cérebro?

Isso estava começando a ficar parecido demais com a frenologia do século XIX, mas talvez fosse verdade! Desde o século XIX grassa um debate entre frenologia – a noção de que diferentes funções estão precisa-

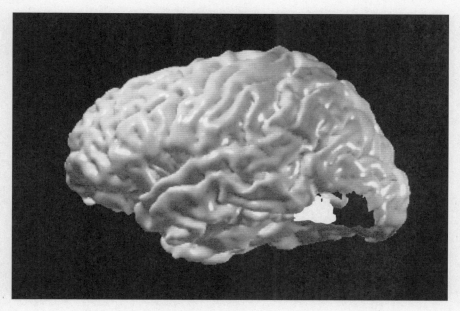

FIGURA 3.6 O lado esquerdo do cérebro, mostrando a localização aproximada da área fusiforme: preto, uma área de números; branco, uma área de cores (mostradas esquematicamente na superfície).

mente localizadas em diferentes áreas do cérebro – *versus* holismo, que sustenta que as funções são propriedades emergentes de todo o cérebro, cujas partes estão em constante interação. Na verdade, essa é, em certo grau, uma polarização artificial, porque a resposta depende da função específica sobre a qual se está falando. Seria ridículo dizer que as ações de apostar dinheiro ou cozinhar são localizadas (embora alguns aspectos delas possam ser), mas seria igualmente tolo dizer que o reflexo da tosse ou o reflexo pupilar à luz não são localizados. O surpreendente, porém, é que mesmo algumas funções não estereotipadas, como ver cores e números (como formas ou mesmo como ideias numéricas), sejam de fato mediadas por regiões cerebrais especializadas. Mesmo percepções de alto nível, como de ferramentas, hortaliças ou frutas – que chegam a ser quase conceitos, em vez de meras percepções –, podem ser perdidas seletivamente, dependendo da pequena região específica do cérebro danificada por derrame ou acidente.

Então o que sabemos sobre localização cerebral? Quantas regiões especializadas existem, e como são dispostas? Assim como o diretor executivo de uma companhia delega diferentes tarefas a diferentes pessoas que ocupam diferentes cargos, nosso cérebro distribui diferentes tarefas para diferentes regiões. O processo começa quando sinais neurais provenientes de nossa retina viajam para uma área na parte de trás de nosso cérebro onde a imagem é categorizada em atributos simples como cor, movimento, forma e profundidade. Depois disso, informações sobre diferentes categorias são divididas e distribuídas a várias regiões afastadas em nossos lobos temporal e parietal. Por exemplo, informação a respeito da direção de alvos móveis vai para V5 em nossos lobos parietais. Informação sobre cor é enviada principalmente para V4 em nossos lobos temporais.

Não é difícil adivinhar a razão dessa divisão do trabalho. Os tipos de computação de que precisamos para extrair informação sobre comprimento de onda (cor) é muito diferente daqueles requeridos para extrair informação sobre movimento. Talvez seja mais simples efetuá-las se tivermos áreas separadas para cada tarefa, mantendo o maquinismo neural distinto para economia de conexões e facilidade de computação.

Faz sentido também organizar regiões especializadas em hierarquias. Num sistema hierárquico, cada nível "superior" desempenha tarefas mais sofisticadas, mas, assim como numa companhia, há uma enorme quantidade de *feedback* e conversa cruzada. Por exemplo, a informação sobre cor processada em V4 é retransmitida para áreas de cor mais elevadas que se situam mais acima nos lobos temporais, perto do giro angular. Essas áreas mais elevadas podem estar relacionadas a aspectos mais complexos do processamento de cor. As folhas de eucalipto que vejo por todo o campus parecem ser, no crepúsculo, do mesmo tom de verde que são ao meio-dia, embora os comprimentos de onda que compõem a luz refletida sejam muito diferentes nos dois casos. (No crepúsculo a luz é vermelha, mas não vemos subitamente as folhas como verde-avermelhadas; elas continuam parecendo verdes porque nossas áreas de cor mais elevadas fazem a compensação.)

A computação numérica também parece ocorrer em estágios: um estágio inicial no giro fusiforme, em que as formas reais dos números são representadas, e um estágio posterior no giro angular, relacionado a conceitos numéricos como ordinalidade (sequência) e cardinalidade (quantidade). Quando o giro angular é danificado por um acidente vascular cerebral ou um tumor, um paciente pode ainda ser capaz de identificar números, mas pode não conseguir mais dividir ou subtrair. (A multiplicação muitas vezes sobrevive porque é mecanicamente memorizada.) Foi esse aspecto da anatomia cerebral – a estreita proximidade de cores e números no cérebro tanto no giro fusiforme quanto perto do giro angular – que me fez suspeitar que a sinestesia número-cor era causada por conversa cruzada entre essas áreas cerebrais especializadas.

Mas se essa fiação cruzada neural for a explicação correta, por que ela ocorre? Galton observou que a sinestesia costuma se manifestar em vários membros de uma família, achado que foi repetidamente confirmado por outros pesquisadores. Portanto, é razoável perguntar se há uma base genética para a sinestesia. Talvez os sinestesistas abriguem uma mutação que faça existir algumas conexões anormais entre áreas cerebrais adjacentes normalmente bem segregadas uma da outra. Se essa mutação é inútil ou deletéria, por que não foi extirpada por seleção natural?

Além disso, se a mutação fosse expressa de maneira desigual, isso poderia explicar por que alguns sinestesistas estabelecem "fiação cruzada" entre cores e números, ao passo que outros, como uma mulher que vi uma vez chamada Esmeralda, veem cores em resposta a notas musicais. Coerentemente com o caso de Esmeralda, centros da audição nos lobos temporais são próximos das áreas do cérebro que recebem sinais de cor de V4 e centros da cor mais elevados. Senti que as peças começavam a se encaixar.

O fato de vermos vários tipos de sinestesia fornece evidência adicional de fiação cruzada. Talvez o gene mutante se expresse em maior grau – em mais regiões cerebrais – em alguns sinestesistas que em outros. Mas como exatamente a mutação causa a fiação cruzada? Sabemos que o cérebro normal não vem pronto, com áreas nitidamente empacotadas e claramente delineadas entre si. No feto, há uma superproliferação inicial de conexões que vão sendo podadas à medida que o desenvolvimento prossegue. Uma razão para esse extenso processo de poda é presumivelmente evitar vazamento (difusão de sinal) entre áreas adjacentes, exatamente como Michelangelo foi cortando pedacinhos de mármore para produzir o *Davi*. Essa poda está em grande parte sob controle genético. É possível que a mutação da sinestesia leve a uma poda incompleta entre algumas áreas vizinhas. O resultado seria o mesmo: fiação cruzada.

No entanto, é importante observar que a fiação cruzada anatômica entre áreas cerebrais não pode ser a explicação completa para a sinestesia. Se fosse, como explicar a emergência comumente relatada de sinestesia durante o uso de drogas alucinógenas como o LSD? Uma droga não pode induzir subitamente novas conexões axônicas, e tais conexões não desapareceriam magicamente depois que seu efeito passasse. Portanto, ela deve estar reforçando de alguma maneira a atividade de conexões preexistentes – o que não é incongruente com a possibilidade de que sinestesistas tenham mais dessas conexões que o resto de nós. David Brang e eu também encontramos dois sinestesistas que perderam temporariamente sua sinestesia quando começaram a tomar medicamentos antidepressivos chamados inibidores seletivos da recaptação de serotonina (ISRSs), família de drogas que inclui o famoso Prozac. Embora não possamos confiar inteiramente em relatos subjetivos, eles fornecem pistas valiosas para futuros estudos. Uma mulher era capaz de ligar e desligar sua sinestesia começando ou interrompendo seu regime medicamentoso. Ela detestava o antidepressivo Wellbutrin porque ele a privava da mágica sensorial fornecida pela sinestesia; o mundo parecia insípido sem ela.

Venho usando a expressão "fiação cruzada" de maneira um tanto livre, mas até que saibamos exatamente o que está se passando no nível celular, a expressão mais neutra "ativação cruzada" talvez seja melhor. Sabemos, por exemplo, que regiões cerebrais adjacentes muitas vezes inibem a atividade uma da outra. Essa inibição serve para minimizar a conversa cruzada e mantém áreas isoladas entre si. E se houvesse algum tipo de desequilíbrio químico que reduzisse essa inibição – digamos, o bloqueio de um neurotransmissor inibitório, ou uma deficiência na sua produção? Nesse cenário, não haveria nenhum "fio" extra no cérebro, mas os fios do sinestesista não seriam apropriadamente isolados. O resultado seria o mesmo: sinestesia. Sabemos que, mesmo num cérebro normal, existem vastas conexões neurais entre regiões situadas a grande distância umas das outras. A função normal delas é desconhecida (como a maioria das conexões cerebrais!), mas um mero fortalecimento dessas conexões ou uma perda de inibição poderia levar ao tipo de ativação cruzada que sugiro.

À luz da hipótese da ativação cruzada, podemos agora também começar a tentar conjecturar por que Francesca tinha reações emocionais tão fortes a texturas triviais. Todos nós temos um mapa primário do tato no cérebro chamado córtex somatossensorial primário, ou S1. Quando toco no seu ombro, receptores do tato em sua pele detectam a pressão e enviam uma mensagem para seu S1. Você sente o toque. De maneira semelhante, quando você toca diferentes texturas, um mapa vizinho do tato, S2, é ativado. Você sente as texturas: a granulação seca de um deque de madeira, a umidade escorregadia de um sabonete. Essas sensações táteis são fundamentalmente externas, originando-se no mundo fora de seu corpo.

Outra região cerebral, a ínsula, mapeia sensações internas provenientes de seu corpo. Sua ínsula recebe fluxos contínuos de sensação de células receptoras em seu coração, pulmões, fígado, vísceras, ossos, articulações, ligamentos, fáscia e músculos, bem como de receptores especializados em sua pele que sentem calor, frio, dor, toque sensual e talvez comichão e cócegas também. Sua ínsula usa essa informação para representar como você se sente em relação ao mundo externo e seu ambiente imediato. Essas sensações são fundamentalmente *internas*, e compreendem os ingredientes primários de seu estado emocional. Como um ator central em sua vida emocional, sua ínsula envia sinais para outros centros emocionais em seu cérebro e recebe sinais deles. Entre esses centros estão a amígdala, o sistema nervoso autônomo (ativado pelo hipotálamo) e o córtex orbitofrontal, que está envolvido em julgamentos emocionais nuançados. Em pessoas normais esses circuitos são ativados quando elas tocam certos objetos emocionalmente carregados. Acariciar, digamos, um amante, pode gerar sensações complexas de ardor, intimidade e prazer. Espremer uma massa de fezes, em contraposição, tende a levar a fortes sensações de nojo e repugnância. Agora pense no que aconteceria se houvesse um extremo exagero dessas várias conexões que ligam S2, a ínsula, a amígdala e o córtex orbitofrontal. Você esperaria ver precisamente o tipo de emoções complexas desencadeadas pelo tato que Francesca experimenta quando toca em brim, prata, seda ou papel – coisas que deixariam a maioria de nós impassíveis.

A propósito, a mãe de Francesca também tem sinestesia. Mas, além de emoções, ela relata sensações de paladar em resposta ao tato. Por exemplo, acariciar uma grade de ferro batido evoca um intenso sabor salgado em sua boca. Isso também faz sentido: a ínsula recebe forte *input* de paladar da língua.

Com a ideia de ativação cruzada, parecíamos realmente a caminho de uma explicação neurológica da sinestesia número-cor e textural.[3] Mas, à medida que outros sinestesistas apareceram em minha sala, percebemos que há muito mais formas da condição. Em algumas pessoas, dias da semana ou meses do ano produziam cores: a segunda-feira podia ser verde, a quarta-feira cor-de-rosa e dezembro amarelo. Não admira que muitos cientistas pensassem que elas eram loucas! Mas, como eu disse antes, aprendi ao longo dos anos a ouvir o que as pessoas dizem. Nesse caso particular, dei-me conta de que a única coisa que dias da semana, meses e números têm em comum é o conceito de sequência numérica ou ordinalidade. Portanto nesses indivíduos, diferentemente do que vimos nos casos de Becky e Susan, talvez seja o conceito abstrato de sequência numérica que evoca a cor, não a aparência visual do número. Por que a diferença entre os dois tipos de sinestesistas? Para responder a isso, temos de retornar à anatomia cerebral.

Depois que a forma de um número é reconhecida no nosso giro fusiforme, a mensagem é retransmitida adiante para nosso giro angular – uma região de nossos lobos parietais envolvida, entre outras coisas, no processamento superior das cores. A ideia de que alguns tipos de sinestesia poderiam envolver o giro angular é compatível com uma antiga observação clínica de que essa estrutura está relacionada à síntese sensorial. Em outras palavras, pensa-se que esse é um grande entroncamento no qual informações sobre tato, audição e visão convergem para permitir a construção de perceptos de alto nível. Por exemplo, um gato ronrona e é fofo (tato), ele ronrona e mia (audição) e tem determinada aparência (visão) e hálito com cheiro de peixe (olfato) – todas essas coisas são evocadas pela lembrança de um gato ou o som da palavra "gato". Não admira que pacientes com lesão na região percam a capacidade de nomear coisas (anomia), mesmo que possam reconhecê-las. Eles têm dificuldade com aritmética, o que, pensando bem, também envolve integração sensorial: afinal de contas, no jardim de infância aprendemos a contar com os dedos. (De fato, se você toca no dedo do paciente e lhe pergunta qual deles é, muitas vezes ele não sabe dizer.) Todos esses fragmentos de evidência clínica sugerem fortemente que o giro angular é um grande centro no cérebro para convergência e integração sensorial. Assim, talvez não seja tão forçado, afinal, sugerir que uma falha no conjunto de circuitos poderia fazer com que as cores fossem muito literalmente evocadas por certos sons.

Segundo neurologistas clínicos, o giro angular esquerdo pode estar envolvido na manipulação de quantidade, sequências e aritmética. Quando essa região é danificada por acidente vascular cerebral, o paciente pode reconhecer números e ainda pensar com razoável clareza, mas tem dificuldade até com os cálculos mais simples. Não consegue subtrair 7 de 12. Vi pacientes que não podem nos dizer qual de dois números – 3 ou 5 – é maior.

Temos aqui o arranjo perfeito para mais um tipo de fiação cruzada. O giro angular está envolvido no processamento de cores e sequências numéricas. Será possível que, em alguns sinestesistas, a conversa cruzada ocorra entre essas duas áreas superiores perto do giro angular, em vez de mais abaixo no giro fusiforme? Nesse caso, isso explicaria por que, neles, até as representações abstratas de número ou a ideia de um número sugerida pelos dias da semana ou pelos meses irão manifestar cor intensamente. Em outras palavras, dependendo da parte do cérebro em que o gene anormal da sinestesia é expressado, temos diferentes tipos de sinestesistas: os "superiores", impelidos por conceito numérico, e os "inferiores", impelidos apenas pela aparência visual. Dadas as múltiplas conexões para lá e para cá entre áreas cerebrais, é também possível que ideias numéricas sobre sequencialidade sejam enviadas de volta para o giro fusiforme, mais abaixo, para evocar cores.

Em 2003 iniciei uma colaboração com Ed Hubbard e Geoff Boynton do Salk Institute for Biological Studies para pôr essas ideias à prova com imagiologia cerebral. O experimento demandou quatro anos, mas finalmente pudemos mostrar que, em sinestesistas grafema-cor, a área das cores V4 se acende mesmo quando lhes apresentamos números sem cor. Essa ativação cruzada poderia nunca ocorrer em você ou em mim. Em experimentos recentes conduzidos na Holanda, os pesquisadores Romke Rouw e Steven Scholte descobriram que havia um número substancialmente maior de axônios ("fios") ligando V4 e a área dos grafemas em sinestesistas inferiores comparados à população em geral. E, de maneira ainda mais notável, em sinestesistas superiores, eles encontraram um maior número de fibras nas vizinhanças gerais do giro angular. Tudo isso é precisamente o que havíamos proposto. A correspondência entre previsão e subsequente confirmação raramente ocorre de maneira tão livre de percalços em ciência.

As observações que havíamos feito até então corroboravam amplamente a teoria da ativação cruzada e forneciam uma elegante explicação para as diferentes percepções de sinestesistas "superiores" e "inferiores".[4] Mas podemos formular muitas outras questões intrigantes a respeito dessa condição. O que ocorreria se um sinestesista fosse bilíngue e conhecesse duas línguas com diferentes alfabetos, como russo e inglês? O *P* inglês e o cirílico *П* representam mais ou menos o mesmo fonema (som), mas têm aparências completamente diferentes. Evocariam eles as mesmas cores ou cores diferentes? O decisivo é o grafema por si só, ou é o fonema? Talvez nos sinestesistas inferiores isso seja impelido pela aparência visual, ao passo que, nos superiores, seria pelo som. E quanto a letras maiúsculas *versus* letras minúsculas? Ou letras representadas em cursivo? As cores de dois grafemas adjacentes escorrem ou fluem de um para outro, ou cancelam-se mutuamente? Que eu saiba, até hoje nenhuma dessas questões foi respondida de maneira adequada – o que significa que temos muitos anos empolgantes de pesquisa sobre a sinestesia à nossa frente. Felizmente, muitos novos pesquisadores se juntaram a nós na empreitada, entre os quais Jamie Ward, Julia Simner e Jason Mattingley. Agora há toda uma indústria florescente sobre o assunto.

Deixe-me contar a respeito de um último paciente. No capítulo 2 observamos que o giro fusiforme representa não só formas, tais como letras do alfabeto, mas rostos também. Assim, não deveríamos esperar que houvesse casos em que um sinestesista vê diferentes *rostos* como possuindo cores intrínsecas? Recentemente encontramos um estudante, Robert, que relatava experimentar exatamente isso. Com frequência ele via a cor como um halo em volta do rosto, mas quando estava embriagado, a cor ficava muito mais intensa e se espalhava pelo próprio rosto.[5] Para verificar se Robert estava falando a verdade, fizemos um experimento simples. Pedi-lhe para fixar a vista no nariz de outro aluno de faculdade e perguntei a Robert que cor ele via em volta do rosto. Robert respondeu que o halo do outro estudante era vermelho. Em seguida exibi rapidamente pontos vermelhos ou verdes em diferentes lugares no halo. O olhar de Robert logo se desviou para um ponto verde, mas só raramente para um ponto vermelho; na verdade, ele afirmou não ter visto os pontos vermelhos de maneira nenhuma. Isso fornece convincente evidência de que Robert realmente estava vendo halos: num pano de fundo vermelho, o verde saltaria à vista ao passo que o vermelho seria quase imperceptível.

Para aumentar o mistério, Robert também tinha síndrome de Asperger, uma forma de autismo de alto desempenho. Isso tornava difícil para ele compreender e "interpretar" as emoções das pessoas. Ele conseguia fazer isso por meio de dedução intelectual a partir do contexto, mas não com a facilidade intuitiva de que a maioria de nós desfruta. Para Robert, contudo, cada emoção também evocava uma cor. Por exemplo, raiva era azul e orgulho era vermelho. Por isso seus pais lhe ensinaram desde muito cedo na vida a usar suas cores para desenvolver uma taxonomia das emoções, de modo a compensar essa deficiência. Curiosamente, quando lhe mostramos um rosto arrogante, ele disse que era "roxo e portanto arrogante". (Mais tarde nós três nos demos conta de que roxo é uma mescla de vermelho e azul, evocados por orgulho e agressividade, e que estes dois últimos, se combinados, resultariam em arrogância. Robert não tinha feito essa conexão antes.) Seria possível que todo o espectro de cores subjetivo de Robert estivesse sendo mapeado de maneira sistemática em seu "espectro" de emoções sociais? Nesse caso, poderíamos potencialmente usá-lo como sujeito para compreender como emoções – e mesclas complexas delas – são representadas no cérebro? Por exemplo, orgulho e arrogância são diferenciados apenas com base no contexto social, ou são qualidades subjetivas inerentemente distintas? Uma insegurança profundamente arraigada é também um ingrediente da arrogância? Seria todo o espectro de emoções sutis baseado em várias combinações, em diferentes razões, de um pequeno número de emoções básicas?

Lembre-se de que observamos no capítulo 2 que a visão de cores em primatas tinha um aspecto intrinsecamente recompensador que a maioria dos outros componentes da experiência visual não traz à tona. Como vimos, é provável que a razão básica da vinculação neural de cor com emoção foi, de início, atrair-nos para frutas maduras e/ou novos brotos e folhas tenros, e mais tarde atrair machos para traseiros femininos inchados. Suspeito que esses efeitos surgem através de interações entre a ínsula e regiões cerebrais mais elevadas dedicadas à cor. Se as mesmas conexões estiverem reforçadas de forma anormal – e talvez um pouco embaralhadas – em Robert, isso explicaria por que ele via muitas cores como fortemente tingidas com associações emocionais arbitrárias.

Agora eu estava intrigado por outra questão. Qual é a conexão – se é que existe alguma – entre sinestesia e criatividade? A única coisa que elas pareciam ter em comum era o fato de serem igualmente misteriosas. Haveria verdade no folclore segundo o qual a sinestesia é mais comum em artistas, poetas e romancistas, e talvez em pessoas criativas em geral? Poderia a sinestesia explicar a criatividade? Wassily Kandinsky e Jackson Pollock eram sinestesistas, assim como Vladimir Nabokov. Talvez a incidência mais elevada de sinestesia em artistas esteja profundamente enraizada na arquitetura de seus cérebros.

Nabokov, que tinha grande curiosidade em relação à sua sinestesia, escreveu sobre ela em alguns de seus livros. Por exemplo:

... No grupo verde, estão o f cor de folha de amieiro, a cor de maçã não amadurecida do p, e o t pistache. Verde opaco, com certa mistura de violeta, é a melhor definição que posso dar para w. Os amarelos compreendem vários es e is, d cremoso, y dourado luminoso, e u, cujo valor alfabético só posso exprimir por "cor de latão com um brilho oliva". No grupo marrom, há o brilhante tom elástico do suave g, o mais pálido j, e o pardacendo cordão de sapato de h. Por fim, entre os vermelhos, b tem o tom que os pintores chamam de siena queimado, m é uma prega de flanela cor-de-rosa, e hoje eu finalmente estabeleci uma correspondência perfeita do v com "rosa quartzo" no *Dictionary of Color* de Maerz e Paul. (Extraído de *Speak, Memory: An Autobiography Revisited*, 1966)

Ele ressaltou também que seus pais eram ambos sinestesistas e parecia intrigado pelo fato de seu pai ver K como amarelo, sua mãe vê-lo como vermelho e ele como laranja – uma mistura dos dois! Seus escritos não deixam claro se ele via essa mistura como uma coincidência (o que era quase certamente o caso) ou a considerava uma genuína hibridização de sinestesia.

Poetas e músicos também parecem gozar de uma maior incidência de sinestesia. Em seu *website*, o psicólogo Sean Day fornece sua tradução de um artigo alemão de 1895 que cita o grande músico Franz Liszt:

> Quando Liszt iniciou como *Kapellmeister* em Weimar (1842), a orquestra ficou pasma ao ouvi-lo dizer: "Ó por favor, cavalheiros, um pouco mais azul, por gentileza! Esse tipo de tom requer isso!" Ou: "Isso é um violeta escuro, por favor, acreditem nisso! Não tão rosa!" A princípio a orquestra supôs que Lizst apenas brincava; ... mais tarde habituaram-se com o fato de que o grande músico parecia ver cores ali, onde só havia tons.

O poeta e sinestesista francês Arthur Rimbaud escreveu o poema "Vogais", que começa assim:

> *A preto, E branco, I vermelho, U verde, O azul: vogais,*
> *Contarei um dia vossas origens latentes:*
> *A, negro colete felpudo de moscas brilhantes*
> *Que zumbem à volta de fedores cruéis...*

Segundo uma pesquisa recente, pelo menos um terço de todos os poetas, romancistas e artistas afirma ter tido experiências sinésticas de um tipo ou outro, embora uma estimativa mais conservadora seja um em seis. Mas isso ocorre simplesmente porque os artistas têm imaginações mais vívidas e são mais aptos para se exprimir em linguagem metafórica? Ou quem sabe são apenas menos inibidos para admitir que tiveram esse tipo de experiência? Ou estão simplesmente afirmando ser sinestesistas porque isso é "sexy" para um artista? Se a incidência for genuinamente maior, por que isso ocorre?

Algo que poetas e romancistas têm em comum é serem especialmente bons no uso de metáforas. ("É o oriente, e Julieta é o sol!") É como se seus cérebros fossem mais bem constituídos que o de nós outros para forjar vínculos entre domínios aparentemente desconexos – como o sol e uma bela jovem. Quando você ouve "Julieta é o sol", não diz "Oh, então isso quer dizer que ela é uma enorme e incandescente bola de fogo?" Se lhe pedirem para explicar a metáfora, você dirá antes coisas como "Ela é cálida como o sol, nutriente como o sol, radiante como o sol, dissipa as trevas como o sol". Seu cérebro encontra instantaneamente os vínculos certos, que realçam os aspectos mais salientes e belos de Julieta. Em outras palavras, assim como a sinestesia envolve o estabelecimento de vínculos arbitrários entre entidades perceptuais aparentemente não relacionadas, como cores e números, as metáforas envolvem o estabelecimento de vínculos não arbitrários entre domínios conceituais aparentemente não relacionados. Talvez isso não seja mera coincidência.

A chave para esse enigma é a observação de que pelo menos alguns conceitos de alto nível estão ancorados, como vimos, em regiões cerebrais específicas. Pensando bem, não há nada mais abstrato que um número. Warren McCulloch, um fundador do movimento cibernético em meados do século XX, fez certa vez a pergunta retórica: "O que é um número para que um homem possa conhecê-lo? E o que é um homem para que possa conhecer um número?" No entanto, aí está o número, muito bem acondicionado nos pequenos e organizados confins do giro angular. Quando essa área é lesada, o paciente não é mais capaz de fazer contas simples.

Um dano cerebral pode fazer uma pessoa perder a capacidade de nomear ferramentas, mas não frutas e hortaliças, ou somente frutas e não ferramentas, ou somente frutas mas não hortaliças. Todos esses conceitos estão armazenados bem perto uns dos outros nas partes superiores dos lobos temporais, mas está claro que se encontram suficientemente separados para que um pequeno acidente vascular cerebral possa nocautear um mas deixar os outros intactos. Você poderia se sentir tentado a pensar em frutas e ferramentas como percepções e não conceitos, mas na verdade duas ferramentas – digamos, um martelo e uma serra – podem ser visualmente tão dissimilares entre si quanto os dois são de uma banana; o que os une é uma compreensão semântica sobre sua finalidade e uso.

Se ideias e conceitos existirem na forma de mapas cerebrais, talvez tenhamos a resposta para nossa questão sobre metáfora e criatividade. Se uma mutação pudesse causar excesso de conexões (ou, alternativamente, permitir excesso de vazamento cruzado) entre diferentes áreas do cérebro, então, dependendo de onde e de quão amplamente o traço fosse expresso no cérebro, ela poderia levar tanto a sinestesia quanto a uma maior facilidade para vincular conceitos, palavras, imagens ou ideias aparentemente desvinculados. É possível que escritores e poetas talentosos tenham conexões excessivas entre áreas de palavras e linguagem. Pintores e artistas gráficos talentosos talvez tenham excesso de conexões entre áreas visuais de alto nível. Mesmo uma única palavra como "Julieta" ou "sol" pode ser pensada como o centro de um turbilhão semântico, ou de um rico redemoinho de associações. No cérebro de um artífice da palavra talentoso, conexões em excesso significariam maiores turbilhões e portanto maiores regiões de superposição e uma propensão concomitantemente maior para a metáfora. Isso poderia explicar a maior incidência de sinestesia em pessoas criativas em geral. Essas ideias nos levam de novo ao ponto de partida. Em vez de dizer "a sinestesia é mais comum entre artistas porque eles estão sendo metafóricos", deveríamos dizer "eles são melhores para fazer metáforas porque são sinestesistas".

Se você ouvir suas próprias conversas, ficará assombrado com a frequência com que metáforas brotam no diálogo comum. ("Brotam" – está vendo?) De fato, longe de ser mera decoração, o uso de metáforas e nossa capacidade de revelar analogias ocultas é a base de todo pensamento criativo. No entanto não sabemos quase nada sobre a razão por que as metáforas são tão evocativas e como elas são representadas no cérebro. Por que "Julieta é o sol" é mais eficaz que "Julieta é uma mulher calorosa, radiantemente bela"? Trata-se simplesmente de economia de expressão, ou a menção do sol evoca automaticamente um sentimento visceral de calidez e luz, tornando a descrição mais vívida e real em certo sentido? Talvez as metáforas nos permitam efetuar uma espécie de realidade virtual no cérebro. (Tenha em mente também que mesmo "calorosa" e "radiante" são metáforas, só "bela" não é.)

Não há nenhuma resposta simples para essa questão, mas sabemos que alguns mecanismos cerebrais muito específicos – até regiões cerebrais específicas – podem ser decisivos, porque a capacidade de usar metáforas pode ser seletivamente perdida em certos distúrbios neurológicos e psiquiátricos. Por exemplo, além de experimentar dificuldade para usar palavras e números, há indícios de que pessoas com dano no lobo parietal inferior (LPI) esquerdo perdem muitas vezes a capacidade de interpretar metáforas e se tornam extremamente literais. Isso ainda não foi completamente "tirado a limpo", mas as evidências são convincentes.

Se lhe perguntam "O que significa 'de grão em grão a galinha enche o papo'?", um paciente com acidente vascular cerebral no LPI poderia dizer: "A galinha vai comendo um pouquinho aqui, um pouquinho ali, e acaba satisfeita." O significado metafórico do provérbio lhe escapará por completo, mesmo que lhe seja dito explicitamente que se trata de um provérbio. Isso me leva a conjecturar se o giro angular poderia ter se desenvolvido originalmente para mediar associações sensoriais cruzadas e abstrações, mas depois, em humanos, ter sido cooptado para fazer toda espécie de associações, inclusive metafóricas. As metáforas parecem paradoxais: por um lado, uma metáfora não é literalmente verdadeira; por outro, contudo, uma metáfora bem-feita parece cair como um raio, revelando a verdade de maneira mais profunda ou direta que uma declaração sem graça, literal.

Tenho arrepios sempre que ouço o imortal solilóquio de Macbeth do Ato 5, Cena 5:

Apaga-te, apaga-te chama breve!
A vida não passa de uma sombra ambulante, um pobre ator
Que se pavoneia e se agita no palco por uma hora,
E depois não é mais ouvido.
É uma história contada por um idiota, cheia de som e fúria,
Que nada significa.

Nada que ele diz é literal. Ele não está falando realmente sobre velas ou habilidades teatrais ou idiotas. Se tomadas literalmente, essas linhas seriam de fato os desvarios de um idiota. No entanto, essas palavras são uma das observações mais profundamente comoventes sobre a vida que já foram feitas!

Os trocadilhos, por outro lado, baseiam-se em associações superficiais. Esquizofrênicos, que têm problemas nas conexões cerebrais, são péssimos para interpretar metáforas e provérbios. No entanto, segundo o folclore clínico, são muito bons em trocadilhos. Isso parece paradoxal porque, afinal de contas, tanto metáforas quanto trocadilhos envolvem vinculação de conceitos aparentemente não relacionados. Então por que esquizofrênicos deveriam ser ruins na primeira coisa e bons na segunda? A resposta é que, mesmo que pareçam similares, os trocadilhos são na verdade o oposto das metáforas. Uma metáfora explora uma semelhança superficial para revelar uma conexão profundamente oculta. Um trocadilho é uma semelhança superficial mascarada como uma conexão profundamente oculta – daí seu apelo cômico. ("A fita é virgem porque o gravador é estéreo.") Talvez uma preocupação com semelhanças "fáceis" apague ou desvie a atenção de conexões mais profundas. Quando perguntei a um esquizofrênico o que um elefante tinha em comum com um homem, ele respondeu: "Ambos têm tromba"; aludindo ao pênis do homem, talvez (ou quem sabe a um baú).*

Deixando os trocadilhos de lado, se minhas ideias a respeito do vínculo entre sinestesia e metáfora estiverem corretas, por que então nem todo sinestesista é altamente dotado ou nem todo grande artista ou poeta é um sinestesista? A razão talvez seja que a sinestesia pode apenas nos predispor a ser criativos, mas isso não significa que não haja outros fatores (tanto genéticos quanto ambientais) envolvidos no pleno florescimento da criatividade. Mesmo nesse caso, eu sugeriria que mecanismos cerebrais semelhantes – embora não idênticos – poderiam estar envolvidos em ambos os fenômenos, de modo que a compreensão de um poderia nos ajudar a entender o outro.

Uma analogia pode ser útil. Um distúrbio raro do sangue chamado anemia da célula falciforme é causado por um gene recessivo defeituoso

---

* No original, *"They both carry a trunk"*. Em inglês *"trunk"* é tromba e também baú. (N.T.)

que faz com que os glóbulos vermelhos do sangue assumam uma forma anormal de "foice", o que os torna incapazes de transportar oxigênio. Isso pode ser fatal. Se uma pessoa herda duas cópias desse gene (na improvável eventualidade de seus dois pais terem ou o traço ou a própria doença), ela desenvolve o mal em sua forma plena. No entanto, se herdar apenas uma cópia do gene, não manifesta a doença, mas pode transmiti-la para seu filho. Ora, revela-se que, embora a anemia da célula falciforme seja extremamente rara na maior parte do mundo, onde a seleção natural a extirpou eficazmente, sua incidência é dez vezes maior em certas partes da África. Qual seria a razão disso? A resposta surpreendente é que o traço da célula falciforme parece realmente proteger o indivíduo afetado contra a malária, doença causada por um parasita carregado por um mosquito, que infecta e destrói células sanguíneas. Essa proteção conferida à população como um todo contra a malária compensava a desvantagem reprodutiva causada pelo raro aparecimento ocasional de um indivíduo com duas cópias do gene da célula falciforme. Assim, o gene aparentemente desadaptativo foi na verdade escolhido por evolução, mas apenas em localizações geográficas em que a malária é endêmica.

Um argumento semelhante foi proposto para a incidência relativamente alta de esquizofrenia e transtorno bipolar em seres humanos. A razão pela qual esses distúrbios não foram extirpados pode ser que a posse de *alguns* dos genes que levam à desordem plenamente desenvolvida seja vantajosa – talvez estimulando a criatividade, a inteligência ou faculdades sócio-emocionais sutis. Assim a humanidade como um todo se beneficia com a manutenção desses genes em seu *pool* genético, mas o lamentável efeito colateral é uma considerável minoria que possui más combinações deles.

Levando essa lógica adiante, o mesmo poderia certamente ser verdadeiro acerca da sinestesia. Vimos como, graças à anatomia, genes que aumentavam a ativação cruzada entre áreas cerebrais poderiam ter sido extremamente vantajosos ao nos tornar criativos como espécie. Certas variantes incomuns ou combinações desses genes poderiam ter o efeito colateral benigno de produzir sinestesia. Apresso-me a enfatizar que se trata de um efeito benigno: a sinestesia não é deletéria como a anemia da célula falciforme e a doença mental, e de fato a maioria dos sinestesistas parece realmente apreciar suas habilidades e não optaria por tê-las "curadas", mesmo que pudessem. Quero dizer apenas que o mecanismo geral poderia ser o mesmo. Essa ideia é importante porque ela deixa claro que sinestesia e metáfora, embora não sejam sinônimas, compartilham uma profunda conexão que poderia nos proporcionar profundos *insights* sobre nossa maravilhosa singularidade.[6]

O melhor, portanto, é pensar na sinestesia como um exemplo das interações transmodais que poderiam ser uma marca distintiva ou marcador da criatividade. (Uma modalidade é uma faculdade sensorial, como olfato, tato ou audição. "Transmodal" refere-se ao compartilhamento de informação entre sentidos, como quando nossa visão e audição nos dizem juntas que estamos assistindo a um filme estrangeiro mal dublado.) Mas, como ocorre muitas vezes em ciência, isso me faz pensar sobre o fato de que, mesmo naqueles de nós que não são sinestesistas, muito do que se passa em nossa mente depende de interações transmodais inteiramente normais e não arbitrárias. Em certo sentido, portanto, em algum nível somos todos "sinestesistas". Por exemplo, olhe para as duas formas na figura 3.7. A que está à esquerda parece um borrifo de tinta. A da direita lembra um pedaço de vidro quebrado cheio de pontas. Agora permita-me perguntar-lhe: o que você diria se tivesse de adivinhar qual dessas duas formas é uma "bouba" e qual é uma "kiki"? Não há resposta certa, mas é provável que você tenha escolhido o borrifo como "bouba" e o estilhaço de vidro como "kiki". A pouco tempo, pus isso à prova numa grande sala de aula e 98% dos estudantes fizeram essa escolha. Ora, você poderia pensar que isso tem algo a ver com o fato de que o borrão se assemelha à forma física da letra *B* (como em "bouba") e o caco de vidro anguloso parece um *K* (como em "kiki"). Mas se você fizer o experimento em povos não anglófonos na Índia ou na China, onde os sistemas de escrita são completamente diferentes, constatará exatamente a mesma coisa.

Por que isso acontece? A razão é que as curvas suaves e ondulações do contorno na figura semelhante a uma ameba imitam metaforicamente (poderíamos dizer) as ondulações suaves do som *bouba*, tal como representado nos centros auditivos do cérebro e no ligeiro arredondamento e

Cores berrantes e gatinhas quentes: Sinestesia

FIGURA 3.7 Qual destas formas é "bouba" e qual é "kiki"?
Esses estímulos foram usados originalmente por Heinz Werner
para explorar interações entre audição e visão.

relaxamento dos lábios para produzir o curvo som *bou-baaa*. Por outro lado, as formas de ondas afiadas do som *kii-kii* e a inflexão aguda da língua no palato imitam as súbitas mudanças na forma visual pontiaguda. Retornaremos a essa demonstração no capítulo 6 e veremos como ela talvez encerre a chave para a compreensão de muitos aspectos misteriosos de nossas mentes, como a evolução da metáfora, da linguagem e do pensamento abstrato.[7]

AFIRMEI ATÉ AGORA que a sinestesia, e em particular a existência de formas "mais elevadas" de sinestesia (envolvendo conceitos abstratos em vez de qualidades sensoriais concretas), pode nos fornecer pistas para compreender alguns dos processos de pensamento de alto nível de que só os seres humanos são capazes.[8] Poderíamos aplicar essas ideias ao que é provavelmente o mais elevado de nossos traços mentais, a matemática? Os matemáticos falam com frequência em ver números dispostos no espaço, vagando por esse domínio abstrato para descobrir relações ocultas que poderiam ter escapado a outros, como o Último Teorema de Fermat ou a conjectura de Goldbach. Números e espaço? Estariam eles sendo metafóricos?

Um dia em 1997, depois de beber um copo de xerez, tive um lampejo – ou pelo menos pensei que tinha tido. (Quase todos os *insights* que tive quando embriagado revelaram-se alarmes falsos.) Em seu artigo original publicado na *Nature*, Galton descreveu um segundo tipo de sinestesia, ainda mais intrigante que a condição número-cor. Ele a chamou de "número-formas". Outros pesquisadores usam a expressão "número-linha". Se eu lhe pedisse para visualizar os números de 1 a 10 em sua mente, é provável que você relataria uma vaga tendência a vê-los mapeados sequencialmente no espaço, da esquerda para a direita, como lhe ensinaram na escola primária. Mas para sinestesistas número-linha isso é diferente. Eles são capazes de visualizar números vividamente e não os veem arranjados em sequência da esquerda para a direita, mas numa linha serpenteante, sinuosa que pode até se dobrar sobre si mesma, de modo que 36 pode estar mais perto do 23, digamos, que do 38 (figura 3.8). Poderíamos pensar nisso como uma sinestesia "número-espaço", em que cada número está sempre numa localização particular no espaço. Para cada indivíduo essa linha de números permanece constante, mesmo que seja testada a intervalos de meses.

Como ocorre com todos os experimentos em psicologia, precisávamos de um método para provar as observações de Galton experimentalmente.

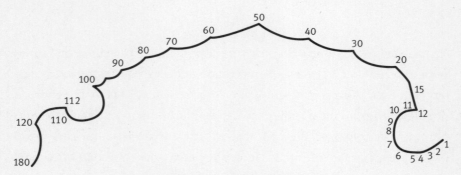

FIGURA 3.8 Linha de números de Galton.
Observe que *12* está um pouquinho mais próximo do *1* que do *6*.

Pedi que meus alunos Ed Hubbard e Shai Azoulai me ajudassem a estabelecer os procedimentos. Primeiro decidimos examinar o conhecido efeito da "distância dos números" visto em pessoas normais. (Psicólogos cognitivos examinaram todas as variações concebíveis desse efeito em pobres infelizes voluntários, mas sua relevância para a sinestesia número-espaço não havia sido compreendida até que entramos na pesquisa.) Pergunte a qualquer pessoa qual de dois números é maior, 5 ou 7? 12 ou 50? Qualquer uma que tenha passado pela escola primária vai acertar todas as vezes. A parte interessante vem quando você cronometra o tempo que as pessoas levam para dar suas respostas. Essa latência entre o momento em que um par de números lhes é mostrado e sua resposta verbal é seu tempo de reação (TR). Revela-se que quanto maior é a distância entre dois números, mais curto o TR, e, inversamente, quanto mais próximos os dois números, mais tempo a resposta leva para ser proferida. Isso sugere que nosso cérebro representa os números numa espécie de linha mental real, que nós consultamos "visualmente" para determinar qual é o maior. Números que estão muito afastados entre si podem ser mais facilmente examinados, ao passo que aqueles mais próximos exigem uma inspeção mais atenta, que demanda alguns milissegundos extras.

Compreendemos que poderíamos explorar esse paradigma para ver se o fenômeno da linha de números enrolada realmente existia ou não. Podíamos pedir a um sinestesista número-espaço para comparar pares de números e ver se seus TRs correspondiam à real distância conceitual entre números ou refletiriam a geometria idiossincrática de sua própria linha pessoal de números. Em 2001 conseguimos recrutar uma estudante austríaca chamada Petra que era sinestesista número-espaço. Sua linha dos números extremamente enrolada dobrava-se sobre si mesma de tal modo que, por exemplo, 21 estava espacialmente mais perto do 36 que do 18. Ed e eu ficamos muito empolgados. Nenhum estudo sobre o fenômeno número-espaço havia sido realizado desde sua descoberta por Galton em 1867. Não se fizera nenhuma tentativa de estabelecer sua autenticidade ou de sugerir suas causas. Assim, compreendemos que qualquer nova informação seria valiosa. Pelo menos poderíamos pôr a bola para rolar.

Conectamos Petra a uma máquina que mediu seu TR a questões como: "Qual é o maior, 36 ou 38?" ou (num ensaio diferente) "36 ou 23?". Como é frequente em ciência, o resultado não foi inteiramente claro num sentido ou no outro. O TR de Petra parecia depender em parte da distância numérica e em parte da distância espacial. Esse não era o resultado conclusivo que havíamos esperado, mas sugeria que a representação da linha dos números de Petra não era inteiramente orientada da esquerda para a direita e linear como nos cérebros normais. Alguns aspectos da representação de números em sua mente estavam claramente desordenados.

Publicamos nosso achado em 2003 num volume dedicado à sinestesia e ele inspirou muitas pesquisas posteriores. Os resultados foram confusos, mas pelo menos reavivamos o interesse por um velho problema que havia sido quase totalmente ignorado pelos especialistas, e sugerimos maneiras de testá-lo objetivamente.

Em seguida Shai Azoulai e eu fizemos um segundo experimento com dois novos sinestesistas número-espaço que pretendia provar a mesma ideia. Dessa vez usamos um teste de memória. Pedimos a cada sinestesista para memorizar conjuntos de nove números (por exemplo 13, 6, 8, 18, 22, 10, 15, 2, 24) dispostos aleatoriamente em várias localizações na tela. O experimento continha duas condições. Na condição A, nove números aleatórios foram espalhados ao acaso pela tela bidimensional. Na condição B, cada número foi posto onde "devia" estar na linha enrolada pessoal de cada sinestesista, como se ela tivesse sido projetada, ou "achatada" sobre a tela. (Havíamos entrevistado previamente cada sujeito para descobrir a geometria de sua linha de números pessoal e determinar quais números ele colocava perto uns dos outros nesse coordenado sistema idiossincrático.) Em cada condição os sujeitos podiam olhar para o *display* por trinta segundos para memorizar os números. Após alguns minutos, eram simplesmente solicitados a relatar todos os números que podiam se lembrar de ter visto. O resultado foi impressionante: a lembrança mais precisa foi dos números que tinham visto na condição B. Mais uma vez, mostramos que as linhas de números pessoais desses sujeitos eram reais. Se não fossem, ou se suas formas variassem ao longo do tempo, por que o lugar onde os números haviam sido colocados importaria? A colocação dos números no lugar em que "deviam" estar na linha de números pessoal de cada sinestesista aparentemente facilitou sua memorização – algo que não veríamos numa pessoa normal.

Mais uma observação merece menção especial. Alguns de nossos sinestesistas número-espaço nos disseram de modo espontâneo que a forma de suas linhas de números pessoais influenciava fortemente sua habilidade de fazer cálculos aritméticos. Em particular, subtração ou divisão (mas não multiplicação, que, mais uma vez, é mecanicamente decorada) eram muito mais difíceis através de súbitos e nítidos enroscamentos em suas linhas do que ao longo de porções relativamente retas dela. Por outro lado, alguns matemáticos criativos me contaram que suas linhas de números torcidas lhes permitem ver relações ocultas entre números que escapam a nós, meros mortais. Essa observação me convenceu de que tanto *idiots savants** matemáticos quanto matemáticos criativos não estão sendo meramente metafóricos quando falam de perambular por uma paisagem espacial de números. Eles estão vendo relações que não são óbvias para nós, mortais menos bem-dotados.

Quanto ao modo como essas linhas enroladas de números surgem, antes de mais nada, isso ainda é difícil de explicar. Um número representa muitas coisas – onze maçãs, onze minutos, o 11º dia do Advento –, mas o que eles têm em comum são as noções semisseparadas de ordem e quantidade. Estas são qualidades muito abstratas, e nossos cérebros simiescos certamente não estavam sob pressão seletiva para lidar com matemática *per se*. Estudos de sociedades de coletores-caçadores sugerem que nossos ancestrais pré-históricos provavelmente tinham nomes para alguns números pequenos – talvez até dez, o número de nossos dedos –, mas sistemas de contagem mais avançados e flexíveis são invenções culturais de tempos históricos; simplesmente não teria sido suficiente para o cérebro desenvol-

---

* Literalmente "idiota sábio". Expressão francesa que designa indivíduos que, apesar de apresentarem debilidades cognitivas, são dotados de grande destreza para cálculos físicos e matemáticos, para a música e possuem memória extraordinária. Também conhecida como síndrome do sábio, síndrome do idiota-prodígio ou savantismo. (N.T.)

ver uma tabela ou módulo numérico começando do nada. Por outro lado, a representação do espaço no cérebro é quase tão antiga quanto as faculdades mentais. Dada a natureza oportunista da evolução, é possível que a maneira mais conveniente de representar ideias numéricas abstratas, inclusive sequencialidade, seja mapeá-las num mapa preexistente do espaço visual. Uma vez que o lobo parietal se desenvolveu originalmente para representar o espaço, será uma surpresa que cálculos numéricos sejam também efetuados ali, especialmente no giro angular? Esse é um excelente exemplo do que poderia ter sido um passo singular na evolução humana.

Arriscando-me a dar um salto especulativo, eu gostaria de argumentar que uma maior especialização pode ter ocorrido em nossos lobos parientais mapeadores do espaço. O giro angular esquerdo poderia estar envolvido na representação da ordinalidade. O giro angular direito poderia ser especializado na quantidade. A maneira mais simples de mapear espacialmente uma sequência numérica no cérebro seria uma linha reta da esquerda para a direita. Isso, por sua vez, poderia ser mapeado em noções de quantidade representadas no hemisfério direito. Mas agora vamos supor que o gene que permite esse remapeamento de sequência em espaço visual esteja mutado. O resultado poderia ser uma linha de números enrolada do tipo que vemos em sinestesistas número-espaço. Se eu tivesse de fazer uma conjectura, diria que outros tipos de sequência – como meses ou semanas – estão também abrigados no giro angular esquerdo. Se isso for correto, deveríamos esperar que um paciente com acidente vascular cerebral nessa área pudesse ter dificuldade em nos dizer rapidamente, por exemplo, se quarta-feira vem antes ou depois de terça-feira. Espero encontrar um paciente assim algum dia.

CERCA DE TRÊS MESES DEPOIS que eu começara a pesquisar a sinestesia, deparei com uma estranha variação. Recebi um e-mail de um de meus alunos de graduação, Spike Jahan. Abri-o esperando encontrar o usual "por favor, reconsidere a minha nota", mas o fato é que ele era um sinestesista número-cor que lera sobre nosso trabalho e queria ser testado. Até aí, nada de estranho, mas em seguida ele soltou uma bomba: ele é daltônico. Um sinestesista daltônico! Minha cabeça começou a girar. Se ele experimenta cores, teriam elas alguma semelhança com as que você ou eu experimentamos? Poderia a sinestesia lançar luz sobre esse supremo mistério humano, a percepção consciente?

A visão de cores é algo extraordinário. Embora a maior parte de nós possa experimentar milhões de tons sutilmente diferentes, revela-se que nossos olhos usam apenas três tipos de fotorreceptores para cor, chamados cones, para representar todos eles. Como vimos no capítulo 2, cada cone contém um pigmento que responde de forma otimizada a apenas uma cor: vermelho, verde ou azul. Embora cada tipo de cone só responda otimamente a um comprimento de onda específico, ele também responderá num menor grau a outros comprimentos de onda próximos do ideal. Por exemplo, cones vermelhos respondem vigorosamente à luz vermelha, bastante bem à laranja, fracamente à amarela, e quase nada à verde ou à azul. Cones verdes respondem melhor à verde, menos bem à verde-amarelada e ainda menos à amarela. Portanto cada comprimento de onda específico de luz (visível) estimula nossos cones vermelhos, verdes e azuis num grau específico. Há literalmente milhões de combinações tríplices possíveis, e nosso cérebro sabe interpretar cada uma como uma cor diferente.

O daltonismo é uma condição congênita em que um ou mais desses pigmentos é deficiente ou está ausente. A visão de uma pessoa daltônica funciona de maneira perfeitamente normal em quase todos os aspectos, mas ela só pode ver uma gama limitada de cores. Dependendo de qual pigmento de cone está perdido e da extensão da perda, ela pode ser daltônica para vermelho-verde ou para azul-amarelo. Em casos raros, há deficiência de dois pigmentos, e a pessoa vê simplesmente em preto e branco.

Spike tinha a variedade vermelho-verde. Ele experimentava um número muito menor de cores no mundo que a maioria de nós. Verdadeiramente esquisito, porém, era que ele muitas vezes via números tingidos com cores que nunca tinha visto no mundo real. Referia-se a elas, de maneira muito encantadora e apropriada, como "cores marcianas" que eram "estranhas" e pareciam completamente "irreais". Só as podia ver quando olhava para números.

Comumente, seríamos tentados a ignorar essas observações como loucas, mas nesse caso a explicação saltava aos meus olhos. Dei-me conta de que minha teoria sobre ativação cruzada de mapas cerebrais fornece uma interessante explicação para esse bizarro fenômeno. Lembre-se, os receptores cones de Spike são deficientes, mas o problema está inteiramente em seus olhos. Suas retinas são incapazes de enviar a gama completa de sinais de cor para o cérebro, mas, com toda a probabilidade, suas áreas corticais de processamento de cores, como V4 no giro fusiforme, são perfeitamente normais. Ao mesmo tempo, ele é um sinestesista número-cor. Portanto, as formas dos números são processadas normalmente ao longo de todo o percurso até seu giro fusiforme, e depois, em decorrência de fiação cruzada, produzem ativação cruzada de células de sua área para cores V4. Como Spike nunca experimentou as cores que lhe faltam no mundo real e isso só lhe é possível olhando para números, ele as considera incrivelmente estranhas. A propósito, essa observação também põe por terra a ideia de que a sinestesia tem origem em associações mnemônicas da primeira infância, como a estabelecida ao brincar com ímãs coloridos. Pois como pode alguém "lembrar-se" de uma cor que nunca viu? Afinal de contas, não existem ímãs pintados com cores marcianas!

Vale a pena ressaltar que sinestesistas não daltônicos podem também ver cores "marcianas". Alguns descrevem as letras do alfabeto como sendo compostas de múltiplas cores ao mesmo tempo, "superpostas umas às outras", fazendo com que não correspondam muito bem à taxonomia convencional das cores. Esse fenômeno provavelmente surge de mecanismos semelhantes àqueles observados em Spike: as cores parecem estranhas porque as conexões em suas vias cerebrais são estranhas e por isso incompreensíveis.

Como é experimentar cores que não aparecem em lugar nenhum no arco-íris, cores de outra dimensão? Imagine como deve ser frustrante sentir uma coisa que você não pode descrever. Como você poderia explicar a sensação de ver azul para um cego de nascença? Ou o cheiro de

Marmite para um indiano, ou de açafrão para um inglês? Isso suscita o velho enigma filosófico: podemos alguma vez realmente saber o que outra pessoa está experimentando? Muitos estudantes formularam a questão aparentemente ingênua: "Como posso saber se seu vermelho não é o meu azul?" A sinestesia nos lembra de que essa questão pode não ter, afinal de contas, nada de ingênua. Como você talvez se lembre, o termo para designar a qualidade subjetiva inefável da experiência consciente é *"qualia"*. Questionar se as *qualia* de outras pessoas são semelhantes às nossas, ou diferentes, ou estão possivelmente ausentes, pode parecer tão inútil quanto perguntar quantos anjos podem dançar na cabeça de um alfinete – mas continuo esperançoso. Filósofos lutaram com essas questões durante séculos, mas aqui, finalmente, com nosso conhecimento florescente sobre sinestesia, uma minúscula fenda pode estar se abrindo na porta desse mistério. É assim que a ciência funciona: começamos com questões simples, claramente formuladas, tratáveis, que podem abrir caminho para formularmos por fim as Grandes Questões, como "O que são *qualia*", "O que é o self" e até "O que é consciência?".

A sinestesia pode ser capaz de nos dar algumas pistas para esses mistérios duradouros[9,10] porque fornece uma maneira de ativar seletivamente algumas áreas visuais saltando ou contornando outras. Em geral não é possível fazer isso. Assim, em vez de formular as questões um tanto nebulosas "O que é consciência?" e "O que é o self?", podemos depurar nossa abordagem ao problema focalizando apenas um aspecto da consciência – nossa percepção de sensações visuais – e perguntar a nós mesmos: a percepção consciente da vermelhidão requer a ativação de todas as trinta áreas visuais existentes no córtex ou da maioria delas? Ou de apenas um pequeno subconjunto delas? E quanto a toda a cascata de atividade que vai da retina ao tálamo e ao córtex visual primário antes que a mensagem seja retransmitida às trinta áreas visuais superiores? Sua atividade também é requerida para a experiência consciente, ou podemos saltá-las e ativar diretamente V4 e experimentar um vermelho igualmente vívido? Ao olhar para uma maçã vermelha, você ativaria ordinariamente a área visual tanto para cor (vermelha) quanto para forma (semelhante à de maçã). Mas e se você pudesse estimular artificialmente a área das cores sem estimular células relacionadas à forma? Iria você experimentar a cor vermelha desencarnada flutuando diante de si como uma massa de ectoplasma amorfo ou outra coisa assustadora? E por fim, sabemos também que há muito mais projeções neurais estendendo-se para trás de cada nível na hierarquia do processamento visual para áreas anteriores do que indo para a frente. A função dessas projeções para trás é completamente desconhecida. Será sua atividade requerida para a percepção consciente de vermelho? E se pudéssemos silenciá-las seletivamente com uma substância química enquanto você estivesse olhando para uma maçã vermelha – iria você perder essa consciência? Essas questões aproximam-se perigosamente do tipo de experimentos mentais de poltrona, de execução impossível, com que os filósofos se divertem. A diferença essencial é que esses experimentos realmente podem ser feitos – talvez durante nossas vidas.

E então poderemos por fim compreender por que macacos não se importam com nada além de frutas maduras e traseiros vermelhos, enquanto nós nos sentimos atraídos pelas estrelas.

4. Os neurônios que moldaram a civilização

> Mesmo quando estamos sós, quantas vezes pensamos com dor e prazer no que outros pensam de nós, em sua aprovação ou reprovação imaginada; e tudo isso decorre da compaixão, um elemento fundamental dos instintos sociais.
>
> CHARLES DARWIN

UM PEIXE SABE NADAR desde o instante em que deixa o ovo, e sai em disparada para se virar sozinho. Logo após sair da casca, um patinho pode seguir sua mãe pela terra e através da água. Potros, ainda pingando líquido amniótico, passam alguns minutos pinoteando para sentir as próprias pernas, depois se juntam ao bando. Com os seres humanos não é assim. Chegamos ao mundo moles, aos berros e inteiramente dependentes de cuidados e supervisão 24 horas por dia. Amadurecemos de maneira muito lenta, e não nos aproximamos de nada assemelhado a competência adulta por muitos e muitos anos. É óbvio que temos de obter alguma grande vantagem com esse investimento direto não só custoso como também arriscado, e conseguimos: ela se chama cultura.

Neste capítulo, exploro o papel crucial que uma classe específica de células cerebrais, chamadas neurônios-espelho, pode ter desempenhado na nossa transformação numa espécie que verdadeiramente vive e respira cultura. A cultura consiste em enormes coleções de habilidades complexas e conhecimento que são transferidas de pessoa para pessoa através de dois meios essenciais, linguagem e imitação. Não seríamos nada sem nossa habilidade meio *savant* de imitar outras pessoas. A imitação precisa, por sua vez, pode depender da habilidade unicamente humana de "adotar o ponto de vista de outrem" – tanto visual quanto metaforicamente – e pode ter requerido um desenvolvimento mais sofisticado desses neurônios em relação ao modo como estão organizados nos cérebros dos macacos. A capacidade de ver o mundo do ponto de vista de outra pessoa é também essencial para a construção de um modelo mental dos pensamentos complexos e intenções de outrem no intuito de prever e manipular seu comportamento. ("Sam pensa que eu não percebo que Martha o feriu.") Essa capacidade, chamada teoria da mente, é exclusiva dos seres humanos. Por fim, certos aspectos da própria linguagem – o meio vital da transmissão cultural – foram provavelmente construídos, pelo menos em parte, com base em nossa facilidade para a imitação.

A teoria da evolução de Darwin é uma das descobertas científicas mais importantes de todos os tempos. Lamentavelmente, ela não prevê uma vida após a morte. Em consequência, provocou mais debates violentos do que qualquer outro tópico em ciência – tanto assim que alguns distritos nos Estados Unidos insistiram em dar à "teoria" do design inteligente (que na realidade é só uma folha de parreira para o criacionismo) igual status nos livros escolares. Como mostrou várias vezes o cientista e crítico social britânico Richard Dawkins, isso não é muito diferente de dar igual status à ideia de que o Sol gira em torno da Terra. Na época em que a teoria evolucionária foi proposta – muito antes da descoberta do DNA e do mecanismo molecular, quando a paleontologia mal começara a reunir os registros fósseis –, as lacunas em nosso conhecimento eram grandes o bastante para deixar lugar para a dúvida honesta. Esse ponto foi superado há muito tempo, mas isso não significa que resolvemos todo o quebra-cabeça. Seria arrogante para um cientista negar que ainda há muitas questões importantes sobre a evolução da mente e do cérebro humano a ser respondidas. No alto de minha lista estariam as seguintes:

1. O cérebro hominídeo alcançou seu tamanho atual, e talvez sua presente capacidade intelectual, cerca de 300 mil anos atrás. No entanto, muitos dos atributos que consideramos unicamente humanos – como a fabrica-

ção de ferramentas, fazer fogueiras, arte, música e talvez até linguagem plenamente desenvolvida – só apareceram muito mais tarde, há cerca de 75 mil anos. Por quê? O que fazia o cérebro durante esse longo período de incubação? Por que todo esse potencial latente levou tanto tempo para florescer, e depois o fez tão subitamente? Uma vez que a seleção natural só pode selecionar habilidades expressas, não habilidades latentes, como todo esse potencial latente foi desenvolvido, antes de mais nada? Chamarei isso de o "problema de Wallace" em alusão ao naturalista vitoriano Alfred Russell Wallace, o primeiro a formulá-lo ao discutir as origens da linguagem:

> Os selvagens mais primitivos com os vocabulários menos copiosos [têm] a capacidade de pronunciar uma variedade de sons articulados distintos e de aplicá-los a uma quantidade quase infinita de modulações e inflexões [que] não é de maneira alguma inferior à das raças [europeias] mais elevadas. Um instrumento foi desenvolvido previamente às necessidades de seu possuidor.

2. Ferramentas oldowanas toscas – feitas com apenas alguns golpes numa pedra para criar uma borda irregular – emergiram 2,4 milhões de anos atrás e provavelmente foram feitas por *Homo habilis*, cujo cérebro tinha um tamanho intermediário entre o dos chimpanzés e o dos seres humanos modernos. Após mais de 1 milhão de anos de estase evolucionária, começaram a aparecer ferramentas simétricas esteticamente agradáveis, que refletiam uma padronização da técnica de produção. Isso requereu a troca de um martelo duro por um macio, talvez de madeira, enquanto a ferramenta estava sendo feita, de modo a assegurar uma borda lisa em vez de uma borda dentada, irregular. E por fim, a invenção de ferramentas estereotipadas de linha de montagem – sofisticadas ferramentas simétricas bifaciais fixadas num cabo – só ocorreu 200 mil anos atrás. Por que a evolução da mente humana foi pontuada por essas revoluções relativamente súbitas de mudança tecnológica? Qual foi o papel do uso de ferramentas na moldagem da cognição humana?

3. Por que houve uma súbita explosão – o que Jared Diamond em seu livro *Guns, Germs, and Steel* chama de o "grande salto" em sofisticação mental por volta de 60 mil anos atrás? Foi então que apareceram arte rupestre generalizada, roupas e habitações construídas. Por que esses avanços só ocorreram nesse momento, ainda que o cérebro tivesse alcançado seu tamanho moderno quase 1 milhão de anos antes? Esse é mais uma vez o problema de Wallace.
4. Os seres humanos são muitas vezes chamados de os "primatas maquiavélicos" em alusão a nossa habilidade de prever o comportamento de outras pessoas e superá-las. Por que nós humanos somos tão bons para deduzir as intenções uns dos outros? Temos um módulo, ou circuito cerebral especializado em gerar uma teoria das mentes dos outros, como propuseram os neurocientistas britânicos Nicholas Humphrey, Uta Frith, Marc Hauser e Simon Baron-Cohen? Onde está esse circuito e quando ele se desenvolveu? Está ele presente em alguma forma rudimentar em macacos e nos outros antropoides – e, nesse caso, o que torna o nosso tão mais sofisticado que os deles?
5. Como a linguagem se desenvolveu? Ao contrário de muitos outros traços humanos como humor, arte, dança e música, a linguagem tem óbvio valor de sobrevivência: ela nos permite comunicar nossos pensamentos e intenções. Mas a questão de como uma habilidade tão extraordinária realmente surgiu intrigou muitos biólogos, psicólogos e filósofos desde o tempo de Darwin. Um problema é que o aparelho vocal humano é vastamente mais sofisticado que o de qualquer outro símio, mas na ausência das áreas da linguagem correspondentemente sofisticadas no cérebro humano, esse requintado equipamento articulatório sozinho seria inútil. Então como esses dois mecanismos com tantas partes elegantes integradas desenvolveram-se em conjunto? A exemplo de Darwin, sugiro que nosso equipamento vocal e nossa extraordinária habilidade para modular a voz desenvolveram-se principalmente para produzir chamados emocionais e sons musicais durante a corte em primatas primitivos, entre os quais nossos ancestrais hominíneos. Depois que isso se desenvolveu, o cérebro – sobretudo o hemisfério esquerdo – pôde começar a usá-lo para a linguagem.

Mas resta um enigma ainda maior. Será a linguagem mediada por um "órgão da linguagem" mental sofisticado e extremamente especializado, que é exclusivo dos seres humanos e que emergiu completamente do nada, como sugeriu o famoso linguista do MIT Noam Chomsky? Ou havia um sistema de comunicação gestual mais primitivo já constituído que forneceu um andaime para a emergência da linguagem vocal? Uma peça importante para a solução desse enigma resulta da descoberta dos neurônios-espelho.

Já aludi aos neurônios-espelho em capítulos anteriores e retornarei a eles mais uma vez no capítulo 6, mas vamos examiná-los com mais atenção aqui no contexto da evolução. Nos lobos frontais do cérebro de um macaco, há certas células que se excitam quando ele executa uma ação muito específica. Por exemplo, uma célula se excita durante o gesto de puxar uma alavanca, uma segunda quando o macaco agarra um amendoim, uma terceira quando ele põe um amendoim na boca, e mais uma quarta quando empurra alguma coisa. (Tenha em mente que esses neurônios são parte de um pequeno *circuito* que está executando uma tarefa altamente específica; um único neurônio por si só não move uma das mãos, mas sua resposta nos permite bisbilhotar o circuito.) Até aí, nada de novo. Esses neurônios de comando motor foram descobertos pelo renomado neurocientista Vernon Mountcastle da Universidade Johns Hopkins várias décadas atrás.

Quando estudava esses neurônios de comando motor no final dos anos 1990, outro neurocientista, Giacomo Rizzolatti, e seus colegas Giuseppe Di Pellegrino, Luciano Fadiga e Vittorio Gallese, da Universidade de Parma na Itália, observaram algo muito peculiar. Alguns dos neurônios se excitavam não só quando o macaco efetuava uma ação, mas também quando ele observava outro macaco efetuando a mesma ação! Um dia, quando ouvi Rizzolatti comunicar essa notícia durante uma conferência, quase pulei da cadeira. Aqueles não eram meros neurônios motores; eles estavam adotando o ponto de vista de outro animal (figura 4.1). Para todos os efeitos, esses neurônios (mais uma vez, na verdade o circuito neural a que pertencem; de agora em diante usarei a palavra "neurônio" para designar "o circuito") estavam adivinhando o que passava pela mente do outro macaco, imaginando o que ela estava aprontando. Esse é um traço indispensável para criaturas intensamente sociais como os primatas.

Não está claro como exatamente o neurônio-espelho está conectado para permitir esse poder preditivo. É como se regiões cerebrais superiores estivessem lendo seu *output* e dizendo (na prática): "O mesmo neurônio que estaria excitado se eu estivesse estendendo o braço para pegar uma banana está excitado em meu cérebro agora; portanto o outro macaco deve estar pretendendo estender o braço para pegar aquela banana agora." É como se neurônios-espelho fossem simulações de realidade virtual da própria natureza das intenções de outros seres.

Em macacos esses neurônios-espelho permitem a previsão de ações simples dirigidas para objetivos de outros macacos. Em seres humanos, porém, e somente em seres humanos, eles se tornaram sofisticados o bastante para deduzir até intenções complexas. O modo como esse aumento na complexidade ocorreu será objeto de inflamado debate por algum tempo. Como veremos mais tarde, os neurônios-espelho também nos permitem imitar os movimentos de outras pessoas, armando assim o palco para a "herança" cultural de habilidades desenvolvidas e aprimoradas por outros. Eles podem também ter impulsionado um circuito de *feedback* autoamplificador que começou a fazer efeito em certo momento para acelerar a evolução do cérebro em nossa espécie.

Como Rizzolatti observou, os neurônios-espelho podem também nos tornar capazes de imitar os movimentos de língua e lábios de outros, o que pôde fornecer por sua vez a base evolucionária para declarações verbais. Uma vez estabelecidas essas duas habilidades – a de deduzir as intenções de outrem e a de imitar suas vocalizações –, havíamos posto em movimento dois dos eventos mais fundamentais que moldaram a evolução da linguagem. Não precisávamos mais falar de um único "órgão da linguagem" e o problema não parece mais tão misterioso. Esses argumentos não negam de maneira alguma a ideia de que há áreas cerebrais especializadas na linguagem em seres humanos. Estamos discutindo aqui a questão de

Os neurônios que moldaram a civilização

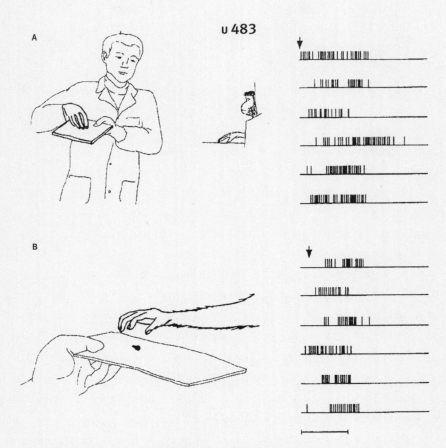

FIGURA 4.1 Neurônios-espelho: registro de impulsos nervosos (mostrados à direita) do cérebro de um macaco reso (a) vendo outro macaco estender a mão para pegar um amendoim, e (b) estendendo a própria mão para pegar um amendoim. Assim, cada neurônio-espelho (há seis) se excita tanto quando o macaco observa a ação quanto quando ele próprio a executa.

como tais áreas podem ter se desenvolvido, não se elas existem ou não. Uma importante peça do quebra-cabeça é a observação de Rizzolatti de que uma das principais áreas em que neurônios-espelho abundam, a área pré-motora ventral em macacos, pode ser o precursor de nossa célebre área de Broca, um centro cerebral associado aos aspectos expressivos da linguagem humana.

A linguagem não está confinada a nenhuma área cerebral única, mas o lobo parietal inferior esquerdo é sem dúvida uma das áreas crucialmente envolvidas, em especial na representação do significado das palavras. Não por coincidência, essa área é também rica em neurônios-espelho no macaco. Mas como sabemos que de fato existem neurônios-espelho no cérebro humano? Uma coisa é ver o crânio aberto de um macaco e passar dias sondando aqui e ali com um eletrodo, mas pessoas não parecem interessadas em se submeter voluntariamente a esse tipo de procedimento.

Uma pista inesperada vem de pacientes com um estranho distúrbio chamado anosognosia, uma condição em que as pessoas parecem não perceber ou negar sua deficiência. A maioria dos pacientes com derrame no hemisfério direito sofre paralisia completa do lado esquerdo de seu corpo e, como seria de esperar, queixa-se disso. Mas um em vinte negará com veemência sua paralisia, mesmo que se mostre em geral mentalmente lúcido e inteligente. Por exemplo, o presidente Woodrow Wilson, cujo lado esquerdo foi paralisado por um derrame em 1919, insistia que estava perfeitamente bem. Apesar do obscurecimento de seus processos de pensamento e contra todos os conselhos, ele permaneceu no cargo, fazendo elaborados planos de viagem e tomando decisões importantes com relação ao envolvimento norte-americano na Liga das Nações.

Em 1996, alguns colegas e eu fizemos nossa própria pequena investigação da anosognosia e observamos algo novo e espantoso: alguns desses pacientes negavam não só sua própria paralisia como também a de outro paciente – e, eu lhe asseguro, a incapacidade de se mover do segundo paciente era clara como o dia. Negar a própria paralisia é bastante estranho, mas por que negar a de outro paciente? Sugerimos que essa bizarra observação é mais bem compreendida em termos de dano aos neurônios-espelho de Rizzolatti. É como se, sempre que quisesse fazer um julgamento sobre os movimentos de outra pessoa, você tivesse que executar uma simulação de realidade virtual dos movimentos correspondentes em seu próprio cérebro. E sem neurônios-espelho isso não é possível.

A segunda evidência de neurônios-espelho em seres humanos resulta do estudo de certas ondas cerebrais. Quando pessoas efetuam ações voluntárias com as mãos, a chamada onda mu desaparece por completo. Meus colegas Eric Altschuler, Jaime Pineda e eu descobrimos que essa supressão da onda mu também ocorre quando uma pessoa vê outra movendo a mão, mas não se observa um movimento semelhante feito por um objeto inanimado, como uma bola quicando para cima e para baixo. Sugerimos na reunião da Society for Neuroscience em 1998 que essa supressão era causada pelo sistema de neurônios-espelho de Rizzolatti.

Desde a descoberta de Rizzolatti, outros tipos de neurônios-espelho foram encontrados. Pesquisadores da Universidade de Toronto estavam registrando a atividade de células no cingulado anterior em pacientes conscientes que estavam sendo submetidos a neurocirurgia. Há muito se sabe que neurônios nessa área respondem à dor física. Com base na suposição de que esses neurônios respondem a receptores de dor na pele, eles são muitas vezes chamados de neurônios sensoriais da dor. Imagine o espanto do cirurgião-chefe ao descobrir que o neurônio da dor que estava monitorando respondia de maneira igualmente vigorosa quando o paciente observava outro sendo cutucado! Era como se o neurônio estivesse sentindo comiseração por outra pessoa. Experimentos de neuroimagiologia com voluntários humanos conduzidos por Tania Singer também corroboraram essa conclusão. Gosto de chamar essas células de "neurônios Gandhi" porque elas borram a fronteira entre o self e os outros – não apenas metafórica, mas muito literalmente, uma vez que o neurônio não pode distinguir entre uma coisa e outra. Desde então neurônios semelhantes para o tato foram descobertos no lobo parietal por um grupo encabeçado por Christian Keysers que usou técnicas de imagiologia cerebral.

Pense no que isso significa. Sempre que você vê alguém fazendo alguma coisa, os neurônios que seu cérebro usaria para fazer tal coisa ficam ativos – como se você mesmo a estivesse fazendo. Se você vê uma pessoa sendo espetada com uma agulha, seus neurônios da dor começam a enviar impulsos como se você estivesse sendo espetado. Isso é extremamente fascinante e suscita algumas questões interessantes: o que nos impede de imitar cegamente todas as ações que vemos? Ou de sentir literalmente a dor de outra pessoa?

No caso de neurônios-espelho motores, uma resposta é que pode haver circuitos inibitórios frontais que suprimem a imitação automática quando ela é inapropriada. Num delicioso paradoxo, essa necessidade de inibir ações indesejadas ou impulsivas talvez seja uma razão importante para a evolução do livre-arbítrio. Nosso lobo parietal inferior esquerdo evoca constantemente imagens vívidas de múltiplas opções para ação disponíveis em qualquer contexto dado, e nosso córtex frontal suprime todas elas, exceto uma. Por isso sugeriu-se que "livre recusa" seria uma expressão melhor que livre-arbítrio. Quando esses circuitos inibitórios frontais são danificados, como na síndrome do lobo frontal, o paciente por vezes imita gestos descontroladamente, sintoma chamado de ecopraxia. Eu preveria, também, que alguns pacientes poderiam literalmente experimentar dor se você espeta outra pessoa, mas ao que eu saiba nunca se procurou observar isso. Algum grau de vazamento do sistema de neurônios-espelho pode ocorrer mesmo em indivíduos normais. Charles Darwin salientou que, mesmo quando adultos, nos sentimos flexionando inconscientemente o joelho ao observar um atleta que se prepara para lançar um dardo, e apertamos e afrouxamos os maxilares quando vemos alguém usando um par de tesouras.[1]

Voltando-me agora para os neurônios-espelho *sensoriais* para tato e dor, por que sua excitação não nos faz sentir automaticamente tudo que testemunhamos? Ocorreu-me que talvez os sinais de nulo ("Não estou sendo tocado") provenientes dos receptores na pele e nas articulações de nossa própria mão bloqueiem os sinais de seus neurônios-espelho, impedindo que cheguem à percepção consciente. A presença dos sinais de nulo e da atividade de neurônios-espelho, sobrepondo-se, é interpretada por centros superiores do cérebro como significando: "Sinta empatia, certamente, mas não sinta literalmente as sensações daquele outro sujeito." Falando em termos mais gerais, é a interação dinâmica de sinais vindos de circuitos inibitórios frontais, neurônios-espelho (tanto frontais quanto parietais) e sinais nulos dos receptores que nos permite desfrutar de reciprocidade com outras pessoas preservando ao mesmo tempo nossa individualidade.

A princípio essa explicação foi uma especulação preguiçosa da minha parte, mas depois conheci um paciente chamado Humphrey. Ele tinha perdido uma das mãos na primeira Guerra do Golfo e agora tinha uma mão fantasma. Como ocorre com outros pacientes, sempre que ele tocava em sua face, tinha sensações em sua mão perdida. Até aí, nenhuma surpresa. Mas, com ideias sobre neurônios-espelho fermentando em minha mente, decidi tentar um novo experimento. Simplesmente o fiz observar outra pessoa – minha aluna Julie – enquanto eu dava batidinhas na mão dela. Imagine minha surpresa quando Humphrey exclamou com considerável surpresa que podia não apenas ver, mas realmente sentir o que estava sendo feito com a mão de Julie em seu fantasma. Sugeri que isso acontece porque seus neurônios-espelho estavam sendo ativados da maneira normal, mas não havia mais um sinal nulo proveniente da mão para vetá-los. A atividade dos neurônios-espelho de Humphrey estava emergindo plenamente na experiência consciente. Imagine: talvez a única coisa que separa sua consciência da de outra pessoa seja sua pele! Após ver esse fenômeno em Humphrey, testamos três outros pacientes e encontramos o mesmo efeito, que apelidamos de "hiperempatia adquirida". De modo surpreendente, constatamos que alguns desses pacientes sentem alívio em sua dor no membro fantasma com a mera contemplação de outra pessoa sendo massageada. Isso poderia vir a ter utilidade clínica, porque não se pode, é claro, massagear diretamente um fantasma.

Esses incríveis resultados suscitam outra questão fascinante. Em vez de amputação, o que ocorreria se o plexo braquial de um paciente (os nervos que conectam o braço à medula espinhal) fosse anestesiado? Experimentaria o paciente nesse caso sensações de tato em sua mão anestesiada quando estivesse meramente observando um cúmplice ser tocado? A surpreendente resposta é sim. Esse resultado tem implicações radicais, porque sugere que nenhuma reorganização estrutural importante no cérebro é requerida para o efeito da hiperempatia; apenas entorpecer o braço é suficiente. (Fiz esse experimento com minha aluna Laura Case.) Mais uma vez, o quadro que emerge é uma visão muito mais dinâmica das conexões cerebrais do que a que suporíamos existir a partir da imagem estática sugerida pelos diagramas dos livros-texto. Cérebros são compostos de módulos, sem dúvida, mas esses módulos não são entidades fixas; eles estão constantemente sendo atualizados por meio de poderosas interações mútuas, com o corpo, o ambiente, e na realidade com outros cérebros.

Muitas novas questões emergiram desde a descoberta dos neurônios-espelho. Primeiro, as funções dos neurônios-espelho estão presentes desde o nascimento, são aprendidas, ou talvez um pouco de cada coisa? Segundo, como os neurônios-espelho estão conectados e como desempenham suas funções? Terceiro, como se desenvolveram (se é que o fizeram)? Quarto, servem a algum propósito além do óbvio com base no qual foram nomeados? (Vou argumentar que sim.)

Já aludi a possíveis respostas, mas deixe-me expandir meus argumentos. Segundo uma visão cética, os neurônios-espelho são o mero resultado de aprendizado associativo, como o que leva um cão a salivar, antecipando o jantar, quando ouve o ruído da chave do dono na porta da frente toda noite. O que se alega é que cada vez que um macaco move a mão em direção a um amendoim, não só o neurônio de comando "agarrar o amendoim" se excita, como também o neurônio visual que é ativado pelo aspecto de sua própria mão se estendendo para pegar um amendoim. Como neurônios que "se excitam juntos se conectam", como diz o velho ditado mnemônico, por fim a mera visão de uma mão em movimento (seja dele próprio ou de outro macaco) desencadeia uma resposta dos neurônios de comando. Mas se essa for a explicação correta, por que somente um subconjunto de neurônios de comando se excita? Por que nem todos os neurônios de comando para essa ação são neurônios-espelho? Além disso, a aparência visual de outra pessoa estendendo a mão para pegar um amendoim é muito diferente de nossa visão de nossa própria mão. Como então o neurônio-espelho aplica a correção apropriada ao ponto de vista? Nenhum modelo associacionista direto simples pode explicar isso. E por fim, se o aprendizado desempenhar um papel na construção de neurônios-espelho, qual é o problema? Mesmo que ele o faça, isso não os torna em nada menos interessantes ou importantes para a compreensão da função cerebral. A questão em relação ao que os neurônios-espelho estão fazendo e de como trabalham é inteiramente independente da questão de saber se eles são conectados por genes ou pelo ambiente que os cerca.

De grande relevância para essa discussão é uma importante descoberta feita por Andrew Meltzoff, um psicólogo cognitivo no Institute for

Learning and Brain Sciences na Universidade de Washington, em Seattle. Ele descobriu que um bebê recém-nascido muitas vezes esticará a língua para fora ao ver sua mãe fazer isso. Quando digo recém-nascido, quero dizer exatamente isso – com apenas algumas horas de idade. O sistema de circuitos neurais envolvido deve ser fisicamente conectado e não baseado em aprendizado associativo. O sorriso da criança fazendo eco ao da mãe aparece um pouco mais tarde, mas, mais uma vez, não pode se basear em aprendizado porque o bebê não pode ver o próprio rosto. Isso tem de ser inato.

Não foi provado que os neurônios-espelho são responsáveis por esses primeiros comportamentos de imitação, mas isso é extremamente provável. A habilidade dependeria do mapeamento da aparência visual da língua da mãe apontada para fora ou de seu sorriso sobre os próprios mapas motores da criança, controlando uma sequência finamente ajustada de contrações musculares faciais. Como observei em minhas palestras na série Reith Lectures da rádio BBC, em 2003, intituladas "The Emerging Mind", esse tipo de tradução entre mapas é precisamente o que se supõe que neurônios-espelho façam, e se essa habilidade for inata, isso é verdadeiramente assombroso. Vou chamar isso de a versão "sexy" da função dos neurônios-espelho.

Algumas pessoas afirmam que a habilidade computacional complexa para a verdadeira imitação – baseada em neurônios-espelho – só emerge mais tarde no desenvolvimento, ao passo que a protrusão da língua e o primeiro sorriso são apenas reflexos fisicamente conectados em resposta a simples "gatilhos" vindos da mãe, do mesmo modo que as garras de um gato aparecem quando ele vê um cachorro. A única maneira de distinguir a explicação sexy da comum seria ver se um bebê pode imitar um movimento não estereotipado que provavelmente nunca encontrará na natureza, como um sorriso assimétrico, uma piscadela ou uma distorção curiosa da boca. Isso não poderia ser feito por um simples reflexo fisicamente conectado. O experimento decidiria a questão de uma vez por todas.

Quer os neurônios-espelho sejam inatos ou adquiridos, examinemos agora com mais atenção o que realmente fazem. Assim que foram relatados, muitas funções foram propostas, e eu gostaria de me basear nessas primeiras especulações.[2] Vamos fazer uma lista de suas possíveis atribuições. Tenha em mente que eles podem ter se desenvolvido originalmente para propósitos diversos dos aqui listados. Essas funções secundárias podem ser simplesmente um bônus, mas isso não as torna em nada menos úteis.

Primeiro, e o mais óbvio, eles nos permitem imaginar as intenções de outra pessoa. Quando você vê a mão de seu amigo Josh mover-se em direção à bola, seus próprios neurônios apanhadores de bola começam a se excitar. Ao executar essa simulação virtual de ser Josh, você tem a impressão imediata de que ele pretende agarrar a bola. Essa habilidade de desenvolver uma teoria da mente pode existir nos grandes símios de forma rudimentar, mas nós seres humanos somos excepcionalmente bons nela.

Segundo, além de nos permitir ver o mundo do ponto de vista *visual* de outra pessoa, os neurônios-espelho podem ter se desenvolvido mais, permitindo-nos adotar o ponto de vista *conceitual* da outra pessoa. Talvez não seja inteiramente por coincidência que usamos metáforas como "Vejo o que você quer dizer" ou "Tente ver o meu ponto de vista". A maneira como esse passo mágico do ponto de vista literal para o conceitual ocorreu na evolução – se é que de fato ocorreu – é de fundamental importância. Mas essa não é uma proposição fácil de testar experimentalmente.

Como corolário para a adoção do ponto de vista do outro, você pode se ver como os outros o veem – um ingrediente essencial da autoconsciência. Isso transparece na linguagem comum na língua inglesa: quando falamos que alguém é *"self-conscious"*,* queremos dizer de fato que ele é inibido, isto é, tem consciência de que outra pessoa está consciente dele. Mais ou menos a mesma coisa pode ser dita em relação a uma palavra como "autocomiseração". Retornarei a essa ideia no capítulo final a respeito de consciência e doença mental. Ali defenderei a ideia de que a consciência

---

* Literalmente, autoconsciente. (N.T.)

do outro e a consciência de si desenvolveram-se conjuntamente, levando à reciprocidade eu-você que caracteriza o ser humano.

Uma função menos óbvia de neurônios-espelho é abstração – mais uma vez, algo em que os seres humanos são especialmente bons. Isso é bem iluminado pelo experimento bouba-kiki, discutido no capítulo 3 no contexto da sinestesia. Para reiterar, mais de 95% das pessoas identificam a forma angulosa como "kiki" e a forma curvilínea como "bouba". A explicação que dei é que as inflexões agudas da forma angulosa imitam a inflexão do som *ki-ki*, para não mencionar a súbita deflexão da língua do palato. As curvas suaves da forma bulbosa, por outro lado, imitam o contorno *buuuuuu-baaaaaa* do som e a ondulação da língua no palato. De maneira semelhante, o som *chhhhhhh* (como em "xereta") é associado a uma linha borrada, suja, ao passo que *rrrrrrrr* é associado a uma linha serrilhada e um *sssssssss* (como em "assistente") a um fino fio de seda – o que mostra que não é a mera similaridade da forma angulosa com a letra *k* que produz o efeito, mas genuína integração transensorial. A ligação entre o efeito bouba-kiki e neurônios-espelho pode não ser imediatamente evidente, mas há uma similaridade fundamental. A principal computação feita por neurônios-espelho é transformar um mapa em uma dimensão, como a aparência visual do movimento de outra pessoa, em outra dimensão, como os mapas motores no cérebro do observador, que contêm programas para movimentos musculares (inclusive movimentos da língua e dos lábios).

É exatamente isso que se passa no efeito bouba-kiki: nosso cérebro executa uma impressionante proeza de abstração ao ligar seus mapas visuais e auditivos. Os dois *inputs* são inteiramente dissimilares em todos os aspectos, exceto um – as propriedades abstratas de angulosidade ou sinuosidade – e nosso cérebro se dirige para esse denominador comum muito rapidamente quando somos solicitados a emparelhar os sons e as imagens. Chamo esse processo de "abstração transmodal". Essa habilidade de computar semelhanças a despeito de diferenças superficiais pode ter aberto caminho para tipos mais complexos de abstração que dão grande prazer à nossa espécie. Talvez os neurônios-espelho sejam o conduto evolucionário que permitiu que isso acontecesse.

Por que uma habilidade aparentemente esotérica como a abstração transmodal evoluiu a princípio? Como sugeri num capítulo anterior, ela pode ter emergido em primatas arbóreos ancestrais para lhes permitir trepar em árvores e agarrar galhos. Os *inputs* visuais verticais de galhos e ramos de árvore que atingiam o olho tinham de ser emparelhados com *inputs* totalmente dissimilares provenientes de articulações e músculos e a percepção sentida pelo corpo de sua localização no espaço – habilidade que teria favorecido o desenvolvimento tanto de neurônios canônicos quanto de neurônios-espelho. Os reajustes requeridos para estabelecer uma congruência entre os mapas sensorial e motor podem ter se baseado de início em *feedback*, tanto no nível genético da espécie quanto no nível experiencial do indivíduo. Mas, depois que as regras de congruência foram estabelecidas, a abstração transmodal passou a poder ocorrer para novos *inputs*. Por exemplo, pegar uma forma visualmente percebida como minúscula resultaria num movimento espontâneo de polegar e dedos indicadores quase opostos, e se isso fosse imitado pelos lábios para produzir um orifício correspondentemente diminuto (através do qual você sopra ar), você produziria sons (palavras) que dão a impressão de pequenez (como "pequenino", "miúdo", ou em francês *un peu* e assim por diante). Esses pequenos "sons" iriam por sua vez se realimentar através dos ouvidos para se associar a formas pequeninas. (Pode ter sido assim, como veremos no capítulo 6, que as primeiras palavras evolveram em nossos hominíneos ancestrais.) A tríplice ressonância resultante entre visão, tato e audição pode ter se amplificado progressivamente como numa câmara de eco, culminando na sofisticação plenamente desenvolvida da abstração transensorial e de outros tipos mais complexos.

Se essa formulação estiver correta, alguns aspectos da função dos neurônios-espelho podem de fato ser adquiridos por meio de aprendizado, com base num andaime geneticamente especificado que só os seres humanos possuem. É claro que muitos macacos e mesmo vertebrados inferiores podem ter neurônios-espelho, mas eles precisam desenvolver um mínimo de sofisticação e de número de conexões com outras áreas cerebrais antes de poderem se envolver nos tipos de abstração em que os seres humanos são bons.

Que partes do cérebro estão envolvidas nessas abstrações? Já insinuei (sobre a linguagem) que o lobo parietal inferior (LPI) pode ter desempenhado um papel crucial, mas façamos um exame mais atento. Em mamíferos inferiores o LPI não é muito grande, mas torna-se mais visível em primatas. Mesmo entre eles é enorme de maneira desproporcional nos grandes símios, chegando ao clímax em seres humanos. Por fim, somente nas pessoas vemos uma maior porção desse lobo subdividir-se adicionalmente em dois, o giro angular e o giro supramarginal, sugerindo que algo importante estava se passando nessa região do cérebro durante a evolução humana. Situado na encruzilhada entre visão (lobos occipitais), tato (lobos parietais) e audição (lobos temporais), o LPI está estrategicamente localizado para receber informação de todas as modalidades sensoriais. Num nível fundamental, a abstração transmodal envolve a dissolução de barreiras para criar representações livres de modalidade (como exemplificado pelo efeito bouba-kiki). Tivemos uma evidência disso quando, ao testar três pacientes que haviam sofrido danos no giro angular esquerdo, constatamos um desempenho fraco no teste bouba-kiki. Como já observei, essa habilidade para mapear uma dimensão em outra é uma das coisas que supomos pertencer aos neurônios-espelho, e não por coincidência esses neurônios são abundantes nos locais ao redor do LPI. O fato de essa região em seres humanos ser desproporcionalmente grande e diferenciada sugere um salto evolucionário.

A parte superior do LPI, o giro supramarginal, é mais uma estrutura que só os seres humanos possuem. Um dano na área leva ao distúrbio chamado apraxia ideomotora: uma incapacidade de efetuar ações especializadas em resposta às ordens do médico. Solicitado a fingir que está penteando o cabelo, um apráxico levantará o braço, olhará para ele e o deixará cair em volta da cabeça. Solicitado a imitar a ação de martelar um prego, ele fechará o punho e o baterá sobre a mesa. Isso acontece mesmo que sua mão não esteja paralisada (ele se coçará espontaneamente) e ele saiba o que significa "pentear" ("Significa que estou usando um pente para arrumar meu cabelo, doutor"). O que lhe falta é a capacidade de evocar uma imagem mental da ação requerida – nesse caso, pentear-se –, o que deve preceder e orquestrar a execução real da ação. Essas são funções que associaríamos normalmente a neurônios-espelho, e de fato eles estão presentes no giro supramarginal. Se nossas especulações estiverem na pista certa, seria de esperar que pacientes com apraxia fossem muito ruins para compreender e imitar os movimentos de outras pessoas. Embora tenhamos visto alguns indícios disso, a matéria exige investigação cuidadosa.

Perguntamo-nos também sobre a origem das metáforas. Depois que o mecanismo de abstração transmodal foi estabelecido entre visão e tato no LPI (originalmente para agarrar galhos), esse mecanismo pode ter aberto caminho para as metáforas transensoriais ("crítica cortante", "camisa berrante") e por fim para metáforas em geral. Isso é corroborado por nossas recentes observações de que pacientes com lesões no giro angular têm dificuldade não só com bouba-kiki, mas também para compreender provérbios simples, interpretando-os de maneira literal, em vez de metafórica. Obviamente essas observações precisam ser confirmadas numa amostra maior de pacientes. É fácil imaginar como a abstração transmodal poderia funcionar para bouba-kiki, mas como podemos explicar metáforas que combinam conceitos muito abstratos como "É o oriente, e Julieta é o sol", dado o número aparentemente infinito desses conceitos no cérebro? A resposta surpreendente a essa questão é que o número de conceitos não é infinito, como tampouco o número de palavras que os representam. Para todos os efeitos, a maioria dos falantes da língua inglesa tem um vocabulário de cerca de 10 mil palavras (embora você possa se virar com muito menos se for um surfista). Pode haver somente alguns mapeamentos que fazem sentido. Como salientou para mim o eminente cientista cognitivo e polímata Jaron Lanier, Julieta pode ser o sol, mas faz pouco sentido dizer que ela é uma pedra ou uma caixa de suco de laranja. Tenha em mente que as metáforas que são repetidas e se tornam imortais são aquelas apropriadas, evocativas. Em poesia de má qualidade as metáforas comicamente ruins abundam.

Os neurônios-espelho desempenham mais um papel importante na singularidade da condição humana: permitem-nos imitar. Você já sabe da imitação da protrusão da língua em bebês, mas depois que atingimos certa idade, podemos imitar habilidades motoras muito complexas, como o movimento de mão no beisebol ou um gesto de positivo com o polegar. Nenhum macaco pode se equiparar a nossos talentos imitativos. No entanto, vale registrar que o símio que mais se aproxima de nós nesse aspecto não é nosso primo mais próximo, o chimpanzé, mas o orangotango. Os orangotangos podem até destrancar portas ou usar um remo para impelir um barco, depois de ter visto uma pessoa fazê-lo. Como também são os mais arbóreos e preênseis dos grandes símios, é possível que tenham o cérebro repleto de neurônios-espelho para permitir a seus bebês observar a mamãe para aprender como trepar em árvores sem os castigos do ensaio e erro. Se por algum milagre um bolsão isolado de orangotangos em Bornéu sobreviver à destruição ambiental que o *Homo Sapiens* parece determinado a promover, é bem possível que esses dóceis macacos venham a herdar a terra.

Imitar pode não parecer uma habilidade importante – afinal, "macaquear" alguém é um termo depreciativo, o que é irônico uma vez que em sua maioria os macacos não são de fato muito bons em imitação. Mas, como argumentei anteriormente, é possível que a imitação tenha sido o passo-chave na evolução hominínea, resultando em nossa capacidade de transmitir conhecimento por meio de exemplo. Uma vez dado esse passo, nossa espécie fez subitamente a transição da evolução darwiniana, baseada em genes através de seleção natural – que pode demandar milhões de anos –, para a evolução cultural. Uma habilidade complexa inicialmente adquirida por meio de tentativa e erro (ou por acidente, como quando algum ancestral hominídeo viu pela primeira vez um arbusto pegar fogo por causa de lava) poderia ser rapidamente transmitida a todos os membros de uma tribo, jovens e velhos. Outros pesquisadores, entre os quais Merlin Donald, defenderam a mesma ideia, embora não em relação a neurônios-espelho.[3]

ESSA LIBERTAÇÃO DAS RESTRIÇÕES de uma evolução darwiniana estritamente baseada em genes foi um salto gigantesco na evolução humana, cujo um dos grandes enigmas reside no que chamamos antes de "grande salto adiante", a emergência relativamente súbita, entre 60 mil e 100 mil anos atrás, de vários traços que consideramos unicamente humanos: fogo, arte, habitações construídas, adornos corporais, ferramentas com vários componentes e um uso mais complexo da linguagem. Os antropólogos muitas vezes supõem que esse desenvolvimento explosivo de sofisticação cultural deve ter resultado de um conjunto de novas mutações que teriam afetado o cérebro de maneiras igualmente complexas, mas isso não explica por que todas essas maravilhosas habilidades deveriam ter aparecido mais ou menos ao mesmo tempo.

Uma possível explicação é que o chamado grande salto é só uma ilusão estatística. A chegada desses traços pode de fato ter se espalhado por um período de tempo muito mais longo do que as evidências físicas indicam. Certamente, porém, os traços não têm de emergir exatamente ao mesmo tempo para a questão ainda ser válida. Mesmo espalhados, 30 mil anos são só um piscar de olhos, comparados aos milhões de anos das pequenas e graduais mudanças comportamentais que ocorreram antes disso. Uma segunda possibilidade é que as novas mutações cerebrais tenham simplesmente aumentado nossa inteligência geral, a capacidade de raciocínio abstrato tal como medida por testes de QI. Essa ideia está na pista certa, mas não nos diz muito – mesmo deixando de lado a crítica muito legítima de que a inteligência é uma habilidade complexa, multifacetada, que não pode ser significativamente reduzida a uma única habilidade geral.

Isso deixa uma terceira possibilidade, a qual nos leva de volta aos neurônios-espelho. Sugiro que houve uma mudança genética no cérebro, mas ironicamente essa mudança nos *libertou* da genética, aumentando nossa capacidade de aprender uns com os outros. Essa habilidade única liberou nosso cérebro de seus grilhões darwinianos, permitindo a rápida difusão de invenções singulares – como fazer colares com conchas de cauri, usar fogo, construir ferramentas e abrigo, ou de fato até inventar palavras novas. Após 6 bilhões de anos de evolução, a cultura finalmente decolou, e com ela as sementes da civilização foram plantadas. A vantagem desse argumento é que não precisamos postular mutações separadas ocorrendo quase simultaneamente para explicar a coemergência de nossas muitas e únicas habilidades mentais. Em vez disso, a maior sofisticação de um único mecanismo – como a imitação e a dedução de intenções – poderia explicar a enorme discrepância comportamental entre nós e os macacos.

Vou ilustrar isso com uma analogia. Imagine um naturalista marciano observando a evolução humana ao longo dos últimos 500 mil anos. Sem dúvida ele ficaria intrigado com o grande salto adiante ocorrido há 50 mil anos, mas ficaria ainda mais intrigado com um segundo grande salto ocorrido entre 500 a.C. e o presente. Graças a certas inovações, como aquelas feitas na matemática – em particular, o zero, valor posicional e símbolos numéricos (na Índia no primeiro milênio a.C.) – e na geometria (na Grécia durante o mesmo período), e, mais recentemente, na ciência experimental (por Galileu), o comportamento de uma pessoa civilizada moderna é vastamente mais complexo que o de seres humanos 10 mil a 50 mil anos atrás.

Esse segundo salto adiante na cultura foi ainda mais espetacular que o primeiro. Há uma maior discrepância comportamental entre pré- e pós-500 a.C. que entre, digamos, *Homo erectus* e *Homo sapiens* primitivo. Nosso cientista marciano poderia concluir que um novo conjunto de mutações tornou isso possível. No entanto, dada a escala de tempo, isso simplesmente não é possível. A revolução originou-se de um conjunto de fatores puramente ambientais que ocorreram de maneira fortuita ao mesmo tempo. (Não esqueçamos a invenção da imprensa, que permitiu a extraordinária difusão e disponibilidade quase universal do conhecimento que usualmente permanecia restrito à elite.) Mas se admitimos isso, por que o mesmo argumento não se aplica ao primeiro grande salto? Talvez tenha havido um afortunado conjunto de circunstâncias ambientais e algumas invenções acidentais por um punhado de pessoas talentosas que foram capazes de tirar proveito de uma habilidade preexistente para aprender e propagar informação de forma rápida – a base da cultura. E caso você não tenha adivinhado até agora, essa habilidade pode depender de um sofisticado sistema de neurônios-espelho.

Impõe-se uma ressalva. Não estou afirmando que neurônios-espelho sejam suficientes para o grande salto ou para a cultura em geral. Estou dizendo apenas que eles desempenharam um papel decisivo. Alguém tem de descobrir ou inventar alguma coisa – como notar a centelha quando duas pedras se chocam – antes que a descoberta possa se espalhar. Meu argumento é que, mesmo que essas inovações acidentais fossem feitas por acaso por hominíneos primitivos individuais, teriam se extinguido na ausência de um sofisticado sistema de neurônios-espelho. Afinal, até macacos têm neurônios-espelho, mas eles não são possuidores de uma orgulhosa cultura. Seu sistema de neurônios-espelho ou não é avançado o suficiente ou não está adequadamente conectado a outras estruturas cerebrais para permitir a rápida propagação da cultura. Além disso, depois de ter sido estabelecido, o mecanismo para a propagação deve ter exercido pressão seletiva para tornar alguns indivíduos atípicos na população mais inovadores. Isso porque inovações só seriam valiosas caso se espalhassem rapidamente. Nesse aspecto, poderíamos dizer que neurônios-espelho desempenharam na evolução do hominíneo primitivo o mesmo papel que a Internet, a Wikipédia e os blogs desempenham hoje. Depois que a cascata foi posta em movimento, não havia como voltar atrás no caminho rumo à humanidade.

5. Onde está Steven? O enigma do autismo

> A doença mental deve sempre nos deixar desconfiados. O que eu mais temeria, se ficasse mentalmente doente, seria que você seguisse o senso comum; que desse por líquido e certo que eu tinha perdido o juízo.
>
> Ludwig Wittgenstein

"Sei que Steven está preso em algum lugar, dr. Ramachandran. Se o senhor pudesse ao menos encontrar uma maneira de dizer ao nosso filho o quanto nós o amamos, talvez pudesse tirá-lo de lá."

Quantas vezes médicos ouviram esse lamento de cortar o coração de pais de crianças com autismo? Esse devastador distúrbio do desenvolvimento foi descoberto de maneira independente por dois médicos, Leo Kanner em Baltimore e Hans Asperger em Viena, nos anos 1940. Nenhum dos dois tinha qualquer conhecimento do outro e, no entanto, por uma misteriosa coincidência, deram à síndrome o mesmo nome: autismo. A palavra vem do grego *autos*, que significa "self", uma descrição perfeita porque o traço mais notável do autismo é uma completa retirada do mundo social e uma acentuada relutância ou incapacidade de interagir com os demais.

Tome Steven como exemplo. Ele tem seis anos de idade, com bochechas sardentas e cabelo castanho-claro. Está sentado a uma mesa de brincar fazendo desenhos, a testa levemente enrugada em concentração. Está produzindo alguns desenhos bonitos de animais. Há um de um cavalo galopando tão maravilhosamente animado que parece saltar do papel. Você poderia se sentir tentado a se aproximar e cumprimentá-lo por seu talento. A possibilidade de ele ser profundamente incapacitado jamais lhe passaria pela cabeça. Mas, no momento em que tenta falar com ele, você se dá conta de que, em certo sentido, Steven simplesmente não está ali como pessoa. Ele é incapaz de qualquer coisa remotamente assemelhada ao diálogo em duas mãos da conversa normal. Recusa-se a olhar nos seus olhos. As tentativas que você faz para envolvê-lo o tornam extremamente ansioso. Ele se inquieta e balança o corpo para a frente e para trás. Todas as suas tentativas de se comunicar com ele de maneira significativa foram, e serão, inúteis.

Desde o tempo de Kanner e Asperger, houve centenas de estudos de caso na literatura médica documentando, em detalhes, os vários sintomas aparentemente desconexos que caracterizam o autismo. Estes caem em dois grupos principais: sociocognitivos e sensório-motores. No primeiro grupo, temos o sintoma isolado mais importante para o diagnóstico: tendência ao isolamento e falta de contato com o mundo, em particular o mundo social, bem como profunda incapacidade de entabular uma conversa normal. Junto a isso há uma ausência de empatia emocional por outras pessoas. No que é ainda mais surpreendente, crianças autistas não expressam nenhum espírito lúdico e não se envolvem no faz de conta irrestrito com que crianças comuns enchem as horas que passam acordadas. Nós, seres humanos, como já se salientou, somos os únicos animais que levamos nossa graça e disposição para fantasiar à vida adulta. Como deve ser triste para os pais ver seus filhos e filhas autistas impenetráveis ao encantamento da infância. No entanto, apesar desse isolamento social, as crianças autistas têm um interesse intensificado por seu ambiente inanimado, muitas vezes a ponto de serem obsessivas. Isso pode levar à emergência de preocupações estranhas, estreitas, e uma fascinação por coisas que parecem completamente triviais para a maioria de nós, como memorizar todos os números de telefone num catálogo.

Voltemo-nos agora para o segundo grupo de sintomas: os sensório-motores. No lado sensorial, estímulos sensoriais específicos podem parecer extremamente angustiantes para crianças autistas. Certos sons, por exemplo, podem desencadear violentas explosões de cólera. Há também um medo da novidade e da mudança e uma insistência obsessiva na mesmice, na rotina e na monotonia. Os sintomas motores incluem um balanço do corpo para a frente e para trás (como vimos com Steven), movimentos repetitivos com a mão, inclusive gestos de sacudi-la e dar tapas em si mesmo, e por vezes rituais elaborados, repetitivos. Esses sintomas sensório-motores não são tão definitivos ou tão devastadores quanto os socioemocionais, mas ocorrem com tanta frequência que devem estar conectados a eles de algum modo. Nossa visão do que causa o autismo estaria incompleta se deixássemos de considerá-los.

Há mais um sintoma motor a mencionar, o qual encerra a chave para a decifração do mistério: muitas crianças autistas têm dificuldade em imitar as ações de outras pessoas. Essa simples observação sugeriu-me uma deficiência no sistema de neurônios-espelho. Grande parte do resto deste capítulo narra minha perseguição dessa hipótese e os frutos que ela produziu até agora.

Como não é de surpreender, foram propostas dúzias de teorias sobre o que causa o autismo. Estas podem ser divididas, grosso modo, em explicações psicológicas e explicações fisiológicas – as últimas enfatizando anormalidades inatas nas conexões ou na neuroquímica cerebral. Uma engenhosa explicação psicológica, proposta por Uta Frith do University College of London e Simon Baron-Cohen da Universidade de Cambridge, é a noção de que crianças com autismo têm uma teoria deficiente de outras mentes. Menos crível é a visão psicodinâmica que culpa a má-criação, ideia tão absurda que não vou lhe dedicar mais atenção.

No capítulo anterior, aludimos de passagem à expressão "teoria da mente" em relação a macacos. Permita-me agora explicá-la de maneira mais completa. Trata-se de uma expressão técnica amplamente usada nas ciências cognitivas, da filosofia à primatologia, passando pela psicologia clínica. Refere-se à nossa capacidade de atribuir existência mental a outras pessoas: compreender que nossos semelhantes se comportam como se comportam porque (presumimos) têm pensamentos, emoções, ideias e motivações mais ou menos do mesmo tipo dos que nós mesmos possuímos. Em outras palavras, ainda que não possamos realmente sentir como é ser outro indivíduo, usamos nossa teoria da mente para projetar automaticamente intenções, percepções e crenças sobre as mentes de outros. Ao fazê-lo, tornamo-nos capazes de inferir seus sentimentos e intenções e de prever e influenciar seu comportamento. Chamar isso de teoria pode ser um pouco enganoso, pois a palavra "teoria" é normalmente usada para designar um sistema intelectual de afirmações e predições, e não nesse sentido, em que designa uma faculdade mental intuitiva e inata. Mas como essa é a expressão usada em meu campo, é ela que usarei aqui. A maioria das pessoas não avalia o quanto é complexo e, francamente, miraculoso que possua uma teoria da mente. Isso parece tão natural, tão imediato, e tão simples como olhar e ver. Mas, como vimos no capítulo 2, a capacidade de ver é na realidade um processo muito complicado que envolve uma rede muito extensa de regiões cerebrais. A teoria da mente extremamente sofisticada de nossa espécie é uma das faculdades mais singulares e poderosas do cérebro humano.

Ao que parece, nossa capacidade de ter uma teoria da mente não se baseia em nossa inteligência geral – a inteligência racional que usamos para raciocinar, fazer inferências, combinar fatos e assim por diante –, mas num conjunto especializado de mecanismos cerebrais que evoluiu para nos dotar de nosso igualmente importante grau de inteligência *social*. A ideia de que pode haver um conjunto de circuitos especializado na cognição social foi sugerida pela primeira vez pelo psicólogo Nick Humphrey e o primatologista David Premack nos anos 1970, e tem agora muito apoio empírico. Assim a suspeita de Frith sobre autismo e teoria da mente era convincente: talvez os profundos déficits das crianças autistas em interações sociais tenham origem no fato de seu sistema de circuitos relativo à teoria da mente estar comprometido de algum modo. Essa ideia está sem dúvida na pista certa, mas se pensarmos a respeito dela, dizer que crianças autistas não podem interagir socialmente por terem uma teoria da mente deficiente não vai muito além de uma reafirmação dos sintomas observados. É um bom ponto de partida, mas o que se faz realmente necessário é identificar sistemas cerebrais cujas funções conhecidas correspondam às que estão perturbadas no autismo.

Muitos estudos de imagiologia cerebral foram conduzidos em crianças com autismo, alguns graças à iniciativa pioneira de Eric Courchesne. Observou-se, por exemplo, que essas crianças têm cérebros maiores, com ventrículos (cavidades nos cérebros) aumentados. O mesmo grupo de pesquisadores também observou mudanças notáveis no cerebelo. Essas são observações intrigantes, que certamente terão de ser explicadas quando tivermos uma compreensão mais clara do autismo. Mas elas não explicam os sintomas que caracterizam a desordem. Em crianças com dano no cerebelo em razão de outras doenças orgânicas, vemos sintomas muito característicos, como tremor de intenção (quando o paciente tenta tocar o próprio nariz, a mão começa a oscilar violentamente), nistagmo (movimentos oculares erráticos) e ataxia (andar gingado). Nenhum desses sintomas é típico do autismo. Ao contrário, sintomas típicos do autismo (como falta de empatia e de habilidades sociais) nunca são vistos em doença cerebelar. Uma razão para isso poderia ser que as mudanças cerebelares observadas em crianças autistas talvez sejam os efeitos colaterais não relacionados de genes anormais cujos outros efeitos são as verdadeiras causas do autismo. Nesse caso, quais poderiam ser esses outros efeitos? O que é necessário, se quisermos explicar o autismo, são estruturas neurais candidatas no cérebro cujas funções específicas correspondam precisamente aos sintomas particulares únicos do autismo.

A pista vem de neurônios-espelho. No fim dos anos 1990, ocorreu a meus colegas e a mim que esses neurônios forneciam precisamente o mecanismo neural candidato que estávamos procurando. Você pode se reportar ao capítulo anterior se quiser refrescar a memória, mas basta dizer que a descoberta dos neurônios-espelho foi significativa porque eles são essencialmente uma rede de células leitoras da mente dentro do cérebro. Eles forneceram a base fisiológica que faltava para certas habilidades de alto nível que os neurocientistas vinham se sentindo há muito tempo desafiados a explicar. Ficamos impressionados com o fato de que são precisamente essas funções presumidas dos neurônios-espelho – como empatia, dedução de intenção, mímica, faz de conta e aprendizado da linguagem – que são disfuncionais no autismo.[1] (Todas essas atividades requerem a adoção do ponto de vista do outro – mesmo que o outro seja imaginário –, como no faz de conta ou no prazer com figuras de ação.) Podemos fazer duas colunas lado a lado, uma para as características conhecidas dos neurônios-espelho e uma para os sintomas clínicos do autismo, e encontramos uma correspondência quase perfeita. Pareceu razoável, portanto, sugerir que a principal causa do autismo é um sistema de neurônios-espelho disfuncional. A hipótese tem a vantagem de explicar muitos sintomas aparentemente desconexos em termos de uma única causa.

Talvez pareça quixotesco supor que poderia haver de uma única causa por trás de um distúrbio tão complexo, mas temos de ter em mente que múltiplos efeitos não implicam necessariamente múltiplas causas. Considere o diabetes. Suas manifestações são numerosas e variadas: poliúria (urinação excessiva), polidipsia (sede incessante), polifagia (apetite aumentado), perda de peso, distúrbios renais, mudanças oculares, danos neurais, gangrena e muitos outros. Mas por baixo dessa miscelânea há algo relativamente simples: ou deficiência de insulina ou menos receptores de insulina nas superfícies das células. É claro que a doença nada tem de simples. Envolve grande número de detalhes intricados; há numerosos efeitos ambientais, genéticos e comportamentais em jogo. Mas, numa visão geral, tudo se reduz a insulina ou receptores de insulina. Analogamente, nossa sugestão era que, numa perspectiva genérica, a principal causa do autismo é um sistema de neurônios-espelho perturbado.

O GRUPO DE ANDREW WHITTEN na Escócia fez essa proposta mais ou menos ao mesmo tempo que o nosso, mas as primeiras evidências experimentais para ela vieram de nosso laboratório, trabalhando em colaboração com Eric Altschuler e Jaime Pineda na Universidade da Califórnia em San Diego. Precisávamos de um meio de bisbilhotar a atividade dos neurônios-espelho de maneira não invasiva, sem abrir os crânios das crianças e inserir eletrodos. Felizmente, descobrimos que havia uma maneira fácil de fazer isso por meio de EEG (eletroencefalografia), que usa uma grade de eletrodos colocados no couro cabeludo para captar ondas cerebrais. Muito antes dos tomógrafos computadorizados e IRMs, o EEG foi a primeira tecnologia de imagiologia cerebral inventada por seres humanos. Formas precursoras apareceram no início do século XX e desde os anos 1940 ele está em uso clínico. À medida que atravessa vários estados – vígil, adormecido, alerta, absorto em devaneios, concentrado e assim por diante –, o cérebro gera padrões reveladores de ondas cerebrais elétricas em diferentes frequências. Isso é conhecido há mais de meio século, mas, como foi mencionado no capítulo 4, uma onda cerebral particular, a onda mu, é suprimida toda vez que uma pessoa faz um movimento voluntário, mesmo um movimento simples como abrir e fechar os dedos. Posteriormente descobriu-se que a supressão da onda mu também ocorre quando uma pessoa *observa* outra fazendo o mesmo movimento. Sugerimos portanto que a supressão da onda mu poderia fornecer uma sonda simples, não dispendiosa e não invasiva para o monitoramento da atividade dos neurônios-espelho.

Conduzimos um experimento-piloto com uma criança autista de desempenho médio, Justin, para ver se isso funcionaria. (Crianças muito novas de baixo desempenho não participaram desse estudo-piloto porque queríamos confirmar que qualquer diferença entre atividade de neurônios-espelho normal e autística que encontrássemos não seria devida a problemas de atenção, compreensão de instruções ou a um efeito geral de retardo mental.) Justin nos fora encaminhado por um grupo de apoio local criado para promover o bem-estar de crianças locais com autismo. Como Steven, ele exibia muitos dos sintomas característicos do autismo, mas era capaz de seguir instruções simples como "olhe para a tela" e não se mostrou relutante em ter eletrodos aplicados a seu couro cabeludo.

Como crianças normais, Justin exibia uma robusta onda mu quando ficava sentado à toa, e ela era suprimida sempre que lhe pedíamos para fazer movimentos voluntários simples. Notavelmente, porém, quando ele observava outra pessoa executando a mesma ação, a supressão não ocorria como seria de esperar. Essa observação forneceu uma extraordinária justificativa para nossa hipótese. Concluímos que o sistema de comando motor da criança estava intacto – ela era capaz, afinal de contas, de abrir portas, comer batatas fritas, fazer desenhos, subir escadas e assim por diante –

mas seu sistema de neurônios-espelho era deficiente. Apresentamos esse estudo de caso com um único sujeito na reunião anual de 2000 da Society for Neuroscience, e o acompanhamos com mais dez crianças em 2004. Os resultados foram idênticos. Desde então essa observação recebeu ampla confirmação ao longo dos anos de muitos grupos diferentes, usando uma variedade de técnicas.[2]

Por exemplo, um grupo de pesquisadores liderado por Riitta Hari na Universidade de Ciência e Tecnologia de Aalto corroborou nossa conjectura usando MEG (magnetencelografia), que está para o EEG como os jatos para os biplanos. Mais recentemente, Michele Villalobos e seus colegas na Universidade Estadual de San Diego usaram IRMf para mostrar uma redução na conectividade funcional entre o córtex visual e a região pré-frontal de neurônios-espelho em pacientes autistas.

Outros pesquisadores testaram nossa hipótese usando EMT (estimulação magnética transcraniana). A EMT é, em certo sentido, o oposto do EEG: em vez de bisbilhotar passivamente os sinais elétricos que emanam do cérebro, ela *cria* correntes elétricas no cérebro usando um forte ímã mantido sobre o couro cabeludo. Desse modo, com a EMT é possível induzir atividade neural artificialmente em qualquer região que esteja por acaso próxima do couro cabeludo. (Infelizmente, muitas regiões cerebrais estão escondidas nas profundas dobras do cérebro, mas muitas outras, entre as quais o córtex motor, encontram-se convenientemente situadas bem debaixo do couro cabeludo, onde a EMT pode "atacá-las" facilmente.) Os pesquisadores usaram a EMT para estimular o córtex motor, depois registraram ativação eletromuscular enquanto os sujeitos olhavam pessoas executando ações. Quando um sujeito normal observa outra pessoa executando uma ação – digamos, apertando uma bola de tênis com a mão direita –, os músculos em sua própria mão direita registrarão um pequenino aumento em sua "tagarelice" elétrica. Embora o sujeito não execute ele próprio a ação de apertar, o mero ato de observar a ação leva a um aumento pequenino, mas mensurável, no prontidão para a ação dos músculos que se *contrairiam* caso ele o estivesse executando. O próprio sistema motor do sujeito simula automaticamente a ação percebida, mas ao mesmo tempo suprime automaticamente o sinal motor espinhal para evitar que ela seja executada – apesar disso, porém, uma pequenina gota do comando motor suprimido ainda consegue vazar e percorrer o caminho até os músculos. Isso é o que acontece em sujeitos normais. Os sujeitos autistas, porém, não mostraram nenhum sinal de potenciais musculares aumentados ao ver ações sendo executadas. Seus neurônios-espelho não se manifestaram. Esses resultados, tomados em conjunto com os nossos, fornecem evidências conclusivas de que a hipótese está correta.

A HIPÓTESE DOS NEURÔNIOS-ESPELHO pode explicar várias das manifestações mais excêntricas do autismo. Por exemplo, sabe-se há algum tempo que crianças autistas têm muitas vezes dificuldade para interpretar provérbios e metáforas. Quando solicitados a "dar uma mão", a criança autista pode estender imediatamente a própria mão. Quando lhe pedimos para explicar o significado de "nem tudo que reluz é ouro", notamos que alguns autistas de alto desempenho fornecem respostas literais: "Isso significa que pode ser só algum metal amarelo – não precisa ser ouro." Embora vista apenas em um subconjunto de crianças autistas, essa dificuldade com a metáfora clama por explicação.

Um ramo da ciência cognitiva conhecido como cognição incorporada sustenta que o pensamento humano é profundamente moldado por sua interconexão com o corpo e pela natureza inerente dos processos sensoriais e motores humanos. Essa visão contrasta com o que poderíamos chamar de visão clássica, que dominou a ciência cognitiva de meados até o final do século XX, e sustentava que o cérebro era exatamente a mesma coisa que um "computador universal" para múltiplas finalidades que por acaso estava conectado ao corpo. Embora seja possível exagerar a visão da cognição incorporada, ela tem agora muito apoio; livros inteiros foram escritos sobre o assunto. Permita-me dar-lhe um exemplo específico de um experimento que fiz em colaboração com Lindsay Oberman e Piotr Winkielman. Mostramos que, se uma pessoa morde um lápis (como se fosse um pedaço de rédea) para esticar a boca num sorriso largo, forçado, terá dificuldade para detectar o sorriso de outra pessoa (mas não uma carranca). Isso acontece porque o ato de morder o lápis ativa muitos dos mesmos músculos que um sorriso, e isso inunda o sistema de neurônios-espelho em nosso cérebro, criando uma confusão entre ação e percepção. (Certos neurônios-espelho disparam quando fazemos uma expressão facial e quando observamos a mesma expressão no rosto de outra pessoa.) O experimento mostra que ação e percepção estão muito mais estreitamente entrelaçadas no cérebro do que se costuma supor.

Mas o que tem isso a ver com autismo e metáfora? Recentemente observamos que pacientes com lesão no giro supramarginal esquerdo que têm apraxia – incapacidade de imitar ações voluntárias especializadas, como mexer uma xícara de chá ou martelar um prego – também têm dificuldade para interpretar metáforas baseadas em ações, como "pôr as mãos para o céu". Como o giro supramarginal também tem neurônios-espelho, nossas evidências sugerem que o sistema de neurônios-espelho em seres humanos está envolvido não só na interpretação de ações especializadas, mas também na compreensão de metáforas de ação e, na realidade, em outros aspectos da cognição incorporada. Macacos também têm neurônios-espelho, mas para que estes desempenhem um papel em metáforas talvez os macacos precisem alcançar um nível mais elevado de sofisticação – do tipo só visto em seres humanos.

A hipótese dos neurônios-espelho também permite compreender dificuldades na linguagem autística. É quase certo que neurônios-espelho estão envolvidos quando um bebê repete pela primeira vez um som ou palavra que ouve. Isso pode exigir tradução interna: o mapeamento de padrões sonoros em padrões motores e vice-versa. Esse sistema poderia ter se estabelecido de duas maneiras. Primeiro, assim que a palavra é ouvida, um traço mnêmico dos fonemas (sons da fala) é estabelecido no córtex auditivo. O bebê tenta então várias expressões vocais aleatórias e, usando *feedback* de erros a partir do traço mnêmico, refina progressivamente o *output* para ajustá-lo à memória. (Todos nós fazemos isso quando cantarolamos internamente uma música ouvida há pouco e depois a cantamos em voz alta, refinado progressivamente o *output* para ajustá-lo ao cantarolar interno.) Segundo, as redes para traduzir sons ouvidos em palavras faladas podem ter sido inatamente especificadas através de seleção natural. Em qualquer dos casos, o resultado final seria um sistema de neurônios com propriedades semelhantes às que atribuímos aos neurônios-espelho. Se a criança pudesse, sem atraso e oportunidade para *feedback* a partir de ensaio, repetir um grupo de fonemas que tivesse acabado de ouvir pela primeira vez, isso argumentaria em favor de um mecanismo de tradução fisicamente conectado. Há, portanto, uma variedade de maneiras pelas quais esse mecanismo singular poderia ser sido estabelecido. Mas seja qual for o mecanismo, nosso resultado sugere que uma falha em seu estabelecimento inicial poderia causar o déficit fundamental no autismo. Nossos resultados empíricos com supressão da onda mu apoia isso e também nos permite fornecer uma explicação unitária para uma série de sintomas aparentemente desconexos.

Por fim, embora tenha se desenvolvido de início para criar um modelo interno das ações e intenções de outras pessoas, o sistema de neurônios-espelho pode ter se desenvolvido mais nos seres humanos – voltando-se para dentro de modo a representar (ou reapresentar) sua própria mente para si mesmo. Uma teoria da mente não é útil somente para intuirmos o que está acontecendo na mente de amigos, estranhos e inimigos; no caso único de *Homo sapiens*, ela pode também ter aumentado de maneira espetacular a compreensão que temos do funcionamento de nossas próprias mentes. Isso ocorreu provavelmente durante a transição de fase mental por que passamos há apenas umas duas centenas de milênios, e teria sido a aurora de uma autoconsciência plenamente desenvolvida. Se o sistema de neurônios-espelho é subjacente à nossa teoria da mente e se a teoria da mente em seres humanos normais é sobrecarregada ao ser aplicada para dentro, em direção ao self, isso explicaria por que indivíduos autistas têm tanta dificuldade em interação social e em autoidentificação forte, e por que tantas crianças autistas têm problemas em usar os pronomes "eu" e "você" na conversa: talvez lhes falte uma autorrepresentação mental suficientemente madura para entender a distinção. Essa hipótese prediria que mesmo autistas com alto desempenho em outros aspectos, capazes de conversar normalmente (diz-se que os autistas com elevado desempenho verbal têm síndrome de Asperger, um subtipo entre os distúrbios do espectro autista), teriam dificuldade com distinções conceituais entre palavras como "autoestima", "piedade", "misericórdia", "perdão" e "vergonha", para não mencionar "autopiedade", que fariam pouco sentido sem um senso de individualidade. Essas predições nunca foram testadas em bases sistemáticas, mas minha aluna Laura Case está fazendo isso. No último capítulo retornaremos a essas questões sobre autorrepresentação e autoconsciência e perturbações dessas faculdades elusivas.

Este pode ser um bom lugar para acrescentar três observações restritivas. Primeiro, pequenos grupos de células com propriedades semelhantes às dos neurônios-espelho são encontrados em muitas partes do cérebro e deveriam realmente ser pensados como partes de um grande circuito interconectado – uma "rede de espelhos", se você quiser. Segundo, como foi observado antes, devemos ter cuidado para não atribuir todos os aspectos intrigantes relacionados ao cérebro a neurônios-espelho. Eles não fazem tudo! Apesar disso, parecem ter sido atores-chave em nossa transcendência da condição simiana e continuam a aparecer em estudo após estudo de várias funções mentais que vão muito além da concepção original "macaco vê, macaco faz" que temos deles. Terceiro, atribuir certas capacidades cognitivas a certos neurônios (nesse caso, neurônios-espelho) ou regiões cerebrais é só um começo; ainda precisamos compreender como os neurônios levam a cabo suas computações. No entanto, a compreensão da anatomia pode nos orientar de maneira substancial e nos ajudar a reduzir a complexidade do problema. Em particular, dados anatômicos podem restringir nossas especulações teóricas e nos ajudar a eliminar muitas hipóteses inicialmente promissoras. Por outro lado, dizer que "capacidades mentais emergem numa rede homogênea" não nos leva a nada e entra em choque com a evidência empírica de primorosa especialização anatômica no cérebro. Redes difusas capazes de aprender existem em porcos e macacos também, mas só seres humanos são capazes de linguagem e autorreflexão.

AINDA É MUITO DIFÍCIL tratar o autismo, mas a descoberta da disfunção dos neurônios-espelho abre algumas novas abordagens terapêuticas. Por exemplo, a falta da supressão da onda mu poderia se tornar um inestimável instrumento diagnóstico para uma triagem da desordem na primeira infância, permitindo que terapias comportamentais atualmente disponíveis sejam instituídas muito antes que outros sintomas mais "floridos" apareçam. Lamentavelmente, na maioria dos casos é o desdobramento dos sintomas floridos, durante o segundo ou terceiro ano de vida, que alerta pais e médicos. Quanto mais cedo o autismo for detectado, melhor.

Uma segunda e mais intrigante possibilidade seria usar *biofeedback* para tratar o distúrbio. Nele, um sinal fisiológico do corpo ou do cérebro de um sujeito é acompanhado por uma máquina e apresentado de volta ao sujeito por meio de algum tipo de *display* externo. O objetivo é que o sujeito se concentre em empurrar esse sinal para cima ou para baixo e assim ganhar alguma medida de controle consciente sobre ele. Por exemplo, um sistema de *biofeedback* pode mostrar para uma pessoa seu ritmo cardíaco, representado como um ponto que quica e bipa num visor; com a prática, a maioria das pessoas consegue usar esse *feedback* para aprender como desacelerar seu coração deliberadamente. Ondas cerebrais também podem ser usadas para *biofeedback*. Por exemplo, o professor da Universidade Stanford Sean Mackey pôs pacientes de dor crônica num aparelho de imagiologia cerebral e lhes mostrou a imagem de uma chama animada por computador. O tamanho da chama em qualquer momento dado era uma representação da atividade neural no cingulado anterior de cada paciente (uma região cortical envolvida na percepção da dor), sendo portanto proporcional à quantidade subjetiva de dor que ele estava sentindo. Concentrando-se na chama, a maioria dos pacientes foi capaz de ganhar algum controle sobre seu tamanho e mantê-la pequena, reduzindo *ipso facto* a quantidade de dor que estava experimentando. Da mesma maneira, poderíamos monitorar ondas mu no couro cabeludo de uma criança autista e exibi-las numa tela diante delas talvez à guisa de um simples videogame controlado pelo pensamento, para ver se ela consegue de algum modo aprender a suprimi-la. Supondo-se que sua função de neurônios-espelho está fraca ou inativa, em vez de ausente, esse tipo de exercício poderia dar um impulso à sua capacidade de vislumbrar a intencionalidade de outras pessoas e trazê-la um pouco mais para perto de ingressar no mundo social que gira invisivelmente à sua volta. Quando este livro foi para o prelo, essa abordagem estava sendo perseguida por nosso colega Jaime Pineda na Universidade da Califórnia, em San Diego.

Uma terceira possibilidade – que sugeri num artigo para a *Scientific American* que escrevi em coautoria com minha aluna de doutorado Lindsay Oberman – seria tentar certas drogas. Há muitas evidências de que a MDMA (a forma mais pura do êxtase, a droga das festas) aumenta a empatia, o que talvez consiga ampliando a abundância de neurotransmissores chamados empatógenos, que ocorrem de modo natural no cérebro de criaturas extremamente sociais como os primatas. Poderia uma deficiência nesses transmissores contribuir para os sintomas do autismo? Nesse caso, poderia a MDMA (com sua molécula apropriadamente modificada) melhorar alguns dos sintomas mais perturbadores do distúrbio? Sabe-se também que prolactina e oxitocina – os chamados hormônios da filiação – promovem formação de laços sociais. Talvez essa conexão, também, possa ser explorada de maneira terapêutica. Se administrados suficientemente cedo, coquetéis dessas drogas talvez pudessem ajudar a debelar algumas manifestações sintomáticas iniciais, o bastante para minimizar a cascata subsequente de eventos que leva ao espectro completo de sintomas autísticos.

Por falar em prolactina e oxitocina, recentemente encontramos uma criança autista cujo IRM cerebral mostrava uma redução substancial no tamanho do bulbo olfatório, que recebe sinais de odor do nariz. Uma vez que o odor é um fator importante na regulação do comportamento social na maioria dos mamíferos, perguntamos a nós mesmos: seria concebível que uma disfunção do bulbo olfatório desempenhe um papel importante na gênese do autismo? Atividade reduzida do bulbo olfatório diminuiria a oxitocina e a prolactina, o que por sua vez reduziria a empatia e a compaixão. Como nem é preciso dizer, tudo isso é pura especulação de minha parte, mas em ciência a imaginação é muitas vezes mãe do fato – o suficiente, ao menos, para que a censura prematura da especulação nunca seja a melhor ideia.

Uma opção final para reavivar neurônios-espelho inativos no autismo seria tirar partido do grande prazer que todos os seres humanos – inclusive autistas – sentem ao dançar segundo um ritmo. Embora essa terapia pela dança tenha sido tentada com crianças autistas, não se fez nenhuma tentativa de explorar diretamente as propriedades conhecidas do sistema de neurônios-espelho. Uma maneira de fazer isso poderia ser, por exemplo, ter vários dançarinos-modelo movendo-se simultaneamente segundo um ritmo e fazer a criança imitar a mesma dança em sincronia. Introduzir todos eles num salão de espelhos refletores multiplicadores poderia também ajudar, multiplicando o impacto sobre o sistema de neurônios-espelho. Parece uma possibilidade forçada, mas o mesmo se podia dizer sobre a ideia de usar vacinas para prevenir a raiva ou a difteria.[3]

A HIPÓTESE DOS NEURÔNIOS-ESPELHO explica bastante bem as características definidoras do autismo: falta de empatia, do faz de conta, de imitação e de uma teoria da mente.[4] No entanto, ela não é uma explicação completa, porque há alguns outros sintomas comuns (embora não definidores) do autismo com os quais os neurônios-espelho não têm nenhuma relação aparente. Por exemplo, alguns autistas exibem um movimento de balanço para a frente e para trás, evitam contato olho a olho, mostram hipersensibilidade e aversão a alguns sons, e com frequência envolvem-se em autoestimulação tátil – por vezes até batendo em si mesmos –, aparentemente destinada a amortecer essa hipersensibilidade. Esses sintomas são bastante comuns para que seja preciso elucidá-los em qualquer explicação completa do autismo. Talvez bater em si mesmos seja uma maneira de acentuar a saliência do corpo, ajudando assim a ancorar o self e reafirmar sua existência. Mas podemos inserir essa ideia no contexto das outras coisas que dissemos até agora sobre o autismo?

No início dos anos 1990, nosso grupo (em colaboração com Bill Hirstein, meu colega de pós-doutorado, e Portia Iversen, cofundadora do Cure Autism Now, uma organização dedicada ao autismo) pensou muito a respeito de como explicar esses outros sintomas do autismo. Concebemos o que chamamos de "teoria da paisagem de saliências": ao olhar para o mundo, uma pessoa é confrontada com uma sobrecarga sensorial potencialmente atordoante. Como vimos no capítulo 2 quando consideramos os dois ramos do fluxo "o quê" no córtex visual, a informação sobre o mundo é primeiro discriminada nas áreas sensoriais do cérebro e depois retransmitida para a amígdala. Como a porta para o núcleo emocional de nosso cérebro, a amígdala exerce uma vigilância emocional sobre o mundo que habitamos, avalia a significação emocional de tudo que vemos e decide se uma coisa é trivial e enfadonha ou merece despertar nossa emoção. Nesse último caso, a amígdala diz ao hipotálamo para ativar o sistema nervoso autônomo em proporção com o valor de excitação da visão desencadeadora – pode ser qualquer coisa, de moderadamente interessante a completamente apavorante. Assim a amígdala é capaz de criar uma "paisagem de saliências" de nosso mundo, com morros e vales correspondendo a alta e baixa saliência.

Por vezes esse circuito pode ficar muito perturbado. Nossa resposta autônoma para algo excitante manifesta-se como intensificação do suor, dos batimentos cardíacos, da prontidão muscular e assim por diante, de modo a preparar nosso corpo para a ação. Em casos extremos, essa explosão de excitação fisiológica pode realimentar nosso cérebro e instigar a amígdala a dizer, de fato: "Uau, é ainda mais perigoso do que pensei. Vou precisar de mais excitação para escapar disto!" O resultado é uma *blitzkrieg* autônoma. Muitos adultos são propensos a esses ataques de pânico, mas a maioria de nós, na maior parte do tempo, não corremos o risco de ser carregados por esses turbilhões autônomos.

Com tudo isso em mente, nosso grupo explorou a possibilidade de que crianças com autismo tenham uma paisagem de saliências distorcida. Isso pode se dever em parte a conexões intensificadas (ou reduzidas) de maneira indiscriminada entre córtices sensoriais e a amígdala, e possivelmente entre estruturas límbicas e os lobos frontais. Em consequência dessas conexões anormais, todo evento ou objeto trivial provoca uma tempestade autônoma incontrolável, que explicaria a preferência dos autistas pela mesmice e a rotina. Por outro lado, quando a excitação emocional é menos florida, a criança poderia associar uma significação anormalmente elevada a certos estímulos incomuns, o que poderia explicar suas estranhas preocupações, inclusive as habilidades semelhantes às dos *idiots savants* que por vezes exibem. Ao contrário, se algumas conexões entre o córtex sensorial e a amígdala forem em parte apagadas pelas distorções na paisagem de saliências, a criança poderia ignorar coisas, como olhos, que exercem intensa atração sobre a maioria das crianças.

Para testar a hipótese da paisagem de saliências, medimos a resposta galvânica da pele (RGP) num grupo de 37 crianças autistas e 25 normais. As normais mostraram excitação para certas categorias de estímulos, como esperado, mas não para outros. Por exemplo, elas tiveram RGPs aumentadas para fotos dos pais, mas não para lápis. As crianças com autismo, por outro lado, mostraram um nível de excitação autônoma em geral mais elevado, que era ainda amplificada pelos mais triviais objetos e eventos, ao passo que alguns estímulos salientes ao extremo, como olhos, eram completamente ineficazes.

Se a teoria da paisagem de saliências estiver na pista certa, poderíamos esperar encontrar anormalidade na via visual 3 de cérebros de autistas. A via 3 não só se projeta para a amígdala, mas passa através do sulco temporal superior, que – juntamente com a região vizinha, a ínsula – é rico em neurônios-espelho. Já foi demonstrado que neurônios-espelho presentes na ínsula estão envolvidos tanto na percepção quanto na expressão de certas emoções – como repulsa, inclusive repulsa social e moral – de uma maneira empática. Assim, o dano a essas áreas, ou talvez uma deficiência de neurônios-espelho nelas, poderia não só distorcer a paisagem de saliências, mas também reduzir a empatia, a interação social e o faz de conta.

Como um bônus, a teoria da paisagem de saliências pode também explicar dois outros aspectos bizarros do autismo que sempre pareceram intrigantes. Primeiro, alguns pais relatam que os sintomas autísticos do filho são temporariamente amenizados por um acesso de febre alta. A febre é comumente causada por certas toxinas bacterianas que atuam sobre mecanismos de regulação da temperatura no hipotálamo, na base de nosso cérebro. Mais uma vez, isso é parte da via 3. Compreendi que talvez não fosse por coincidência que certos comportamentos disfuncionais, como ataques de cólera, têm origem em redes vizinhas do hipotálamo. Assim, a febre poderia ter um efeito colateral que por acaso amortece a atividade num dos gargalos do circuito de *feedback* que gera essas tempestades de excitação autônoma e os ataques de cólera associados. Essa é uma explicação extremamente especulativa, mas tê-la é melhor do que não ter nenhuma, e, caso se comprove, é possível que ela forneça mais uma base para intervenção. Poderia haver, por exemplo, alguma maneira de amortecer artificialmente, de maneira segura, o circuito de *feedback*. Um circuito amortecido talvez fosse melhor que um avariado, em especial se isso pudesse levar um garoto como Steven a se envolver apenas um pouco mais com sua mãe. Por exemplo, poderíamos lhe dar febre alta de maneira inócua injetando nele parasitas da malária desnaturados; repetidas injeções desses pirogênios (substâncias indutoras de febre) poderiam ajudar a "zerar" o circuito e aliviar sintomas de maneira permanente.

Segundo, crianças com autismo muitas vezes batem em si mesmas. Esse comportamento é chamado de autoestimulação somática. Em termos de nossa teoria, sugeriríamos que isso leva a um amortecimento das tempestades de excitação autônoma que a criança sofre. De fato, nosso grupo de pesquisa descobriu que essa autoestimulação não só tem um efeito calmante como leva a uma redução mensurável na RGP. Isso sugere uma possível terapia sintomática para o autismo: poderíamos ter um aparelho portátil para monitorar a RGP que depois realimenta um aparelho de estimulação corporal que a criança veste sob a roupa. Resta ver se um aparelho desse tipo se mostraria prático num contexto cotidiano; ele está sendo testado por meu colega de pós-doutorado Bill Hirstein.

O comportamento de balanço para a frente e para trás de algumas crianças autistas talvez sirva a um objetivo semelhante. Sabemos que ele provavelmente estimula o sistema vestibular (senso de equilíbrio), e sabemos que a informação relacionada ao equilíbrio se divide em algum ponto para viajar pela via 3, sobretudo em direção à ínsula. Portanto o balanço repetitivo poderia fornecer o mesmo tipo de amortecimento proporcionado pelas batidas que a criança dá em si mesma. De maneira mais especulativa, isso poderia ajudar a ancorar o self no corpo, fornecendo coerência a um mundo de outro modo caótico, como descreverei logo adiante.

Afora uma possível deficiência de neurônios-espelho, que outros fatores poderiam explicar as paisagens de saliências distorcidas através das quais muitos autistas parecem ver o mundo? Está bem documentado que há predisposições genéticas para o autismo. Menos conhecido, porém, é o fato de que quase um terço das crianças com autismo teve epilepsia do lobo temporal (ELT) na infância. (A proporção poderia ser muito maior se incluirmos crises convulsivas parciais complexas não detectadas.) Em adultos, a ELT manifesta-se na forma de floridas perturbações emocionais, mas como seus cérebros estão plenamente maduros, isso não parece levar a distorções cognitivas profundamente arraigadas. Menos conhecido, porém, é o que a ELT faz para um cérebro em desenvolvimento. As crises convulsivas da ELT são causadas por repetidas saraivadas de impulsos nervosos percorrendo o sistema límbico. Caso ocorressem com frequência num cérebro muito jovem, poderiam levar, por meio de um processo de intensificação de sinapses chamado hiperexcitabilidade neurológica, a uma intensificação generalizada e indiscriminada (ou por vezes a um apagamento) das conexões entre a amígdala e os córtices visuais, auditivos e somatossensoriais de alto nível. Isso poderia explicar tanto os frequentes alarmes falsos provocados por visões triviais ou comuns e sons em geral percebidos como neutros quanto, inversamente, a falta de reação a informações socialmente salientes, tão característica do autismo.

Em termos mais gerais, nossa sensação de ser um self integrado, encarnado, parece depender de maneira decisiva da "reverberação" para cá e para lá, à maneira de um eco, entre o cérebro e o resto do corpo – e, na verdade, graças à empatia, entre o self e os outros. Embaralhamentos indiscriminados das conexões entre áreas sensoriais de alto nível e a amígdala, e as distorções resultantes para a paisagem de saliências de uma pessoa, poderiam, como parte do mesmo processo, causar uma perturbadora perda do senso de incorporação – de ser um self distinto, autônomo, ancorado num corpo e engastado numa sociedade. Talvez a autoestimulação somática seja a tentativa de algumas crianças de recuperar sua incorporação, revivendo e intensificando interações corpo-mente ao mesmo tempo em que amortecem sinais autônomos espuriamente amplificados. Um equilíbrio sutil dessas interações pode ser decisivo para o desenvolvimento normal de um self integrado, algo que comumente damos por certo como a fundação automática de ser uma pessoa. Não admira, portanto, que exatamente esse senso de ser uma pessoa esteja profundamente perturbado no autismo.

Consideramos até agora duas teorias candidatas a explicar os bizarros sintomas do autismo: a hipótese da disfunção dos neurônios-espelho e a ideia de uma paisagem de saliências distorcida. A razão para propor essas teorias é fornecer um mecanismo unitário para a desnorteante série de sintomas aparentemente desconexos que caracteriza o distúrbio. As duas hipóteses não são mutuamente exclusivas, é claro. Na verdade, há conexões conhecidas entre o sistema de neurônios-espelho e o sistema límbico. É possível que distorções de conexões límbico-sensoriais sejam o que leva em última análise a um sistema de neurônios-espelho perturbado. Precisamos claramente de mais experimentos para resolver essas questões. Sejam quais forem os mecanismos subjacentes, nossos resultados sugerem fortemente que crianças com autismo têm um sistema de neurônios-espelho disfuncional que pode ajudar a explicar muitas características da síndrome. Se essa disfunção é causada por genes relacionados ao desenvolvimento do cérebro ou por genes que predispõem a certos vírus (o que por sua vez pode predispor a crises convulsivas), ou se é devida a algo completamente diferente, ainda está por ser esclarecido. Por enquanto, isso pode fornecer um útil trampolim para pesquisas futuras a respeito do autismo, de modo a nos permitir encontrar um dia um meio de "trazer Steven de volta".

O autismo lembra-nos que o senso de individualidade exclusivo dos humanos não é um "nada especulativo" sem "nome e endereço". Apesar de sua veemente tendência a afirmar sua privacidade e independência, o self emerge de fato de uma reciprocidade de interações com outros e com o corpo em que está engastado. Quando se retira da sociedade e se afasta do próprio corpo, ele mal existe; pelo menos no sentido de um self maduro que define nossa existência como pessoas. Na verdade, o autismo poderia ser encarado fundamentalmente como um distúrbio da autoconsciência, e, nesse caso, sua investigação pode nos ajudar a compreender a natureza da própria consciência.

6. O poder do balbucio: A evolução da linguagem

> ... Homens sensatos, tendo escapado às influências ofuscantes do preconceito tradicional, encontrarão na linhagem inferior de que o Homem brotou a melhor evidência do esplendor de suas capacidades; e vão discernir, em seu longo progresso através do passado, um fundamento razoável de fé em sua realização de um futuro mais nobre.
>
> Thomas Henry Huxley

No fim de semana prolongado de 4 de julho de 1999, recebi um telefonema de John Hamdi, que fora meu colega no Trinity College, em Cambridge, quase quinze anos antes. Desde então não havíamos estado em contado e foi uma agradável surpresa ouvir sua voz depois de tanto tempo. Enquanto trocávamos cumprimentos, sorri para mim mesmo, lembrando as muitas aventuras que havíamos compartilhado em nosso tempo de estudantes. Agora ele era professor de cirurgia ortopédica em Bristol, contou-me. Havia notado um livro que eu publicara há pouco tempo.

"Sei que você está envolvido sobretudo em pesquisa ultimamente", disse ele, "mas meu pai, que vive em La Jolla, sofreu um ferimento na cabeça num acidente de esqui, seguido por um derrame. Seu lado direito está paralisado, e eu ficaria agradecido se você desse uma olhada nele. Quero ter certeza de que ele está recebendo o melhor tratamento disponível. Ouvi falar que há um novo procedimento de reabilitação que emprega espelhos para ajudar pacientes a recobrar o uso de um braço paralisado. Você tem conhecimento disso?"

Uma semana depois o pai de John, dr. Hamdi, foi levado a meu consultório por sua mulher. Ele havia sido um professor de química de renome mundial na Universidade da Califórnia, em San Diego, até sua aposentadoria três anos antes. Cerca de seis meses antes que eu o visse, ele sofrera uma fratura de crânio. Na emergência da Scripps Clinic, foi informado de que um derrame, causado por um coágulo em sua artéria cerebral média, havia interrompido o suprimento de sangue ao hemisfério esquerdo de seu cérebro. Como o hemisfério esquerdo controla o lado direito do corpo, o braço e a perna direita do dr. Hamdi estavam paralisados. Muito mais alarmante que a paralisia, porém, era o fato de ele não conseguir mais falar com fluência. Mesmo simples pedidos como "eu quero água" exigiam grande esforço, e tínhamos de prestar extrema atenção para compreender o que ele dizia.

Auxiliando-me a examinar o dr. Hamdi estava Jason Alexander, um estudante de medicina que fazia um estágio de seis meses em nosso laboratório. Jason e eu examinamos as fichas do dr. Hamdi e colhemos também uma história da sra. Hamdi. Em seguida conduzimos um exame neurológico de rotina, testando em sequência suas funções motoras, funções sensoriais, reflexos, nervos craniais e suas funções mentais superiores como memória, linguagem e inteligência. Peguei o cabo de meu martelo de reflexo e, enquanto o dr. Hamdi estava deitado na mesa de exame, bati na borda externa de seu pé direito e depois do pé esquerdo, correndo a ponta do cabo do martelo do dedo mínimo à sola. Nada de mais aconteceu com o pé normal, mas quando repeti o procedimento no pé paralisado, o dedão imediatamente se levantou e todos os outros dedos se abriram. Esse é o sinal de Babinski, talvez o mais famoso sinal na neurologia. Ele indica de maneira fidedigna dano aos tratos piramidais, a grande via motora que desce do córtex motor até a medula espinhal, transmitindo comandos para movimentos voluntários.

"Por que o dedo levanta?", perguntou Jason.

"Não sabemos", respondi, "mas uma possibilidade é que isso seja um retorno a um estágio primitivo na história evolucionária. O reflexo de retirada, com os dedos se abrindo e se levantando, é visto em mamíferos inferiores. Nos primatas, porém, os tratos piramidais tornam-se especialmente pronunciados e inibem esse reflexo primitivo. Os primatas têm um reflexo de preensão mais sofisticado, com os dedos se curvando para dentro como se para agarrar um galho. Pode ser um reflexo para evitar cair de árvores."

"Parece forçado", disse Jason ceticamente.

"Mas quando os tratos piramidais estão danificados", eu disse, ignorando seu comentário, "o reflexo de preensão desaparece e o reflexo mais primitivo de retirada emerge porque não está mais sendo inibido. É por isso que você também o vê em bebês; seu trato piramidal ainda não está plenamente desenvolvido."

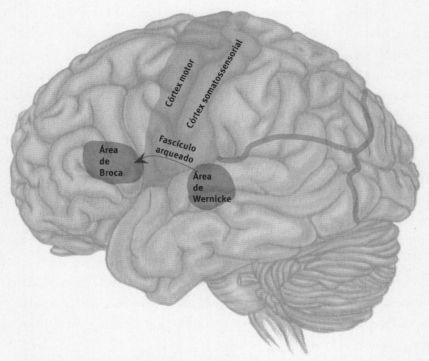

FIGURA 6.1 As duas principais áreas da linguagem no cérebro são a área de Broca (nos lobos frontais) e a área de Wernicke (nos lobos temporais). As duas estão conectadas por uma faixa de fibras chamada fascículo arqueado. Outra área da linguagem, o giro angular (não rotulado nessa figura) situa-se perto da base do lobo parietal, na interseção dos lobos temporal, occipital e parietal.

A paralisia era bastante ruim, mas o dr. Hamdi estava mais incomodado com seu impedimento na fala. Ele havia desenvolvido um déficit de linguagem chamado afasia de Broca, em alusão ao neurologista francês que primeiro descreveu a síndrome em 1865. O dano ocorre em geral no lobo frontal esquerdo, numa região (figura 6.1) situada bem em frente à grande fissura, ou sulco vertical, que separa os lobos parietais e frontais.

Como a maioria dos pacientes com esse distúrbio, o dr. Hamdi conseguia transmitir um sentido geral do que estava tentando dizer, mas sua fala era lenta e difícil, transmitida numa salmodia monótona, cheia de pausas e quase completamente desprovida de sintaxe (em termos gerais, estrutura gramatical). Seus pronunciamentos eram também deficientes (embora não desprovidos) das chamadas palavras de função como "e", "mas" e "se", que não se referem a coisa alguma no mundo, mas especificam relações entre diferentes partes de uma frase.

"Dr. Hamdi, conte-me sobre seu acidente de esqui", eu disse.

"*Ummmmm* ... Jackson, Wyoming", começou ele. "E desci esquiando e *ummmmm* ... tropecei, muito bem, luvas, meias-luvas, *uhhh* ... polos, *uhhhh* ... o *uhhhh* ... mas o sangue escoou três dias passar hospital e *ummmmm* ... coma ... dez dias ... mudei para Sharpe [hospital memorial] ... *mmmmm* ... quatro meses e voltei ... *ummmmmmm* ... é *ummmmm* processo lento e um pouco de remédio ... seis remédios. Tentaram oito ou nove meses."

"Certo, continue."

"E convulsões."

"Ah é? De onde veio a hemorragia?"

O dr. Hamdi apontou para o lado esquerdo de seu pescoço.

"A carótida?"

"Sim. Sim. Mas ... *uhhhh, uhhh, uhhh,* isso, isso e isso, isso...", disse ele, usando a mão esquerda para apontar múltiplos lugares em seu braço e perna esquerda.

"Continue", disse eu. "Conte-nos mais."

"É *ummmmm* ... é difícil [referindo-se à sua paralisia], *ummm*, lado esquerdo perfeitamente ok."

"Você é destro ou canhoto?"

"Destro."
"Consegue escrever com a esquerda agora?"
"Sim."
"Certo. Bom. E quanto ao processador de textos?"
"Processador *ummmmm* ... escreve."
"Mas, quando escreve, é devagar?"
"É."
"Exatamente como sua fala?"
"Isso."
"Quando as pessoas falam depressa, não tem nenhum problema em compreendê-las?"
"Sim, sim."
"Você pode entender."
"Isso."
"Muito bom."
"*Uhhhhhh* ... mas *uhhhh* ... a fala, *uhhhhh*, *ummmmm* ficou mais lenta."
"Certo, você acha que sua fala está mais lenta, ou seu pensamento está mais lento?"
"Ok. Mas *ummmm* [aponta para a cabeça] *uhhh* ... palavras são bonitas. *Ummmmm* fala..."

Em seguida fez movimentos sinuosos com a boca. Presumivelmente queria dizer que seu fluxo de pensamento parecia intacto, mas as palavras não surgiam de maneira fluente.

"Vamos supor que eu lhe apresente um problema", disse eu. "Mary e Joe juntos têm dezoito maçãs."
"Certo."
"Joe tem duas vezes mais maçãs que Mary."
"Ok."
"Então quantas maçãs tem Mary? Quantas tem Joe?"
"*Ummmmm* ... deixe-me pensar. Ó meu Deus."
"Mary e Joe juntos têm dezoito maçãs..."
"Seis, *ahhhh* doze!", disse ele num impulso.
"Excelente!"

Portanto o dr. Hamdi sabia álgebra conceitual básica, era capaz de fazer cálculos simples e tinha boa compreensão da linguagem, mesmo para frases relativamente complexas. Fui informado de que ele havia sido um esplêndido matemático antes do acidente. No entanto, mais tarde, quando Jason e eu o testamos em álgebra mais complexa usando símbolos, ele continuou se esforçando muito, mas fracassou. Fiquei intrigado com a possibilidade de a área de Broca ser especializada não só para a sintaxe, ou estrutura sintática, da linguagem natural, mas também para outras linguagens, mais arbitrárias, que têm regras formais, como álgebra ou programação de computador. Embora pudesse ter se desenvolvido para a linguagem natural, a área pode ter a capacidade latente para outras funções que possuem certa semelhança com as regras de sintaxe.

O que entendo por "sintaxe"? Para compreender o principal problema do dr. Hamdi, considere uma frase normal como: "Emprestei o livro que você me deu para Mary." Aqui, toda uma expressão nominal – "o livro que você me deu" – está engastada numa frase maior. Esse processo de inserção, chamado recursão, é facilitado por palavras de função e é possibilitado por várias regras inconscientes –, regras que todas as línguas seguem, por mais diferentes que possam ser na superfície. A recursão pode ser repetida qualquer número de vezes para tornar uma frase tão complexa quanto ela precisa ser para transmitir sua ideia. Com cada recursão, a frase acrescenta um novo ramo à sua estrutura frasal. A frase de nosso exemplo pode ser expandida, digamos, para "Emprestei o livro que você me deu quando eu estava no hospital para Mary", e daí para "Emprestei o livro que você me deu quando eu estava no hospital para uma simpática mulher que conheci lá chamada Mary" e assim por diante. A sintaxe nos permite criar as frases mais complexas com que nossa memória de curto prazo seja capaz de lidar. Claro que, se levarmos isso longe demais, a frase pode ficar tola ou começar a parecer um jogo, como no antigo poema infantil inglês:

This is the man all tattered and torn
That kissed the maiden all forlorn
That milked the cow with the crumpled horn

That tossed the dog that worried the cat
That killed the rat that ate the malt
That lay in the house that Jack built.*

Agora, antes de continuarmos discutindo a linguagem, precisamos perguntar como podemos ter certeza de que o problema do dr. Hamdi era de fato um distúrbio da linguagem nesse nível abstrato e não algo mais banal. Você poderia pensar, razoavelmente, que o derrame tinha danificado as partes de seu córtex que controlam os lábios, a língua, o palato e outros pequenos músculos necessários para a execução da fala. Como falar exigia todo esse esforço, ele estaria economizando palavras. A natureza telegráfica de sua fala podia se destinar a poupar esforço. Mas fiz alguns testes simples para mostrar a Jason que essa não podia ser a razão.

"Dr. Hamdi, pode escrever neste bloco a razão por que foi hospitalizado? O que aconteceu?"

O dr. Hamdi compreendeu nossa solicitação e começou a escrever, usando a mão esquerda, um longo parágrafo sobre as circunstâncias que o haviam levado a nosso hospital. Embora a letra não fosse boa, o parágrafo fazia sentido. Pudemos entender o que ele escrevera. No entanto, notavelmente, sua escrita também tinha uma estrutura gramatical deficiente. Muito poucos "es", "ses" e "mas". Se seu problema estivesse relacionado a músculos da fala, por que sua escrita também tinha a mesma forma anormal que sua fala? Afinal de contas, não havia nada de errado com sua mão esquerda.

Em seguida pedi ao dr. Hamdi para cantar "Parabéns pra você". Ele cantou sem esforço. Não só podia entoar bem a melodia, como todas as palavras estavam lá e foram corretamente pronunciadas. Isso contrastava fortemente com sua fala, que, além de estar desprovida de importantes palavras de conexão e carente de estrutura verbal, continha também pa-

---

* Numa tradução literal: "Este é o homem todo esfarrapado/ Que beijou a moça abandonada/ Que ordenhou a vaca de chifre torcido/ Que arremessou o cão que atormentava o gato/ Que matou o rato que comeu o malte/ Que se espalhava na casa que Jack construiu." (N.T.)

lavras mal pronunciadas e era desprovida da entonação, do ritmo e do fluxo melodioso da fala normal. Se seu problema fosse pouco controle de seu aparelho vocal, ele não teria sido capaz de cantar também. Até hoje não sabemos por que pacientes de Broca podem cantar. Uma possibilidade é que a função da linguagem seja baseada principalmente no hemisfério esquerdo, que está danificado nesses pacientes, ao passo que o canto é feito pelo hemisfério direito.

Já havíamos aprendido muito após examinar o dr. Hamdi por apenas alguns minutos. Seus problemas para se expressar não eram causados por uma paralisia parcial ou fraqueza de sua boca e língua. Ele tinha um distúrbio da linguagem, não da fala, e as duas coisas são radicalmente diferentes. Um papagaio pode falar – tem fala, poderíamos dizer –, mas não tem linguagem.

A LINGUAGEM HUMANA PARECE tão complexa, multidimensional e ricamente evocativa que somos tentados a pensar que quase todo o cérebro deve estar envolvido, ou pelo menos grandes pedaços dele. Afinal, mesmo a pronúncia de uma única palavra como "rosa" evoca toda uma miríade de associações e emoções: a primeira rosa que você ganhou na vida, o perfume, os jardins de rosas que lhe prometeram, faces e lábios rosados, espinhos, óculos cor-de-rosa e assim por diante. Não implicaria isso que muitas regiões do cérebro distantes umas das outras devem cooperar para gerar o conceito de uma rosa? Sem dúvida a palavra é apenas a maçaneta, ou o foco, em torno da qual gira um halo de associações, significados e lembranças.

Provavelmente há alguma verdade nisso, mas as evidências fornecidas por afásicos como o dr. Hamdi sugerem exatamente o contrário – que o cérebro tem circuitos neurais especializados na linguagem. Na verdade, é possível até que diferentes partes do cérebro lidem com componentes ou estágios separados do processamento da linguagem, embora devamos realmente pensar neles como partes de um grande sistema interconectado. Estamos acostumados a pensar na linguagem como uma função única, mas isso é uma ilusão. A visão também parece uma faculdade unitária, no entanto, como observamos no capítulo 2, o ato de ver depende de numerosas áreas quase independentes. A linguagem é semelhante. Uma frase, grosso modo, tem três componentes distintos, quase sempre tão estreitamente entrelaçados que não parecem separados. Primeiro, há os componentes essenciais que chamamos de palavras (léxico) que denotam objetos, ações e eventos. Segundo, há o significado real (semântica) transmitido pela frase. E terceiro, há estrutura sintática (em termos gerais, gramática), que envolve o uso de palavras de função e recursão. As regras de sintaxe geram a complexa estrutura frasal hierárquica da linguagem humana, que em seu núcleo permite a comunicação inequívoca de finas nuances de significado e intenção.

Os seres humanos são as únicas criaturas que têm verdadeira linguagem. Mesmo os chimpanzés, que podem ser treinados para assinalar frases simples como "Dê-me fruta", não podem se aproximar de frases complexas como "É verdade que Joe é o grande macho alfa, mas está começando a ficar velho e preguiçoso, por isso não se importe com o que ele poderia fazer, a menos que esteja especialmente mal-humorado". A flexibilidade aparentemente infinita e o caráter ilimitado de nossa linguagem é uma das marcas distintivas da espécie humana. Na linguagem comum, significado e estrutura sintática estão entrelaçados de modo tão estreito que é difícil acreditar que sejam realmente distintos. Mas podemos ter uma frase perfeitamente gramatical que seja uma algaravia sem sentido, como no famoso exemplo dado pelo linguista Noam Chomsky: "Ideias verdes incolores dormem furiosamente." De maneira inversa, uma ideia significativa pode ser transmitida de forma adequada por uma frase não gramatical, como o dr. Hamdi nos mostrou. ("É difícil, *ummm*, lado esquerdo perfeitamente ok.")

O que se revela é que diferentes partes do cérebro são especializadas nesses três diferentes aspectos da linguagem: léxico, semântica e sintática. Mas a concordância entre pesquisadores termina aí. O grau de especialização é calorosamente debatido. A linguagem, mais do que qualquer outro tópico, tende a polarizar acadêmicos. Não sei ao certo por quê, mas felizmente esse não é o meu campo. De todo modo, segundo a maioria dos estudos, a área de Broca parece relacionada sobretudo à estrutura sintática. Assim, o dr. Hamdi não tinha mais chances do que um chimpanzé de gerar frases longas, cheias de cláusulas hipotéticas e subordinadas. No entanto, não tinha nenhuma dificuldade em transmitir suas ideias simplesmente enfileirando palavras juntas mais ou menos na ordem certa, como Tarzan. (Ou surfistas da Califórnia.)

Uma razão para pensar que a área de Broca é especializada apenas na estrutura sintática é a observação de que ela parece ter vida própria, de maneira inteiramente independente do significado transmitido. É quase como se esse retalho do córtex tivesse um conjunto autônomo de regras gramaticais intrínsecas às suas redes. Algumas delas parecem totalmente arbitrárias e não funcionais, razão por que linguistas afirmam sua independência de semântica e significado e não gostam de pensar nela como tendo se desenvolvido a partir de qualquer outra coisa no cérebro. A concepção extrema é exemplificada por Chomsky, que acredita que ela nem mesmo evoluiu através de seleção natural!

A região cerebral envolvida com a semântica está localizada no lobo temporal esquerdo, perto da parte de trás da grande fissura horizontal no meio do cérebro (ver figura 6.1). Essa região, chamada área de Wernicke, parece ser especializada na representação do significado. A área de Wernicke do dr. Hamdi estava obviamente intacta. Ele ainda podia compreender o que lhe era dito e conseguia transmitir certa aparência de sentido em suas conversas. Ao contrário, a afasia de Wernicke – que ocorre caso nossa área de Wernicke seja danificada, mas a área de Broca permanecer intacta – é em certo sentido a imagem especular da afasia de Broca: o paciente pode gerar, com fluência, sentenças complexas, fluidamente articuladas e gramaticalmente impecáveis, mas é tudo uma algaravia sem sentido. Pelo menos isso é o que diz a linha oficial do partido, mas mais tarde vou fornecer evidências de que isso não é inteiramente verdadeiro.

Estes fatos básicos sobre as principais áreas cerebrais relacionadas com a linguagem são conhecidos há mais de um século. Mas muitas questões permanecem sem resposta. Quão completa é a especialização? Como o conjunto de circuitos neurais dentro de cada área realmente executa seu trabalho? Qual é o grau de autonomia dessas áreas, e como elas interagem para gerar frases fluidamente articuladas e dotadas de sentido? Como a linguagem interage com o pensamento? A linguagem nos permite pensar, ou o pensamento nos permite falar? Podemos pensar de maneira sofisticada sem fala interior silenciosa? E por fim, como esse sistema extraordinariamente complexo de múltiplos componentes ganhou existência a princípio em nossos ancestrais hominíneos?

Esta última pergunta é a mais exasperante. Nossa jornada até uma humanidade plenamente desenvolvida começou sem nada além dos rosnados, grunhidos e gemidos acessíveis aos nossos primos primatas. Por volta de 75 mil a 150 mil anos atrás, o cérebro humano estava cheio de pensamentos complexos e habilidades linguísticas. Como isso aconteceu? Claramente, deve ter havido uma fase de transição; ainda assim, é difícil imaginar como estruturas cerebrais linguísticas de complexidade intermediária poderiam ter funcionado, ou a que funções poderiam ter servido ao longo do caminho. A fase de transição deve ter sido pelo menos parcialmente funcional; de outro modo, não poderia ter sido selecionada, nem teria servido como uma ponte evolucionária para a emergência final de funções de linguagem mais sofisticadas.

Compreender o que essa ponte pode ter sido é o principal objetivo deste capítulo. Eu ressaltaria que por "linguagem" não tenho em mente apenas "comunicação". Com frequência usamos as duas palavras como equivalentes, mas elas são de fato muito diferentes. Considere o macaco-verde. Os macacos-verdes têm três gritos de alarme para alertar uns aos outros sobre predadores. O grito para leopardo instiga o bando a fugir na disparada para as árvores mais próximas. O grito para serpente faz os macacos se levantarem sobre duas pernas e examinarem o capim. E quando macacos-verdes ouvem o grito para águia, olham para cima e procuram abrigo na vegetação baixa. É tentador concluir que esses três gritos são como palavras, ou pelo menos os precursores de palavras, e que o macaco tem uma espécie de vocabulário primitivo. Mas saberão os macacos realmente que há um leopardo por ali, ou simplesmente correm para a árvore mais próxima num comportamento reflexo quando o grito de alarme soa? Ou talvez o grito signifique apenas "trepar" ou "há perigo no chão", em vez do conceito muito mais rico de leopardo que um cérebro humano abriga. Como uma sirene de ataque aéreo ou um alarme de incêndio, os gritos dos macacos-verdes são alertas generalizados que se referem a situações específicas; não têm quase nada a ver com palavras.

Na verdade, podemos elencar um conjunto de cinco características que tornam a linguagem humana única e radicalmente diferente de outros tipos de comunicação que vemos em macacos-verdes ou golfinhos:

1. Nosso vocabulário (léxico) é enorme. Quando chega aos oito anos de idade, uma criança tem quase seiscentas palavras à sua disposição – número que excede de muito o do seu mais próximo concorrente, o macaco-verde, por duas ordens de magnitude. Seria possível alegar, porém, que essa é na realidade uma questão de grau, não um salto qualitativo; talvez tenhamos apenas memórias muito melhores.
2. Mais importante do que o simples tamanho de nosso léxico é o fato de os seres humanos terem palavras de função que existem exclusivamente no contexto da linguagem. Enquanto palavras como "cão", "noite" ou "malcriado" referem-se a coisas ou eventos reais, palavras de função não têm existência independente de sua função linguística. Assim, embora uma frase como "Se gulmpuk é buga, então gadul será também" seja desprovida de sentido, compreendemos a natureza condicional da declaração por causa do uso convencional de "se" e "então".
3. Seres humanos podem usar palavras *off-line*, isto é, referir-se a coisas ou eventos que não estão visíveis naquele momento ou só existem no passado, no futuro, ou numa realidade hipotética. "Vi uma maçã na árvore ontem e decidi que vou colhê-la amanhã, mas só se estiver madura." Esse tipo de complexidade não é encontrado em formas mais espontâneas de comunicação animal. (Símios que aprendem linguagem de sinais podem, é claro, usar sinais da ausência do objeto que está sendo aludido. Por exemplo, podem sinalizar "banana" quando estão com fome.)

4. Somente seres humanos, até onde sabemos, são capazes de usar metáfora e analogia, embora aqui estejamos numa área cinzenta: a elusiva fronteira entre pensamento e linguagem. Eu me pergunto: quando um macho alfa faz uma exibição genital para intimidar um rival e forçá-lo à submissão, será isso análogo à metáfora "foda-se" que seres humanos usam para se intimidar uns aos outros? Ainda assim, porém, esse tipo limitado de metáfora fica muito longe de trocadilhos e poemas, ou da descrição que Tagore fez do Taj Mahal como "uma lágrima na face do tempo". Encontramos aqui, mais uma vez, aquela misteriosa fronteira entre linguagem e pensamento.
5. Sintaxe flexível, recursiva, só é encontrada na linguagem humana. A maioria dos linguistas destaca essa característica para argumentar em prol de um salto qualitativo entre a comunicação animal e a humana, possivelmente porque ela tem mais regularidades e pode ser abordada de maneira mais rigorosa do que outros aspectos, mais nebulosos, da linguagem.

Esses cinco aspectos da linguagem são de modo geral exclusivos dos seres humanos. Destes, os quatro primeiros costumam ser agrupados como protolinguagem, um termo inventado pelo linguista Derek Bickerton. Como veremos, a protolinguagem armou o palco para a subsequente emergência e culminação de um sistema extremamente sofisticado de partes interatuantes que chamamos, como um sistema completo, de linguagem verdadeira.

Dois tópicos na pesquisa cerebral parecem sempre atrair gênios e loucos. Um é a consciência e o outro é a questão de como a linguagem se desenvolveu. Tantas ideias malucas a respeito das origens da linguagem estavam sendo propostas no século XIX que a Sociedade Linguística de Paris introduziu uma proibição formal a todos os artigos que tratassem desse assunto. A sociedade alegou que, dada a falta de intermediários evolucionários ou linguagens fósseis, todo o empreendimento estava condenado ao fracasso. Mais provavelmente, os linguistas da época estavam tão fascinados pelas complexidades das regras intrínsecas à própria linguagem que não estavam curiosos de saber como tudo aquilo poderia ter começado. Mas censura e previsões negativas nunca são uma boa ideia em ciência.

Vários neurocientistas cognitivos, entre os quais me incluo, acreditam que os linguistas convencionais têm dado ênfase excessiva aos aspectos estruturais da linguagem. Ao apontar para o fato de que os sistemas gramaticais da mente são em larga medida autônomos e modulares, a maior parte dos linguistas se esquivou da questão de como esses sistemas interagem com outros processos cognitivos. Eles professam interesse unicamente pelas regras fundamentais para os circuitos gramaticais do cérebro, não pelo modo como os circuitos realmente funcionam. Esse foco estreito remove o incentivo para investigar como esse mecanismo interage com outras capacidades mentais como semântica (que linguistas ortodoxos nem sequer consideram como um aspecto da linguagem!), ou para formular questões evolucionárias sobre como ele pode ter evoluído a partir de estruturas cerebrais preexistentes.

Os linguistas podem ser perdoados, se não aplaudidos, por sua desconfiança de questões evolucionárias. Com tantas partes interconectadas trabalhando dessa maneira coordenada, é difícil calcular, ou mesmo imaginar, como a linguagem poderia ter evoluído por meio do processo essencialmente cego de seleção natural. (Por "seleção natural" entendo a progressiva acumulação de variações causais que aumentam a capacidade do organismo de transmitir seus genes à geração seguinte.) Não é difícil imaginar um único traço, como o pescoço comprido de uma girafa, como um produto desse processo adaptativo relativamente simples. Os ancestrais da girafa dotados de genes mutantes que lhes conferiam pescoços um pouco mais longos tinham mais acesso às folhas das árvores, o que lhes permitia sobreviver por mais tempo ou procriar mais, fazendo com que o número dos genes benéficos aumentasse através das gerações. O resultado foi um aumento progressivo no comprimento do pescoço.

Mas como podem múltiplos traços, cada um dos quais seria inútil sem os outros, evoluir em conjunção? Muitos sistemas complexos, entrelaçados em biologia foram apontados por pretensos desmascaradores da teoria evolucionária como argumento em prol do chamado projeto inteligente – a ideia de que as complexidades da vida só teriam podido ocorrer graças à intervenção divina ou à mão de Deus. Por exemplo, como o olho vertebrado teria evoluído por meio de seleção natural? Uma lente e uma retina são mutuamente necessárias, de modo que cada uma seria inútil sem a outra. Ora, por definição, o mecanismo de seleção natural não é capaz de previsão, de modo que não poderia ter criado um em preparação para o outro.

Felizmente, como Richard Dawkins mostrou, há numerosas criaturas na natureza com olhos em todos os estágios de complexidade. Verifica-se que há uma sequência evolucionária lógica que leva do mecanismo sensível à luz mais simples possível – um retalho de células sensíveis à luz na pele externa – ao primoroso órgão óptico de que desfrutamos hoje.

A linguagem é similarmente complexa, mas nesse caso não temos nenhuma ideia de quais poderiam ter sido os passos intermediários. Como os linguistas franceses ressaltaram, não há linguagens fósseis ou criaturas semi-humanas por aí para estudarmos. Mas isso não impediu as pessoas de especular sobre como a transição poderia ter ocorrido. Em termos gerais, houve quatro ideias principais. Parte da confusão entre essas ideias resulta do fato de elas não definirem "linguagem" claramente no sentido restrito de sintaxe *versus* o sentido mais amplo que inclui semântica. Vou usar o termo no sentido mais amplo.

A PRIMEIRA IDEIA FOI proposta por Alfred Russel Wallace, o contemporâneo de Darwin que descobriu de maneira independente o princípio da seleção natural (embora raramente se reconheça seu mérito como merece, talvez porque ele fosse galês e não inglês). Wallace sustentou que embora a seleção natural fosse ótima para transformar barbatanas em pés ou escamas em pelos, a linguagem era sofisticada demais para ter emergido dessa maneira. Sua solução para o problema foi simples: a linguagem foi posta em nossos cérebros por Deus. Essa ideia pode ou não estar correta, mas, como cientistas, não podemos pô-la à prova, por isso vamos adiante.

Segundo, há a ideia proposta pelo fundador da ciência linguística moderna, Noam Chomsky. Como Wallace, ele também ficou impressionado com a sofisticação e complexidade da linguagem. Mais uma vez, não podia conceber que a seleção natural fosse a explicação correta para o modo como a linguagem evoluiu.

A teoria da linguagem de Chomsky baseia-se no princípio da emergência. A palavra significa apenas que o todo é maior – por vezes vastamente maior – que a mera soma das partes. Um bom exemplo seria a produção de sal – um cristal branco edível – pela combinação do pungente, esverdeado e venenoso gás cloro com o brilhante e leve metal sódio. Nenhum desses dois elementos tem nada de salgado em si, mas combinados eles formam sal. Ora, se uma nova propriedade complexa, inteiramente imprevisível, pode emergir de uma simples interação entre duas substâncias elementares, como prever que novas propriedades imprevistas poderiam emergir quando 100 milhões de células nervosas são acondicionadas no minúsculo espaço da cavidade craniana humana? Talvez a linguagem seja uma dessas propriedades.

A ideia de Chomsky não é tão tola quanto alguns de meus colegas pensam. Mas mesmo que esteja correta, não há muito que se possa dizer ou fazer em relação a ela, dado o estado atual da ciência do cérebro. Apenas não há como testá-la. E embora Chomsky não fale em Deus, sua ideia se aproxima perigosamente da de Wallace. Não tenho certeza de que ele está errado, mas não gosto da ideia pela simples razão de que não se vai muito longe em ciência dizendo (na prática) que algo miraculoso aconteceu. Estou interessado em encontrar uma explicação mais convincente que se baseie nos princípios conhecidos da evolução orgânica e da função cerebral.

A terceira teoria, proposta por um dos mais destacados expoentes da teoria evolucionária nos Estados Unidos, o falecido Stephen Jay Gould, sustenta que, ao contrário do que afirma a maioria dos linguistas, a linguagem não é um mecanismo especializado baseado em módulos cerebrais e que ela não se desenvolveu especificamente para sua mais óbvia finalidade atual, a comunicação. Ao contrário, ela representa a implementação específica de um mecanismo mais geral que evoluiu antes por outras razões, a saber, o pensamento. Na teoria de Gould, a linguagem está enraizada num sistema que proporcionou a nossos ancestrais uma maneira mais sofisticada de representar o mundo mentalmente e, como veremos no capítulo 9, uma maneira de se representarem a si mesmos dentro dessa representação. Só mais tarde esse sistema teve sua finalidade alterada para a de um meio de comunicação ou foi estendido para servir como tal. Nessa concepção, portanto, o pensamento foi uma exaptação – um mecanismo que evoluiu originalmente para uma função e depois forneceu a oportunidade para algo muito diferente (nesse caso, a linguagem) evoluir.

Precisamos ter em mente que a própria exaptação deve ter evolvido por seleção natural convencional. O não reconhecimento disso resultou em grande confusão e desentendimentos severos. O princípio de exaptação não é uma alternativa à seleção natural, como acreditam os críticos de Gould, mas na realidade complementa e expande sua abrangência e campo de aplicabilidade. Por exemplo, as penas evoluíram originalmente a partir de escamas reptilianas como uma adaptação para proporcionar isolamento (exatamente como os pelos em mamíferos), mas depois foram exaptadas para voar. O répteis desenvolveram um maxilar inferior multiarticulado com três ossos para permitir engolir presas grandes, mas dois desses três ossos tornaram-se uma exaptação para uma melhor audição. A localização conveniente destes tornou possível a evolução de dois pequenos ossos amplificadores do som dentro de nosso ouvido médio. Nenhum engenheiro teria sonhado com uma solução tão deselegante, o que serve para ilustrar a natureza oportunística da evolução. (Como Francis Crick disse certa vez, "Deus é um amador, não um engenheiro".) Vou desenvolver essas ideias sobre maxilares que se transformam em ossos do ouvido no fim deste capítulo.

Outro exemplo de uma adaptação de propósitos mais gerais é a evolução de dedos flexíveis. Nossos ancestrais arbóreos os desenvolveram originalmente para trepar em árvores, mas hominídeos os adaptaram para manipulação fina e uso de ferramentas. Hoje, graças ao poder da cultura, os dedos são um mecanismo para múltiplas finalidades e podem ser usados para balançar um berço, empunhar um cetro, apontar, e até para fazer conta. Mas ninguém – nem mesmo um adaptacionista ou psicólogo evolucionário ingênuo – afirmaria que os dedos evoluíram porque foram selecionados para apontar ou contar.

De maneira semelhante, afirma Gould, o pensamento pode ter evoluído primeiro, dada sua óbvia utilidade para se lidar com o mundo, o que armou depois o palco para a linguagem. Concordo com a ideia geral de Gould de que a linguagem não evoluiu a princípio especificamente para a comunicação. Mas não gosto da ideia de que o pensamento se desenvolveu primeiro, e a linguagem (com o que me refiro a toda a linguagem – não apenas no sentido chomskiano de emergência) foi apenas um subproduto. Uma razão para que não goste é considerar que ela meramente adia o problema, em vez de resolvê-lo. Como sabemos ainda menos a respeito do pensamento e como ele poderia ter se desenvolvido do que sobre a linguagem, dizer que a linguagem evoluiu do pensamento não nos diz muita coisa. Como falei muitas vezes antes, não podemos ir muito longe em ciência tentando explicar um mistério por outro mistério.

A quarta ideia – diametralmente oposta à de Gould – foi proposta pelo eminente linguista da Universidade Harvard Steven Pinker, que declara que a linguagem é um instinto tão arraigado na natureza humana quanto tossir, espirrar ou bocejar. Ele não quer dizer com isso que ela é tão simples quanto esses outros instintos, mas que é um mecanismo cerebral altamente especializado, uma adaptação que só os humanos possuem e que evoluiu através de mecanismos convencionais de seleção natural expressamente para comunicação. Assim Pinker concorda com seu antigo professor Chomsky ao afirmar (de maneira correta, acredito) que a linguagem é um órgão extremamente especializado, mas discorda das ideias de Gould sobre o importante papel desempenhado pela exaptação. Penso que há mérito na concepção de Pinker, mas penso também que sua ideia é generalista demais para ser útil. Ela não é realmente errada, mas está incompleta. É um pouco como dizer que a digestão dos alimentos deve ser baseada na primeira lei da termodinâmica – o que sem dúvida é verdadeiro, mas é verdadeiro também em relação a todos os outros sistemas na terra. A ideia não nos diz muito sobre os mecanismos detalhados da digestão. Ao considerar a evolução de qualquer sistema biológico complexo (seja o ouvido ou o "órgão" da linguagem), gostaríamos de saber não apenas que ele foi feito por seleção natural, mas exatamente como começou e evoluiu depois até seu nível atual de sofisticação. Isso não é tão importante para um problema mais direto como o pescoço da girafa (embora, mesmo nesse caso, queiramos saber como genes alongam seletivamente vértebras do pescoço), mas é uma parte importante da história quando lidamos com adaptações mais complexas.

Aí estão, portanto, quatro diferentes teorias da linguagem. Destas, podemos descartar as duas primeiras – não por termos certeza de que são errôneas, mas porque não podem ser testadas. Mas, das duas restantes, qual está certa – a de Gould ou a de Pinker? Eu gostaria de sugerir que nenhuma das duas está certa, embora haja um grão de verdade em cada uma (portanto, se você for um fã de Gould/Pinker, poderia dizer que ambos estão certos, mas não desenvolveram suas argumentações o suficiente).

Gostaria de propor um referencial diferente para pensar a respeito da evolução da linguagem que incorpora alguns traços dessas duas teorias, mas em seguida vai muito além delas. Vou chamá-la de "teoria sinestética de desenvolvimento autossustentável". Como veremos, ela fornece uma pista valiosa para a compreensão das origens não apenas da linguagem, mas também de grande número de outros traços unicamente humanos, como pensamento metafórico e abstração. Em particular, sustentarei que a linguagem e muitos aspectos do pensamento abstrato evoluíram por meio de exaptações cujas combinações fortuitas produziram novas soluções. Note que isso é diferente de dizer que a linguagem evoluiu a partir de um mecanismo geral como o pensamento, e também difere da ideia de Pinker de que ela evolveu como um mecanismo especializado exclusivamente para a comunicação.

NENHUMA DISCUSSÃO DA EVOLUÇÃO da linguagem seria completa sem a consideração da questão da natureza *versus* criação. Em que medida as regras da linguagem são inatas e em que medida são absorvidas a partir do mundo no início da vida? Discussões sobre a evolução da linguagem foram ferozes, e o debate natureza-criação foi o mais acirrado de todos. Menciono-o aqui apenas brevemente porque já foi objeto de vários livros recentes. Todos concordam que as palavras não estão fisicamente conectadas no cérebro. O mesmo objeto pode ter nomes diferentes em diferentes línguas – *"dog"* em inglês, *"chien"* em francês, *"kutta"* em hindi, *"maaa"* em tailandês e *"nai"* em tâmil – que nem mesmo soam de maneira parecida. Com relação às regras da linguagem, porém, não há a mesma concordância. Em vez disso, três pontos de vista competem pela supremacia.

Segundo o primeiro ponto de vista, *as próprias regras* estão fisicamente conectadas de maneira total. A exposição à fala adulta é necessária apenas para atuar como um interruptor para acionar o mecanismo. A segunda visão afirma que as regras da linguagem são extraídas estatisticamente por meio da audição. Reforçando essa ideia, redes neurais artificiais foram treinadas para categorizar palavras e inferir regras de sintaxe mediante a simples exposição passiva à linguagem.

Embora esses dois modelos certamente apreendam algum aspecto da aquisição da linguagem, eles não podem ser a história toda. Afinal de contas, símios, gatos domésticos e iguanas têm redes neurais em seus crânios, mas não adquirem linguagem mesmo que sejam criados em lares humanos. Um bonobo instruído em Eton ou Cambridge continuaria sendo um símio sem linguagem.

Segundo o terceiro ponto de vista, a *competência para adquirir as regras* é inata, mas a exposição é necessária para a assimilação das regras reais. A competência é conferida por um "dispositivo de aquisição de linguagem", ou DAL, ainda não identificado. Humanos o possuem, os símios não.

Prefiro esta terceira concepção porque é a única compatível com meu referencial evolucionário, e é corroborada por dois fatos complementares. Primeiro, símios não conseguem adquirir linguagem verdadeira, mesmo quando são tratados como crianças humanas e treinados diariamente em sinais com as mãos. Eles acabam sendo capazes de indicar alguma coisa de que precisam naquele instante, mas sua sinalização é desprovida de generalidade (a capacidade de gerar novas combinações de palavras arbitrariamente complexas), palavras de função e recursão. Ao contrário, é quase impossível impedir crianças humanas de adquirir linguagem. Em algumas áreas do mundo, onde pessoas que falam diferentes línguas devem negociar ou trabalhar juntas, crianças e adultos desenvolvem uma pseudolíngua simplificada – com vocabulário limitado, sintaxe rudimentar e pouca flexibilidade – chamada *pidgin*. Mas a primeira geração de crianças que cresce cercada por um *pidgin* o transforma espontaneamente num crioulo – uma língua plenamente desenvolvida, com verdadeira sintaxe e toda a flexibilidade e as nuances necessárias para a composição de romances, canções e poesias. O fato de crioulos surgirem reiteradamente de *pidgins* é uma convincente evidência de um DAL.

Essas são questões importantes e obviamente difíceis, e é lamentável que a imprensa popular muitas vezes as supersimplifique, formulando apenas perguntas como: a linguagem é principalmente inata ou principalmente adquirida? Ou, de maneira similar: o QI é determinado sobretudo pelos genes de uma pessoa ou sobretudo por seu ambiente? Quando dois processos interagem de modo linear, de uma maneira que pode ser acompanhada com aritmética, essas questões podem ser significativas. Podemos perguntar, por exemplo: "Quanto de nossos lucros vieram de investimento e quanto de vendas?" Mas se as relações forem complexas e não lineares – como ocorre no caso de qualquer atributo mental, seja ele linguagem, QI ou criatividade –, a questão não deveria ser qual contribui mais, e sim como eles interagem para criar o produto final. Perguntar se a linguagem é principalmente criação é tão tolo quanto perguntar se o gosto salgado do sal de mesa vem sobretudo do cloro ou do sódio.

O falecido biólogo Peter Medawar oferece uma poderosa analogia para ilustrar essa falácia. Um distúrbio hereditário chamado fenilcetonúria (FCU) é causado por um gene anormal de ocorrência rara que resulta numa incapacidade de metabolizar o aminoácido fenilalanina no corpo. À medida que o aminoácido começa a se acumular no cérebro da criança, ela se torna profundamente retardada. O tratamento é simples. Se a doença for diagnosticada cedo o suficiente, basta retirar alimentos que contenham fenilalanina da dieta e a criança cresce com um QI inteiramente normal.

Agora imagine duas condições-limite: suponha que há um planeta em que o gene é incomum e a fenilalanina está por toda parte, como oxigênio ou água, e é indispensável à vida. Nesse planeta, o retardo causado por FCU, e, portanto, a variância no QI da população, seria inteiramente atribuível ao gene da FCU. Aqui estaríamos justificados ao dizer que o retardo era um distúrbio genético ou que o QI era hereditário. Agora considere outro planeta em que o inverso é verdade: todo mundo tem o gene da FCU, mas a fenilalanina é rara. Nesse planeta você diria que a FCU é um distúrbio ambiental causado por um veneno chamado fenilalanina, e a maior parte da variância no QI é causada pelo ambiente. Este exemplo mostra que, quando a interação entre duas variáveis é complexa, não faz sentido atribuir valores percentuais à contribuição feita por um e por outro. E se isso é verdadeiro para apenas um gene interagindo com uma variável ambiental, o argumento deve se aplicar com força ainda maior a algo tão complexo e multifatorial quanto a inteligência humana, pois os genes interagem não apenas com o ambiente, mas uns com os outros.

Ironicamente, os evangelistas do QI (como Arthur Jensen, William Shockley, Richard Herrnstein e Charles Murray) usam a hereditariedade do próprio QI (por vezes chamado de "inteligência geral" ou "pequeno g") para afirmar que a inteligência é um traço único e mensurável. Grosso modo, isso seria análogo a dizer que a saúde geral é uma única coisa apenas porque o tempo de vida tem um forte componente hereditário que pode ser expresso como um único número – idade! Nenhum estudante de medicina que acreditasse em "saúde geral" como uma entidade monolítica iria muito longe numa escola de medicina ou seria autorizado a se tornar um médico – e com toda razão –, e no entanto carreiras inteiras em psicologia e movimentos políticos foram construídas sobre a crença igualmente absurda numa inteligência geral única e mensurável. Suas contribuições têm pouco mais do que valor de choque.

Retornando à linguagem, deveria ser óbvio agora de que lado da cerca estou: em nenhum dos dois. Encontro-me aboletado sobre ela, uma perna de cada lado, orgulhosamente. Este capítulo, portanto, não é na realidade sobre como a linguagem se desenvolveu – embora eu venha usando essa formulação como taquigrafia –, mas a respeito de como a competência para a linguagem, ou a habilidade de adquirir linguagem tão rapidamente, evolveu. Essa competência é controlada por genes que foram selecionados pelo processo evolucionário. Nossas questões no resto deste capítulo são: por que esses genes foram selecionados, e como essa competência altamente sofisticada evolveu? Ela é modular? Como tudo isso começou? E como fizemos a transição evolucionária dos grunhidos e ganidos de nossos ancestrais simiescos para o lirismo transcendente de Shakespeare?

Lembre-se do experimento bouba-kiki. Poderia ele encerrar a chave para a compreensão de como as primeiras palavras evoluíram em meio a um bando de hominins ancestrais na savana africana entre 100 e 200 mil anos atrás? Como palavras para o mesmo objeto são muitas vezes completamente diferentes, somos tentados a pensar que as palavras escolhidas para objetos particulares são inteiramente arbitrárias. Essa é de fato a visão usual entre linguistas. Ora, talvez numa noite o primeiro bando de hominíneos ancestrais tenha simplesmente se sentado em volta da fogueira tribal e dito:

"Certo, vamos chamar essa coisa de pássaro. Agora vamos dizer isso juntos, *páaaasssaaroo*. Muito bem, vamos repetir, *páaaasssaaroo*."

Essa história é completamente idiota, é claro. Mas se não foi assim que um léxico inicial foi construído, como isso aconteceu? A resposta vem de nosso experimento bouba-kiki, que mostra claramente que há uma correspondência não arbitrária entre a forma visual de um objeto e o som (ou pelo menos, o tipo de som) que poderia ser seu "parceiro". Essa propensão preexistente talvez seja fisicamente conectada. Isso soa muito parecido com a hoje desacreditada "teoria onomatopaica" das origens da linguagem, mas não é. "Onomatopeia" refere-se a palavras baseadas na imitação de um som – por exemplo, "bumba" ou "clique" para se referir a certos sons, ou o nome "auau" que as crianças dão a cachorro. A teoria onomatopaica postulava que os sons associados a um objeto tornam-se uma taquigrafia para se referir aos próprios objetos. Mas a teoria que prefiro, a teoria sinestética, é diferente. A forma visual arredondada da "bouba" não produz um som arredondado, aliás não produz som algum. Em vez disso, seu perfil visual assemelha-se ao perfil do som ondulante num nível abstrato. A teoria onomatopaica sustentava que a ligação entre palavra e som era arbitrária e ocorria meramente em virtude da associação repetida. A teoria sinestética diz que a ligação é não arbitrária e fundada numa verdadeira semelhança dos dois num espaço mental mais abstrato.

Qual a evidência para isso? O antropólogo Brent Berlin salientou que a tribo huambisa do norte do Peru tem mais de trinta nomes diferentes para trinta espécies de pássaros que vivem em sua selva e igual número de nomes para diferentes peixes da Amazônia. Se misturássemos esses sessenta nomes e os déssemos para uma pessoa de origem sociolinguística completamente diferente – digamos, um camponês chinês – e lhe pedíssemos para classificar os nomes em dois grupos, um para aves e um para peixes, descobriríamos que, assombrosamente, ele completaria sua tarefa com êxito num nível muito superior ao casual, ainda que não houvesse a mais pálida semelhança entre sua língua e a sul-americana. Eu sustentaria que isso é uma manifestação do efeito bouba-kiki, em outras palavras, da tradução som-forma.[1]

Mas isso é só uma pequena parte da história. No capítulo 4, introduzi algumas ideias sobre a contribuição que neurônios-espelho podem ter dado à evolução da linguagem. Agora, no restante deste capítulo, podemos considerar o assunto mais profundamente. Para compreender a próxima parte, vamos retornar à área de Broca no córtex frontal. Essa área contém mapas, ou programas motores, que enviam sinais para os vários músculos da língua, dos lábios, do palato e da laringe para orquestrar a fala. Não por coincidência, essa região é também rica em neurônios-espelho, fornecendo uma interface entre as ações orais para sons, a audição de sons e (menos importante) a observação de movimentos dos lábios.

Assim como há uma correspondência não arbitrária e ativação cruzada entre mapas cerebrais para visões e sons (o efeito bouba-kiki), talvez haja uma correspondência semelhante – uma tradução incorporada – entre mapas visuais e auditivos, por um lado, e os mapas motores na área de

Broca por outro. Se isso soa um pouco hermético, pense novamente em palavras como "pequenino", *"un peu"* e "diminutivo", para as quais a boca, os lábios e a faringe realmente ficam pequenos, como se para ecoar ou imitar a pequenez visual, ao passo que palavras como "en*o*rme" e "v*a*sto" envolvem um alargamento físico da boca. Um exemplo menos óbvio são as palavras inglesas "fu*dge*" [falsificar], "tru*dge*" [arrastar-se], "slu*dge*" [barro], "smu*dge*" [sujar] e assim por diante, em que há uma prolongada pressão da língua sobre o palato antes da súbita soltura, como se para imitar o prolongado atolamento do pé na lama antes da soltura relativamente súbita. Aqui, mais uma vez, há um dispositivo incorporado de abstração que traduz contornos visuais e auditivos em cortornos vocais especificados por contrações musculares.

Outra peça menos óbvia do quebra-cabeça é o vínculo entre gestos manuais e movimentos de lábios e da língua. Como foi mencionado no capítulo 4, Darwin percebeu que, quando cortamos com um par de tesouras, podemos fazer eco a esses movimentos de maneira inconsciente apertando e afrouxando os maxilares. Como as áreas corticais envolvidas com a boca e a mão estão bem ao lado uma da outra, talvez haja um transbordamento real de sinais das mãos para a boca. Como na sinestesia, parece haver uma ativação cruzada incorporada entre mapas cerebrais, com a diferença de que aqui ela ocorre entre dois mapas motores e não entre mapas sensoriais. Precisamos de um novo nome para isso, de modo que vamos chamá-lo "sincinesia" (*sin* significando "junto", *cinesia* significando "movimento").

A sincinesia pode ter desempenhado um papel decisivo na transformação de uma linguagem gestual primitiva (ou protolinguagem, se você preferir) das mãos em linguagem falada. Sabemos que rosnados e guinchos emocionais em primatas surgem principalmente no hemisfério direito, em especial a partir de uma parte do sistema límbico (o núcleo emocional do cérebro) chamada cingulado anterior. Se um gesto manual estivesse sendo ecoado por movimentos orofaciais enquanto a criatura estivesse simultaneamente emitindo sons emocionais, o resultado seguinte seria o que chamamos de palavras. Em suma, hominíneos antigos tinham um mecanismo incorporado, preexistente, para traduzir de modo espontâneo gestos em palavras. Isso torna mais fácil ver como uma linguagem gestual primitiva pode ter se desenvolvido em fala – ideia que muitos psicolinguistas clássicos não consideram atraente.

Como um exemplo concreto, considere as palavras *"come hither"* ["venha aqui"]. Note que você expressa gestualmente essa ideia mantendo a palma da mão voltada para cima e flexionando os dedos em direção a si mesmo, como se para tocar a parte mais baixa da palma. Assombrosamente, sua língua faz um movimento muito parecido ao se enrolar para trás para tocar o palato para pronunciar *"hither"* ou *"here"* [aqui] – exemplo de sincinesia. *"Go"* ["vá"] envolve projetar os lábios, ao passo que *"come"* ["venha"] envolve puxar os lábios juntos para dentro. (Na língua indiana dravidiana tâmil – sem relação com o inglês – a palavra para go [vai] é *"po"*.)

Obviamente, como quer que a linguagem original fosse nos tempos da Idade da Pedra, desde então ela foi embelezada e transformada um número incalculável de vezes, de modo que hoje temos línguas tão diversas quanto inglês, japonês, !kung e cherokee. A linguagem, afinal de contas, evolve com incrível rapidez; por vezes apenas duzentos anos são suficientes para alterar uma língua a tal ponto que um jovem falante mal seria capaz de se comunicar com sua tetravó. Por essa razão, depois que a enorme e inexorável força da competência linguística surgiu na mente e na cultura humanas, as correspondências originais sincinéticas foram provavelmente perdidas ou mescladas, tornando-se irreconhecíveis. Em minha concepção, porém, a sincinesia espalhou as primeiras sementes do léxico, ajudando a formar a base vocabular original em que a elaboração linguística subsequente foi construída.

A sincinesia e outros atributos aliados, como mímica dos movimentos de outras pessoas e extração de traços comuns entre visão e audição (bouba-kiki), podem todos se basear em computações análogas ao que os neurônios-espelho supostamente fazem: ligar conceitos através de mapas cerebrais. Esses tipos de ligações nos fazem lembrar mais uma vez de seu papel potencial na evolução da protolinguagem. Essa hipótese pode parecer especulativa para psicólogos cognitivos ortodoxos, mas ela proporciona uma janela de oportunidade – de fato, a única que temos até hoje – para explorar os mecanismos neurais reais da linguagem. E esse é um grande passo adiante. Vamos retomar os fios dessa argumentação mais tarde neste capítulo.

Precisamos também perguntar como a gesticulação evoluiu a princípio.[2] Pelo menos para verbos como "vir" ou "ir", ela pode ter emergido por meio da ritualização de movimentos que eram usados outrora para executar essas ações. Por exemplo, você pode realmente puxar alguém em direção a você flexionando seus dedos e cotovelo em direção a si enquanto agarra a pessoa. Portanto, o próprio movimento (mesmo divorciado do objeto físico real) torna-se um meio de comunicar intenção. O resultado é um gesto. Podemos ver como o mesmo argumento se aplica a "empurrar", "comer", "jogar" e outros verbos básicos. E depois que se tem um vocabulário de gestos montado, torna-se mais fácil que vocalizações correspondentes se desenvolvam, dada a tradução fisicamente conectada preexistente produzida por sincinesia. (A ritualização e a interpretação de gestos podem, por sua vez, ter envolvido neurônios-espelho, como foi mencionado em capítulos anteriores.)

Temos, portanto, três tipos de ressonância mapa a mapa ocorrendo no cérebro hominíneo primitivo: mapeamento visual-auditivo (bouba-kiki); mapeamento entre mapas sensoriais, auditivos e visuais, e mapas de vocalizações motoras na área de Broca; e mapeamento entre a área de Broca e áreas motoras que controlam gestos manuais. Tenha em mente que é provável que cada uma dessas propensões fosse muito pequena, mas atuando em conjunção poderiam ter se promovido mutuamente, criando o efeito bola de neve que culminou na linguagem moderna.

Há alguma evidência para as ideias discutidas até agora? Lembre-se de que muitos neurônios no lobo frontal de um macaco (a mesma região que parece ter se transformado na área de Broca em nós) se ativam quando o animal executa uma ação altamente específica, como estender a mão para pegar um amendoim, e que um subconjunto desses neurônios também se ativa quando o macaco vê outro macaco agarrar um amendoim. Para fazer isso, o neurônio (com o que quero dizer realmente "a rede de que o neurônio é parte") tem de computar a semelhança entre os sinais de comando que especificam as sequências de contrações musculares e a aparência visual do agarramento do amendoim observado do ponto de vista do outro macaco. Portanto o neurônio está efetivamente deduzindo a intenção do outro indivíduo e poderia também, em teoria, compreender um gesto ritualizado que se assemelhe à ação real. Ocorreu-me que o efeito bouba-kiki fornece uma ponte eficaz entre esses neurônios-espelho e ideias sobre *bootstrapping* sinestético que apresentei até agora. Considerei esse argumento brevemente no capítulo anterior; deixe-me desenvolvê-lo agora para apresentar as razões de sua importância para a evolução da protolinguagem.

O efeito bouba-kiki requer uma tradução incorporada entre aparência visual, representação sonora no córtex auditivo e sequências de contrações musculares na área de Broca. A execução dessa tradução envolve quase certamente a ativação de circuitos com propriedades semelhantes às dos neurônios-espelho, mapeando uma dimensão na outra. O lobo parietal inferior (LPI), rico em neurônios-espelho, é idealmente apropriado para esse papel. Talvez o LPI sirva como um facilitador para todos esses tipos de abstração. Enfatizo, mais uma vez, que esses três traços (forma visual, inflexões sonoras e contorno dos lábios e da língua) não têm absolutamente nada em comum, exceto a propriedade abstrata da, digamos, angulosidade e da sinuosidade. Portanto, o que estamos vendo aqui são rudimentos – e talvez relíquias das origens – do processo chamado de abstração em que nós humanos nos distinguimos, a saber, a capacidade de abstrair o denominador comum entre entidades completamente dissimilares sob outros aspectos. Entre a capacidade de extrair a angulosidade da forma de vidro quebrado e do som *kiki* e a de perceber a "cinquicidade" de cinco porcos, cinco asnos ou cinco trinados pode ter sido dado um pequeno passo na evolução, mas foi um passo gigantesco para a humanidade.

Argumentei até agora que o efeito bouba-kiki pode ter alimentado a emergência de protopalavras e de um léxico rudimentar. Esse foi um passo importante, mas a linguagem não se reduz meramente a palavras. Há dois outros aspectos importantes a considerar: sintaxe e semântica. Como estão elas representadas no cérebro e como evolveram? O fato de que essas duas funções são pelo menos parcialmente autônomas é bem ilustrado pelas afasias de Broca e Wernicke. Como vimos, um paciente com esta última síndrome produz frases complexas, enunciadas com fluência e gramaticalmente impecáveis que não transmitem absolutamente nenhum significado. A "caixa da sintaxe" chomskiana na área intacta de Broca entra em "circuito aberto" e produz frases bem-formadas, mas, sem a área intacta de Wernicke para prové-la de conteúdo culto, as frases são tolices. É como se a área de Broca por si só pudesse manipular as palavras com as regras de gramática corretas – exatamente como um programa de computador poderia fazer – sem a menor consciência de significado. (Se ela é capaz de regras mais complexas como recursão, ainda está por ser verificado; isto é algo que estamos estudando atualmente.)

Voltaremos à sintaxe, mas primeiro vamos considerar a semântica (mais uma vez, falando em termos gerais, o significado de uma frase). O que é exatamente significado? Esta é uma palavra que esconde vastas profundidades de ignorância. Embora saibamos que a área de Wernicke e partes da junção têmporo-parieto-occipital (TPO), inclusive o giro angular (figura 6.2), estão criticamente envolvidas, não temos nenhuma ideia de como neurônios nessa área realmente fazem seu trabalho. Na verdade, a maneira pela qual conjuntos de circuitos neurais incorporam significado é um dos maiores mistérios não resolvidos da neurociência. Mas se você admitir que a abstração é um passo importante na gênese do significado, nosso exemplo bouba-kiki talvez possa mais uma vez fornecer a pista. Como já foi observado, o som *kiki* e o desenho anguloso parecem nada ter em comum. Um é um padrão unidimensional, que varia no tempo sobre os receptores de som em nosso ouvido, ao passo que o outro é um padrão bidimensional de luz que chega à nossa retina num só instante. No entanto, nosso cérebro não tem dificuldade em abstrair a propriedade da angulosidade de ambos os sinais. Como vimos, há fortes indícios de que o giro angular está envolvido nessa notável capacidade que chamamos de abstração transmodal.

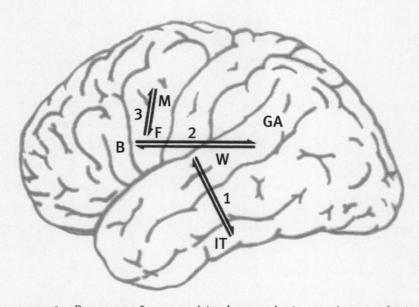

FIGURA 6.2 Representação esquemática da ressonância entre áreas cerebrais que podem ter acelerado a evolução da protolinguagem. Abreviações: B, área de Broca (para fala e estrutura sintática). A, córtex auditivo (audição). W, área de Wernicke, para compreensão da linguagem (semântica). GA, giro angular para abstração transmodal. M, área da mão do córtex motor, que envia comandos motores para a mão (compare com o mapa cortical sensorial de Penfield na figura 1.2). F, área da face do córtex motor (que envia mensagens de comando para os músculos faciais, inclusive lábios e língua). IT, córtex inferotemporal/área fusiforme, que representa formas visuais. As setas representam interações nos dois sentidos que podem ter emergido na evolução humana: 1, conexões entre a área fusiforme (processamento visual) e córtex auditivo mediam o efeito bouba-kiki. A abstração transmodal exigida para isso provavelmente requer passagem inicial pelo giro angular. 2, interações entre áreas da linguagem posteriores (inclusive a área de Wernicke) e áreas motoras na área de Broca ou perto dela. Essas conexões (o fascículo arqueado) estão envolvidas no mapeamento através de domínios entre contornos sonoros e mapas motores (mediados em parte por neurônios com propriedades semelhantes às dos neurônios-espelho) na área de Broca. 3, mapeamentos corticais motor-para-motor (sincinesia) causados por ligações entre gestos manuais e movimentos de língua, lábio e boca no mapa motor de Penfield. Por exemplo, os gestos orais para "pequenino", "pouco", "miúdo" e a expressão francesa *"un peu"* imitam sincineticamente o pequeno gesto de pinça feito com a oposição do polegar e do dedo indicador (em contraposição a *"grande"*, ou "enorme). De maneira semelhante, a projeção de nossos lábios num beiço para dizer *"you"* ou (em francês) *"vous"* imita o apontar para fora.

Houve um desenvolvimento acelerado no LPI esquerdo na evolução primata, culminando nos seres humanos. Além disso, nas pessoas (e somente nelas), a parte da frente do lobo dividiu-se em dois giros chamados giro supramarginal e giro angular. Não é preciso ter uma profunda acuidade para sugerir, portanto, que o LPI e sua subsequente divisão devem ter desempenhado um papel decisivo na emergência de funções exclusivamente humanas. Essas funções, sugiro, incluem tipos de abstração de alto nível.

O LPI (incluindo o giro angular) – localizado de modo estratégico entre as partes do cérebro associadas ao tato, à visão e à audição – evoluiu originalmente para abstração transmodal. Depois que isso aconteceu, porém, esse tipo de abstração serviu como uma exaptação para abstração de nível mais elevado do tipo de que nós, seres humanos, nos orgulhamos. E como temos dois giros angulares (um em cada hemisfério), eles podem ter desenvolvido diferentes estilos de abstração: o direito para metáforas visoespaciais e baseadas no corpo, o esquerdo para metáforas mais baseadas na linguagem, inclusive trocadilhos. Essa estrutura evolucionária pode dar à neurociência uma nítida vantagem sobre a psicologia cognitiva clássica e a linguística porque nos permite iniciar um programa inteiramente novo de pesquisa em relação à representação da linguagem e ao pensamento no cérebro.

A parte superior do LPI, o giro supramarginal, também presente apenas nos seres humanos, está diretamente envolvida na produção, compreensão e imitação de habilidades complexas. Mais uma vez, essas habilidades estão especialmente bem desenvolvidas em nós, comparados aos grandes símios. Quando o giro supramarginal esquerdo é danificado, o resultado é apraxia, que é um distúrbio fascinante. Um paciente com apraxia é mentalmente normal na maioria dos aspectos, inclusive na capacidade de compreender e produzir linguagem. No entanto, quando lhe pedimos para imitar uma ação simples – "finja que você está martelando um prego" – ele fechará a mão em punho e a baterá na mesa, em vez de fingir que segura um cabo, como você ou eu faríamos. Se lhe pedem para fingir que está penteando o cabelo, pode bater no cabelo com a palma da mão ou sacudir os dedos no cabelo, em vez de "segurar" e mover um pente imaginário ao longo dos fios. Se solicitado a fingir que está dando adeus, pode ficar olhando para a própria mão atentamente, tentando descobrir o que fazer ou agitá-la de um lado para outro perto do rosto. Mas se lhe perguntarem "Que significa 'dar adeus'?" ele pode responder, "Bem, é o que você faz quando está se despedindo de alguém", deixando óbvio que compreende com clareza, num nível conceitual, o que se espera dele. Além disso, suas mãos não estão paralisadas nem são desajeitadas: ele pode mover os dedos individuais de maneira tão graciosa e independente quanto qualquer um de nós. O que lhe falta é a capacidade de evocar uma imagem interna dinâmica, vibrante, da ação requerida, que possa ser usada para guiar a orquestração de contrações musculares para imitar a ação. Como não é de surpreender, pôr um martelo real em suas mãos pode (como faz em alguns pacientes) levar à performance exata, pois ela não requer que ele se baseie numa imagem interna do martelo.

Três pontos adicionais a respeito desses pacientes. Primeiro, eles não são capazes de julgar se uma terceira pessoa está executando a ação requerida de maneira correta ou não, lembrando-nos que seu problema não reside nem habilidade motora nem na percepção, mas na *ligação* das duas coisas. Segundo, alguns pacientes com apraxia têm dificuldade em imitar gestos novos, realizados pelo médico que os examina. Terceiro, e o mais surpreendente, eles não se dão conta de maneira alguma de que eles próprios estão imitando incorretamente; não há nenhum sinal de frustração. Todas essas capacidades ausentes parecem lembrar de maneira irresistível as capacidades tradicionalmente atribuídas a neurônios-espelho. É certo que não pode ser uma coincidência que o LPI em macacos seja rico em neurônios-espelho. Baseado nesse raciocínio, meu colega de pós-doutorado Paul McGeoch e eu sugerimos em 2007 que a apraxia é fundamentalmente um distúrbio da função dos neurônios-espelho. De maneira intrigante, muitas crianças autistas também têm apraxia, um elo inesperado que corrobora nossa ideia de que um déficit de neurônios-espelho pode estar subjacente a ambos os distúrbios. Paul e eu abrimos uma garrafa para comemorar termos estabelecido o diagnóstico.

Mas o que causou, a princípio, a acelerada evolução do LPI – e do giro angular que dele faz parte? Teria a pressão seletiva vindo da necessidade de formas mais elevadas de abstração? Provavelmente não. A causa mais provável de seu desenvolvimento explosivo em primatas foi a necessidade de alcançar uma interação primorosamente refinada, de granulação fina, entre visão, músculo e sensação da posição de articulação ao galgar galhos em copas de árvore. Isso resultou na capacidade de abstração transmodal, por exemplo, quando um galho é sinalizado como horizontal tanto pela imagem que incide sobre a retina quanto pela estimulação dinâmica de tato, articulação e receptores musculares nas mãos.

O passo seguinte foi decisivo: a parte inferior do LPI dividiu-se acidentalmente, talvez em consequência de duplicação de genes, uma ocorrência frequente na evolução. A parte de cima, o giro supramarginal, conservou a antiga função de seu lobo ancestral – coordenação mão-olho –, elaborando-a para os novos níveis de sofisticação exigidos para o uso especializado de ferramentas e imitação em seres humanos. No giro angular, exatamente a mesma capacidade computacional armou o palco (tornou-se uma exaptação) para outros tipos de abstração também: a capacidade de extrair o denominador comum entre entidades superficialmente dissimilares. Um salgueiro-chorão parece triste porque projetamos tristeza nele. Julieta é o sol porque podemos abstrair certas coisas que ambos têm em comum. Cinco asnos e cinco maçãs têm a "cinquidade" em comum.

Uma peça de evidência tangencial para essa ideia vem de meu exame de pacientes que sofreram lesão no LPI do hemisfério esquerdo. Esses pacientes costumam ter anomia (dificuldade de encontrar palavras), mas descobri que alguns deles não passavam no teste bouba-kiki e eram também péssimos na interpretação de provérbios, muitas vezes interpretando-os de maneira literal em vez de metaforicamente. Um paciente que vi há pouco na Índia errou na interpretação de catorze em quinze provérbios embora fosse perfeitamente inteligente em outros aspectos. É óbvio que esse estudo precisa ser repetido em outros pacientes, mas ele promete ser uma frutífera linha de investigação.

O giro angular está também envolvido na nomeação de objetos, mesmo objetos comuns como pente ou porco. Isso nos lembra de que uma palavra, também, é uma forma de abstração a partir de múltiplos casos (por exemplo, múltiplas visões de um pente em diferentes contextos, mas sempre servindo à *função* de arrumar o cabelo). Às vezes eles substituirão o nome por um relacionado ("vaca" em vez de "porco") ou tentarão definir a palavra de maneiras absurdamente cômicas. (Um paciente disse "colírio" quando apontei para os meus óculos). Ainda mais intrigante foi uma observação que fiz na Índia de um médico de cinquenta anos com anomia. Toda criança indiana aprende sobre muitos deuses da mitologia indiana, mas dois favoritos são Ganesha (o deus com cabeça de elefante) e Hanuman (o deus-macaco) e cada um tem uma complexa história familiar. Quando lhe mostrei uma escultura de Hanuman, ele a pegou, examinou-a e identificou-a incorretamente como Ganesha, que pertence à mesma categoria, a saber, a dos deuses. Mas quando lhe pedi para me dizer mais sobre a escultura, que ele continuava a inspecionar, ele disse que aquele deus era filho de Shiva e Parvati – afirmação verdadeira com relação a Ganesha, não a Hanuman. É como se o mero ato de rotular erroneamente a escultura tivesse anulado sua aparência visual, fazendo-o dar atributos incorretos a Hanuman! Assim o nome de um objeto, longe de ser apenas um atributo a mais, como qualquer outro, parece ser uma chave mágica que abre todo um tesouro de significados associados a ele. Não posso pensar numa explicação mais simples para esse fenômeno, mas a existência desses mistérios não decifrados alimenta meu interesse por neurologia, tanto quanto as explicações para as quais podemos gerar e testar hipóteses específicas.

Vamos nos voltar agora para o aspecto da linguagem mais inequivocamente humano: a sintaxe. A chamada estrutura sintática, que mencionei antes, dá à linguagem humana seu enorme alcance e flexibilidade. Ela parece ter desenvolvido regras que são intrínsecas a esse sistema, regras que nenhum símio foi capaz de dominar, mas que toda linguagem humana possui. Como esse aspecto particular da linguagem evoluiu? A resposta vem, mais uma vez, do princípio de exaptação – a noção de que a adaptação para uma função específica é assimilada por outra função, inteiramente diferente. Uma possibilidade intrigante é de que a estrutura de árvore hierárquica da sintaxe tenha evoluído a partir de um circuito neural mais primitivo que já estava pronto para o uso de ferramentas nos cérebros de nossos ancestrais hominíneos primitivos.

Levemos isso um passo adiante. Mesmo o mais simples uso oportunista de uma ferramenta, como usar uma pedra para quebrar um coco, envolve uma ação – nesse caso, quebrar (o verbo) – executada pela mão direita do usuário da ferramenta (o sujeito) sobre o objeto agarrado passivamente pela mão esquerda (o objeto). Se essa sequência básica já estivesse implantada no conjunto de circuitos neurais para ações manuais, é fácil ver como ela poderia ter armado o palco para a sequência sujeito-verbo-objeto que é um importante aspecto da linguagem natural. No estágio seguinte da evolução hominínea, emergiram duas espantosas novas habilidades que estavam destinadas a transformar o curso da evolução humana. Primeiro, a habilidade de encontrar, modelar e guardar uma ferramenta para uso futuro, levando a nosso senso de planejamento e previsão. Segundo – e especialmente importante para a origem subsequente da linguagem – foi o uso da técnica da submontagem na manufatura de ferramentas. Pegar a cabeça de um martelo e fixá-la (amarrá-la) a um longo cabo de madeira para criar uma ferramenta compósita é um exemplo. Outro é amarrar uma faca pequena a um polo curto em um ângulo e depois amarrar essa montagem a outro polo para alongá-la, de modo a ser possível alcançar frutas em árvores e arrancá-las. O manejo de uma estrutura compósita tem uma sedutora semelhança com a inserção de, digamos, uma expressão nominal numa frase mais longa. Sugiro que essa não é apenas uma analogia superficial. É inteiramente possível que o mecanismo cerebral que implementou a estratégia da submontagem hierárquica no uso de ferramentas tenha sido cooptado para uma função totalmente nova, a estrutura de árvore sintática.

Mas se o mecanismo da submontagem no uso de ferramentas tivesse sido tomado emprestado para aspectos da linguagem, não teriam as habilidades para o manejo de ferramentas se deteriorado de maneira correspondente à medida que a sintaxe evoluiu, dado o espaço neural limitado no cérebro? Não necessariamente. Uma ocorrência frequente na evolução é a duplicação de partes preexistentes do corpo ocasionada por duplicação real de genes. Basta pensar em vermes multissegmentados, cujos corpos são compostos por repetidas seções corporais semi-independentes, lembrando um pouco uma cadeia de vagões de trem. Quando são inofensivas e não metabolicamente onerosas, essas estruturas duplicadas podem durar muitas gerações. E, sob as circunstâncias certas, podem proporcionar a oportunidade perfeita para que essa estrutura duplicada se torne especializada numa função diferente. Esse tipo de evento aconteceu repetidamente na evolução do resto do corpo, mas seu papel na evolução de mecanismos cerebrais não é muito apreciado por psicólogos. Sugiro que uma área bem próxima do que agora chamamos de área de Broca desenvolveu-se originalmente em conjunto com o LPI (em especial a porção supramarginal) para as rotinas de submontagem multimodais e hierárquicas do uso de ferramentas. Houve uma subsequente duplicação dessa área ancestral, e uma das duas novas subáreas tornou-se ainda mais especializada na estrutura sintática que está divorciada da manipulação real de objetos físicos no mundo – em outras palavras, tornou-se a área de Broca. Acrescente a esse coquetel a influência da semântica, importada da área de Wernicke, e aspectos da abstração a partir do giro angular, e temos uma poderosa mistura pronta para o explosivo desenvolvimento da linguagem em sua plenitude. Não por coincidência, talvez, essas são exatamente as áreas em que os neurônios-espelho abundam.

Tenha em mente que minha argumentação concentrou-se até agora em evolução e exaptação. Resta outra questão: são os conceitos de uso de ferramentas de submontagem, estrutura de árvore hierárquica da sintaxe (incluindo recursão) e recursão conceitual mediados por módulos separados nos cérebros dos seres humanos modernos? Até que grau esses módulos são realmente autônomos em nossos cérebros? Um paciente com apraxia (a incapacidade de imitar o uso de ferramentas) causada por dano no giro supramarginal teria também problemas com submontagem no uso de ferramentas? Sabemos que pacientes com afasia de Wernicke produzem uma algaravia sintaticamente normal – a base para sugerir que, pelo menos em cérebros modernos, a sintaxe não depende da recursividade da semântica ou mesmo de inserção de alto nível de conceitos dentro de conceitos.[3]

Mas qual é o grau de normalidade sintática de sua algaravia? Terá realmente a sua fala – inteiramente mediada pela área de Broca no piloto automático – os tipos de estrutura de árvore e recursão sintática que caracterizam a fala normal? Se não tiver, estamos realmente justificados ao chamar a área de Broca de "caixa da sintaxe"? Um afásico de Broca pode fazer cálculos, uma vez que ela também requer recursão em alguma medida? Em outras palavras, será que a álgebra se vale de circuitos neurais preexistentes que evolveram para a linguagem natural? Anteriormente neste capítulo dei o exemplo de um único paciente com afasia de Broca que era capaz de fazer álgebra, mas há muito poucos estudos sobre esses tópicos, cada um dos quais poderia gerar uma tese de doutorado.

ATÉ AGORA EU os conduzi por uma viagem evolucionária que culminou na emergência de duas habilidades humanas: linguagem e abstração. Mas outro traço da singularidade humana intrigou os filósofos durante séculos – a saber, a ligação entre a linguagem e o pensamento sequencial, ou raciocínio em passos lógicos. Podemos pensar sem verbabilização interna silenciosa? Já discutimos a linguagem, mas precisamos ser claros em relação ao que entendemos por pensar antes de tentar nos atracar com esta questão. Pensar envolve, entre outras coisas, a capacidade de se engajar com manipulação irrestrita de símbolos em nosso cérebro seguindo certas regras. Em que grau essas regras estão relacionadas às da sintaxe? O termo-chave aqui é "irrestrito".

Para compreender isso, pense numa aranha tecendo uma teia e pergunte a si mesmo: terá a aranha conhecimento da lei de Hooke relativa à tensão de fios esticados? A aranha deve "saber" disso em certo sentido, de outro modo a teia se desintegraria. Seria mais preciso dizer que o cérebro da aranha tem um conhecimento tácito, em vez de explícito, da lei de Hooke? Embora a aranha se comporte como se conhecesse essa lei – a própria existência da teia atesta isso –, seu cérebro (sim, a aranha tem um) não tem nenhuma representação explícita dela. Ela não pode usar a lei para nenhum outro propósito a não ser tecer teias e, de fato, ela só pode tecer teias segundo uma sequência motora fixa. Isso não é verdade acerca de um engenheiro humano que utiliza conscientemente a lei de Hooke, que aprendeu e compreendeu a partir de livros de física. A utilização humana da lei é irrestrita e flexível, disponível para um número infinito de aplicações. Ao contrário da aranha, ele tem uma representação explícita de seu funcionamento em sua mente – o que chamamos de compreensão. A maior parte do conhecimento do mundo que possuímos recai entre esses dois extremos: o conhecimento irracional de uma aranha e o conhecimento abstrato do físico.

O que entendemos por "conhecimento" ou "compreensão"? E como bilhões de neurônios os alcançam? Essas coisas são completos mistérios. Reconhecidamente, os neurocientistas cognitivos ainda são muito vagos no tocante ao significado exato de palavras como "compreender", "pensar" e, de fato, da própria palavra "significado". Mas o trabalho da ciência é encontrar respostas passo a passo por meio de especulação e experimento. Podemos abordar alguns desses mistérios de modo experimental? Por exemplo, o que dizer sobre a relação entre linguagem e pensamento? Como poderíamos explorar experimentalmente a elusiva interface entre esses dois elementos?

O senso comum sugere que algumas das atividades consideradas pensamento não requerem linguagem. Por exemplo, posso lhe pedir para colocar uma lâmpada num teto e lhe mostrar três caixotes de madeira espalhados no piso. Você teria o tino interno de manipular as imagens visuais das caixas – empilhando-as mentalmente para alcançar o soquete da lâmpada – antes de realmente fazer isso. Com certeza não parece que você esteja envolvido em verbalização interna silenciosa – "vou pôr a caixa A em cima da caixa B" e assim por diante. Parece que fazemos esse tipo de pensamento visualmente, não usando linguagem. Mas temos de ser cuidadosos com essa dedução porque a introspecção sobre o que se passa na nossa cabeça (empilhar as três caixas) não é um guia confiável do que realmente está se passando. Não é inconcebível que o que parece a manipulação interna de símbolos visuais explore o mesmo conjunto de circuitos no cérebro que medeia a linguagem, ainda que a tarefa pareça puramente geométrica ou espacial. Por mais que isso pareça violar o senso comum, a ativação de representações visuais semelhantes a imagens pode ser incidental e não causal.

Vamos deixar as imagens visuais de lado por um momento e fazer a mesma pergunta com relação às operações formais subjacentes ao pensamento lógico. Dizemos: "Se Joe é maior que Sue, e se Sue é maior que Rick, então Joe deve ser maior que Rick." Não precisamos evocar imagens para nos dar conta de que a dedução ("Então Joe deve ser...") decorre das duas premissas ("Se Joe é... e se Sue é...). É ainda mais fácil de entender se substituirmos seus nomes por símbolos abstratos como A, B e C: Se A > B e B > C, então deve ser verdade que A > C. Podemos também intuir que se A > C e B > C, disso não se segue necessariamente que A > B.

Mas de onde vêm essas duas deduções óbvias, baseadas nas regras de transitividade? Isso está fisicamente conectado em nosso cérebro e presente por ocasião do nascimento? Foi aprendido por indução, porque toda vez no passado que A era maior do que B e B era maior do que C, ocorria sempre que A era maior do que C também? Ou foi aprendido inicialmente por meio da linguagem? Quer seja inata ou aprendida, essa habilidade depende de algum tipo de linguagem interna silenciosa que espelhe e utilize em parte o mesmo mecanismo neural usado para a linguagem falada? A linguagem precede a lógica proposicional, ou vice-versa? Ou talvez nenhuma delas seja necessária para a outra, ainda que se enriqueçam mutuamente?

Essas são questões teóricas intrigantes, mas podemos traduzi-las em experimentos e encontrar algumas respostas? Fazê-lo provou-se notoriamente difícil no passado, mas vou propor o que filósofos chamariam de um experimento mental (mas este, ao contrário dos experimentos mentais dos filósofos, poderia realmente ser conduzido). Imagine que eu lhe mostro três caixas de diferentes tamanhos no chão e um objeto desejável pendurado num teto alto. Você empilhará no mesmo instante as caixas, pondo a maior embaixo e a menor no alto, e em seguida subirá para se apossar da recompensa. Um chimpanzé também pode resolver esse problema, mas presumivelmente precisa de uma exploração das caixas por tentativa e erro (a menos que você escolha um Einstein entre os chimpanzés).

Mas agora eu modifico o experimento: ponho um ponto luminoso colorido em cada caixa – vermelho (na caixa grande), azul (caixa intermediária) e verde (caixa pequena) – e deixo as caixas pousadas separadamente no chão. Eu o levo para dentro da sala pela primeira vez e o exponho às caixas por tempo suficiente para que você perceba que caixa tem que ponto. Depois apago as luzes da sala de modo que apenas os pontos coloridos luminosos fiquem visíveis. Por fim, introduzo uma recompensa luminosa na sala escura e a penduro no teto.

Se você tiver um cérebro normal, porá sem hesitação a caixa com o ponto vermelho embaixo, a que tem o ponto azul no meio e a que tem o ponto verde em cima e em seguida subirá no alto da pilha para colher a recompensa pendurada. (Vamos supor que as caixas têm puxadores que se projetam e que você pode usá-los para levantá-las, e que todas foram feitas com o mesmo peso, de modo que você não possa usar pistas táteis para distingui-las.) Em outras palavras, como ser humano você pode criar símbolos arbitrários (vagamente análogos a palavras) e em seguida manipulá-los por inteiro em seu cérebro, fazendo uma simulação de realidade virtual para descobrir uma solução. Você poderia fazer isso mesmo que durante a primeira fase só lhe tivessem mostrado as caixas com pontos vermelho e verde, e depois, separadamente, lhe tivessem mostrado as caixas com pontos verde e azul, e por fim, na fase de teste, você tivesse visto apenas as caixas com pontos vermelho e verde. (Supondo que mesmo o empilhamento de apenas duas caixas lhe desse um melhor acesso à recompensa.) Mesmo que os tamanhos relativos das caixas não estivessem visíveis durante esses três estágios, aposto que você poderia agora manipular os símbolos apenas em sua cabeça para estabelecer a transitividade usando declarações condicionais (se-então) – "Se vermelho é maior que azul e azul é maior que verde, então vermelho deve ser maior que verde" – e empilhar em seguida a caixa verde sobre a vermelha no escuro para chegar à recompensa. É quase certo que um símio fracassaria nessa tarefa, que requer manipulação *off-line* (fora da visão) de signos abstratos, a base da linguagem.

Mas em que medida a linguagem é um requisito real para declarações condicionais mentalmente processadas *off-line*, em especial em situações novas? Talvez pudéssemos descobrir realizando o mesmo experimento num paciente que tem afasia de Wernicke. Dada a afirmação de que o paciente é capaz de produzir frases como "Se Blaka é maior que Guli, então Lika tuk", a questão é se ele compreende a transitividade implicada na frase. Nesse caso, ele passaria no teste das três caixas que projetamos para chimpanzés? Ao contrário, o que ocorreria com um paciente com afasia de Broca, que supostamente tem uma caixa de sintaxe quebrada? Ele não usa mais "ses", "mas" e "entãos" em suas frases e não compreende essas palavras quando as ouve ou lê. Seria tal paciente, apesar disso, capaz de passar no teste das três caixas, o que sugeriria que ele não precisa do módulo da sintaxe para compreender e utilizar as regras das inferências dedutivas se-então de uma maneira versátil? Poderíamos formular a mesma questão acerca de várias outras regras de lógica também. Sem experimentos desse tipo, a interface entre linguagem e pensamento continuará sendo para sempre um tópico nebuloso reservado para os filósofos.

Usei a ideia das três caixas para ilustrar que podemos, em princípio, desemaranhar experimentalmente linguagem e pensamento. Mas se o experimento se provar inexequível, poderíamos talvez confrontar o paciente com videogames projetados de forma engenhosa, que incorporassem a mesma lógica, sem contudo exigir instruções verbais explícitas. Como se sairia o paciente nesses jogos? E de fato, podem os próprios jogos ser usados para induzir pouco a pouco a compreensão da linguagem a entrar de novo em ação?

Outro ponto a considerar é que a capacidade de fazer uso de transitividade em lógica abstrata pode ter se desenvolvido a princípio num contexto abstrato. O símio A vê o símio B intimidando e subjugando o símio C, que em ocasiões anteriores subjugou com sucesso o próprio A.

Iria A então recuar espontaneamente diante de B, sugerindo ser capaz de empregar transitividade? (Como controle, teríamos de mostrar que A não recua diante de B se o vir subjugando apenas outro símio C aleatório.)

O teste das três caixas ministrado a afásicos de Wernicke poderia nos ajudar a deslindar a lógica interna de nossos processos de pensamento e a extensão em que eles interagem com a linguagem. Mas há também nessa síndrome um curioso aspecto emocional que recebeu pouca atenção, a saber, os afásicos manifestam completa indiferença – na verdade, ignorância – em relação ao fato de estarem produzindo uma algaravia e não registram a expressão de incompreensão nos semblantes de seus interlocutores. Inversamente, uma vez entrei numa clínica e comecei a dizer "Sawadee Khrap. Chua alai? Kin Krao la yang?" para um paciente norte-americano e ele sorriu e concordou com a cabeça. Sem o módulo da compreensão da linguagem ele não era capaz de distinguir fala despropositada de fala normal, quer ela emergisse de sua própria boca ou da minha. Meu colega de pós-doutorado Eric Altschuler e eu muitas vezes brincamos com a ideia de apresentar dois afásicos de Wernicke um para o outro. Iriam eles conversar incessantemente entre si o dia inteiro, sem se entediarem? Brincamos com a possibilidade de que os afásicos de Wernicke *não* estejam falando uma algaravia; talvez tenham uma linguagem privada, que só outro portador da síndrome pode compreender.

Especulamos a respeito da evolução da linguagem e do pensamento, mas ainda não a resolvemos. (O experimento das três caixas ou o seu análogo com videogames ainda não foram tentados.) Não consideramos tampouco a modularidade da própria linguagem: a distinção entre semântica e sintaxe (incluindo o que definimos antes no capítulo como a inserção recursiva; por exemplo: "A menina que matou o gato que comeu o rato começou a cantar."). Atualmente, a evidência mais forte da modularidade da sintaxe vem da neurologia, da observação de que pacientes com lesão na área de Wernicke produzem frases complexas, gramaticalmente corretas, que são desprovidas de significado. Ao contrário, em pacientes com lesão na área de Broca, mas com a área de Wernicke intacta, como o dr. Hamdi, o significado está preservado, mas não há estrutura gramatical profunda. Se a semântica ("pensamento") e a sintaxe fossem mediadas pela mesma região cerebral ou por redes neurais difusas, esse "desemparelhamento" ou essa dissociação das duas funções não poderia ocorrer. Essa é a visão usual apresentada pelos psicolinguistas, mas será ela realmente verdadeira? O fato de que a estrutura profunda da linguagem está perturbada na afasia de Broca está fora de questão, mas segue-se disso que essa região cerebral é especializada exclusivamente em aspectos decisivos da linguagem como recursão e inserção hierárquica? Se eu decepo sua mão, você não pode escrever, mas seu centro da escrita está no giro angular, não na sua mão. Para se contrapor a esse argumento, os linguistas apontam o fato de que o inverso dessa síndrome ocorre quando a área de Wernicke está danificada: a estrutura profunda subjacente à gramática é preservada, mas o significado é abolido.

Meus colegas de pós-doutorado Paul McGeoch e David Brang e eu decidimos examinar isso mais de perto. Num influente e brilhante artigo publicado em 2001 na revista *Science*, o linguista Noam Chomsky e o neurocientista cognitivo Marc Hauser examinaram todo o campo da psicolinguística e a ideia convencional de que a linguagem é exclusiva dos seres humanos (e provavelmente modular). Descobriram que quase todos os seus aspectos podiam ser vistos em outras espécies, após treinamento adequado, como em chimpanzés, mas o aspecto isolado que torna única a estrutura gramatical profunda em seres humanos é a inserção recursiva. Quando as pessoas dizem que a estrutura profunda e a organização sintática são normais na afasia de Wernicke, estão se referindo em geral aos aspectos mais óbvios, como a capacidade de gerar uma frase plenamente formada empregando substantivos, preposições e conjunções, mas não transmitindo nenhum conteúdo significativo ("John e Mary foram ao alegre banco e pagaram chapéu"). Mas há muito os clínicos sabem que, ao contrário da crença popular, a fala produzida por afásicos de Wernicke não é inteiramente normal, mesmo em sua estrutura sintática. Trata-se via de regra de algo empobrecido. No entanto, as observações desses clínicos foram em grande parte ignoradas porque foram feitas muito antes que a recursão fosse reconhecida como o *sine qua non* da linguagem humana. Sua verdadeira importância não foi percebida.

Quando examinamos com atenção a fala produzida por muitos afásicos de Wernicke, descobrimos que, além da ausência de significado, a perda mais notável e óbvia estava na inserção recursiva. Os pacientes falavam com frases vagamente encadeadas usando conjunções: "Susan veio e bateu em John e pegou o ônibus e Carlos caiu" e assim por diante. Mas quase nunca conseguiam construir frases recursivas como: "John que amava Julie usou uma colher." (Mesmo sem destacar "que amava Julie" com vírgulas, sabemos instantaneamente que foi John que usou a colher, não Julie.) Esta observação demole a antiga afirmação de que a área de Broca é uma caixa de sintaxe autônoma em relação à área de Wernicke. A recursão pode vir a se revelar uma propriedade da área de Wernicke, e pode de fato ser uma propriedade geral a muitas funções cerebrais. Além disso, não devemos confundir a questão da autonomia funcional e da modularidade no cérebro humano moderno com a questão da evolução: um módulo forneceu um substrato para o outro ou mesmo desenvolveu-se em outro, ou os dois se desenvolveram de maneira completamente independente em respostas a diferentes pressões de seleção?

Os linguistas estão interessados sobretudo na primeira pergunta – a autonomia das regras intrínsecas ao módulo –, ao passo que a questão evolucionária costuma extrair deles um bocejo (assim como qualquer conversa sobre a evolução de módulos cerebrais pareceria inútil a um teórico dos números interessado em regras intrínsecas ao sistema numérico). Biólogos e psicólogos do desenvolvimento, por outro lado, estão interessados não só nas regras que governam a linguagem, mas também na evolução, no desenvolvimento e nos substratos neurais da linguagem, inclusive (mas não de maneira exclusiva) a sintaxe. A falta dessa distinção perturbou todo o debate sobre a evolução da linguagem durante quase um século. A diferença essencial, claro, é que a capacidade de linguagem evoluiu por meio de seleção natural ao longo de 200 mil anos, ao passo que a teoria dos números mal completou 2 mil anos de idade. Assim, quer ela tenha valor ou não, minha própria concepção (inteiramente livre de tendenciosidades) é que, nesta questão particular, os biólogos estão certos. Como analogia, vou invocar novamente meu exemplo favorito, a relação entre mastigar e ouvir. Todos os mamíferos têm três pequeninos ossos – martelo, estribo e bigorna – dentro do ouvido médio. Esses ossos transmitem e amplificam sons do tímpano para o ouvido interno. Sua súbita emergência na evolução vertebrada (os mamíferos os possuem, mas seus ancestrais reptilianos não) era um completo mistério e foi muitas vezes usada como munição por criacionistas, até que anatomistas comparativos, embriologistas e paleontólogos descobriram que eles evoluíram de fato a partir da parte de trás do maxilar dos répteis. (Lembre-se de que a parte de trás de seu maxilar se articula muito perto do seu ouvido.) A sequência de passos compõe uma história fascinante.

O maxilar dos mamíferos tem um único osso, a mandíbula, ao passo que o dos nossos ancestrais répteis tem três. A razão é que os répteis, ao contrário dos mamíferos, consomem muitas vezes presas enormes em vez de frequentes pequenas refeições. O maxilar é usado exclusivamente para engolir, não para mastigar, e em razão da lenta taxa metabólica dos répteis, a comida não mastigada no estômago pode levar semanas para se desintegrar e ser digerida. Esse tipo de alimentação exige um maxilar grande, flexível, multiarticulado. Mas, à medida que os répteis evolveram em mamíferos metabolicamente ativos, a estratégia de sobrevivência mudou para o consumo de pequenas refeições frequentes para manter uma alta taxa metabólica.

Lembre-se também de que os répteis são baixos, têm seus membros escarrapachados para fora, e com isso balançam o pescoço e a cabeça perto do chão quando farejam suas presas. Os três ossos do maxilar pousados no solo lhes permitiam também transmitir sons feitos pelos passos próximos de outros animais para a área vizinha ao ouvido. Isso é chamado condução óssea, em contraposição à condução aérea usada pelos mamíferos.

Quando se desenvolveram em mamíferos, os répteis se levantaram da posição escarrapachada para ficar mais distantes do chão sobre pernas verticais. Isso permitiu que dois dos três ossos do maxilar fossem de modo progressivo assimilados ao ouvido médio, sendo apropriados inteiramente para a audição de sons conduzidos pelo ar e abdicando por completo de sua função de mastigação. Mas essa mudança de função só foi possível porque eles já estavam estrategicamente localizados – no lugar certo e na hora certa – e já começavam a ser usados para a audição de vibrações sonoras transmitidas pela terra. Essa mudança radical de função serviu também à finalidade adicional de transformar o maxilar num osso único, rígido e não articulado – a mandíbula –, muito mais forte e mais útil para mastigar.

A analogia com a linguagem deveria ser óbvia. Se eu lhe perguntasse se mastigar e ouvir são modulares e independentes um do outro, tanto estrutural quanto funcionalmente, é óbvio que a resposta seria sim. No entanto, sabemos que a audição evoluiu a partir da mastigação, e podemos até especificar os passos envolvidos. Da mesma maneira, há clara evidência de que funções de linguagem como sintaxe e semântica são modulares e autônomas, sendo ademais também distintas do pensamento – talvez tão distintas quanto ouvir é de mastigar. No entanto, é inteiramente possível que uma dessas funções, como a sintaxe, tenha evoluído a partir de outras funções, anteriores, como o uso de ferramentas e/ou o pensamento. Lamentavelmente, como a linguagem não se fossiliza como maxilares ou ossos do ouvido, podemos apenas construir cenários plausíveis. Podemos ter de viver sem saber qual foi a exata sequência de eventos. Mas espero lhes ter dado um vislumbre do tipo de teoria que precisamos produzir, e dos tipos de experimento que precisamos fazer, para explicar a emergência da linguagem em sua plenitude, o mais glorioso de todos os nossos atributos mentais.

7. Beleza e o cérebro:
A emergência da estética

A arte é uma mentira que nos faz compreender a verdade.
Pablo Picasso

Segundo um antigo mito indiano, Brahma criou o universo e todas as belas montanhas coroadas de neve, os rios, as flores, os pássaros e as árvores – até os seres humanos. Logo depois, porém, ele ficou sentado numa cadeira, com a cabeça nas mãos. Sua esposa, Saraswati, perguntou-lhe: "Meu Senhor – criastes todo o belo universo, o povoastes com homens de grande valor e intelecto que vos adoram – por que estais tão melancólico?" Brahma respondeu: "Sim, tudo isso é verdade, mas os homens que criei não têm nenhum apreço pela beleza de minhas criações e, sem isso, todo o seu intelecto nada significa." Ao que Saraswati tranquilizou Brahma. "Darei à humanidade um dom chamado arte." Desse momento em diante as pessoas desenvolveram senso estético, começaram a reagir à beleza, e viram a centelha divina em todas as coisas. Por isso Saraswati é cultuada em toda a Índia como a deusa da arte e da música – como a musa da humanidade.

Este capítulo e o próximo tratam de uma questão profundamente fascinante: como o cérebro humano responde à beleza? Como somos especiais em termos do modo como reagimos à arte e a criamos? Como Saraswati opera sua mágica? Provavelmente o número de respostas para essa questão é tão grande quanto o número de artistas. Numa ponta do espectro está a ideia elevada de que a arte é o supremo antídoto para o absurdo da condição humana – a única maneira de "escapar deste vale de lágrimas", como disse uma vez o poeta surrealista britânico Roland Penrose. No outro extremo está a escola dadaísta, a noção de que "vale tudo", segundo a qual o que chamamos de arte é em grande parte contextual ou está inteiramente na mente de quem vê. (O exemplo mais famoso é Marcel Duchamp pondo um mictório numa galeria e dizendo, para todos os efeitos: "Chamo isso de arte; portanto é arte.") Mas o dadaísmo é realmente arte? Ou é apenas a arte zombando de si mesma? Quantas vezes você entrou numa galeria de arte contemporânea e se sentiu como o garotinho que percebeu instantaneamente que o imperador estava nu?

A arte perdura numa assombrosa diversidade de estilos: arte grega clássica, arte tibetana, arte africana, arte *khmer*, bronzes chola, arte renascentista, impressionismo, expressionismo, cubismo, fauvismo, arte abstrata – a lista é interminável. Mas pode haver, sob toda essa variedade, alguns princípios gerais ou universais artísticos que atravessem fronteiras culturais? Podemos produzir uma ciência da arte? Ciência e arte parecem fundamentalmente antitéticas. A primeira é uma busca de princípios gerais e explicações organizadas, ao passo que a outra é uma celebração da imaginação e do espírito individual, de modo que a própria noção de ciência da arte parece um oximoro. No entanto, esse é o meu objetivo neste capítulo e no próximo: convencê-lo de que nosso conhecimento da visão e do cérebro humano está agora suficientemente sofisticado para que possamos especular de maneira inteligente sobre a base neural da arte e talvez começar a construir uma teoria científica da experiência artística. Dizer isso não é depreciar a originalidade do artista individual, pois a maneira como ele utiliza esses princípios universais é inteiramente sua.

Primeiro, quero estabelecer uma distinção entre arte tal como definida por historiadores e o amplo tópico da estética. Como tanto a arte quanto a estética exigem que o cérebro responda à beleza, é inevitável que haja uma grande superposição. Mas a arte inclui coisas como o dadaísmo (cujo valor estético é dúbio), ao passo que a estética inclui coisas como design de moda, que geralmente não é considerado arte elevada. Talvez nunca possa haver uma ciência da arte elevada, mas sugiro que pode haver uma ciência dos princípios da estética que lhe são subjacentes.

Muitos princípios da estética são comuns tanto a seres humanos quanto a outras criaturas, não podendo, portanto, ser resultado de cultura. Pode ser coincidência que as flores nos pareçam bonitas, embora tenham se desenvolvido para ser bonitas para abelhas e não para nós? Isso ocorre não porque nossos cérebros evoluíram a partir de cérebros de abelha (eles não o fizeram), mas porque ambos os grupos convergiram independentemente para alguns dos mesmos princípios universais da estética. O mesmo pode ser dito sobre a razão pela qual as aves-do-paraíso machos parecem tamanha festa para os olhos, a ponto de as usarmos como enfeites de cabeça –, embora tenham se desenvolvido para as fêmeas de sua própria espécie, não para *Homo sapiens*.

FIGURA 7.1 O "ninho" esmeradamente construído do pássaro-arquiteto macho, projetado para atrair fêmeas. Princípios "artísticos" como agrupamento por cor, contraste e simetria estão em evidência.

Algumas criaturas, como os *bowerbirds*, ou pássaros-arquitetos, da Austrália e da Nova Guiné, possuem o que nós seres humanos percebemos como talento artístico. Os machos do gênero são umas criaturinhas pardacentas, mas, talvez como uma compensação freudiana, constroem enormes caramanchões deslumbrantemente decorados – *garçonnières* – para atrair parceiras (figura 7.1). Uma espécie constrói um caramanchão de quase dois metros e meio de altura com entradas elaboradamente construídas, arcadas, e até gramados em frente à entrada. Em diferentes partes do caramanchão, o pássaro arranja grupos de flores em ramalhetes, separa bagas de vários tipos pela cor e faz reluzentes morrotes brancos com pedacinhos de osso e cascas de ovo. Seixos brilhantes e lisos arranjados em elaborados desenhos são muitas vezes parte da exibição. Quando os caramanchões estão próximos de uma habitação humana, o pássaro se apropria de pedacinhos de papel laminado de maços de cigarro ou de pequeninos cacos de vidro (o equivalente aviário de joias) para efeitos de destaque.

O pássaro-arquiteto macho sente grande orgulho da aparência global e até dos detalhes finos de sua estrutura. Desloque uma baga, e ele pulará ali para colocá-la de volta no lugar, mostrando o tipo de meticulosidade vista em muitos artistas humanos. Distintas espécies de pássaros-arquitetos constroem ninhos visivelmente diferentes, e, o mais extraordinário, indivíduos dentro de uma mesma espécie têm estilos diferentes. Em suma, o pássaro manifesta uma originalidade artística que serve para impressionar e atrair fêmeas. Se um desses caramanchões fosse exposto numa galeria de arte de Manhattan sem que se revelasse que fora criado pelo cérebro de um pássaro, aposto que despertaria comentários favoráveis.

Retornando a seres humanos, um problema referente a estética sempre me intrigou. Qual é – se existe alguma – a diferença essencial entre arte kitsch e arte real? Alguns diriam que o kitsch de uma pessoa pode ser a arte elevada de outra. Em outras palavras, o julgamento é inteiramente subjetivo. Mas se uma teoria da arte não puder distinguir de maneira objetiva o kitsch da arte real, quão completa é essa teoria, e em que sentido podemos afirmar que compreendemos o significado de arte? Uma razão para pensar que há uma diferença real é que é possível aprender a gostar de arte verdadeira depois de apreciar kitsch, mas é praticamente impossível escorregar de volta para o kitsch depois de conhecer os deleites da arte elevada. No entanto, a diferença entre as duas permanece frustrantemente elusiva. De fato, proponho o desafio de que nenhuma teoria da estética pode ser considerada completa a menos que enfrente esse problema e seja capaz de explicá-lo com objetividade.

Neste capítulo, vou especular sobre a possibilidade de que a verdadeira arte – ou de fato a estética – envolva o uso efetivo de certos universais artísticos, ao passo que o kitsch utiliza meramente os gestos, como se para zombar dos princípios sem uma genuína compreensão deles. Isso não é uma teoria completa, mas é um começo.

Por muito tempo não tive nenhum interesse real por arte. Bem, isso não é inteiramente verdadeiro, porque toda vez que comparecia a uma reunião científica numa grande cidade eu visitava as galerias locais, ainda que apenas para provar para mim mesmo que eu era culto. Mas é justo dizer que não tinha nenhuma paixão profunda por arte. Porém, tudo isso mudou em 1994 quando fui à Índia num ano sabático e iniciei o que viria a ser um duradouro caso de amor com a estética. Durante uma visita de três meses a Chennai (também conhecida como Madras), a cidade no sul da Índia onde nasci, vi-me com tempo de sobra em minhas mãos. Eu estava lá como professor visitante no Instituto de Neurologia para trabalhar com pacientes com acidente vascular cerebral, membros fantasma após amputação ou uma perda sensorial causada por hanseníase. A clínica passava por um período de baixa atividade, de modo que não havia muitos pacientes para ver. Isso me deu ampla oportunidade para tranquilas caminhadas pelo templo de Shiva em meu bairro em Mylapore, que data do primeiro milênio a.C.

Um estranho pensamento me ocorreu quando eu contemplava as esculturas de pedra ou bronze (ou "ídolos", como os ingleses costumam chamá-las) no templo. No ocidente, essas peças são encontradas agora, sobretudo, em museus e galerias e são chamadas de arte indiana. No entanto, cresci rezando para elas quando criança e nunca pensei nelas como arte. Elas estão tão bem integradas ao tecido da vida na Índia – o culto, a música e a dança de todos os dias – que é difícil saber onde a arte termina e onde começa a vida comum. Essas esculturas não são fios separados da existência da maneira como são aqui no ocidente.

Até essa visita particular a Chennai, eu tinha uma visão bastante colonialista das esculturas indianas graças à minha educação ocidental. Via-as em grande medida como iconografia religiosa ou mitologia, não como belas-artes. Nessa visita, porém, essas imagens tiveram um profundo impacto sobre mim como belas obras de arte, não como artefatos religiosos.

Quando chegaram à Índia durante os tempos vitorianos, os ingleses consideravam o estudo da arte indiana sobretudo como etnografia e antropologia. (Isso seria o equivalente a pôr Picasso na seção de antropologia do museu nacional em Déli.) Eles ficavam horrorizados com a nudez e muitas vezes descreviam as esculturas como primitivas ou não realistas. Por exemplo, a escultura em bronze de Parvati (figura 7.2a), que data do apogeu da arte do sul da Índia durante o período Chola (século XII), é encarada na Índia como o próprio epítome da sensualidade, graça, *aplomb*, dignidade e encanto feminino – na verdade, de tudo que é feminino. No entanto, quando os ingleses olharam para essa escultura e outras semelhantes (figura 7.2b), queixaram-se de que não eram arte porque não se pareciam com mulheres reais. Os seios e os quadris eram grandes demais, a cintura estreita demais. De maneira semelhante, ressaltaram que as pinturas em miniatura da escola mongol ou Rajasthani muitas vezes careciam da perspectiva encontrada em cenas naturais.

Ao fazer essas críticas, estavam, é claro, comparando inconscientemente a arte indiana antiga com os ideais da arte ocidental, em especial a arte grega e renascentista em que o realismo é enfatizado. Mas se arte é uma questão de realismo, por que até mesmo criar as imagens? Por que não andar simplesmente por aí olhando as coisas à nossa volta? A maioria das pessoas reconhece que o objetivo da arte não é criar uma réplica realista de algo, mas o exato oposto: é distorcer deliberadamente, exagerar – até transcender – o realismo para produzir certos efeitos agradáveis (e por vezes perturbadores) no espectador. E quanto mais eficazmente isso for feito, maior o choque estético.

Beleza e o cérebro: A emergência da estética

FIGURA 7.2 (a) Escultura em bronze da deusa Parvati criada durante o período Chola (séculos X a XIII) no sul da Índia. (b) Réplica de uma escultura de arenito de uma ninfa de pedra postada sob um ramo arqueado, de Khajuraho, na Índia, no século XII, demonstrando o efeito de "deslocamento de pico" da forma feminina. As mangas maduras no ramo são um eco visual de seus seios jovens e (como os seios) uma metáfora da fertilidade e fecundidade da natureza.

As pinturas cubistas de Picasso eram tudo, menos realistas. Suas mulheres – com dois olhos de um lado do rosto, corcundas, com membros nos lugares errados e assim por diante – eram consideravelmente mais distorcidas que qualquer bronze chola ou miniatura mongol. No entanto a resposta ocidental a Picasso foi que ele era um gênio que nos libertou da tirania do realismo, mostrando-nos que a arte não precisa sequer tentar ser realista. Não quero depreciar a genialidade de Picasso, mas ele estava fazendo o que artistas indianos haviam feito um milênio antes. Até seu truque de representar múltiplas visões de um objeto num único plano foi usado por artistas mongóis. (Eu poderia acrescentar que não sou um grande fã da arte de Picasso.)

Assim as nuances metafóricas da arte indiana passaram despercebidas pelos historiadores da arte ocidentais. Um eminente bardo, o escritor e naturalista do século XIX sir George Christopher Molesworth Birdwood, considerava a arte indiana meras "peças artesanais" e sentia-se repelido pelo fato de vários deuses terem múltiplos braços (muitas vezes significando alegoricamente seus muitos atributos divinos). Ele se referiu ao maior ícone da arte indiana, *O Shiva dançante* ou *Nataraja*, que aparece no próximo capítulo, como uma monstruosidade de múltiplos braços. É muito estranho que não tivesse a mesma opinião sobre os anjos pintados na arte renascentista – crianças humanas com asas brotando de suas escápulas –, que na certa também pareciam monstruosos para alguns indianos. Como médico, eu poderia acrescentar que múltiplos braços aparecem ocasionalmente em seres humanos, um espetáculo regular nos circos de horrores de outrora, mas asas brotando de um ser humano é impossível. (No entanto, um levantamento recente revelou que cerca de um terço de todos os norte-americanos afirma ter visto anjos, frequência maior até que a das visões de Elvis!)

As obras de arte não são, portanto, fotocópias; elas envolvem hipérbole e distorção da realidade deliberadas. Mas não podemos simplesmente distorcer uma imagem ao acaso e chamar isso de arte (embora muita gente o faça aqui em La Jolla). A questão é: que tipos de distorções são eficazes? Há alguma regra que o artista use, quer seja consciente ou inconscientemente, para mudar a imagem de uma maneira sistemática? E nesse caso, quão universais são essas regras?

Enquanto eu me debatia com essas questões e ruminava sobre antigos manuais indianos de arte e estética, notei muitas vezes a palavra *rasa*. Essa palavra sânscrita é difícil de traduzir, mas significa aproximadamente "apreender a própria essência, o próprio espírito de alguma coisa, para evocar um humor ou emoção específica no cérebro do espectador". Dei-me conta de que, se quisermos compreender arte, temos de compreender a *rasa* e como ela está representada no conjunto de circuitos neurais no cérebro. Uma tarde, com uma disposição extravagante, sentei-me na entrada do templo e anotei rapidamente quais poderiam ser, a meu ver, as "oito leis universais da estética", análogas ao caminho óctuplo de Buda para a sabedoria e a iluminação. (Mais tarde, concebi uma nona lei adicional, e lá se foi a analogia com Buda!) Estas são regras práticas que o artista e até o estilista de moda usa para criar imagens visualmente agradáveis que excitam as áreas visuais do cérebro de forma mais otimizada do que se ele usasse imagens realistas ou objetos reais.

Nas páginas que seguem vou desenvolver essas leis. Acredito que algumas são genuinamente novas, ou pelo menos não foram formuladas explicitamente no contexto das artes visuais. Outras são muito conhecidas pelos artistas, historiadores da arte e filósofos. Meu objetivo não é fornecer uma explicação completa da neurologia da estética (mesmo supondo que tal coisa seja possível), mas amarrar fios de muitas disciplinas diferentes e fornecer um referencial coerente. Semir Zeki, um neurocientista do University College of London lançou-se num empreendimento semelhante que ele chama de "neuroestética". Por favor, fique certo de que esse tipo de análise não deprecia de maneira alguma as dimensões espirituais mais elevadas da arte, assim como descrever a fisiologia da sexualidade no cérebro não deprecia a mágica do amor romântico. Estamos lidando com níveis diferentes de descrição, que se complementam em vez de se contradizer mutuamente. (Ninguém negaria que a sexualidade é um forte componente do amor romântico.)

Além de identificar e catalogar essas leis, também precisamos compreender qual poderia ser a sua função, se é que elas têm alguma, e por que elas se desenvolveram. Essa é uma importante diferença entre as leis da biologia e as leis da física. Estas últimas existem simplesmente porque existem, ainda que os físicos possam se perguntar por que elas sempre parecem tão simples e elegantes à mente humana. As leis biológicas, por outro lado, desenvolveram-se porque ajudavam o organismo a lidar com o mundo de maneira confiável, permitindo-lhe sobreviver e transmitir seus genes de maneira mais eficiente. (Isso não é sempre verdade, mas é verdade com frequência suficiente para fazer com que valha a pena para o biólogo tê-lo sempre em mente.) Assim, a busca de leis biológicas não deveria ser impelida por uma busca de simplicidade ou elegância. Nenhuma mulher que passou por um parto diria que essa é uma solução elegante para dar à luz um bebê.

Além disso, afirmar que poderia haver leis universais da estética e da arte não diminui em absoluto o importante papel da cultura na criação e apreciação da arte. Sem culturas não haveria distintos estilos de arte como indiana e ocidental. Meu interesse não está na diferença entre vários estilos artísticos, mas em princípios que atravessam barreiras culturais, mesmo que eles expliquem somente, digamos, 20% da variação vista na arte. Essas variações culturais são fascinantes, é claro, mas eu afirmaria que certos princípios sistemáticos situam-se por trás dessas variações.

Aqui estão os nomes de minhas nove leis da estética:

1. Agrupamento
2. Efeito de deslocamento de pico
3. Contraste
4. Isolamento
5. Esconde-esconde, ou solução do problema perceptual
6. Aversão a coincidências
7. Ordem
8. Simetria
9. Metáfora

Não basta arrolar essas leis e descrevê-las; precisamos de uma perspectiva biológica coerente. Em particular, ao explorar qualquer traço humano universal como humor, música, arte ou linguagem, precisamos ter em mente três questões básicas: grosso modo, O quê? Por quê? e Como? Primeiro, qual é a estrutura lógica interna do traço particular que estamos considerando (correspondendo aproximadamente ao que chamo de leis)? Por exemplo, a lei do agrupamento significa simplesmente que o sistema visual tende a agrupar elementos ou traços similares na imagem em grupos. Segundo, por que o traço particular tem a estrutura lógica que tem? Em outras palavras, para que função biológica ele se desenvolveu? E terceiro, como o traço ou lei é mediado pelo mecanismo neural no cérebro?[1] Todas essas três questões precisam ser respondidas antes que possamos afirmar genuinamente ter compreendido qualquer aspecto da natureza humana.

Em minha visão, as abordagens mais antigas à estética em sua maior parte ou fracassaram ou permaneceram frustrantemente incompletas com relação a essas questões. Por exemplo, os psicólogos da Gestalt eram bons para apontar as leis da percepção, mas não explicaram corretamente por que essas leis teriam se desenvolvido ou como passaram a ser preservadas na arquitetura neural do cérebro. (Os psicólogos da Gestalt consideravam as leis subprodutos de alguns princípios físicos ainda não descobertos, como campos elétricos no cérebro.) Os psicólogos evolucionários costumam ser bons para mostrar a que função uma lei poderia servir, mas tipicamente não se interessam em especificar em termos lógicos claros o que ela realmente é, em explorar seus mecanismos neurais subjacentes, ou mesmo em estabelecer se ela existe ou não! (Por exemplo, há no cérebro uma lei para cozinhar porque a maioria das culturas cozinha?) E, por fim, os piores criminosos são os neurofisiologistas (exceto aqueles muito bons), que parecem não ter interesse nem pela lógica funcional nem pela lógica evolucionária dos circuitos neurais que exploram com tanta diligência. Isso é espantoso, pois, como disse Theodosius Dobzhansky numa frase famosa, "Nada faz sentido em biologia exceto à luz da evolução".

Uma analogia útil vem de Horace Barlow, um neurocientista visual britânico cujo trabalho é central para a compreensão da estatística de cenas naturais. Imagine que um biólogo marciano chega à Terra. O marciano é assexual e se reproduz por duplicação, como uma ameba, portanto não sabe nada sobre sexo. Ele disseca os testículos de um homem, estuda sua microestrutura em excruciantes detalhes e descobre grande quantidade de esperma nadando para cá e para lá. A menos que tivesse conhecimento do sexo (o que não tem), o marciano não teria a mais nebulosa compreensão da estrutura e da função dos testículos apesar de todas as suas meticulosas dissecções. Ele ficaria desconcertado com essas duas bolas esféricas penduradas em metade da população humana e poderia até concluir que os coleantes espermatozoides eram parasitas. A difícil situação de muitos de meus colegas da fisiologia não é diferente da do marciano. Saber os mínimos detalhes não significa necessariamente compreender a função do todo a partir de suas partes.

Assim, com os três princípios abrangentes de lógica interna, função evolucionária e mecânica neural em mente, vejamos o papel que cada uma de minhas leis individuais desempenha na construção de uma concepção neurobiológica da estética. Vamos começar com um exemplo concreto: agrupamento.

A lei do agrupamento

A lei do agrupamento foi descoberta pelos psicólogos da Gestalt por volta da virada do século XX. Faça uma pausa para olhar de novo para a figura 2.7, o cão dálmata no capítulo 2. A princípio a única coisa que você vê é um conjunto de manchas aleatórias, mas depois de alguns segundos começa a agrupar algumas das manchas conjuntamente. Você vê então um cão dálmata farejando o chão. Seu cérebro cola as manchas do "cão" umas nas outras para formar um único objeto claramente delineado, destacando-se das sombras de folhas à sua volta. Isso é bem conhecido, mas os cientistas da visão muitas vezes negligenciam o fato de que o agrupamento bem-sucedido é agradável. Temos uma sensação interna de "Ahá!", como se tivéssemos acabado de resolver um problema.

O agrupamento é usado tanto por artistas quanto por estilistas de moda. Em algumas pinturas clássicas do Renascimento muito conhecidas (figura 7.3), a mesma cor azul-celeste se repete em toda a extensão da tela como parte de vários objetos não relacionados. Da mesma maneira, o mesmo bege e marrom são usados em halos, roupas e cabelos por toda a cena. O artista usa um conjunto limitado de cores em vez de uma enorme variedade. Mais uma vez, nosso cérebro tem prazer em agrupar manchas de cores semelhantes. É agradável, assim como é agradável agrupar as manchas do cão, e o artista tira partido disso. Ele não o faz por ser sovina

Beleza e o cérebro: A emergência da estética   257

FIGURA 7.3 Nesta pintura renascentista, cores muito semelhantes (azuis, marrom-escuro e bege) estão espacialmente espalhadas por toda a tela. O agrupamento de cores semelhantes é agradável para os olhos, mesmo que elas estejam em objetos diferentes.

com a tinta ou por possuir apenas uma paleta limitada. Pense na última vez que você escolheu um *passe-partout* para enquadrar uma pintura. Se há pedacinhos azuis na pintura, você escolhe um *passe-partout* de cor azul. Se há sobretudo tons verde-terra na pintura, um *pass-partout* marrom parece mais agradável aos olhos.

O mesmo pode ser dito sobre a moda. Quando você vai à loja de departamentos Nordstrom para comprar uma saia vermelha, a vendedora a aconselha a comprar um lenço para o pescoço vermelho e um cinto vermelho para combinar com ela. Ou se você é um sujeito comprando um terno azul, o vendedor pode lhe recomendar uma gravata com pintas do mesmo tom de azul para combinar com o terno.

Mas o que está realmente em jogo aqui? Há uma razão lógica para agrupar cores? Isso é apenas marketing e propaganda, ou revela algo de fundamental sobre o cérebro? Essa é a questão "por quê". A resposta é que o agrupamento se desenvolveu, de maneira bastante surpreendente, para derrotar a camuflagem e detectar objetos em cenas atulhadas. Isso parece contrário ao bom senso porque, quando olhamos à nossa volta, os objetos estão claramente visíveis – com certeza não camuflados. Num ambiente urbano moderno, os objetos são tão comuns que não percebemos que a visão é sobretudo uma questão de ver objetos de modo a poder evitá-los, esquivar-se deles, persegui-los, comê-los ou acasalar com eles. Damos por certo o que é familiar, mas pense em um de seus ancestrais arbóreos tentando localizar um leão escondido atrás de uma tela de manchas verdes (um galho de árvore, digamos). Só estão visíveis várias manchas amarelas de fragmentos do leão (figura 7.4). Mas seu cérebro diz (para todos os efeitos), "Qual é a probabilidade de que todos esses fragmentos sejam da mesma cor por coincidência? Zero. Portanto, eles provavelmente pertencem a um único objeto. Deixe-me colá-los uns nos outros para ver o que é. Ahá! Nossa! É um leão – correr!". Essa habilidade aparentemente esotérica de agrupar manchas pode ter feito toda a diferença entre vida e morte.

FIGURA 7.4 Um leão visto através da folhagem.
Os fragmentos são agrupados pelo sistema visual da presa
antes que a forma global do leão se torne evidente.

A vendedora na Nordstrom está longe de se dar conta de que, ao escolher o lenço de pescoço vermelho combinando com sua saia vermelha, ela está explorando um princípio profundo subjacente à organização de nosso cérebro, e de que está tirando partido do fato de que nosso cérebro evoluiu para detectar predadores vistos atrás de folhagem. Mais uma vez, agrupar é agradável. Claro que o lenço de pescoço vermelho e a saia vermelha não são um único objeto, de modo que logicamente não deveriam ser agrupados, mas isso não a impede de tirar proveito da lei do agrupamento de qualquer maneira para criar uma combinação atraente. O importante é: a regra funcionou nas copas de árvore em que nosso cérebro se desenvolveu. Ela foi válida com frequência suficiente para que incorporá-la como uma lei em nossos centros cerebrais visuais auxiliasse nossos ancestrais a deixar mais bebês para trás, e essa é a única coisa que importa na evolução. O fato de um artista poder empregar mal a regra numa pintura individual, fazendo-nos agrupar manchas de diferentes objetos, é irrelevante, porque nosso cérebro é enganado e aprecia o agrupamento de qualquer maneira.

Outro princípio de agrupamento perceptual, conhecido como da boa continuidade, declara que elementos gráficos que sugerem um contorno visual contínuo tenderão a ser agrupados juntos. Recentemente tentei construir uma versão disso que talvez seja de modo especial relevante para a estética (figura 7.5). A figura 7.5b é pouco atraente, embora seja feita de componentes cujas formas e arranjo são similares aos vistos na figura 7.5a, que é agradável aos olhos. Isso ocorre por causa do choque de "Ahá" que você obtém do completamento (agrupamento) de limites de objetos atrás de oclusores (7.5a, ao passo que em 7.5b há tensão insolúvel).

E agora precisamos responder à questão "como", a mediação neural da lei. Quando vemos um grande leão através de folhagem, os diferentes fragmentos amarelos de leão ocupam regiões separadas do campo visual, e apesar disso nosso cérebro os gruda uns nos outros. Como? Cada fragmento excita uma célula (ou pequeno grupo de células) separada em porções muito distanciadas no córtex visual e áreas da cor no cérebro. Cada célula sinaliza a presença do traço por meio de uma saraivada de impulsos nervosos, uma série de picos, como eles são chamados. A sequência

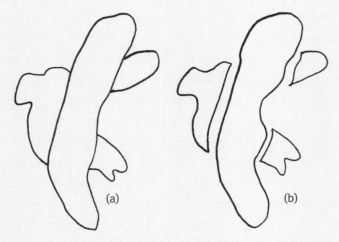

FIGURA 7.5 (a) Ver o diagrama à esquerda nos dá uma agradável sensação de completude: o cérebro gosta de agrupar. (b) No diagrama à direita, as manchas menores flanqueando a mancha vertical central não são agrupadas pelo sistema visual, criando uma espécie de tensão perceptual.

exata de picos é aleatória; se você mostrar o mesmo traço à mesma célula ela vai disparar de novo com igual vigor, mas produz-se uma nova sequência aleatória de impulsos que não é idêntica à primeira. O que parece importar para o reconhecimento não é o padrão exato de impulsos nervosos, mas que neurônios disparam e em que grau disparam, um princípio conhecido como lei de Müller de energias nervosas específicas. Proposta em 1826, a lei afirma que as diferentes qualidades perceptuais evocadas no cérebro por som, luz e picada de alfinete, a saber, audição, visão e dor, não são causadas por diferenças em padrões de ativação, mas por diferentes localizações de estruturas nervosas excitadas por esses estímulos.

Essa é a história corrente, mas uma nova descoberta assombrosa feita por dois neurocientistas, Wolf Singer do Instituto Max Planck de Pesquisa do Cérebro em Frankfurt, Alemanha, e Charles Gray, da Universidade Estadual de Montana, acrescenta um elemento novo e inesperado a ela. Eles descobriram que, se um macaco olhar para um objeto grande do qual somente fragmentos são visíveis, muitas células se excitam em paralelo para sinalizar os diferentes fragmentos. Isso é o que esperaríamos. Surpreendentemente, porém, logo que os traços são agrupados num objeto inteiro (nesse caso, um leão), todas as sequências de picos ficam perfeitamente sincronizadas. Portanto, a sequência exata de picos *tem* importância, sim. Ainda não sabemos como isso ocorre, mas Singer e Gray sugerem que essa sincronia informa a centros cerebrais mais elevados que os fragmentos pertencem a um único objeto. Eu levaria esse argumento um passo adiante e sugeriria que essa sincronia permite que as sequências de picos sejam codificadas de tal maneira que um *output* coerente emerge e é retransmitido ao núcleo emocional do cérebro, criando em nós um choque de "Ahá! Veja só, é um objeto!". Esse choque nos excita e nos faz girar os globos oculares e a cabeça para o objeto para podermos prestar atenção a ele, identificá-lo e fazer alguma coisa. É esse sinal "Ahá!" que o artista ou designer explora quando emprega o agrupamento. Isso não é tão forçado como parece; há projeções da amígdala e de outras estruturas límbicas (como o núcleo accumbens) de volta para quase todas as áreas visuais na hierarquia do processamento visual discutido no capítulo 2. Certamente essas projeções desempenham um papel na mediação dos "Ahá!" visuais.

As demais leis universais da estética são menos bem compreendidas, mas isso não me impediu de especular a respeito da sua evolução. (O que não é fácil; algumas leis podem não ter elas próprias uma função, mas ser subprodutos de outras leis que têm.) Na verdade, algumas leis parecem realmente se contradizer mutuamente, o que pode na realidade vir a ser uma bênção. A ciência avança muitas vezes solucionando aparentes contradições.

A lei do efeito de deslocamento de pico

Minha segunda lei universal, o efeito do deslocamento de pico, relaciona-se com a maneira como nosso cérebro responde a estímulos exagerados. (Eu deveria ressaltar que a expressão "efeito de deslocamento de pico" tem supostamente um significado preciso na literatura sobre aprendizagem animal, ao passo que a utilizo aqui mais livremente.) Isso explica por que caricaturas são tão atraentes. E como mencionei antes, antigos manuais sânscritos sobre estética usam com frequência a palavra *rasa*, cuja tradução aproximada é "capturar a própria essência de algo". Mas como exatamente o artista extrai a essência de algo e o representa numa pintura ou escultura? E como nosso cérebro reage à *rasa*?

Por estranho que pareça, uma pista vem de estudos sobre o comportamento animal, em especial o de ratos e pombos ensinados a reagir a certas imagens visuais. Imagine um experimento hipotético em que um rato está sendo ensinado a discriminar um retângulo de um quadrado (figura 7.6). Toda vez que o animal se aproxima do retângulo, você lhe dá um pedaço de queijo, mas se vai para o lado do quadrado você não dá. Após algumas dúzias de tentativas, o rato aprende que "retângulo = comida", começa a ignorar o quadrado e vai somente em direção ao retângulo. Em outras palavras, agora ele gosta do retângulo. O espantoso, porém, é que, se em seguida você mostrar ao rato um retângulo mais estreito que aquele que lhe mostrou originalmente, ele preferirá de fato esse retângulo ao primeiro! Você pode se sentir tentado a dizer: "Bem, isso é um pouco tolo. Por que o rato haveria de escolher realmente o novo retângulo em vez daquele com que você o treinou?" A resposta é que o rato não está sendo tolo em absoluto. Ele aprendeu uma regra – "retangularidade" – em vez de um retângulo protótipo particular; assim, de seu ponto vista, quanto mais retangular, melhor. (Com isso, queremos dizer: "Quanto mais elevada a razão de um lado mais longo para um lado mais curto, melhor.") Quanto mais o contraste entre o retângulo e o quadrado for enfatizado, mais atraente ele será, de modo que, ao ver o retângulo longo e estreito, o rato pensa: "Uau! Que retângulo!"

Esse efeito é chamado deslocamento de pico porque comumente, quando ensinamos algo a um animal, sua resposta de pico é ao estímulo com que o treinamos. Mas se treinamos o animal a discriminar uma coisa (nesse caso, um retângulo) de outra (o quadrado), a resposta máxima é a um retângulo totalmente novo, que se afasta ainda mais do quadrado em sua retangularidade.

Que tem um efeito de deslocamento de pico a ver com arte? Pense em caricaturas. Como mencionei no capítulo 2, quando queremos desenhar

Beleza e o cérebro: A emergência da estética 263

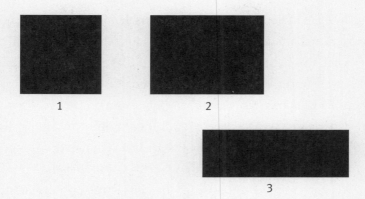

FIGURA 7.6 Demonstração do princípio do efeito de deslocamento de pico: o rato é ensinado a preferir o retângulo (2) ao quadrado (1), mas depois, espontaneamente, prefere o retângulo mais longo, mais estreito (3).

uma caricatura do rosto de Nixon, tomamos todos aqueles traços que tornam seu rosto especial e diferente do rosto médio, como um narigão e sobrancelhas desgrenhadas, e os amplificamos. Em outras palavras, tomamos a média matemática de todos os rostos masculinos, subtraímos essa média do rosto de Nixon e em seguida amplificamos a diferença. Fazendo isso, criamos uma imagem que se parece mais com Nixon do que o Nixon original! Em suma, captamos a própria essência – a *rasa* – de Nixon. Se exagerarmos isso, obteremos um efeito cômico – uma caricatura –, porque o efeito não parecerá sequer humano; mas se fizermos isso direito, obteremos um excelente retrato.

Caricaturas e retratos à parte, como esse princípio se aplica a outras formas de arte? Dê uma segunda olhada na deusa Parvati (figura 7.2a), que transmite a essência da sensualidade, *aplomb*, charme e dignidade femininos. Como o artista consegue isso? Uma primeira resposta é que ele subtraiu a forma masculina média da forma feminina média e amplificou a diferença. O resultado final é uma mulher com seios e quadris exagerados e uma cintura de ampulheta atenuada: esbelta, mas voluptuosa. O fato de ela não se parecer com a mulher real comum é irrelevante; gostamos da escultura como o rato gostava do retângulo mais estreito mais do que do protótipo original, dizendo, para todos os efeitos: "Uau! Que mulher!" Mas certamente há mais coisas envolvidas, do contrário qualquer garota da *Playboy* seria uma obra de arte (embora, é claro, eu nunca tenha visto uma com uma cintura tão estreita quanto a da deusa).

Parvati não é apenas uma gatinha sexy; ela é a própria corporificação da perfeição, da graça e do *aplomb* femininos. Como o artista consegue isso? Ele o faz acentuando não apenas seus seios e quadris, mas também sua postura feminina (formalmente conhecida como *tribhanga*, ou "flexão tríplice", em sânscrito). Certas posturas que uma mulher pode adotar sem esforço são impossíveis (ou extremamente improváveis) num homem em razão de diferenças anatômicas como a largura da pelve, o ângulo entre o colo e a haste do fêmur, a curvatura da espinha lombar. Em vez de subtrair a forma masculina da forma feminina, o artista entra num espaço mais abstrato de postura, subtraindo a postura masculina média da postura feminina média e depois amplifica a diferença. O resultado é uma postura requintadamente feminina, transmitindo *aplomb* e graça.

Agora dê uma olhada na ninfa dançarina da figura 7.7, cujo torso contorcido é quase anatomicamente absurdo, mas que ainda assim transmite uma impressão incrivelmente bonita de movimento e dança. É provável que isso tenha sido obtido, mais uma vez, pelo exagero deliberado de postura, que pode ativar – na verdade, superativar – neurônios-espelho no sulco temporal superior. Essas células reagem fortemente quando uma pessoa está vendo posturas cambiantes e movimentos do corpo, bem como expressões faciais em mudança. (Lembre-se da via 3, o fluxo "e daí?" no processamento da visão discutido no capítulo 2.) Talvez esculturas como a ninfa dançante produzam uma estimulação especialmente forte de certas classes de neurônios-espelho, resultando numa interpretação correspondentemente aumentada da linguagem corporal de posturas dinâmicas. Não é de surpreender, portanto, que mesmo a maior parte dos tipos de dança – indianas ou ocidentais – envolva engenhosos exageros ritualizados de movimentos e posturas que transmitem emoções específicas. (Lembra-se de Michael Jackson?)

FIGURA 7.7 Ninfa dançante de pedra do Rajastão, Índia, século XI. Acaso ela estimula neurônios-espelho?

A relevância da lei do efeito de deslocamento de pico para caricaturas e para o corpo humano é óbvia, mas e quanto a outros tipos de arte?[2] Podemos pelo menos começar a nos aproximar de Van Gogh, Rodin, Gustav Klimt, Henry Moore ou Picasso? O que pode a neurociência nos dizer sobre arte abstrata e semiabstrata? Esse é o ponto em que a maioria das teorias da arte fracassa ou começa a invocar a cultura, mas eu gostaria de sugerir que isso não é necessário. A pista importante para compreender essas formas da chamada arte superior vem de uma fonte muito inesperada: etologia, a ciência do comportamento animal, em particular do trabalho do biólogo ganhador do Prêmio Nobel Nikolaas Tinbergen, que fez seu trabalho pioneiro com gaivotas nos anos 1950.

Tinbergen estudou a gaivota-prateada, comum tanto na costa inglesa quanto na norte-americana. A mãe-gaivota tem uma mancha vermelha saliente em seu longo bico amarelo. O filhote de gaivota, logo depois de sair do ovo, pede comida bicando vigorosamente na mancha vermelha do bico da mãe. Em seguida esta regurgita comida semidigerida na boca aberta do filhote. Tinbergen fez a si mesmo uma pergunta simples: como o filhote reconhece a sua mãe? Por que ele não pede comida a qualquer animal que esteja passando por perto?

Tinbergen descobriu que para provocar esse comportamento de pedir no filhote não é preciso ser realmente uma gaivota-mãe. Quando ele agitou um bico solto, desincorporado, diante do filhote, a ave bicou na mancha vermelha com igual vigor, pedindo comida ao ser humano que sacudia o bico. O comportamento do filhote – confundindo um ser humano adulto com uma gaivota-mãe – pode parecer tolo, mas não é. Lembre-se de que a visão se desenvolveu para descobrir objetos e reagir a eles (reconhecê-los, esquivar-se deles, comê-los, agarrá-los ou acasalar com eles) de maneira rápida e confiável, fazendo tão pouco trabalho quanto necessário para a tarefa a executar – tomando atalhos onde necessário para minimizar a carga computacional. Graças a milhões de anos de sabedoria evolucionária acumulada, o cérebro do filhote de gaivota aprendeu que a única ocasião em que verá uma coisa amarela comprida com uma mancha vermelha na ponta é aquela em que há uma mãe presa a ela do outro lado. Afinal de contas, provavelmente o filhote nunca encontrará na natureza um porco mutante com um bico ou um etologista malicioso agitando um bico falso. Assim o cérebro do filhote é capaz de tirar partido dessa redundância estatística na natureza e a equação "coisa comprida com mancha vermelha = mamãe" é fisicamente conectada em seu cérebro.

Na verdade Tinbergen descobriu que nem sequer precisamos de um bico; podemos ter uma tira retangular de cartolina com uma mancha vermelha na ponta, e o filhote pedirá comida com igual vigor. Isso acontece porque o mecanismo visual do filhote não está perfeito; está conectado de maneira a ter uma taxa de acerto suficientemente alta na detecção da mãe para sobreviver e deixar prole. Assim, podemos enganar com facilidade esses neurônios fornecendo um estímulo visual que se aproxime do original (assim como uma chave não precisa ser absolutamente perfeita para se ajustar a um cadeado barato; pode estar enferrujada ou um pouco corroída).

Mas o melhor ainda estava por vir. Para seu espanto, Tinbergen descobriu que, se tivesse uma vara muito longa com três listras vermelhas na ponta, o filhote ficava frenético, bicando-o com muito mais intensidade que num bico real. Na verdade ele prefere esse estranho padrão, que não tem quase nenhuma semelhança com o original! Tinbergen não nos diz por que isso acontece, mas é quase como se o filhote tivesse topado com um superbico (figura 7.8).

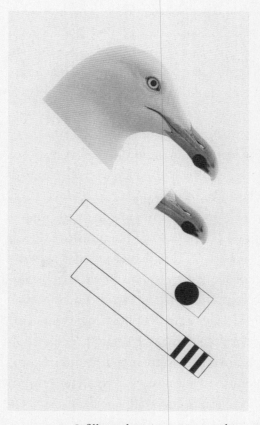

FIGURA 7.8 O filhote de gaivota pica um bico desincorporado ou uma vara com uma mancha que é uma aproximação razoável do bico, dados os limites de sofisticação do processamento visual. Paradoxalmente, uma vara com três listras é ainda mais eficaz do que um bico real; é um estímulo ultranormal.

Por que uma coisa assim podia acontecer? Na verdade não conhecemos o "alfabeto" da percepção visual, seja em gaivotas ou em seres humanos. Obviamente, neurônios nos centros visuais do cérebro da gaivota (que têm pomposos nomes latinos como *nucleus rotumdum*, *hyperstriatum* e *ectostriatum*) não são máquinas com funcionamento ótimo; estão conectados de modo a poder detectar bicos, e portanto mães, de maneira suficientemente confiável. A sobrevivência é a única coisa com que a evolução se importa. O neurônio pode ter uma regra como "quanto mais contorno vermelho, melhor", de modo que se lhe mostramos uma vareta fina com três listras, a célula gosta disso ainda mais! Isso está relacionado ao efeito de mudança de pico sobre ratos mencionado antes, exceto por uma diferença essencial: no caso do rato respondendo ao retângulo mais estreito, é perfeitamente óbvio que regra o animal aprendeu e o que estamos amplificando. No caso da gaivota, porém, a vara com três listras certamente não é uma versão exagerada de um bico verdadeiro; não está claro em absoluto que regra estamos explorando ou amplificando. A resposta intensificada ao bico listrado pode ser uma consequência inadvertida do modo como as células estão conectadas, não a exploração de uma regra com uma função óbvia. Como precisamos de um nome para esse tipo de estímulo, eu o chamo de estímulo "ultranormal" (para distingui-lo de "supernormal", expressão que já existe). Não podemos prever a resposta a um padrão de estímulo ultranormal (como um bico com três listras) olhando para o original (o bico com uma única mancha). Poderíamos – pelo menos em teoria – se conhecêssemos em detalhes a lógica funcional do conjunto de circuitos no cérebro do filhote que permite a detecção rápida e eficiente de bicos. Poderíamos então inventar padrões que realmente excitem esses neurônios de modo mais eficaz ainda do que o estímulo original, de modo que o cérebro do filhote sinta "Uau! que bico sexy!" Ou poderíamos ser capazes de descobrir o estímulo ultranormal por tentativa e erro, topando com ele como Tinbergen fez.

Isso me traz à culminação de minha piada sobre a arte semiabstrata ou mesmo abstrata para a qual nenhuma teoria adequada foi proposta até hoje. Imagine que gaivotas tivessem uma galeria de arte. Elas pendurariam essa vara fina com três listras na parede. Chamariam isso de um Picasso, cultuariam essa obra, a transformariam em fetiche e pagariam milhões de dólares por ela, perguntando a si mesmas durante todo esse tempo por que sentem tamanho entusiasmo por ela, ainda que (e esse é o ponto essencial) não se assemelhe a coisa alguma em seu mundo. Sugiro que é exatamente isso que os *connaisseurs* de arte humanos fazem ao contemplar ou comprar obras de arte abstratas; eles se comportam exatamente como os filhotes de gaivota.

Por tentativa e erro, intuição ou gênio, artistas como Picasso ou Henry Moore descobriram o equivalente no cérebro humano da vara com três listras. Eles estão explorando os figurais primitivos de nossa gramática perceptual e criando estímulos ultranormais que excitam mais intensamente certos neurônios visuais em nosso cérebro em contraposição a imagens de aparência realista. Essa é a essência da arte abstrata. Isso pode parecer uma visão extremamente reducionista, supersimplificada da arte, mas tenha em mente que não estou dizendo que a arte é *só* isso, apenas que este é um componente importante dela.

O mesmo princípio pode se aplicar à arte impressionista – uma tela de Van Gogh ou Cézanne. No capítulo 2, observei que o espaço visual é organizado de tal modo no cérebro que pontos espacialmente adjacentes são mapeados numa relação um a um em pontos adjacentes do córtex. Além disso, em cerca de trinta áreas visuais no cérebro humano, algumas – sobretudo V4 – são dedicadas principalmente à cor. Mas, na área da cor, comprimentos de onda adjacentes num "espaço de cores" abstrato são mapeados em pontos adjacentes no cérebro mesmo que não estejam próximos uns dos outros no espaço externo. Talvez Monet e Van Gogh estivessem introduzindo o efeito de deslocamento de pico no espaço abstrato de cor, não no "espaço de forma", e até se esquivando deliberadamente da forma quando necessário. Um Monet preto e branco é um oximoro.

Esse princípio dos estímulos ultranormais pode ser relevante não apenas para a arte, mas para outras peculiaridades da preferência estética também, como a pessoa por quem nos sentimos atraídos. Cada um de nós carrega moldes para membros do sexo oposto (como sua mãe ou seu pai, ou seu primeiro encontro amoroso realmente tórrido), e talvez aqueles que nos pareçam inexplicável e desproporcionalmente atraentes mais tarde na vida sejam versões ultranormais desses protótipos primitivos. Assim, da próxima vez que você se sentir inexplicavelmente – até perversamente – atraído por uma pessoa que não é bonita em nenhum sentido óbvio, não tire conclusões precipitadas de que é tudo uma questão de feromônios ou da "química certa". Considere a possibilidade de que ela seja uma versão ultranormal do gênero pelo qual você se sentia atraído, profundamente enterrado em seu inconsciente. É estranho pensar que a vida humana é construída sobre essa areia movediça, governada em grande parte pelos caprichos e encontros acidentais do passado, ainda que nos orgulhemos tanto de nossas sensibilidades estéticas e liberdade de escolha. Nesse ponto estou de pleno acordo com Freud.

Há uma objeção potencial à noção de que nossos cérebros são pelo menos em parte fisicamente conectados para apreciar arte. Se isso fosse realmente verdade, por que nem todo mundo gosta de Henry Moore ou de bronzes Chola? Essa é uma questão importante. A resposta surpreendente talvez seja que todo mundo "gosta" de um Henry Moore ou um Parvati, mas nem todo mundo sabe disso. A chave para compreender esse dilema é reconhecer que o cérebro humano tem muitos módulos quase independentes que podem por vezes sinalizar informações incoerentes. É possível que todos nós tenhamos circuitos neurais básicos em nossas áreas visuais que mostrem resposta intensificada a uma escultura de Henry Moore, uma vez que ela é construída a partir de certas formas primitivas que hiperativam células sintonizadas para responder a essas formas. É possível que em muitos de nós, porém, outros sistemas cognitivos mais elevados (como os mecanismos de linguagem e o pensamento modulado no hemisfério esquerdo) comecem a fazer efeito e censurem ou vetem a produção dos neurônios relacionados com reconhecimento facial dizendo, para todos os efeitos: "Há alguma coisa errada com esta escultura; ela parece uma bolha torcida esquisita. Por isso ignore o forte sinal que vem das células num estágio anterior em seu processamento visual." Estou dizendo, em resumo, que todos nós gostamos de Henry Moore, mas muitos de nós negamos isso! A ideia de que as pessoas que afirmam não gostar de Henry

Moore são seus entusiastas enrustidos poderia em princípio ser testada com imagiologia cerebral. (E o mesmo pode ser dito a respeito da reação dos ingleses vitorianos ao bronze Chola de Parvati.)

Um exemplo ainda mais notável de preferência estética excêntrica é a maneira como certos peixes barrigudinhos preferem chamarizes do sexo oposto pintados de azul, embora não haja nada de azul nesses peixinhos. (Se ocorresse uma mutação casual tornando azul um barrigudinho, prevejo a emergência, nos próximos milênios, de uma futura raça de barrigudinhos que se desenvolvem de modo a se tornar inútil e intensamente azuis.) Poderia a atratividade de papel laminado para pássaros-arquitetos e a atratividade universal de joias metálicas brilhantes e pedras preciosas sobre as pessoas basear-se também em alguma peculiaridade idiossincrática de conexão cerebral? (Talvez desenvolvido para detectar água?) Essa ideia dá o que pensar quando consideramos quantas guerras foram travadas, amores perdidos e vidas arruinadas por causa de pedras preciosas.

ATÉ AGORA DISCUTI apenas duas de minhas nove leis. As outras sete serão o assunto do próximo capítulo. Mas, antes que eu continue, quero suscitar mais um desafio. As ideias que considerei até agora em relação a arte abstrata e semiabstrata e a arte de retratar pessoas parecem plausíveis, mas como saber se são realmente verdadeiras? A única maneira de descobrir seria fazer experimentos. Isso pode parecer óbvio, mas todo o conceito de experimento – a necessidade de testar nossa ideia manipulando apenas uma variável ao mesmo tempo que mantemos tudo o mais constante – é novo e surpreendentemente estranho para a mente humana. É uma invenção cultural relativamente recente que começou com os experimentos de Galileu. Antes dele, as pessoas "sabiam" que, se uma pedra pesada e um amendoim fossem derrubados no mesmo instante do alto de uma torre, seria óbvio que o objeto mais pesado cairia mais depressa. Bastou um experimento de cinco minutos executado por Galileu para pôr abaixo 2 mil anos de sabedoria. Ademais, esse experimento pode ser repetido por qualquer estudante de dez anos de idade.

Uma falácia comum é a de que a ciência começa com observações ingênuas e livres de preconceitos sobre o mundo, quando de fato o oposto é verdadeiro. Ao explorar um novo terreno, sempre começamos com uma hipótese tácita a respeito do que poderia ser verdadeiro – uma noção preconcebida ou preconceito. Como disse uma vez o zoólogo e filósofo da ciência britânico Peter Medawar, não somos "vacas pastando nos pastos do conhecimento". Cada ato de descoberta envolve dois passos decisivos: primeiro, formulação inequívoca de nossa conjectura sobre o que pode ser verdadeiro, e segundo, planejamento de um experimento decisivo para testar nossa conjectura. No passado, a maior parte das abordagens teóricas à estética envolveu principalmente o passo 1, mas não o passo 2. Na verdade, as teorias em geral não são formuladas de uma maneira que permita confirmação ou refutação. (Uma exceção notável é o trabalho pioneiro de Brent Berlin sobre o uso da resposta galvânica da pele.)

Podemos testar de modo experimental nossas ideias sobre o efeito de deslocamento de pico, estímulos supernormais e outras leis da estética? Há pelo menos três maneiras de fazê-lo. A primeira é baseada na resposta galvânica da pele (RGP); a segunda é baseada no registro de impulsos nervosos originários de células nervosas únicas na área visual do cérebro; e a terceira é baseada na ideia de que, se essas leis têm alguma validade, deveríamos poder usá-las para conceber novas imagens que se revelarão mais atraentes do que teríamos podido prever com base no senso comum (refiro-me a isso como o "teste da vovó": se uma teoria elaborada não é capaz de prever o que sua avó sabe usando o senso comum, ela não vale grande coisa).

Você já tomou conhecimento da RGP em capítulos anteriores. Esse teste fornece um índice excelente e altamente confiável de nossa excitação emocional ao olhar para alguma coisa. Se olharmos para algo assustador, violento ou sexy (ou, de fato, para um rosto conhecido como nossa mãe ou Angelina Jolie), há um grande solavanco na RGP, mas nada acontece se você olha para um sapato ou um móvel. Esse teste nos diz mais sobre as reações emocionais viscerais ao mundo de uma pessoa que lhe perguntar o que ela sente. A resposta verbal tende a ser inautêntica. Ela pode estar contaminada pelas "opiniões" de outras áreas do cérebro.

A RGP nos proporciona, portanto, uma útil sonda experimental para compreender a arte. Se minhas conjecturas sobre o atrativo das esculturas de Henry Moore estiverem corretas, o estudioso do Renascimento que nega ter algum interesse por essas obras abstratas (ou, quanto a isso, o historiador da arte inglês que finge indiferença a bronzes Chola) deveria apesar disso registar uma colossal RGP a essas mesmas imagens cuja atratividade estética nega. Sua pele não pode mentir. De maneira semelhante, sabemos que você mostrará uma RGP mais alta a uma foto de sua mãe que à de uma desconhecida, e prevejo que a diferença será ainda maior se olhar uma caricatura ou esboço evocativo de sua mãe em vez de uma foto realística. Isso seria interessante porque contraria o senso comum. Como controle, para comparação, você poderia usar uma contracaricatura, isto é, um esboço que se desvia do protótipo em direção à face média, não se afastando dela (ou, de fato, o esboço de um rosto que se desvie numa direção aleatória). Isso asseguraria que qualquer RGP intensificada que fosse registrada com a caricatura não se deveria apenas à surpresa causada pela distorção. Seria genuinamente devida a seu apelo como caricatura.

Mas a RGP só pode nos levar até aí; ela é uma medida relativamente grosseira porque junta vários tipos de excitação e não pode discriminar reações positivas de reações negativas. Mas, mesmo que seja uma medida tosca, não é um mau começo porque pode revelar ao experimentador quando estamos indiferentes a uma obra de arte e quando estamos fingindo indiferença. A crítica de que o teste não pode discriminar a excitação positiva da negativa (pelo menos ainda não!) não é tão danosa quanto parece porque quem pode dizer que excitação negativa não é também parte da arte? Na verdade, captar atenção – quer ela seja de início positiva ou negativa – é muitas vezes um prelúdio da atração. (Afinal, vacas abatidas conservadas em formol foram expostas no venerável MoMA [Museum of Modern Art] de Nova York, emitindo ondas de choque através de todo o mundo da arte.) Há muitas camadas de reação à arte, o que contribui para sua riqueza e atratividade.

Uma segunda abordagem é usar movimentos oculares, em particular, uma técnica cujo uso foi introduzido pelo psicólogo russo Alfred Yarbus.

Podemos usar um aparelho óptico eletrônico para ver onde uma pessoa está fixando seu olhar e como está movendo os olhos de uma região para outra numa pintura. As fixações tendem a se agrupar em torno dos olhos e dos lábios. Poderíamos, portanto, mostrar um desenho de proporções normais de uma pessoa num lado da imagem e uma versão hiperbólica do outro lado. Preveríamos que, embora o desenho normal pareça mais natural, as fixações dos olhos se agruparão em torno da caricatura. (Um desenho aleatoriamente distorcido poderia ser incluído para controlar o fator novidade.) Esses achados poderiam ser usados para complementar resultados fornecidos pela RGP.

A terceira abordagem experimental à estética seria registrar a atividade de células ao longo das vias visuais em primatas e comparar suas respostas à arte àquelas suscitadas por qualquer fotografia antiga. A vantagem de registrar a atividade de células isoladas é que isso pode permitir finalmente uma análise mais refinada da neurologia da estética do que a fornecida apenas pela RGP. Sabemos que há células numa região chamada giro fusiforme que respondem principalmente a rostos familiares específicos. Temos células cerebrais que disparam em resposta a uma foto de nossa mãe, nosso chefe, Bill Clinton ou Madonna. Prevejo que uma "célula do chefe" nessa região de reconhecimento de rostos mostraria uma resposta ainda maior a uma caricatura de seu chefe do que a uma face autêntica, não distorcida dele (e talvez uma resposta ainda menor a uma contracaricatura de aspecto comum). Sugeri isso pela primeira vez num artigo que escrevi com Bill Hirstein em meados dos anos 1990. Agora o experimento já foi realizado com macacos por pesquisadores em Harvard e no MIT e, de fato, caricaturas hiperativam células do rosto como se esperava. Seus resultados nos dão razões para otimismo: é possível que as outras leis da estética que propus também venham a se revelar verdadeiras.

Há ENTRE ESTUDIOSOS nos campos das humanidades e das artes um temor generalizado de que a ciência venha algum dia a assumir o controle sobre suas disciplinas e privá-los de seus empregos, uma síndrome que apelidei de "inveja do neurônio". Nada poderia estar mais longe da verdade. Nossa apreciação de Shakespeare não é diminuída pela existência de uma gramática universal ou de uma estrutura profunda chomskiana sustentando todas as línguas. O diamante que você está prestes a dar para sua amada não perderá tampouco sua radiância se você lhe contar que ele é feito de carvão e foi forjado nas entranhas da terra quando o sistema solar nasceu. Na verdade, o atrativo do diamante seria aumentado! De maneira semelhante, nossa convicção de que a grande arte pode ser divinamente inspirada e ter uma significação espiritual, ou que ela transcende não só o realismo, mas a própria realidade, não deveria nos impedir de procurar aquelas forças elementares no cérebro que governam nossos impulsos estéticos.

8. O cérebro astuto: Leis universais

> Arte é a realização de nosso desejo de encontrar a nós mesmos em meio aos fenômenos do mundo externo.
>
> RICHARD WAGNER

ANTES DE PASSAR às próximas sete leis, quero esclarecer o que entendo por "universal". Dizer que as conexões físicas em nossos centros visuais corporificam leis universais não é negar o papel decisivo da cultura e da experiência na moldagem de nosso cérebro e mente. Muitas faculdades cognitivas fundamentais para nosso estilo de vida humano são especificadas por nossos genes apenas em parte. Natureza e criação interagem. Os genes conectam os circuitos emocionais e corticais de nosso cérebro em certa medida, e depois deixam que o ambiente se encarregue de moldá-lo durante o resto do caminho, produzindo você, o indivíduo. Nesse aspecto, o cérebro humano é absolutamente único – tão simbiótico com a cultura como um caranguejo-ermitão com sua concha. Embora as leis sejam fisicamente conectadas, o conteúdo é aprendido.

Considere o reconhecimento de rostos. Embora nossa habilidade de aprender a conhecer rostos seja inata, não nascemos conhecendo o rosto de nossa mãe ou o do carteiro. Nossas células especializadas aprendem a reconhecer rostos por meio da exposição às pessoas que encontramos.

Depois que o conhecimento de rostos é adquirido, o conjunto de circuitos pode, de modo espontâneo, reagir de maneira mais efetiva a caricaturas ou retratos cubistas. Após nosso cérebro aprender a respeito de outras classes de objetos ou formas – corpos, animais, automóveis e assim por diante –, nossos circuitos inatos podem exibir espontaneamente o princípio da mudança de pico ou reagir a estímulos ultranormais bizarros análogos à vara com listras. Uma vez que essa habilidade emerge em todos os cérebros humanos que se desenvolvem normalmente, temos boas razões para chamá-la de universal.

Contraste

É difícil imaginar uma pintura ou esboço sem contrastes. Mesmo o mais simples rabisco requer brilho constrastante entre a linha preta e o fundo branco. Dificilmente poderíamos chamar tinta branca sobre tela branca de arte (embora nos anos 1990 a compra de uma pintura toda branca tenha figurado na hilariante e premiada peça *"Art"* de Yasmina Reza, zombando da facilidade com que as pessoas se deixam influenciar por críticos de arte).

Em linguagem científica, contraste é uma mudança relativamente súbita em luminosidade, cor, ou alguma outra propriedade entre duas regiões homogêneas espacialmente contíguas. Podemos falar de contraste de luminosidade, contraste de cor, contraste de textura e até de contraste de profundidade. Quanto maior a diferença entre as duas regiões, mais forte o contraste.

Contraste é importante em arte ou design; em certo sentido, é um requisito mínimo. Ele cria arestas e limites bem como figuras contra um fundo. Com contraste zero, não vemos absolutamente nada. Muito pouco constraste, e um desenho pode ser insosso. Já excesso de constraste pode gerar confusão.

Algumas combinações de contrastes são mais agradáveis aos olhos do que outras. Por exemplo, cores de alto contraste como uma mancha azul num fundo amarelo chamam mais atenção que emparelhamentos de baixo contraste como uma mancha amarela num fundo laranja. À primeira vista, isso é intrigante. Afinal, podemos ver com facilidade um objeto amarelo contra um fundo laranja, mas essa combinação não atrai nossa atenção da mesma maneira que azul sobre amarelo.

A razão por que uma fronteira de forte contraste de cor atrai mais atenção pode ser encontrada em nossas origens primatas, no tempo em que nos pendurávamos pelos braços, como o Homem-Aranha, nos galhos das indisciplinadas copas das árvores, à luz tênue do crepúsculo ou através de longas distâncias. Muitas frutas têm cor vermelha sobre verde, de modo que nossos olhos primatas as verão. As frutas anunciam-se de modo que animais e pássaros possam avistá-las de longas distâncias, sabendo que estão maduras e prontas para ser comidas e dispersadas pela defecação das sementes. Se as árvores de Marte fossem em sua maioria amarelas, esperaríamos ver frutas azuis.

A lei do contraste – justaposição de cores e/ou luminosidades dissimilares – poderia parecer contradizer a lei do agrupamento, que envolve a conexão de cores semelhantes ou idênticas. No entanto, a função evolucionária de ambos os princípios é, em termos gerais, a mesma: delinear e dirigir a atenção para limites entre objetos. Na natureza, ambas as leis ajudam espécies a sobreviver. Sua principal diferença reside na área em que a comparação ou integração ocorre. A detecção de contraste envolve a comparação de regiões de cor que se situam exatamente ao lado uma da outra no espaço visual. Isso faz sentido evolucionário porque os limites dos objetos usualmente coincidem com luminosidade ou cor contrastante. O agrupamento, por outro lado, efetua comparações ao longo de distâncias maiores. Sua meta é detectar um objeto que está parcialmente obscurecido, como um leão atrás de um arbusto. Cole aquelas manchas amarelas umas nas outras perceptualmente, e isso se revela ser uma única grande massa com a forma de um leão.

Nos tempos modernos, tiramos partido do contraste e do agrupamento para novos fins sem relação com sua função original de sobrevivência. Por exemplo, um bom estilista de moda enfatizará a saliência de uma bainha usando cores dissimilares, extremamente contrastantes (contraste), mas usará cores semelhantes para regiões afastadas (agrupamento). Como mencionei no capítulo 7, sapatos vermelhos vão bem com uma blusa vermelha (conducente a agrupamento). É verdade, claro, que os sapatos não são uma parte inata da blusa vermelha, mas o estilista está explorando o princípio segundo o qual, no seu passado evolucionário, eles teriam pertencido a um único objeto. Mas um lenço de pescoço vermelhão sobre uma blusa vermelho-rubi é horroroso. Contraste excessivamente baixo. No entanto, um lenço de pescoço azul fazendo grande contraste com uma blusa vermelha vai dar certo, e ficará ainda melhor se o azul for salpicado com bolinhas ou estampas florais vermelhas.

De maneira semelhante, um artista abstrato usará uma forma mais abstrata da lei do contraste para captar nossa atenção. O Museu de Arte Contemporânea de San Diego tem em sua coleção de arte contemporânea um grande cubo de cerca de noventa centímetros de diâmetro, densamente coberto com minúsculas agulhas de metal apontando em direções aleatórias (da autoria de Tara Donovan). A escultura parece forrada por uma pelagem feita de metal brilhante. Várias violações de expectativas estão em curso aqui. Grandes cubos de metal costumam ter superfícies lisas, mas esse é peludo. Cubos são inorgânicos, ao passo que a pelagem é orgânica. Pelagem é em geral de um marrom ou branco natural, e suave ao toque, não metálica e espinhenta. Esses contrastes conceituais chocantes excitam interminavelmente nossa atenção.

Artistas indianos usam um truque semelhante em suas esculturas de ninfas voluptuosas. A ninfa está nua exceto por alguns cordões de joias de textura grosseira muito ornamentados que se enrolam nela (ou se desprendem de seu peito se ela está dançando). As joias barrocas contrastam fortemente com seu corpo, fazendo sua pele nua parecer ainda mais macia e sensual.

Isolamento

Sugeri anteriormente que a arte envolve a criação de imagens que produzem ativação intensificada de áreas visuais em nosso cérebro e emoções associadas a imagens visuais. No entanto, qualquer artista lhe dirá que um simples esboço ou rabisco – digamos, as pombas de Picasso ou os esboços de nus de Rodin – pode ser muito mais eficaz que uma completa foto em cores do mesmo objeto. O artista enfatiza uma única fonte de informação – como cor, forma ou movimento – e subestima ou apaga deliberadamente outras fontes. Chamo isso de "lei do isolamento".

Mais uma vez, temos uma aparente contradição. Enfatizei, antes, o efeito de deslocamento de pico – hipérbole e exagero na arte –, e agora estou enfatizando a subestimação. Não são as duas ideias polos opostos? Como menos pode ser mais? A resposta: elas pretendem alcançar objetivos diferentes.

Se consultar livros-texto padrão de fisiologia e psicologia, você aprenderá que um esboço é eficaz porque células em seu córtex visual primário, onde ocorre o primeiro estágio do processamento visual, só se interessam por linhas. Essas células respondem aos limites e bordas das coisas, mas são insensíveis às regiões despojadas de características de uma imagem. Esse fato relativo ao conjunto de circuitos da área visual primária é verdadeiro, mas ele explica por que um mero esboço de contornos pode transmitir uma impressão extravívida do que está sendo representado? Certamente não. Apenas prevê que um esboço de contornos deveria ser suficiente, e tão eficaz quanto um meio-tom (a reprodução de uma foto em preto e branco). Não nos diz por que ele é mais eficaz.

Um esboço pode ser mais eficaz porque há um gargalo da atenção em nosso cérebro. Só podemos prestar atenção a um único aspecto de uma imagem ou a uma entidade de cada vez (embora o que entendamos por "aspecto" ou "entidade" esteja longe de estar claro). Ainda que nosso cérebro tenha 100 bilhões de células nervosas, somente um pequeno subconjunto delas pode estar ativo em qualquer instante. Na dinâmica da percepção, um percepto estável (imagem percebida) exclui outros de forma automática. Padrões superpostos de atividade neural e as redes neurais em nosso cérebro competem constantemente por recursos limitados de atenção. Assim, quando olhamos para uma imagem totalmente colorida, nossa atenção é distraída pela confusão de textura e outros detalhes que a compõem. Mas um esboço do mesmo objeto nos permite alocar todos os nossos recursos de atenção no esboço, onde está a ação.

Ao contrário, se um artista quer evocar a *rasa* da cor introduzindo deslocamentos de pico de estímulos ultranormais no espaço de cores, o

FIGURA 8.1 Comparação entre (a) cavalo desenhado por Nadia, (b) cavalo desenhado por Da Vinci e (c) cavalo desenhado por uma criança normal de oito anos.

melhor que teria a fazer seria subestimar os contornos. Poderia tirar a ênfase dos limites, borrando deliberadamente os contornos ou eliminando-os por completo. Isso reduz a concorrência dos contornos por nossos recursos de atenção, liberando nosso cérebro para se concentrar no espaço de cores. Como mencionado no capítulo 7, foi o que Van Gogh e Monet fizeram. Isso é chamado de impressionismo.

Grandes artistas tiram partido intuitivamente da lei do isolamento, mas evidências dela também vêm da neurologia – casos em que muitas áreas no cérebro são disfuncionais e o "isolamento" de um único módulo cerebral permite ao cérebro ganhar acesso sem esforço a seus limitados recursos de atenção, sem o paciente nem mesmo tentar.

Um exemplo notável vem de uma fonte inesperada: crianças autistas. Compare as três ilustrações de cavalos na figura 8.1. A da direita (figura 8.1c) é de uma criança normal de oito anos. Perdoe-me por dizê-lo, mas é simplesmente horrível, completamente sem vida, como um recorte de cartolina. A da esquerda (figura 8.1a), inacreditavelmente, é de uma criança autista de sete anos com retardo mental chamada Nadia. Ela não é capaz de conversar com as pessoas e mal consegue amarrar um cadarço de sapato, no entanto seu desenho transmite brilhantemente a *rasa* de um cavalo; o animal parece quase saltar da tela. Por fim, no meio (figura 8.1b) está um cavalo desenhado por Leonardo da Vinci. Quando dou palestras, muitas vezes conduzo levantamentos informais pedindo à audiência para classificar os três cavalos segundo a qualidade do desenho sem informar de antemão quem os desenhou. De modo surpreendente, mais pessoas preferem o cavalo de Nadia ao de Da Vinci. Aqui temos mais uma vez um paradoxo. Como pode uma criança retardada que mal consegue falar desenhar melhor do que um dos grandes gênios do Renascimento?

A resposta vem da lei do isolamento, bem como da organização modular do cérebro. (Modularidade é um termo sofisticado para a noção de que diferentes estruturas cerebrais são especializadas em diferentes funções). O desajeitamento social de Nadia, sua imaturidade emocional, seus déficits de linguagem e retardo – tudo isso se origina do fato de que muitas áreas em seu cérebro estão danificadas e fucionam de maneira anormal. Mas talvez – como sugeri em meu livro *Phantoms in the Brain* – haja uma ilha preservada de tecido cortical em seu lobo parietal direito, uma região sabidamente envolvida em muitas habilidades, inclusive nosso senso de proporção artística. Se o lobo parietal direito estiver danificado por um acidente vascular cerebral ou tumor, os pacientes perdem muitas vezes a habilidade de desenhar mesmo um simples esboço. As imagens que eles conseguem desenhar em geral são detalhadas, mas desprovidas de fluidez de linha e vividez. Inversamente, notei que quando o lobo parietal esquerdo de um paciente está danificado, seus desenhos de fato melhoram. Sua mente começa a deixar de fora detalhes irrelevantes. Você poderia se perguntar se o lobo parietal direito não é o módulo da *rasa* para a expressão artística.

Sugiro que o mau funcionamento de muitas áreas cerebrais de Nadia tiveram por efeito liberar seu lobo parietal direito – seu módulo da *rasa* – preservado para obter a parte do leão de seus recursos de atenção. Você e eu só poderíamos conseguir isso mediante anos de treinamento e esforço. Essa hipótese explicaria por que sua arte é tão evocativa quanto a de Da Vinci. É possível que uma explicação semelhante se aplique a prodígios de cálculo autistas: crianças profundamente retardadas que podem, não obstante, efetuar assombrosas proezas de aritmética, como multiplicar dois números de treze dígitos numa questão de segundos. (Observe que eu disse "prodígios de cálculo", não "prodígios matemáticos". Verdadeiro talento matemático pode exigir não apenas cálculo, mas uma combinação de várias habilidades, inclusive visualização espacial.) Sabemos que o lobo parietal esquerdo está envolvido na computação numérica, pois um acidente vascular cerebral nessa área normalmente destrói a habilidade do paciente de subtrair ou dividir. Em *idiots savants* calculadores, o lobo parietal esquerdo pode estar preservado em relação ao direito. Se a totalidade da atenção da criança autista estivesse alocada nesse módulo dos números no lobo parietal esquerdo, o resultado seria um prodígio em cálculos em vez de um prodígio em desenho.

Num desdobramento irônico, depois que atingiu a adolescência, Nadia tornou-se menos autística. Perdeu também por completo a habilidade para desenhar. Essa observação empresta credibilidade à ideia do isolamento. Depois que amadureceu e adquiriu algumas habilidades mais elevadas, Nadia não pôde mais alocar o grosso de sua atenção para o módulo da *rasa* em seu lobo parietal direito (sugerindo, talvez, que a educação formal pode de fato sufocar alguns aspectos da criatividade).

Além da realocação da atenção, pode haver no cérebro de autistas mudanças anatômicas reais que explicam sua criatividade. Talvez áreas preservadas se ampliem, alcançando maior eficácia. Assim, Nadia podia ter um lobo parietal direito aumentado, em especial o giro angular direito, o que explicaria suas enormes habilidades artísticas. Crianças autistas com habilidades de *idiots savants* são com frequência trazidas a mim pelos pais, e qualquer dia desses vou tratar de mandar fazer imagens de seus cérebros para ver se há realmente ilhas preservadas de tecido superdesenvolvido. Lamentavelmente, isso não é tão fácil como parece, pois crianças autistas costumam ter muita dificuldade de ficar quietas num aparelho de imagem. Diga-se de passagem que Albert Einstein tinha giros angulares enormes, e uma vez sugeri de brincadeira que isso lhe permitiu combinar habilidades numéricas (lobo parietal esquerdo) e espaciais (lobo parietal direito) de maneiras extraordinárias que nós, simples mortais, não podemos nem começar a imaginar.

Evidências em favor do princípio do isolamento podem também ser encontradas na neurologia clínica. Por exemplo, não muito tempo atrás um médico me escreveu sobre crises convulsivas epilépticas que se originavam em seus lobos temporais. (Crises convulsivas são saraivadas de impulsos nervosos que percorrem o cérebro assim como um *feedback* é ampliado através de um alto-falante e microfone.) Até que suas crises convulsivas começassem de maneira inteiramente inesperada quando ele tinha dezesseis anos, o médico não sentia nenhum interesse por poesia. De repente, no entanto, versos rimados brotaram em abundância. Foi uma revelação, e sua vida mental foi enriquecida de súbito, no momento exato em que ele começava a ficar exausto.

Um segundo exemplo, tomado do elegante trabalho de Bruce Miller, neurologista na Universidade da Califórnia, em São Francisco, diz respeito a pacientes que tarde na vida desenvolvem uma forma de demência e embotamento do intelecto rapidamente progressivo. Chamado de demência frontotemporal, o distúrbio afeta os lobos frontais – a sede do julgamento e de aspectos cruciais da atenção e do raciocínio – e os lobos temporais, mas poupa ilhas de córtex parietal. À medida que suas faculdades mentais se deterioram, alguns desses pacientes, para grande surpresa deles mesmos e dos que os cercam, desenvolvem uma extraordinária habilidade para pintar e desenhar. Isso é coerente com minhas observações sobre Nadia – de que suas habilidades artísticas eram o resultado da preservação e do hiperfuncionamento de seu lobo parietal direito.

Essas especulações a respeito de *savants* autistas e pacientes com epilepsia e demência frontotemporal suscitam uma questão fascinante: será possível que nós, pessoas normais menos talentosas, também tenhamos talentos artísticos ou matemáticos à espera de ser liberados por doença cerebral? Nesse caso, seria possível desencadear esses talentos sem de fato danificar nossos cérebros ou pagar o preço de destruir outras habilidades? Isso parece ficção científica, mas, como salientou o físico australiano Allan Snyder, poderia ser verdadeiro. Talvez a ideia possa ser testada.

Eu estava ruminando sobre essa possibilidade durante recente visita à Índia quando recebi o que deve ter sido o mais estranho telefonema de minha vida (e dizer isso é dizer muito). Foi uma chamada internacional, de um repórter de um jornal australiano.

"Dr. Ramachandran, lamento incomodá-lo em casa", disse ele. "Uma nova descoberta assombrosa acaba de ser feita. Posso lhe fazer algumas perguntas sobre ela?"

"Claro, continue."

"Conhece a ideia do dr. Snyder sobre *idiots savants* autísticos?", perguntou ele.

"Sim", respondi. "Ele sugere que, no cérebro de uma criança normal, áreas visuais inferiores criam representações tridimensionais sofisticadas de um cavalo ou qualquer outro objeto. Afinal, foi para isso que a visão se desenvolveu. Mas pouco a pouco, à medida que a criança aprende mais sobre o mundo, áreas corticais mais elevadas geram descrições mais abstratas, mais conceituais de um cavalo; por exemplo, 'é um animal com um focinho comprido, quatro patas e um rabo parecido com uma batedeira, etc.'. Com o tempo, a visão que a criança tem do cavalo passa a ser dominada por essas abstrações mais elevadas. Ela se torna mais impelida por conceitos e tem menos acesso às representações anteriores, mais visuais, que captam a arte. Numa criança autista, essas áreas mais elevadas não se desenvolvem, de modo que ela é capaz de ter acesso a essas representações anteriores de uma maneira que você e eu não somos. Daí seu assombroso talento para a arte. Snyder propõe uma argumentação semelhante para *idiots savants* matemáticos que tenho dificuldade em acompanhar."

"Que pensa da ideia dele?", perguntou o repórter.

"Concordo com ela e apresentei muitos dos mesmos argumentos", disse eu. "Mas a comunidade científica mostrou-se extremamente cética, afirmando que a ideia de Snyder é vaga demais para ser útil ou testável. Discordo. Todo neurologista tem pelo menos uma história na manga sobre um paciente que desenvolveu de repente um estranho novo talento após um acidente vascular cerebral ou trauma cerebral. Mas a melhor parte de sua teoria", continuei, "foi uma previsão que ele fez e que agora, em retrospecto, parece óbvia. Ele sugeriu que, se desativássemos de algum modo centros 'superiores' no cérebro de uma pessoa normal, essa pessoa poderia subitamente ser capaz de ter acesso às chamadas representações inferiores e criar belos desenhos ou começar a gerar números primos."

Veja, o que me agrada nessa previsão é que não se trata apenas de um experimento mental. Podemos usar um aparelho chamado estimulador magnético transcraniano ou EMT para inativar de maneira inofensiva e temporária porções de um cérebro adulto normal. Nesse caso, veríamos uma súbita eflorescência de talento artístico ou matemático enquanto a inativação durasse? E isso ensinaria essa pessoa a transcender seus bloqueios conceituais usuais? Nesse caso, ela pagaria a pena de perder suas habilidades conceituais? E depois que a estimulação a tivesse levado a superar um bloqueio (se o fizesse), poderia essa pessoa fazer isso por si mesma, sem o magneto?"

"Bem, dr. Ramachandran", disse o repórter. "Tenho uma notícia para você. Dois pesquisadores, aqui na Austrália, inspirados em parte pela sugestão do dr. Snyder, tentaram de fato o experimento. Recrutaram estudantes normais como voluntários e puseram a ideia à prova."

"Foi mesmo?", perguntei, fascinado. "O que aconteceu?"

"Bem, eles fulminaram os cérebros dos estudantes com um magneto, e de repente eles puderam produzir sem esforço belos esboços. E em um caso o estudante conseguiu gerar números primos, tal como alguns *idiots savants*."

O repórter deve ter percebido minha perplexidade, porque continuei em silêncio.

"Dr. Ramachandran, ainda está aí? Ainda pode me ouvir?"

Levei um minuto inteiro para absorver o impacto. Ouvi muitas coisas estranhas em minha carreira de neurologista comportamental, mas essa foi sem dúvida a mais estranha.

Devo confessar que tive (e ainda tenho) duas reações muito diferentes a essa descoberta. A primeira é pura incredulidade e ceticismo. A observação não contradiz nada que saibamos em neurologia (em parte porque sabemos tão pouco), mas soa extravagante. A própria noção de uma habilidade sendo acentuada pela inativação de partes do cérebro é esquisita – o tipo de coisa que esperaríamos ver em *Arquivo X*. Cheira também ao tipo de arenga que ouvimos de gurus motivacionais que estão sempre nos falando sobre todos os nossos talentos ocultos à espera de ser despertados pela compra de suas fitas. Ou charlatães afirmando que suas poções mágicas elevarão as nossas mentes a dimensões inteiramente novas de criatividade e imaginação. Ou aquele factoide popular absurdo, mas tenaz, sobre como as pessoas usam apenas 10% de seus cérebros, seja lá o que se queira dizer com isso. (Quando repórteres me perguntam sobre a validade dessa afirmação, costumo lhes responder: "Bem, isso é certamente verdade aqui na Califórnia.")

Minha segunda reação foi: por que não? Afinal, sabemos que um talento assombrosamente novo pode emergir de maneira relativamente súbita em pacientes com demência frontotemporal. Isto é, sabemos que esse tipo de exposição por reorganização cerebral pode acontecer. Dada essa prova de existência, por que eu deveria ficar tão chocado com a descoberta australiana? Por que suas observações sobre a EMT seriam menos prováveis que as de Bruce Miller de pacientes com demência profunda?

O aspecto surpreendente é a escala de tempo. Uma doença cerebral leva anos para se desenvolver e o magneto atua em segundos. Isso é relevante? Segundo Allan Snyder, a resposta é não. Mas não tenho tanta certeza.

Talvez possamos testar a ideia de regiões cerebrais isoladas de maneira mais direta. Uma abordagem seria usar imagiologia cerebral funcional, como IRMf, que, como você talvez se lembre, mede campos magnéticos no cérebro produzidos por mudanças no fluxo sanguíneo enquanto o sujeito está fazendo alguma coisa ou olhando para algo. Minhas ideias sobre isolamento, em conformidade com as ideias de Allan Snyder, preveem que, ao olhar para esquetes de cartum ou rabiscos de rostos, você deveria obter uma maior ativação da área do rosto do que de áreas relacionadas com cor, topografia ou profundidade. Alternativamente, ao olhar para uma foto em cores de um rosto, deveria obter o oposto: uma redução na resposta relativa à face. Este experimento não foi realizado.

Esconde-esconde, ou solução de problemas perceptuais

A próxima lei estética assemelha-se superficialmente ao isolamento, mas na realidade é muito diferente. É o fato de que podemos por vezes tornar algo mais atraente ao torná-lo menos visível. Chamo isso de "princípio do esconde-esconde". Por exemplo, a foto de uma mulher nua vista atrás de uma cortina de boxe ou usando trajes sumários, transparentes – uma imagem que, segundo os homens diriam com aprovação, "deixa alguma coisa para a imaginação" –, pode ser muito mais sedutora do que uma foto da mesma mulher nua. De maneira semelhante, uma mulher despenteada com madeixas que escondem metade de um rosto pode ser encantadora. Mas por que isso é assim?

Afinal, se estou correto ao dizer que a arte envolve hiperativação de áreas visuais e emocionais, uma mulher nua completamente visível deveria ser mais atraente. Se você é um homem heterossexual, esperaria que uma visão desimpedida de seus seios e genitália excitassem seus centros visuais com mais eficácia do que suas partes privadas parcialmente ocultas. No entanto, muitas vezes o contrário é verdadeiro. Da mesma maneira, muitas mulheres acharão imagens de homens voluptuosos e sexy, mas parcialmente vestidos, mais atraentes que homens inteiramente nus.

Preferimos esse tipo de ocultamento porque somos conectados de forma física para gostar de decifrar enigmas, e percepções têm mais a ver com decifração de engimas do que a maioria de nós percebe. Lembra-se do cão dálmata? Sempre que desvendamos um enigma com sucesso, somos recompensados com uma onda de prazer que não é muito diferente do "Ahá" da solução de um enigma em palavras cruzadas ou de um problema científico. O ato de procurar uma solução para um problema – seja ele puramente intelectual, como palavras cruzadas ou um enigma lógico, ou puramente visual, como "Onde está Wally?" – é agradável mesmo antes que a solução seja encontrada. É uma sorte que os centros visuais de nosso cérebro estejam conectados a nossos mecanismos límbicos de recompensa. De outro modo, ao tentar imaginar como convencer a garota dos seus sonhos a dar uma escapulida até os arbustos na sua companhia (resolvendo um enigma social) ou ao perseguir aquela presa ou parceiro elusivo sob os arbustos em meio a um intenso nevoeiro (resolvendo uma série rapidamente mutável de enigmas sensório-motores), você poderia desistir fácil demais!

Assim, gostamos de ocultamento parcial e gostamos de resolver enigmas. Para compreender a lei do esconde-esconde precisamos saber mais a respeito da visão. Quando olhamos para uma cena simples, nosso cérebro está constantemente decifrando ambiguidades, testando hipóteses, procurando padrões e comparando informação atual com lembranças e expectativas.

Uma concepção ingênua, perpetuada sobretudo por cientistas da computação, é que isso envolve um processamento hierárquico serial da imagem. Dados brutos chegam à retina como elementos de imagem, ou pixels, e são transmitidos através de uma sucessão de áreas visuais, como se de mão em mão, sendo submetidos a análises cada vez mais sofisticadas em cada estágio, culminando com o reconhecimento final do objeto. Esse modelo de visão ignora as enormes projeções de *feedback* que cada área visual mais elevada envia de volta para áreas inferiores. Essas projeções para trás são tão grandes que é enganoso falar de uma hierarquia. Meu palpite é que, a cada estágio no processamento, uma hipótese parcial, ou estimativa mais ajustada, é gerada sobre os dados que chegam e em seguida enviada de volta para áreas inferiores para impor um pequeno viés no processamento subsequente. Vários desses ajustes melhores podem competir pelo domínio, mas finalmente, por meio desse tipo de propulsão, ou sucessivas iterações, a solução perceptual emerge. É como se a visão funcionasse de cima para baixo e não de baixo para cima.

De fato, a linha entre perceber e delirar não é tão nítida quanto gostaríamos de pensar. Em certo sentido, quando olhamos para o mundo, estamos delirando o tempo todo. Poderíamos quase considerar a percepção como o ato de escolher o delírio que melhor se ajusta aos dados que chegam, os quais são sempre fragmentários e fugazes. Tanto delírios quanto percepções emergem do mesmo conjunto de processos. A diferença decisiva é que, quando estamos percebendo, a estabilidade dos objetos e eventos externos ajuda a ancorá-los. Quando deliramos, assim como quando sonhamos ou flutuamos num tanque de privação sensorial, objetos e eventos vagam em qualquer direção.

A esse modelo eu acrescentaria a noção de que cada vez que um ajuste parcial é descoberto, um pequeno "Ahá!" é gerado em nosso cérebro. Esse sinal é enviado para estruturas límbicas de recompensa, que por sua vez instigam a procura de "Ahás!" adicionais, maiores, até que o objeto ou cena final se cristalize. Nessa visão, o objetivo da arte é criar imagens que gerem tantos sinais de mini-"Ahás!" mutuamente coerentes quanto possível (ou pelo menos uma saturação prudente deles) para excitar as áreas visuais em nosso cérebro. A arte, nessa visão, é uma forma de preliminares visuais para o grande clímax do reconhecimento do objeto.

A lei da solução de problemas perceptuais, ou esconde-esconde, deveria fazer mais sentido agora. Ela pode ter se desenvolvido para assegurar que a procura de soluções visuais seja inerentemente prazerosa e não frustrante, de modo que não desistamos com excessiva facilidade. Daí a atratividade de um nu atrás de roupas semitransparentes ou dos nenúfares borrados de Monet.[1]

A analogia entre o prazer estético e o "Ahá!" da solução de problemas é impressionante, mas analogias só podem nos levar até aí em ciência. Em última análise, precisamos perguntar: qual é o mecanismo neural real no cérebro que gera o "Ahá!" estético?

Uma possibilidade é que quando certas leis estéticas são usadas, um sinal seja enviado de nossas áreas visuais diretamente para nossas estruturas límbicas. Como notei, esses sinais podem ser enviados de outras áreas cerebrais em cada estágio do processo perceptual (por agrupamento, reconhecimento de limites e assim por diante) no que chamo de preliminares visuais, e não apenas a partir do estágio final do reconhecimento do objeto ("Uau! É Mary!"). Não está claro como isso ocorre exatamente, mas há conexões anatômicas que vão para trás e para a frente entre estruturas límbicas, como a amígdala, e outras áreas cerebrais em quase todo estágio na hierarquia visual. Não é difícil imaginar que elas estariam envolvidas na produção de mini-"Ahás!". A expressão "para trás e para a frente" é decisiva aqui; ela permite aos artistas explorar simultaneamente múltiplas leis para evocar múltiplas camadas de experiência estética.

De volta ao agrupamento: pode haver uma forte sincronização de impulsos nervosos oriundos de neurônios muito separados sinalizando os traços que estão agrupados. Talvez seja essa sincronia que ativa subsequentemente os neurônios límbicos. Alguns processos desse tipo podem estar envolvidos na criação da ressonância agradável e harmoniosa entre diferentes aspectos do que parece, na superfície, ser uma única grande obra de arte.

Sabemos que há vias neurais que ligam diretamente muitas áreas visuais com as estruturas límbicas. Você se lembra de David, o paciente com síndrome de Capgras do capítulo 2? Sua mãe lhe parece uma impostora porque as conexões provenientes de seus centros visuais e de suas estruturas límbicas haviam sido cortadas por um acidente, de modo que ele não tem o impacto emocional esperado ao vê-la. Se tal desconexão entre visão e emoção for a base da síndrome, pacientes de Capgras não deveriam ser capazes de apreciar artes visuais. (Embora ainda possam apreciar música, pois os centros auditivos em seus córtices não estão desconectados de seus sistemas límbicos.) Dada a raridade da síndrome, não é fácil testar isso, mas há, de fato, casos de pacientes de Capgras na literatura mais antiga que afirmavam que paisagens e flores haviam deixado subitamente de lhes parecer bonitas.

Além disso, se meu raciocínio sobre múltiplos "Ahás!" estiver correto, isto é, se o sinal de recompensa for gerado em cada estágio do processo visual, não apenas no estágio final de reconhecimento – então pessoas com síndrome de Capgras deveriam ter não apenas problemas para apreciar um Monet, mas levariam muito mais tempo para encontrar o cão dálmata. Elas deveriam também ter problemas para resolver quebra-cabeças simples. Estas são previsões que, ao que eu saiba, não foram diretamente testadas.

Até que tenhamos uma compreensão mais clara das conexões entre os sistemas de recompensa do cérebro e os neurônios visuais, é também melhor adiar a discussão de certas questões como essas: qual a diferença entre o mero prazer visual (como ver uma *pin-up*) e uma resposta estética visual à beleza? Acaso esta última produz meramente uma resposta de prazer intensificada em nosso sistema límbico (como a vara com três listras faz para o filhote de gaivota, descrita no capítulo 7), ou se trata, como suspeito, de uma experiência muito mais rica e multidimensional? E o que dizer sobre a diferença entre o "Ahá!" da mera excitação *versus* o "Ahá!" da excitação estética? Não seria o sinal "Ahá!" igualmente expressivo com qualquer excitação antiga – como ficar surpreso, assustado ou sexualmente estimulado? – e nesse caso, como o cérebro distingue esses outros tipos de excitação de uma verdadeira reação estética? Talvez se revele que essas distinções não são tão absolutas quanto parecem; quem negaria que eros é uma parte vital da arte? Ou que o espírito criativo de um artista muitas vezes se alimenta de uma musa?

Não estou dizendo que essas questões não têm importância; na verdade, é melhor estar consciente delas logo de início. Mas temos de ser cuidadosos para não desistir de todo o empreendimento apenas porque ainda não podemos fornecer respostas completas para todos os dilemas. Ao contrário, se o processo de tentar descobrir universais estéticos gerou essas questões que somos obrigados a enfrentar, isso deveria nos deixar satisfeitos.

Aversão a coincidências

Quando eu era um colegial de dez anos de idade em Bangcoc, na Tailândia, tive uma maravilhosa professora de arte chamada sra. Vanit. Durante um trabalho escolar, foi-nos pedido para fazer paisagens, e produzi um desenho que se parecia um pouco com a figura 8.2a, uma palmeira crescendo entre dois morros.

A sra. Vanit franziu as sobrancelhas ao olhar para a figura e disse: "Rama, você deveria pôr a palmeira um pouco para um lado, não exatamente entre os morros."

Protestei: "Mas sra. Vanit, com certeza não há nada de logicamente impossível nessa cena. Talvez a árvore esteja crescendo de tal maneira que seu tronco coincide exatamente com o V entre os morros. Então por que diz que o desenho está errado?"

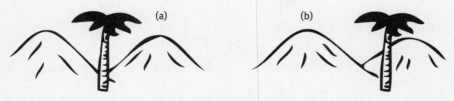

FIGURA 8.2 Dois morros com uma árvore no meio. (a) O cérebro não gosta de pontos de observação únicos e (b) prefere pontos de observação genéricos.

"Não pode haver coincidências em desenhos, Rama", disse a sra. Vanit.

A verdade é que nem a sra. Vanit nem eu sabíamos a resposta para minha pergunta naquela época. Agora compreendo que meu desenho ilustra uma das mais importantes leis na percepção estética: a aversão a coincidências.

Imagine que a figura 8.2a descreve uma cena visual real. Se olhar atentamente, você perceberá que, na vida real, só poderia ver a cena na figura 8.2a de um único ponto de observação, ao passo que poderia ver aquela da figura 8.2b de vários pontos de observação. Um ponto de observação é único; o outro é genérico. Como classe, imagens como a que vemos na figura 8.2b são mais comuns. Assim, a figura 8.2a é – para usar uma expressão introduzida por Horace Barlow – uma "coincidência suspeita". E nosso cérebro sempre tenta encontrar uma interpretação genérica alternativa, plausível, para evitar a coincidência. Nesse caso ele não encontra e por isso a imagem não é agradável.

Agora vamos dar uma olhada num caso em que a coincidência tem uma interpretação. A figura 8.3 mostra o famoso triângulo ilusório proposto pelo psicólogo italiano Gaetano Kanizsa. Não há de fato um triângulo. Há apenas três figuras pretas parecidas com o Pac-Man voltadas umas para as outras. Mas percebemos um triângulo branco opaco cujos três vértices obliteram parcialmente três círculos pretos. Nosso cérebro diz (para todos os efeitos): "Qual é a probabilidade de que esses três Pac-Men estejam alinhados exatamente dessa maneira por acaso? É uma coincidência suspeita demais. Uma explicação mais plausível é que isso descreva um triângulo branco opaco obliterando três discos pretos." De fato,

FIGURA 8.3 Três discos pretos dos quais foram removidas cunhas em forma de pedaços de pizza: o cérebro prefere ver este arranjo como um triângulo opaco cujos cantos obliteram parcialmente discos circulares.

podemos quase enxergar as arestas do triângulo. Nesse caso, portanto, nosso sistema visual encontrou uma maneira de explicar a coincidência (eliminando-a, você poderia dizer), descobrindo uma interpretação que parece agradável. Mas, no caso da árvore ao centro do vale, nosso cérebro luta para encontrar uma explicação para a coincidência e se frustra porque não há nenhuma.

Ordem

A lei que chamo de "ordem", ou regularidade, é claramente importante em arte e design, em especial neste último. Mais uma vez, esse princípio é tão óbvio que é difícil falar sobre ele sem soar banal, mas uma discussão a respeito de estética visual não é completa sem mencioná-lo. Vou reunir sob essa categoria vários princípios que têm em comum uma aversão ao desvio em relação a expectativas (por exemplo, a preferência por bordas retilíneas e paralelas e pelo uso de motivos repetitivos em tapetes). Tocarei neles apenas brevemente, porque muitos historiadores da arte, como Ernst Gombrich e Rudolf Arnheim, já os submeteram a vasta discussão.

Considere uma moldura de quadro pendurada na parede ligeiramente torta. Ela provoca uma reação negativa imediata extremamente desproporcional ao desvio. O mesmo pode ser dito sobre uma gaveta que não se fecha por completo porque um pedaço de papel amassado foi enfiado nela e está se projetando de seu interior. Ou um envelope com um único pequenino fio de cabelo preso por acidente na aba. Ou um pequenino fiapo num terno impecável sob os demais aspectos. Por que reagimos dessa maneira está longe de ser claro. Em parte isso parece ser simples higiene, que tem componentes tanto aprendidos quanto instintivos. Nojo de pés sujos é sem dúvida um desenvolvimento cultural, ao passo que tirar um fiapo do cabelo de seu filho talvez provenha do instinto primata de pentear.

Os outros exemplos, como a moldura torta ou uma pilha de livros ligeiramente desarrumada, parecem sugerir que nossos cérebros têm uma necessidade incorporada de impor regularidade ou previsibilidade, embora isso não explique muita coisa.

É improvável que todos os exemplos de regularidade ou previsibilidade incorporem a mesma lei. Uma lei estreitamente relacionada, por exemplo, é nosso amor pela repetição visual ou ritmo, como os motivos florais usados na arte indiana e nos tapetes persas. Mas é difícil imaginar que isso exemplifique a mesma lei que nosso apreço por uma moldura que pende reta. A única coisa que as duas têm em comum, num nível muito abstrato, é o fato de ambas envolverem previsibilidade. Nos dois casos, a necessidade de regularidade ou ordem pode refletir uma necessidade mais profunda que nosso sistema visual tem de economia de processamento.

Por vezes desvios em relação à previsibilidade e à ordem são usados por designers e artistas para criar efeitos agradáveis. Por que deveriam então alguns desvios, como uma moldura torta, ser feios enquanto outros – digamos, uma bonita pinta localizada assimetricamente perto do ângulo da boca de Cindy Crawford, e não no meio de seu queixo ou nariz – são atraentes? O artista parece estabelecer um equilíbrio entre extrema regularidade, que é entediante, e completo caos. Por exemplo, se ele usa um motivo de pequenas flores repetidas emoldurando a escultura de uma deusa, pode tentar quebrar a monotonia da repetição acrescentando algumas flores grandes bem espaçadas para criar dois ritmos sobrepostos de diferentes periodicidades. Se é preciso haver certa relação matemática entre as duas escalas de repetição e que tipo de mudanças de fase são permissíveis entre as duas são boas questões que ainda estão por ser respondidas.

Simetria

Toda criança que brincou com um caleidoscópio e todo amante que viu o Taj Mahal esteve sob o feitiço da simetria. No entanto, ainda que designers reconheçam a sedução da simetria e poetas a utilizem para agradar, a questão de por que objetos simétricos deveriam ser belos raramente é suscitada.

Duas forças evolucionárias poderiam explicar a sedução da simetria. A primeira explicação baseia-se no fato de que a visão se desenvolveu principalmente para descobrir objetos, seja para agarrá-los, esquivar-se deles, acasalar com eles ou comê-los. Mas nossos campos visuais estão sempre repletos de objetos: árvores, troncos caídos, manchas de cor no chão, riachos céleres, nuvens, afloramentos de rochas e assim por diante. Como nosso cérebro tem limitada capacidade de atenção, que regras práticas poderia ele empregar para assegurar que a atenção seja alocada onde é mais necessária? Como nosso cérebro cria uma hierarquia de regras de precedência? Na natureza, "importante" se traduz como "objetos biológicos", como presa, predador, membro da mesma espécie ou parceiro sexual, e todos esses objetos têm algo em comum: simetria. Isso explicaria por que a simetria agarra nossa atenção e nos excita, e, por extensão, por que o artista ou arquiteto pode tirar partido desse traço. Isso explicaria por que um bebê recém-nascido prefere olhar para manchas de tinta simétricas a para as assimétricas. Provavelmente essa preferência expressa uma regra prática no cérebro no bebê que diz, para todos os efeitos, "Ei, algo simétrico. Isso parece importante. Devo continuar olhando?".

A segunda força evolucionária é mais sutil. Ao apresentar uma sequência aleatória de rostos com variados graus de simetria para alunos de graduação (as cobaias costumeiras desses experimentos), psicólogos descobriram que os rostos mais simétricos são em geral considerados mais atraentes. Em si mesmo, isso não chega a ser surpreendente; ninguém espera que o rosto contorcido de Quasímodo pareça atraente. De maneira intrigante, porém, nem os menores desvios são tolerados. Por quê?

A resposta surpreendente vem de parasitas. Infestação parasítica pode reduzir enormemente a fertilidade e fecundidade de um parceiro potencial, por isso a evolução atribui elevado valor à capacidade de detectar se o parceiro está infectado. Se a infestação ocorreu no início da vida fetal ou na infância, um dos sinais externos mais óbvios é uma sutil perda de simetria. Por isso a simetria é um marcador, ou bandeira, de boa saúde, o que por sua vez é um indicador de desejabilidade. Esse argumento explica por que a assimetria parece atraente para nosso sistema visual e a assimetria perturbadora. É estranho pensar que tantos aspectos da evolução – até nossas preferências estéticas – sejam compelidos pela necessidade de evitar parasitas. (Uma vez escrevi num ensaio satírico que "os homens preferem as louras" pela mesma razão. É muito mais fácil detectar anemia e icterícia numa loura de pele clara que numa morena trigueira.)

É claro que essa preferência por parceiros simétricos é em grande parte inconsciente. Não temos nenhuma ideia de estar fazendo isso. É um exemplo muito apropriado de simetria o fato de que a mesma idiossincrasia evolucionária no cérebro do grande imperador mongol Shah Jahan que o levou a escolher o rosto perfeitamente simétrico, livre de parasitas, de sua bem-amada Mumtaz, o tenha levado também a construir o requintadamente simétrico Taj Mahal, um símbolo universal do amor eterno!

Mas agora temos de lidar com as aparentes exceções. Por que a *falta* de simetria é atraente às vezes? Imagine que você está arrumando móveis, quadros e outros acessórios numa sala. Você não precisa que um decorador profissional lhe diga que simetria total não vai dar certo (embora você possa ter ilhas de simetria dentro da sala, como uma mesa retangular com cadeiras simetricamente colocadas). Ao contrário, você precisa de uma assimetria escolhida com cuidado para criar os efeitos mais impactantes. A pista para resolver esse paradoxo vem da observação de que a regra de simetria só se aplica a objetos, não a cenas de grande escala. Isso faz perfeito sentido evolucionário porque um predador, uma presa, um amigo ou um parceiro sexual é sempre um objeto isolado, independente.

Sua preferência por objetos simétricos e cenas assimétricas reflete-se também nos fluxos "o quê" e "como" (por vezes chamados "onde") no fluxo de processamento visual de seu cérebro. O fluxo "o quê" (uma das duas subvias na via nova) flui de suas áreas visuais primárias em direção a seus lobos temporais, e ocupa-se de objetos discretos e das relações espaciais de traços dentro de objetos, como as proporções internas de um rosto. O fluxo "como" flui de sua área visual primária em direção a seus lobos parietais e ocupa-se mais com seus arredores e as relações entre os objetos (como a distância entre você, a gazela que você está perseguindo e a árvore atrás da qual ela está prestes a se esconder). Não surpreende que uma preferência pela simetria esteja enraizada no fluxo "o quê", onde ela é necessária. Assim a detecção e a apreciação da simetria estão baseadas em algoritmos centrados em objetos em nosso cérebro, não centrados em cenas. De fato, objetos dispostos de maneira simétrica numa sala pareceriam algo absolutamente tolo porque, como vimos, o cérebro não gosta de coincidências que não pode explicar.

Metáfora

O uso de metáforas na linguagem é muito conhecido, mas não se entende em geral que elas são também amplamente usadas nas artes visuais. Na figura 8.4 vemos uma escultura de arenito feita em Khajuraho no norte da Índia por volta do ano 1100. A escultura representa uma voluptuosa ninfa celeste que arqueia as costas para olhar para o alto como se aspirasse por Deus ou pelo céu. Provavelmente ela ocupava um nicho na base de um templo. Como a maioria das ninfas indianas, tem uma cintura estreita sobrecarregada com quadris e seios grandes. O arco do galho sobre sua cabeça acompanha de perto a curvatura de seu braço (um exemplo postural de um princípio de agrupamento chamado closura). Note as mangas maduras pendentes do galho que, como a própria ninfa, são uma metáfora da fertilidade e fecundidade na natureza. Além disso, o aspecto roliço das mangas fornece uma espécie de eco visual do aspecto roliço e maduro de seus seios. Assim, há nessa escultura múltiplas camadas de metáfora e significado, e o resultado é incrivelmente belo. É quase como se as múltiplas metáforas se ampliassem umas às outras, embora não se saiba por que essa ressonância e harmonia interna devem ser especialmente agradáveis.

Parece-me intrigante que a metáfora visual seja provavelmente compreendida pelo hemisfério direito muito antes que o hemisfério esquerdo,

FIGURA 8.4 Ninfa de pedra sob um ramo arqueado, olhando para o céu em busca de inspiração divina. Khajuraho, Índia, século XI.

mais literal, possa explicitar as razões. (Ao contrário de muita psicologia pop excêntrica sobre especialização hemisférica, é provável que essa distinção particular tenha um grão de verdade.) Sinto-me tentado a sugerir que há em geral uma barreira de tradução entre a lógica proposicional do hemisfério esquerdo, baseada na linguagem, e o pensamento mais onírico, intuitivo (se é que esta é palavra certa) do hemisfério direito, e a grande arte por vezes consegue dissolver essa barreira. Quantas vezes você já ouviu uma música que evoca uma riqueza de significados muito mais sutil do que o que pode ser expresso pelo filisteu hemisfério esquerdo?

Um exemplo mais trivial é o uso, pelos desenhistas, de certos truques para chamar atenção. A palavra "torto" impressa em letras visualmente tortas produz um efeito cômico, mas agradável. Isso me tenta a postular uma lei separada da estética que poderíamos chamar de "ressonância visual", ou "eco" (embora eu receie cair na armadilha em que caíram os gestaltistas de chamar toda observação de lei). Aqui a ressonância é entre o conceito da palavra "torto" com sua obliquidade literal verdadeira, borrando o limite entre concepção e percepção.

Nas histórias em quadrinhos, palavras como "assustado", "medo" ou "tremor" são muitas vezes impressas em linhas onduladas, como se as próprias letras estivessem tremendo. Por que isso é tão eficaz? Eu diria que é porque a linha ondulada é um eco espacial de nosso próprio tremor, que por sua vez corresponde ao conceito de medo. É possível que observar alguém tremer (ou o tremor tal como metaforicamente representado por letras onduladas) nos faça reproduzir muito ligeiramente o movimento porque isso nos prepara para fugir, antecipando o predador que pode ter causado a ameaça. Nesse caso, nosso tempo de reação para detectar a palavra "medo" representada em letras onduladas talvez seja mais curto do que se ela fosse representada em linhas retas (lisas), uma ideia que pode ser testada em laboratório.[2]

Concluirei meus comentários sobre a lei estética da metáfora com o maior ícone da arte indiana: *O Shiva dançante*, ou *Nataraja*. Em Chennai (Madras), há uma galeria de bronzes no museu estatal que abriga uma magnífica coleção de peças do sul da Índia. Uma de suas obras mais valiosas é um *Nataraja* do século XII (figura 8.5). Um dia, por volta da virada do século XX, um idoso cavalheiro *firangi* ("estrangeiro" ou "branco" em híndi) foi observado contemplando o *Nataraja* com assombro. Para espanto dos guardas e frequentadores do museu, ele entrou numa espécie de transe e passou a imitar as posturas da dança. Um grupo de pessoas se reuniu à sua volta, mas o cavalheiro parecia nada perceber, até que o curador apareceu por fim para ver o que se passava. Ele havia quase mandado prender o pobre homem até se dar conta de que o europeu era o mundialmente famoso escultor Auguste Rodin. *O Shiva dançante* comoveu Rodin até as

FIGURA 8.5 *Nataraja* representando a dança cósmica de Shiva. Sul da Índia, período Chola, século XII.

lágrimas. Em seus escritos ele se refere à estátua como uma das maiores obras de arte já criadas pela mente humana.

Você não precisa ser religioso, ou indiano ou Rodin para apreciar a grandeza desse bronze. Num nível muito literal, ele representa a dança cósmica de Shiva, que cria, sustenta e destrói o universo. Mas a escultura é muito mais que isso; é uma metáfora da dança do próprio universo, do movimento e da energia do cosmo. O artista representa essa sensação através do hábil uso de muitos estratagemas. Por exemplo, o movimento centrífugo dos braços e pernas de Shiva que se agitam em diferentes direções e as tranças onduladas que se soltam de sua cabeça simbolizam a agitação e o frenesi do cosmo. No entanto, bem no meio de toda essa turbulência – essa febre espasmódica de vida – está o espírito calmo do próprio Shiva. Ele contempla a sua criação com suprema tranquilidade e *aplomb*. Com grande habilidade o artista combinou esses elementos aparentemente antitéticos de movimento e energia, por um lado, e paz e estabilidade eternas por outro. Essa sensação de algo eterno e estável (Deus, se você quiser) é transmitida em parte pela perna esquerda ligeiramente dobrada de Shiva, que lhe confere equilíbrio e dignidade mesmo em meio a seu frenesi, e em parte por sua expressão serena, tranquila, que transmite uma sensação de atemporalidade. Em algumas esculturas de Nataraja, essa expressão pacífica é substituída por um semissorriso, como se o grande deus estivesse rindo tanto da vida quanto da morte.

Essa escultura tem muitas camadas de significado, e indologistas como Heinrich Zimmer e Ananda Coomaraswamy tornam-se líricos a respeito delas. Enquanto a maior parte dos escultores ocidentais tenta apreender um momento ou um instantâneo no tempo, o artista indiano busca transmitir a própria natureza do tempo. O anel de fogo simboliza a eterna natureza cíclica da criação e destruição do universo, um tema comum na filosofia oriental, também ocasionalmente abordado por pensadores no ocidente. (Lembro-me em particular da teoria do universo oscilante de Fred Hoyle.) Uma das mãos direitas de Shiva segura um tambor, que incita o universo à criação e talvez represente também a pulsação da matéria animada. Mas uma de suas mãos esquerdas segura o fogo, que não só aquece e energiza o universo, mas também o consome, permitindo que a destruição contrabalance perfeitamente a criação no ciclo eterno. E assim é que o *Nataraja* transmite a natureza abstrata, paradoxal do tempo, que embora tudo devore é sempre criativo.

Debaixo do pé direito de Shiva está uma criatura demoníaca chamada Apasmara, ou "a ilusão da ignorância", que Shiva está esmagando. Que ilusão é essa? É a ilusão de que todos nós, sujeitos de mentalidade científica, sofremos, de que o universo nada mais é do que os giros irracionais de átomos e moléculas, de que não há nenhuma realidade mais profunda por trás das aparências. É também o engano de algumas religiões de que cada um de nós tem uma alma privada que contempla o fenômeno da vida de seu ponto de vista especial. É o engano lógico de que após a morte não há nada senão um vazio atemporal. Shiva está nos dizendo que, se destruirmos essa ilusão e buscarmos consolo sob seu pé esquerdo levantado (que ele aponta para uma de suas mãos esquerdas), compreenderemos que, por trás das aparências externas (Maya), há uma verdade mais profunda. E depois que nos damos conta disso, vemos que, longe de sermos um espectador distante, aqui para contemplar brevemente o espetáculo até morrermos, somos de fato parte do fluxo e refluxo do cosmo – parte da dança cósmica do próprio Shiva. E com essa compreensão vem a imortalidade, ou *moksha*: a libertação do feitiço da ilusão e a união com a suprema verdade do próprio Shiva. Não há, a meu ver, melhor representação da ideia abstrata de Deus – em contraposição à ideia de um deus pessoal – que o *Shiva/Nataraja*. Como diz o crítico de arte Coomaraswamy: "Isso é poesia, mas ainda assim é ciência."

Receio ter divagado demais. Este é um livro sobre neurologia, não arte indiana. E só lhes mostrei o *Shiva/Nataraja* para sublinhar que a abordagem reducionista à estética apresentada neste capítulo não pretende em absoluto diminuir grandes obras de arte. Ao contrário, ela pode na verdade intensificar nossa apreciação de seu valor intrínseco.

Ofereço essas nove leis como uma maneira de explicar por que artistas criam arte e por que as pessoas têm prazer em vê-la.[3] Assim como consumimos alimentos *gourmet* para gerar sabor complexo, multidimensional, e experiências de textura que excitam nosso paladar, apreciamos arte como alimento *gourmet* para os centros visuais do cérebro (em contraposição à *junk food*, que é análoga ao kitsch). Ainda que as regras que os artistas exploram tenham se desenvolvido originalmente em razão de seu valor de sobrevivência, a produção de arte em si mesma não tem valor de sobrevivência. Nós a fazemos porque isso é divertido, e essa é toda a justificativa de que ela necessita.

Mas será essa a história toda? Afora seu papel no puro gozo, pergunto-me se poderia haver outras razões, menos óbvias, para que seres humanos se envolvam na arte de maneira tão apaixonada. Posso pensar em quatro teorias candidatas. Elas dizem respeito ao valor da própria arte, não meramente do gozo estético.

Em primeiro lugar, há a sugestão muito engenhosa, ainda que um tanto atrevida e cínica, feita por Steven Pinker de que a aquisição ou a posse de obras únicas, singulares, pode ter sido um símbolo de status para anunciar um acesso superior a recursos (uma regra prática psicológica desenvolvida para a avaliação de genes superiores). Isso é especialmente verdadeiro hoje, pois a crescente disponibilidade de métodos de cópia em massa atribui um valor ainda maior (da perspectiva do comprador) à posse de um original – ou pelo menos (da perspectiva do marchand) à capacidade de induzir o comprador a acreditar no falso status conferido pela compra de gravuras de edição limitada. Ninguém que já tenha ido a um vernissage em Boston ou La Jolla pode deixar de perceber que há alguma verdade nessa concepção.

Em segundo lugar, Geoffrey Miller, o psicólogo evolucionário da Universidade do Novo México, e outros propuseram a ideia engenhosa de que a arte se desenvolveu para anunciar para parceiros potenciais a destreza manual e a coordenação mão-olho do artista. Isso foi prontamente apelidado de teoria da arte do "suba para ver minhas águas-fortes". Como o pássaro-arquiteto macho, o artista macho está de fato dizendo à sua musa: "Veja minhas pinturas. Elas mostram que tenho excelente coordenação mão-olho e um cérebro complexo e bem integrado – genes que passarei para os seus bebês." Há um irritante grão de verdade na ideia de Miller, mas pessoalmente não a considero muito convincente. O principal problema é que ela não explica por que o anúncio deveria tomar a forma de arte. Isso parece exagero. Por que não anunciar diretamente essa habilidade para parceiros potenciais, mediante a exibição de habilidades no arco e flecha ou de proezas atléticas no futebol? Se Miller estiver certo, as mulheres devem achar que a habilidade para cerzir e bordar exerce grande atração sobre maridos potenciais, dado que ela requer esplêndida destreza manual – muito embora a maioria das mulheres não valorize essa habilidade num homem, nem mesmo as feministas. Miller poderia argumentar que as mulheres valorizam não a destreza e a habilidade em si mesmas, mas a criatividade subjacente ao produto acabado. Mas, apesar de sua suprema importância cultural para os seres humanos, o valor de sobrevivência biológica da arte como um indicador de criatividade é duvidoso, uma vez que ele não extravasa necessariamente sobre outros domínios. (Basta olhar o número de artistas que passa fome!)

Observe que a teoria de Pinker prevê que as mulheres deveriam rondar os compradores de obras de arte, ao passo que a teoria de Miller propõe que elas deveriam se interessar pelos próprios artistas.

A essas ideias, vou acrescentar mais duas. Para compreendê-las é preciso considerar a arte rupestre de 30 mil anos de idade de Lascaux, na França. Essas imagens nas paredes de cavernas são perturbadoramente belas, mesmo para olhos modernos. Para realizá-las, o artista deve ter empregado algumas das mesmas leis estéticas usadas por artistas modernos. Por exemplo, os bisões são representados sobretudo como desenhos de contorno (isolamento), e seus traços mais característicos, como cabeça pequena e corcova grande, são muito exagerados. Basicamente, é uma caricatura (efeito de deslocamento de pico) de um bisão, criada pela subtração inconsciente do quadrúpede ungulado médio de um bisão e a subsequente amplificação das diferenças. Mas, além de "eles fizeram essas imagens só para desfrutá-las", podemos dizer mais alguma coisa?

Os seres humanos são muito bons na criação de imagens visuais. Nossos cérebros desenvolveram essa habilidade de criar uma imagem mental interna ou modelo do mundo, no qual podemos ensaiar ações futuras, sem os riscos ou as penalidades de executá-las no mundo real. Há até estudos com imagiologia cerebral feitos pelo psicólogo de Harvard Steve Kosslyn que mostram que, quando imaginamos uma cena, nosso cérebro usa as mesmas regiões que utiliza quando realmente vemos uma.

Mas a evolução cuidou para que essas representações internamente geradas nunca sejam tão autênticas quanto a coisa real. Esse é um sábio comedimento da parte de nossos genes. Se nosso modelo interno do mundo fosse um substituto perfeito, toda vez que sentíssemos fome poderíamos simplesmente imaginar-nos num banquete, regalando-nos. Não teríamos incentivo algum para procurar alimento real e logo morreríamos de inanição. Como disse o Bardo: "Não podes saciar a agudeza faminta do apetite pela mera imaginação de um banquete."

De maneira semelhante, uma criatura que desenvolvesse uma mutação que lhe permitisse imaginar orgasmos deixaria de passar seus genes adiante e logo se extinguiria. (Nossos cérebros desenvolveram-se muito antes dos vídeos pornô, da revista *Playboy* e dos bancos de esperma.) Nenhum gene de "imagine um orgasmo" tem probabilidade de causar grande sensação no *pool* genético.

Ora, e se nossos ancestrais hominíneos fossem piores do que nós para criar imagens mentais? Imagine que eles quisessem ensaiar uma próxima caça ao bisão ou ao leão. Talvez fosse mais fácil envolver-se num ensaio realístico se tivessem adereços reais, e talvez esses adereços fossem o que hoje chamamos de arte rupestre. Talvez eles usassem essas cenas pintadas mais ou menos como uma criança encena lutas imaginárias entre seus soldadinhos de brinquedo, como uma forma de jogo para educar suas imagens internas. A pintura rupestre pode ter sido usada também para ensinar a arte da caça a noviços. Ao longo de vários milênios, essas habilidades teriam sido assimiladas pela cultura e adquirido significação religiosa. A arte, em suma, talvez seja a realidade virtual da própria natureza.

Por fim, uma quarta razão, menos prosaica, para a atratividade atemporal da arte talvez seja que ela fala uma linguagem onírica, baseada no hemisfério direito, que é ininteligível – estrangeira, até – para o mais literal hemisfério esquerdo. A arte transmite nuances de significado e sutilezas de humor que só podem ser vagamente apreendidas ou transmitidas pela linguagem falada. Os códigos neurais usados pelos dois hemisférios para representar funções cognitivas superiores podem ser completamente diferentes. Talvez a arte facilite a comunhão entre esses dois modos de pensamento, que de outro modo permaneceriam mutuamente ininteligíveis ou separados por um muro. Talvez as emoções também precisem de ensaio na realidade virtual para aumentar sua gama e sutileza para uso futuro, assim como nos envolvemos em atividades atléticas como forma de ensaio motor e damos tratos à bola diante de palavras-cruzadas ou refletimos sobre o teorema de Gödel para nos fortalecer intelectualmente. A arte, nessa concepção, é a aeróbica do hemisfério direito. É uma pena que ela não seja mais enfatizada em nossas escolas.

ATÉ AGORA, dissemos muito pouco a respeito da criação – em contraposição à percepção – de arte. Steve Kosslyn e Martha Farah de Harvard usaram técnicas de imagiologia cerebral para mostrar que a evocação criativa de uma imagem visual provavelmente envolve a porção interior (córtex ventromedial) dos lobos frontais. Essa área do cérebro tem conexões de ida e volta com partes dos lobos temporais envolvidas com memórias visuais. Um molde tosco da imagem desejada é inicialmente evocado através dessas conexões. Interações de ida e volta entre esse molde e o que está sendo pintado ou esculpido conduzem a progressivos embelezamentos e refinamentos da pintura, resultando nos múltiplos mini-"Ahás!" produzidos estágio por estágio de que falamos antes. Quando os ecos autoamplificadores entre essas camadas de processamento visual alcançam um volume crítico, eles são libertados na forma de um vigoroso "Ahá!" final para centros de recompensa como os núcleos septais e o núcleo accumbens. O artista pode então relaxar com seu cigarro, seu conhaque e sua musa.

Assim, a produção criativa de arte e a apreciação artística podem estar fazendo uso das mesmas vias (exceto no que diz respeito ao envolvimento frontal na primeira). Vimos que rostos e objetos acentuados através do efeito de deslocamento de pico (em outras palavras, caricaturas) hiperativam células no giro fusiforme. O esboço de uma cena total – como nas pinturas de paisagens – provavelmente requer o lobo parietal inferior direito, ao passo que aspectos "metafóricos" ou conceituais da arte podem requerer o giro angular tanto esquerdo quanto direito. Um estudo mais completo de artistas com danos em diferentes porções dos hemisférios direito e esquerdo poderia valer a pena – sobretudo tendo-se em mente nossas leis da estética.

Temos claramente um longo caminho a percorrer. Nesse meio-tempo, é divertido especular. Como disse Charles Darwin em seu *A descendência do homem*:

> Fatos falsos são extremamente perniciosos para o progresso da ciência, pois com frequência são duradouros; mas ideias falsas, se suportadas por alguma evidência, fazem pouco mal; e quando este é feito, um caminho para o erro é fechado e, muitas vezes, a estrada para a verdade é aberta.

9. Um macaco com alma: Como a introspecção evoluiu

> Põe a filosofia numa forca! A menos que a filosofia possa fazer uma Julieta...
>
> WILLIAM SHAKESPEARE

JASON MURDOCH ERA UM paciente internado num centro de reabilitação em San Diego. Após sofrer um sério ferimento na cabeça num acidente de carro próximo à fronteira mexicana, ele havia passado quase três meses num estado semiconsciente de coma vigil (também chamado mutismo acinético) antes que meu colega, dr. Subramaniam Sriram, o examinasse. Em razão do dano ao córtex cingulado anterior na frente de seu cérebro, Jason não podia andar, falar ou iniciar ações. Seu ciclo sono-vigília era normal, mas ele estava confinado ao leito. Quando acordado, parecia alerta e consciente (se é que essa é a palavra certa – as palavras perdem sua capacidade de resolução quando estamos lidando com esses estados). Por vezes tinha uma ligeira resposta à dor, como um "ai", mas não invariavelmente. Podia mover os olhos, muitas vezes girando-os à sua volta para acompanhar pessoas. No entanto, não era capaz de reconhecer ninguém, nem mesmo seus pais ou irmãos. Não conseguia falar ou compreender a fala, nem interagir com as pessoas de maneira significativa.

Mas se seu pai, sr. Murdoch, lhe telefonava do quarto ao lado, Jason tornava-se subitamente alerta e loquaz, reconhecendo o pai e entabulando conversa com ele. Isso continuava até que o sr. Murdoch voltasse para o quarto. Então Jason recaía em seu estado semiconsciente de "zumbi". Esse grupo de sintomas tem um nome: síndrome do telefone. Era possível fazê-lo ir e vir entre os dois estados, dependendo de seu pai estar diretamente em sua presença ou não.

Pense no que isso significa. É quase como se houvesse dois Jasons presos dentro de um corpo: o Jason ao telefone, inteiramente alerta e consciente, e o Jason em pessoa, um zumbi quase inconsciente. Como isso é possível? A resposta tem a ver com o modo como o acidente afetou as vias visuais e auditivas no cérebro desse paciente. Numa medida surpreendente, a atividade de cada via – visão e audição – deve estar isolada em toda a extensão do caminho até o cingulado anterior, que tem importância decisiva. Esse colar de tecido, como vimos, é onde nosso senso de livre-arbítrio origina-se em parte.

Se o cingulado anterior estiver extensamente danificado, o resultado é um quadro completo de mutismo acinético; ao contrário de Jason, o paciente fica num permanente estado crepuscular, não interagindo com ninguém em nenhuma circunstância. Mas e se o dano ao cingulado anterior for mais sutil? – digamos, a via visual até o cingulado anterior está seletivamente danificada em algum estágio, mas a vida auditiva está preservada. O resultado é a síndrome do telefone: Jason "entra em ação" (metaforicamente falando!) quando conversa ao telefone, mas cai em mutismo acinético quando o pai entra na sala. Exceto nos momentos em que fala ao telefone, Jason não é mais uma pessoa.

Não estou fazendo essa distinção arbitrariamente. Embora o sistema visomotor de Jason ainda seja capaz de acompanhar e prestar atenção a objetos no espaço, ele não pode reconhecer ou atribuir significado ao que vê. Exceto quando está ao telefone com o pai, Jason não tem a habilidade de formar metarrepresentações ricas, significativas, essenciais não só para nossa singularidade como espécie, mas também para nossa singularidade como indivíduos e nosso senso de individualidade.

Por que Jason é uma pessoa quando está ao telefone, mas não em outras circunstâncias? Muito cedo na evolução, o cérebro desenvolveu a habilidade de criar representações sensoriais de primeira ordem de objetos externos que só podiam provocar um número muito limitado de reações. Por exemplo, o cérebro de um rato só possui uma representação de primeira ordem de um gato – especificamente como uma coisa peluda e móvel a ser evitada de maneria reflexa. Mas, à medida que a evolução do cérebro humano prosseguiu, emergiu um segundo cérebro – um conjunto de conexões nervosas, para ser exato – que em certo sentido parasitava o antigo. Esse segundo cérebro cria metarrepresentações (representações de representações – uma ordem mais elevada de abstração), processando as informações provenientes do primeiro cérebro em pedaços manejáveis que podem ser usados para um repertório mais amplo de respostas mais sofisticadas, inclusive linguagem e pensamento simbólico. É por isso que, em vez de ser apenas "o inimigo peludo" que é para o rato, o gato aparece para nós como um mamífero, um predador, um bichinho de estimação, um inimigo de cães e ratos, uma coisa que tem orelhas, bigodes, um rabo comprido e mia; ele até nos faz lembrar de Halle Berry num *collant* de látex. Tem um nome também – gato – simbolizando toda a nuvem de associações. Em suma, o segundo cérebro dota um objeto de significado, criando uma metarrepresentação que nos permite ter uma percepção consciente de um gato de uma maneira que o rato não tem.

Metarrepresentações são também um prerrequisito para nossos valores, crenças e prioridades. Por exemplo, uma representação de primeira ordem de nojo é uma reação visceral "evite isso", ao passo que uma metarrepresentação incluiria, entre outras coisas, a aversão social que sentimos por algo que nos parece moralmente errado ou eticamente impróprio. Essas representações de ordem mais elevada podem ser manipuladas em nossa mente de uma maneira só possível aos seres humanos. Elas estão associadas a nosso senso de individualidade e nos permitem encontrar significado no mundo externo – tanto material quanto social – e nos definirmos em relação a ele. Por exemplo, posso dizer: "A atitude dela com relação ao esvaziamento da caixa de areia do gato me parece repugnante."

O Jason visual está essencialmente morto e liquidado como pessoa, porque sua capacidade de ter metarrepresentações do que vê está comprometida.[1] Mas o Jason auditivo está vivo; suas metarrepresentações de seu pai, seu self e a vida que tiveram juntos estão em grande parte intactas tal como ativadas por meio dos canais auditivos de seu cérebro. De maneira intrigante, o Jason auditivo é temporariamente desligado quando o sr. Murdoch aparece em pessoa. Talvez porque o cérebro humano enfatize o processamento visual, o Jason visual sufoca seu gêmeo auditivo.

Jason representa um caso notável de self fragmentado. Alguns de seus "pedaços" foram destruídos, mas outros se preservaram e conservam surpreendente grau de funcionalidade. Será que Jason ainda é Jason, se talvez estiver fragmentado? Como veremos, várias doenças neurológicas nos mostram que o self não é a entidade monolítica que ele próprio acredita ser. Essa conclusão contraria frontalmente algumas de nossas intuições mais arraigadas a respeito de nós mesmos – mas dados são dados. O que a neurologia nos diz é que o self consiste de muitos componentes, e a noção de um self unitário pode ser uma ilusão.

Em algum momento no século XXI, a ciência enfrentará um de seus maiores mistérios: a natureza do self. Aquela massa de carne dentro de nossa abóbada craniana não gera apenas uma descrição "objetiva" do mundo externo, mas experimenta diretamente um mundo interno – uma rica vida mental de sensações, significados e sentimentos. E, no que é o mais misterioso, nosso cérebro também volta sua visão para si mesmo para gerar um sentimento de autoconsciência.

A busca do self – e das soluções para seus muitos mistérios – está longe de ser uma nova empreitada. Essa área de estudo foi tradicionalmente o domínio dos filósofos, e é justo dizer que, de uma maneira geral, eles não fizeram um grande progresso (embora não por falta de esforço; dedicaram-se ao problema por 2 mil anos). Apesar disso, a filosofia foi extremamente útil ao manter a higiene semântica e enfatizar a necessidade de clareza na terminologia.[2] Por exemplo, as pessoas muitas vezes usam a palavra "consciência" livremente para se referir a duas coisas diferentes. Uma são as *qualia* – as qualidades experienciais imediatas da sensação, como a vermelhidão do vermelho ou a pungência do *curry* – e a segunda é o self que experimenta essas sensações. *Qualia* são importunas tanto para filósofos quanto para cientistas, porque embora sejam palpavelmente reais e pareçam residir no próprio cerne da experiência mental, as teorias físicas e computacionais sobre o cérebro silenciam por completo quanto à questão de como elas poderiam surgir ou por que poderiam existir.

Deixe-me ilustrar o problema com um experimento mental. Imagine um cientista marciano muito avançado intelectualmente, mas daltônico, que pretende compreender o que os seres humanos querem dizer quando falam sobre cor. Com sua tecnologia de nível *Jornada nas estrelas*, ele estuda nosso cérebro e descobre, até o mínimo detalhe, o que acontece quando vivemos experiências mentais envolvendo a cor vermelha. Ao fim de seu estudo, é capaz de explicar cada evento fisicoquímico e neurocomputacional que ocorre quando vemos vermelho, pensamos vermelho ou dizemos "vermelho". Agora pergunte a si mesmo: pode-se dizer que essa explicação abrange tudo que está envolvido na capacidade de ver e pensar sobre a vermelhidão? Pode o Marciano cego para cores ficar convencido agora de que compreende nosso modo alienígena de experiência visual, ainda que seu cérebro não esteja fisicamente conectado para responder a esse comprimento de onda particular da radiação eletromagnética? A maioria das pessoas diria que não. Diriam que, por mais detalhada e precisa que possa ser essa descrição exterior-objetiva da cognião da cor, ela tem um enorme buraco em seu meio porque deixa de fora a *quale* da vermelhidão. (*"Quale"* é a forma singular de *"qualia"*.) De fato, não temos nenhuma maneira de transmitir a qualidade inefável da vermelhidão para uma pessoa, a não ser conectando nosso cérebro diretamente ao dela.

Talvez um dia a ciência acabe topando com um método ou referencial inesperado para lidar com as *qualia* de maneira empírica e racional, mas é muito possível que esses avanços estejam tão distantes da compreensão de nossos dias quanto estava a genética molecular para os que viviam na Idade Média. A menos que haja um Einstein potencial da neurologia escondido por aí em algum lugar.

Sugeri que *qualia* e self são coisas diferentes. No entanto, não podemos solucionar as primeiras sem o último. A noção de *qualia* sem um self experimentando-as e submetendo-as à introspecção é um oximoro. Nessa mesma linha, Freud sustentou que não podemos equiparar o self à consciência. Nossa vida mental, disse ele, é governada pelo inconsciente, um turbulendo caldeirão de lembranças, associações, reflexos, motivos e pulsões. Nossa "vida consciente" é uma elaborada racionalização *ex post facto* de coisas que fazemos realmente por outras razões. Como a tecnologia ainda não havia avançado o suficiente para permitir a observação do cérebro, Freud não dispunha das ferramentas para levar suas ideias além do sofá, e por isso suas teorias ficaram presas na calmaria entre verdadeira ciência e a retórica desenfreada.[3]

Poderia Freud estar certo? Poderia a maior parte do que constitui nosso "self" ser inconsciente, incontrolável e incognoscível?[4] Apesar da atual impopularidade (para dizer o mínimo) de Freud, a neurociência moderna revelou de fato que ele estava certo ao afirmar que apenas uma parte limitada do cérebro é consciente. O self consciente não é uma espécie de "miolo" ou essência concentrada que habita um trono especial no centro do labirinto neural, mas a consciência não é tampouco uma propriedade de todo o cérebro. Em vez disso, o self parece emergir como um grupo relativamente pequeno de áreas cerebrais ligadas numa rede assombrosamente poderosa. Identificar essas regiões é importante, pois isso ajuda a estreitar a pesquisa. Sabemos, afinal de contas, que o fígado e o baço não são conscientes; só o cérebro é. Estamos simplesmente dando mais um passo e dizendo que apenas algumas partes do cérebro são conscientes. Saber quais são elas e o que fazem é o primeiro passo rumo à compreensão da consciência.

O fenômeno da visão cega é um indicador particularmente claro de que a teoria do inconsciente de Freud pode encerrar um grão de verdade. Lembre-se de que vimos no capítulo 2 que uma pessoa com visão cega tem um dano na área V1 do córtex visual e em consequência não pode ver coisa alguma. É cega. Não experimenta nenhuma das *qualia* associadas à visão. Se projetarmos uma mancha de luz na parede em frente a essa pessoa, ela lhe dirá categoricamente que não vê coisa alguma. No entanto, se lhe for pedido para estender a mão e tocar na mancha, ela o fará com estranha precisão, ainda que para ela isso pareça pura adivinhação. Ela consegue fazer isso, como vimos antes, porque a via antiga entre sua retina e seu lobo parietal está intacta. Assim, ainda que ela não possa ver a mancha, é capaz de estender a mão e tocá-la. De fato, um paciente com visão cega muitas vezes pode até adivinhar a cor e a orientação (vertical ou horizontal) de uma linha usando essa via, mesmo que não possa percebê-la conscientemente.

Isso é assombroso. Sugere que somente o fluxo de informação que passa por nosso córtex visual está associado à consciência e ligado a nosso senso de identidade. A outra via paralela pode fazer seu trabalho imperturbada, executando as complexas computações exigidas para guiar a mão (ou até adivinhar corretamente a cor) sem que a consciência entre no quadro em momento algum. Por quê? Afinal de contas, essas duas vias para informação visual são compostas por neurônios de aparência idêntica, e eles parecem estar executando computações igualmente complexas, no entanto somente a via nova projeta a luz da consciência sobre a informação visual. O que esses circuitos têm de tão especial para que "requeiram" ou "gerem" consciência? Em outras palavras, por que nem todos os aspectos da visão e do comportamento por ela guiado são semelhantes à visão cega, avançando regularmente com competência e precisão, mas sem percepção consciente e *qualia*? Poderia a resposta para essa questão fornecer pistas para a solução do enigma da consciência?

O exemplo da visão cega é sugestivo não apenas por corroborar a ideia da mente inconsciente (ou de várias mentes inconscientes). Ele demonstra também como a neurociência pode reunir evidências sobre o funcionamento recôndito do cérebro para abrir caminho através do arquivo morto, por assim dizer, abordando algumas das questões não respondidas a respeito do self que atormentaram filósofos e cientistas durante milênios. Estudando pacientes com distúrbios na autorrepresentação e observando como áreas cerebrais específicas ficam avariadas, podemos compreender melhor como um senso de identidade surge no cérebro humano normal. Cada distúrbio torna-se uma janela para um aspecto específico do self.

Primeiro, vamos definir esses aspectos do self, ou, no mínimo, nossas intuições a seu respeito.

1. *Unidade*: Apesar da abundante diversidade de experiências sensoriais que nos inundam a cada momento, sentimo-nos como uma pessoa. Ademais, todos os nossos vários (e por vezes contraditórios) objetivos, memórias, emoções, ações, crenças e consciência atual parecem se combinar para formar um único indivíduo.
2. *Continuidade*: Embora um enorme número de eventos distintos pontue a nossa vida, temos um sentimento de continuidade e identidade através do tempo – de momento para momento, de década para década. E, como Endel Tulving observou, podemos nos envolver numa "viagem no tempo" mental, começando em nossa primeira infância e projetando-nos para o futuro, deslizando sem esforço para a frente e para trás. A virtuosidade proustiana pertence unicamente aos seres humanos.
3. *Incorporação*: Sentimo-nos ancorados e em casa em nosso corpo. Nunca nos ocorre que a mão que acabamos de usar para pegar as chaves de nosso carro poderia não nos pertencer. Tampouco pensaríamos que corremos algum perigo de acreditar que o braço de um garçom ou o de um operador de caixa é na verdade nosso próprio braço. No entanto, arranhe a superfície e revela-se que nosso senso de incorporação é supreendentemente falível e flexível. Acredite ou não, mediante um truque óptico podemos ser induzidos a deixar temporariamente nosso corpo e nos experimentar em um outro lugar. (Isso acontece de certa maneira quando vemos um vídeo ao vivo, em tempo real, de nós mesmos ou nos postamos numa galeria de espelhos num parque de diversões.) Usando uma maquiagem pesada para nos disfarçar e olhando para nossa própria imagem num vídeo (que não precisa fazer uma inversão esquerda-direita como um espelho), podemos ter uma ligeira ideia de uma experiência de saída do próprio corpo, especialmente se mexermos várias partes do corpo e mudarmos nossa expressão. Além disso, como vimos no capítulo 1, nossa imagem corporal é extremamente maleável; ela pode ser alterada em posição e tamanho com o

uso de espelhos. E como veremos adiante neste capítulo, pode sofrer profunda perturbação em doenças.

4. *Privacidade*: Nossas qualia e vida mental pertencem unicamente a nós, não podendo ser observadas por outros. Podemos sentir empatia pela dor de nosso próximo graças a neurônios-espelho, mas não podemos experimentar literalmente sua dor. No entanto, como observamos no capítulo 4, há circunstâncias sob as quais nosso cérebro gera sensações táteis que simulam precisamente aquelas que estão sendo experimentadas por outro indivíduo. Por exemplo, se anestesio seu braço e faço você me observar tocando meu próprio braço, você começa a ter minhas sensações táteis. Lá se foi a privacidade do self.

5. *Inserção social*: O self mantém um arrogante senso de privacidade e autonomia, em contradição com sua estreita ligação com outros cérebros. Poderia ser só por coincidência que quase todas as nossas emoções só fazem sentido em relação a outras pessoas? Orgulho, arrogância, vaidade, ambição, amor, medo, misericórdia, ciúme, raiva, presunção, humildade, piedade, até autopiedade – nenhuma delas teria qualquer significado num vácuo social. Faz perfeito sentido evolucionário sentir rancor, gratidão ou afabilidade, por exemplo, em relação a outras pessoas com base em nossas histórias interpessoais compartilhadas. Levamos a intenção em conta e atribuímos a faculdade de escolha, ou livre-arbítrio, aos outros seres sociais e, com base nisso, aplicamos nossa rica paleta de emoções sociais às nossas ações. Mas somos tão profundamente constituídos para atribuir coisas como motivo, intenção e culpabilidade às ações de outros que muitas vezes estendemos indevidamente nossas emoções sociais a objetos ou situações não humanos, não sociais. Podemos ficar "com raiva" de um galho de árvore que caiu sobre nós, ou mesmo com as vias expressas ou a bolsa de valores. Vale a pena notar que essa é uma das principais raízes da religião: tendemos a dotar a própria natureza de motivos, desejo e vontade de caráter humano, e por isso nos sentimos compelidos a suplicar, rezar, negociar e procurar razões pelas quais Deus ou carma, ou o que você quiser, julgou adequado nos punir (individual ou coletivamente) com desastres naturais ou outras desventuras. Esse

impulso persistente revela o quanto o self precisa se sentir parte de um ambiente social com que possa interagir e que lhe seja compreensível em seus próprios termos.
6. *Livre-arbítrio*: temos a sensação de ser capazes de escolher conscientemente entre cursos alternativos de ação com pleno conhecimento de que poderíamos ter escolhido outra coisa. Normalmente não nos sentimos como autômatos ou como se nossa mente fosse uma coisa passiva fustigada pelo acaso e a circunstância – embora em algumas "doenças", como o amor romântico, ela chegue perto disso. Ainda não sabemos como o livre-arbítrio opera, mas, como veremos mais adiante no capítulo, pelo menos duas regiões cerebrais estão decisivamente envolvidas. A primeira é o giro supramarginal no hemisfério esquerdo do cérebro, que nos permite evocar e imaginar diferentes cursos de ação potenciais. A segunda é o cingulado anterior, que nos faz desejar (e nos ajuda a escolher) uma ação com base numa hierarquia de valores ditada pelo córtex pré-frontal.
7. *Autoconsciência*: Esse aspecto do self é quase axiomático; um self não consciente de si mesmo é um oximoro. Mais tarde neste capítulo vou afirmar que nossa autoconsciência talvez dependa em parte de nosso uso de neurônios-espelho de uma maneira recursiva, permitindo-nos ver a nós mesmos a partir do ponto de vista de outra pessoa (alocêntrico). Por isso o uso, na língua inglesa, de expressões como *"self-conscious"* como sinônimo de embaraçado, quando o que realmente se quer dizer é que a pessoa está consciente de que uma outra está consciente dela.

Esses sete aspectos, como as pernas de uma mesa, trabalham juntos para sustentar o que chamamos de self. No entanto, como você já pode ver, eles são vulneráveis a ilusões, enganos e distúrbios. A mesa do self pode continuar de pé sem uma dessas pernas, mas se um número muito grande delas for perdido, a estabilidade fica severamente comprometida.

Como esses múltiplos atributos do self emergiram na evolução? Que partes do cérebro estão envolvidas, e quais são os mecanismos neurais subjacentes? Não há respostas simples para estas questões – certamente nada que rivalize com a simplicidade de uma declaração como "porque foi assim que Deus nos fez" –, mas o fato de as respostas serem complicadas e contrárias ao senso comum não é razão para que abdiquemos da busca. Explorando várias síndromes situadas a meio caminho entre a psiquiatria e a neurologia, creio que podemos colher algumas pistas inestimáveis para compreender como o self é criado e sustentado em cérebros normais. Nesse aspecto minha abordagem é semelhante à que usei em outra parte deste livro: considerar casos estranhos para iluminar a função normal.[5] Não tenho a pretensão de ter "solucionado" o problema do self (espero!), mas acredito que esses casos oferecem caminhos muito promissores que podem ser abordados. Em geral, acho que isso não é um mau começo para enfrentar um problema que nem sequer é considerado legítimo por muitos cientistas.

Vários pontos merecem observação antes de examinarmos casos particulares. Um deles é que, a despeito da bizarrice dos sintomas, todos os pacientes são relativamente normais nos demais aspectos. Um segundo é que todos os pacientes são completamente sinceros e convictos em sua crença, e essa crença é imune à correção intelectual (tal como superstições persistentes em pessoas racionais nos demais aspectos). Um paciente com ataques de pânico pode concordar intelectualmente que seus pressentimentos de morte não são "reais", mas durante o ataque nada o convencerá de que não está morrendo.

Uma última advertência: precisamos ser cuidadosos ao extrair revelações de síndromes psiquiátricas, porque algumas delas (nenhuma, espero, das que estou examinando aqui) são fictícias. Tome, por exemplo, a síndrome de Clérambault, definida como o desenvolvimento, por uma jovem, da ilusão obsessiva de que um homem muito mais velho e famoso está loucamente apaixonado por ela, mas não assume. Se não acreditar em mim, faça uma pesquisa no Google. (Ironicamente, não há nenhum nome para a ilusão muito real e comum em que um cavalheiro mais velho acredita que uma garota sexy está apaixonada por ele mas não sabe disso! Uma razão para isso talvez seja que os psiquiatras que descobrem e batizam síndromes foram historicamente homens.)

Além disso, há Koro, o prentenso distúrbio que, ao que se diz, afligiria cavalheiros asiáticos que afirmam que seu pênis está encolhendo e acabará por desaparecer. (Mais uma vez, existe o inverso em alguns homens idosos de raça branca – a ilusão de que seu pênis está se expandindo, quando de fato não está. Quem chamou minha atenção para isso foi meu colega Stuart Anstis.) Koro provavelmente foi fabricado por psiquiatras ocidentais, embora não seja inconcebível que possa surgir de uma representação reduzida do pênis no centro da imagem corporal, o lobo parietal superior direito.

E não nos esqueçamos de outra invenção notável, o "transtorno desafiador oposicionista". Esse diagnóstico é dado por vezes a jovens inteligentes e vivazes, que ousam questionar a autoridade de figuras mais velhas do establishment, como psiquiatras. (Acredite ou não, um psicólogo pode realmente enviar uma conta para a companhia de seguro de saúde do paciente por esse diagnóstico.) A pessoa que inventou essa síndrome, seja ela quem for, é brilhante, porque qualquer tentativa por parte do paciente de contestar o diagnóstico ou protestar contra ele pode ser interpretada como evidência de sua validade! A irrefutabilidade está incorporada à sua própria definição. Outra pseudodoença, também oficialmente reconhecida, é a "síndrome do baixo rendimento crônico", ou o que costumava ser chamado de estupidez.

Com essas advertências em mente, vamos tentar encarar as síndromes e explorar sua relevância para o self e para a singularidade humana.

Incorporação

Vamos começar com três distúrbios que nos permitem examinar os mecanismos envolvidos na criação de um senso de incorporação. Essas condições revelam que o cérebro tem uma imagem corporal inata, e quando esta não corresponde ao *input* sensorial proveniente do corpo – seja ele visual ou somático – a desarmonia resultante pode afetar o senso de unidade do self também.

Apotemnofilia: Doutor, ampute o meu braço, por favor

Vital para o senso de identidade humano é a sensação que temos de habitar nosso próprio corpo e ser dono de suas partes. Embora um gato tenha uma espécie de imagem corporal implícita (não tenta se espremer num buraco de rato), ele não pode fazer dieta ao ver que está obeso ou contemplar sua pata e desejar que ela não estivesse ali. No entanto, esta última coisa é precisamente o que acontece em alguns pacientes que desenvolvem apotemnofilia, um curioso distúrbio em que um indivíduo completamente normal sente um intenso e constante desejo de amputar um braço ou uma perna. ("Apotemnofilia" deriva do grego: *apo* "fora de"; *temnein*, "cortar"; e *philia* "apego emocional a".) Ele pode descrever seu corpo como "excessivo" ou seu braço como "invasivo". Temos a impressão de que o sujeito está tentando transmitir algo inefável. Por exemplo, ele pode dizer "Não é que eu sinta que ele não me pertence, doutor. Ao contrário, tenho a sensação de que ele está presente demais". Mais da metade dos pacientes persiste até ter o membro realmente removido.

A apotemnofilia é muitas vezes vista como "psicológica". Chegou-se até a sugerir que ela surge de uma fantasia freudiana de realização de desejo, o coto assemelhando-se a um pênis grande. Outros viram a condição como um comportamento de busca de atenção, embora nunca se explique por que o desejo de atenção deveria assumir essa estranha forma e por que tantas dessas pessoas mantêm seus desejos secretos durante a maior parte de suas vidas.

Francamente, essas explicações psicológicas não me parecem convincentes. A condição costuma começar cedo na vida, e é improvável que uma criança de dez anos deseje um pênis gigante (embora um freudiano ortodoxo possa não descartar a ideia). Além disso, o sujeito pode apontar para a linha específica – digamos, dois centímetros acima do cotovelo – ao longo da qual deseja a amputação. Não se trata simplesmente de um desejo vago de eliminar um membro, como se esperaria a partir de uma explicação psicológica. Nem pode ser um desejo de chamar atenção, porque se esse fosse o caso, por que fazer tanta questão quanto ao ponto em que o corte deveria ser feito? Por fim, o sujeito em geral não tem outros problemas psicológicos de qualquer importância.

Duas outras observações que fiz desses pacientes sugerem fortemente uma origem neurológica para a condição. Primeiro, em mais de dois terços dos casos é o membro esquerdo que está envolvido. Esse envolvimento desproporcional do braço esquerdo me lembra do distúrbio indiscutivelmente neurológico da somatoparafrenia (descrito mais à frente), em que o paciente, que sofre um acidente vascular cerebral no hemisfério direito, não só nega a paralisia de seu braço esquerdo como também insiste que ele não lhe pertence. Isso raramente é visto naqueles que sofrem derrames no hemisfério esquerdo. Segundo, meus alunos Paul McGeoch e David Brang e eu descobrimos que ao tocar no membro abaixo da linha da amputação desejada produzíamos um grande solavanco na RGP (resposta galvânica da pele) do paciente, mas o toque acima da linha ou no outro membro não produzia o mesmo efeito. As campainhas de alarme do paciente disparam real e verdadeiramente quando o membro afetado é tocado abaixo da linha. Como é difícil detectar uma RGP falsa, podemos estar relativamente seguros de que o distúrbio tem uma base neurológica.

Como explicar esse estranho distúrbio em termos da anatomia conhecida? Como vimos no capítulo 1, nervos para o tato e sensações nos músculos, tendões e articulações projetam-se para nossos córtices somatossensórios primário (S1) e secundário (S2) no giro pós-central e logo atrás dele. Cada uma dessas áreas do córtex contém um mapa sistemático, topograficamente organizado, de sensações físicas. Dali, a informação somatossensorial é enviada para nosso lobo parietal superior (LPS), onde é combinada com informações de equilíbrio vindas de nosso ouvido interno e *feedback* visual referente às posições dos membros. Juntos, esses *inputs* constroem nossa autoimagem: uma representação unificada, em tempo real, de nosso self físico. Essa representação do corpo no LPS (e provavelmente suas conexões com a ínsula posterior) é parcialmente inata. Sabemos disso porque alguns pacientes desprovidos de braços desde o nascimento experimentam vívidos braços fantasma, sugerindo a existência de um andaime fisicamente conectado por genes.[6] Não é preciso fazer um ato de fé para sugerir que essa imagem corporal multissensorial é topograficamente organizada no LPS da mesma maneira que em S1 e S2.

Se uma parte específica do corpo, como um braço ou uma perna, deixasse de estar representada nesse andaime de nossa imagem corporal, é possível que o resultado fosse uma sensação de estranheza ou possivelmente repugnância em relação a ela. Mas por quê? Por que o paciente não se sente meramente indiferente ao membro? Afinal de contas, pacientes com dano nervoso no braço resultante de uma completa falta de sensação não dizem que querem ter seu braço removido.

A resposta para essa questão reside no conceito-chave de aversão à discordância, que, como você verá, desempenha um papel decisivo em muitas formas de doença mental. A ideia geral é que falta de coerência, ou discordância, entre os *outputs* de módulos cerebrais pode criar alienação, desconforto, ilusão ou paranoia. O cérebro abomina anomalias internas – como a discrepância entre emoção e identificação na síndrome de Capgras – e muitas vezes fará esforços absurdos para negá-las ou explicá-las. (Enfatizo "internas" porque, de maneira geral, o cérebro é mais tolerante com anomalias no mundo externo. Pode até apreciá-las: algumas pessoas gostam da emoção de solucionar mistérios desconcertantes.) Não é claro onde a discordância interna é detectada para criar desagrado. Sugiro que isso é feito pela ínsula (em especial a ínsula no hemisfério direito), um pequeno retalho de tecido que recebe sinais de S2 e envia *outputs* para a amígdala, que por sua vez envia sinais de excitação simpática para o resto do corpo.

No caso de dano aos nervos, o próprio *input* para S1 e S2 é perdido, de modo que não há nenhum desacordo ou discrepância entre S2 e a imagem corporal multissensorial no LPS. Na apotemnofilia, em contraposição, há *input* sensorial normal do braço para os mapas corporais em S1 e S2, mas não há nenhum "lugar" para onde os sinais do braço possam ser enviados na imagem corporal do LPS mantida pelo LPS.[7] O cérebro não tolera bem essa discordância, que é, assim, decisiva para a criação de sentimentos de "presença excessiva" e uma aversão moderada ao membro, acompanhada pelo desejo de amputação. Essa explicação da aptemnofilia justificaria a RGP intensificada e também a natureza essencialmente inefável e paradoxal da experiência: parte e não parte do corpo ao mesmo tempo.

Em conformidade com esse quadro geral, percebi que o simples ato de levar o paciente a olhar para seu membro afetado através de uma lente redutora, de modo a reduzi-lo opticamente, faz o membro parecer muito menos desagradável, provavelmente reduzindo a discrepância. Para confirmar isso são necessários experimentos controlados por placebo.

Por fim, meu laboratório realizou um estudo de imagiologia cerebral com quatro pacientes com apotemnofilia e comparou os resultados com quatro sujeitos controle normais. Nestes, o toque em qualquer parte do corpo ativava o LPS direito. Em todos os quatro pacientes, o toque na parte do corpo que cada um queria ter removida não evocava nenhuma atividade no LPS – o mapa do corpo no cérebro não se iluminava, por assim dizer, nas imagens. Mas se a parte não afetada fosse tocada, isso acontecia. Se pudermos replicar esse achado com um número maior de pacientes, nossa teoria estará bem apoiada.

Um aspecto curioso da apotemnofilia não explicado por nosso modelo são as inclinações associadas em alguns sujeitos: desejo de intimidade com outro amputado. Provavelmente foram essas conotações sexuais que induziram pessoas a propor enganosamente uma visão freudiana do distúrbio.

Deixe-me sugerir algo diferente. Talvez nossa "preferência estética" sexual por certa morfologia corporal seja ditada em parte pela forma da imagem corporal tal como representada – e fisicamente conectada – no LPS direito e possivelmente no córtex insular. Isso explicaria por que avestruzes preferem avestruzes como parceiros (presumivelmente mesmo quando pistas de odor são eliminadas) e por que porcos preferem formas suínas a seres humanos.

Detalhando isso, sugiro que há um mecanismo geneticamente especificado que permite que um molde de nossa imagem corporal (no LPS) seja transcrito no conjunto de circuitos límbicos, determinando assim a preferência estética visual. Se essa ideia estiver correta, uma pessoa cuja imagem corporal fosse congenitamente desprovida de braço ou de perna seria atraída por pessoas desprovidas do mesmo membro. Em coerência com essa ideia, as pessoas que desejam ter sua perna amputada sentem-se quase sempre atraídas por amputados desprovidos de perna, não de braço.

Somatoparafrenia: Doutor, este braço é da minha mãe

A distorção da posse de partes do corpo também ocorre numa das síndromes mais estranhas na neurologia, que tem o nome complicado de "somatoparafrenia". Pacientes com acidente vascular cerebral no hemisfério esquerdo têm danos na faixa de fibras que sai do córtex e desce pela medula espinhal. Como o lado esquerdo do cérebro controla o lado direito do corpo (e vice-versa), isso deixa o lado direito de seus corpos paralisado. Eles se queixam de sua paralisia, perguntando ao médico se o braço vai se recuperar algum dia e, como não é de surpreender, mostram-se muitas vezes deprimidos.

Quando o acidente vascular cerebral é no hemisfério direito, a paralisia é no esquerdo. A maioria desses pacientes preocupa-se com a paralisia, como seria de esperar, mas uma pequena minoria a nega (anosognosia), e um subconjunto ainda menor nega de fato a posse do braço esquerdo, atribuindo-o ao médico que o examina, a um cônjuge, a um irmão ou a um dos pais. (Não está claro por que uma pessoa particular é escolhida, mas isso me lembra a maneira como o delírio de Capgras muitas vezes também envolve um indivíduo específico.)

Nesse subconjunto de pacientes há usualmente dano nos mapas corporais em S1 e S2. Além disso, o acidente vascular cerebral destruiu a representação da imagem corporal correspondente no LPS, que ordinariamente receberia *input* de S1 e S2. Por vezes há também dano adicional à ínsula direita – que recebe *input* diretamente de S2 e também contribui para a construção da imagem corporal da pessoa. O resultado final dessa combinação de lesões – S1, S2, LPS e ínsula – nos pacientes é uma completa sensação de que o braço *não* lhes pertence. A tendência subsequente de atribuí-lo a outra pessoa pode ser uma tentativa inconsciente e desesperada de explicar a alienação do braço (há sombras da "projeção" freudiana aqui).

Por que a somatoparafrenia só é vista quando o parietal direito é danificado, mas não quando o dano atinge o esquerdo? Para compreender essa questão temos de invocar a ideia de divisão do trabalho entre os dois hemisférios (especialização hemisférica), tópico que vou considerar em algum detalhe mais adiante neste capítulo. Rudimentos dessa especialização provavelmente existem nos grandes símios, mas em seres humanos ela é muito mais pronunciada e pode ser mais um fator a contribuir para nossa singularidade.

Transexualidade: Doutor, estou preso no tipo errado de corpo!

O self também tem sexo: pensamos em nós mesmos como homem ou mulher e esperamos que os outros nos tratem como tal. Esse é um aspecto tão arraigado de nossa identidade que dificilmente paramos para pensar nele – até que as coisas desandem, pelo menos pelos padrões de uma sociedade conservadora, conformista. O resultado é o distúrbio chamado transexualidade.

Como no caso da somatoparafrenia, distorções ou discordâncias no LPS podem também explicar os sintomas dos transexuais. Muitos transexuais de homem para mulher relatam sentir que seu pênis parece redundante ou, mais uma vez, excessivamente presente e invasivo. Muitos transexuais de mulher para homem relatam sentir-se como um homem num corpo de mulher, e a maioria deles teve um pênis fantasma nos primeiros anos da infância. Muitas dessas mulheres também relatam ter ereções fantasma.[8] Em ambos os tipos de transexuais, a discrepância entre a imagem corporal internamente especificada – que, de modo surpreendente, inclui detalhes de anatomia sexual – e a anatomia externa leva a um intenso desconforto e, mais uma vez, a um anseio de reduzir a discrepância.

Cientistas mostraram que durante o desenvolvimento fetal, diferentes aspectos da sexualidade são postos em movimento de maneira paralela: morfologia sexual (anatomia externa), identidade sexual (a maneira como você se vê), orientação sexual (o sexo pelo qual você se sente atraído) e imagem corporal sexual (a representação interna que seu cérebro tem de suas partes corporais). Normalmente esses aspectos se harmonizam durante o desenvolvimento físico e social para culminar na sexualidade normal, mas eles podem ficar desemparelhados, levando a desvios que deslocam o indivíduo para uma ou outra ponta do espectro da distribuição normal.

Estou usando as palavras "normal" e "desvio" aqui somente no sentido estatístico relativo à população humana global. Não pretendo sugerir que essas maneiras de ser são indesejáveis ou perversas. Muitos transexuais me disseram que prefeririam se submeter a uma cirurgia a ser "curados" de seu desejo. Se isso parece estranho, pense num amor romântico intenso, mas não correspondido. Será que você pediria que seu desejo lhe fosse retirado? Não há nenhuma resposta simples.

Privacidade

No capítulo 4, expliquei o papel do sistema de neurônios-espelho para nos permitir ver o mundo do ponto de vista de outra pessoa, tanto espacial quanto (talvez) metaforicamente. Em seres humanos esse sistema pode ter se voltado para dentro, permitindo uma representação de nossa própria mente. Com o sistema de neurônios-espelho assim "curvado para trás" num círculo completo sobre si mesmo, nasceu a autoconsciência. Há uma questão evolucionária subsidiária do que veio primeiro – a consciência do outro ou a autoconsciência –, mas isso é tangencial. O que quero destacar é que as duas coevolveram, enriquecendo-se uma à outra enormemente e culminando no tipo de reciprocidade entre consciência de si e consciência dos outros vista somente em seres humanos.

Embora nos permitam adotar provisoriamente o ponto de vista de outra pessoa, os neurônios-espelho não resultam numa experiência extracorpórea. Não flutuamos até onde o outro ponto de vista está, nem perdemos nossa identidade como pessoa. De maneira semelhante, quando observamos outra pessoa ser tocada, nossos neurônios "táteis" disparam, mas, embora sintamos empatia, não sentimos realmente o toque. Verifica-se que, nos dois casos, nossos lobos frontais inibem os neurônios-espelho ativados, pelo menos o suficiente para impedir que tudo isso aconteça, de modo que permaneçamos ancorados em nosso próprio corpo. Além disso, neurônios "táteis" em nossa pele enviam um sinal nulo para nossos neurônios-espelho, dizendo: "Ei, você não está sendo tocado", para assegurar que não sintamos literalmente o outro sujeito sendo tocado. Assim, no cérebro normal, uma interação dinâmica de três conjuntos de sinais (neurônios-espelho, lobos frontais e receptores sensoriais) é responsável pela preservação da individualidade tanto de nossa mente quanto de nosso corpo, e pela reciprocidade de nossa mente com as dos outros – um estado de coisas paradoxal exclusivamente humano. Perturbações nesse sistema, como veremos, levariam a uma dissolução de fronteiras interpessoais, da identidade pessoal e da imagem corporal – permitindo-nos explicar um amplo espectro de sintomas aparentemente incompreensíveis vistos em psiquiatria. Por exemplo, desarranjos na inibição frontal do sistema de neurônios-espelho pode levar a uma perturbadora experiência extracorpórea, como se estivéssemos realmente nos observando a partir do alto. Essas síndromes revelam o quanto a fronteira entre realidade e ilusão pode ficar borrada em certas circunstâncias.

Neurônios-espelho e síndromes "exóticas"

A atividade dos neurônios-espelho pode ficar alterada de muitas maneiras, por vezes levando a desordens neurológicas plenamente desenvolvidas, mas também, suspeito, de numerosas maneiras mais sutis. Por exemplo, pergunto a mim mesmo se uma dissolução de fronteiras interpessoais poderia igualmente explicar síndromes mais exóticas como *folie à deux*, em que duas pessoas, como Bush e Cheney, compartilham a loucura uma da outra. O amor romântico é uma forma menor de *folie à deux*, uma fantasia ilusória mútua que com frequência aflige pessoas normais sob os demais aspectos. Outro exemplo é a síndrome de Munchausen por procuração, em que hipocondria (condição em que todo sintoma trivial é experimentado como indicador de doença fatal) é inconscientemente projetada em outra pessoa (o "procurador") – muitas vezes por um pai ou mãe sobre o filho, em vez de sobre si próprio.

Muito mais bizarra é a síndrome da *couvade*, em que homens que participam de aulas do método Lamaze começam a desenvolver pseudociese, ou falsos sinais de gravidez. (Talvez a atividade de neurônios-espelho resulte na liberação de hormônios de empatia, como a prolactina, que agem no cérebro e no corpo para gerar uma gravidez fantasma.)

Mesmo fenômenos freudianos como a projeção começam a fazer sentido: a pessoa deseja negar suas emoções desagradáveis, mas elas são salientes demais para ser completamente negadas, e por isso ela as atribui a outros: é novamente a confusão eu-tu. Como veremos, isso não é diferente do que faz o paciente com somatoparafrenia ao "projetar" seu braço paralisado sobre sua mãe. Por fim, há a contratransferência freudiana, em que o self do psicanalista começa a se fundir com o do paciente, o que pode por vezes levar o psicanalista a problemas legais se o paciente for do sexo oposto.

Obviamente, não estou afirmando ter "explicado" essas síndromes; estou meramente mostrando como elas poderiam se encaixar em nosso esquema global e nos dar indicações sobre a maneira como o cérebro normal constrói um senso de identidade.

Autismo

No capítulo 5 apresentei evidências de que uma insuficiência de neurônios-espelho – ou dos circuitos sobre os quais eles se projetam – pode estar subjacente ao autismo. Se os neurônios-espelho de fato desempenham um papel na autorrepresentação, poderíamos prever que um autista, mesmo que fosse de alto desempenho, provavelmente não seria capaz de introspecção, nunca poderia sentir autoestima ou autorreprovação – muito menos experimentar autopiedade ou autoengrandecimento –, ou mesmo saber o que essas palavras significam. Tampouco poderia a criança experimentar a vergonha – e o rubor – que acompanha o estado de embaraço. Observações informais de autistas sugerem que tudo isso pode ser verdade, mas não foram feitos experimentos sistemáticos para determinar os limites de suas habilidades introspectivas. Por exemplo, se eu lhe perguntasse qual é a diferença entre necessidade e desejo (você precisa de pasta de dente; você deseja uma mulher ou um homem), ou entre orgulho e arrogância, presunção e humildade, ou tristeza e dor, normalmente você iria pensar um pouco antes de ser capaz de explicitar a distinção. Uma criança autista pode ser incapaz de estabelecer essas distinções, mesmo que ainda seja capaz de fazer outras distinções abstratas (como "Qual é a diferença entre um democrata e um republicano, além de QI?").

Outro teste sutil poderia ser verificar se uma criança (ou adulto) autista de alto desempenho pode compreender uma piscadela conspiratória, que em geral envolve uma interação social tríplice entre você, a pessoa para quem você está piscando e uma terceira pessoa – real ou imaginária – na vizinhança. Isso requer que ela tenha uma representação da própria mente, bem como daquelas das duas outras pessoas. Se eu lhe dou uma piscadela dissimulada quando estou contando uma mentira para uma terceira pessoa (que não pode ver a piscadela), tenho um contrato social implícito com você: "Estou lhe revelando isso: vê como estou enganando essa pessoa?" Uma piscadela é também usada quando se está flertando com alguém, sem que os outros nas cercanias saibam, embora eu não saiba se isso é universal a todas as culturas. (E por fim, você pisca para alguém para quem está dizendo algo de brincadeira, como se para dizer: "Você percebe que estou só brincando, não é?") Uma vez perguntei à famosa autista de alto desempenho e escritora Temple Grandin se ela sabia o que uma piscadela significa. Ela me respondeu que compreende a piscadela intelectualmente, mas nunca dá uma e não tem nenhuma compreensão intuitiva de seu significado.

Mais diretamente relevante para o quadro de referências deste capítulo é a observação feita por Leo Kanner (o primeiro a descrever o autismo) de que as crianças autistas confundem com frequência os pronomes "eu" e "você" na conversa. Isso mostra uma diferenciação deficiente de limites do ego e uma falha da distinção self-outro que, como vimos, depende em parte de neurônios-espelho e circuitos inibitórios frontais associados.

Os lobos frontais e a ínsula

Antes, neste capítulo, sugeri que a apotemnofilia resulta de uma discrepância entre os córtices somatossensoriais S1 e S2, por um lado, e, por outro, os lobos parietais superiores (e inferiores), a região onde normalmente construímos uma imagem dinâmica de nosso corpo no espaço. Mas onde exatamente a discordância é detectada? Provavelmente na ínsula, que está enterrada nos lobos temporais. A metade posterior (traseira) dessa estrutura combina múltiplos *inputs* sensoriais – inclusive de dor – provenientes de órgãos internos, músculos, articulações e órgãos vestibulares (senso de equilíbrio) no ouvido para gerar uma sensação inconsciente de incorporação. Discrepâncias entre diferentes *inputs* aqui produzem um vago desconforto, como quando seu senso vestibular e o sentido visual entram em conflito num barco e você se sente nauseado.

Em seguida a ínsula posterior retransmite os *inputs* para a parte frontal (anterior) da ínsula. O eminente neuroanatomista Arthur D. (Bud) Craig, do Barrow Neurological Institute em Phoenix, sugeriu que a ínsula posterior registra apenas sensações inconscientes rudimentares, que precisam ser "re-representadas" numa forma mais sofisticada na ínsula anterior antes que nossa imagem corporal possa ser conscientemente experimentada.

As "re-representações" de Craig são francamente semelhantes ao que chamei de "metarrepresentações" em *Phantoms in the Brain*. Mas, em meu esquema, outras interações de ida e vinda com o cingulado anterior e outras estruturas frontais são requeridas para construir nosso senso pleno de ser uma pessoa que reflete sobre suas sensações e faz escolhas. Sem essas interações faz pouco sentido falar de um self consciente, incorporado ou não.

Até agora neste livro, eu disse muito pouco sobre os lobos frontais, que se tornaram especialmente bem desenvolvidos em hominíneos e devem desempenhar um importante papel em nossa singularidade. Tecnicamente os lobos frontais compõem-se do córtex motor, bem como da maior parte do cérebro em frente a ele – o córtex pré-frontal. Cada lobo pré-frontal tem três subdivisões: o pré-frontal ventromedial (FVM), ou parte interna inferior; o dorsolateral (FDL) ou parte externa superior; e o dorsomedial (FDM), ou parte interna superior (ver figura Int.2). (Como o termo "lobos frontais" inclui o córtex pré-frontal também, uso "F" nas abreviações, não "P".) Vamos considerar algumas das funções dessas três regiões pré-frontais.

Invoquei o FVM no capítulo 8 ao discutir respostas estéticas prazerosas à beleza. O FVM também recebe sinais da ínsula anterior para gerar nossa sensação consciente de estar corporificados. Em conjunção com partes do córtex cingulado anterior (CCA), ele motiva o "desejo" de agir. Por exemplo, a discrepância na imagem corporal na apotemnofilia, percebida na ínsula anterior direita, seria retransmitida ao FVM e ao cingulado anterior para motivar um plano de ação consciente: "Ir ao México e mandar cortar este braço!" Em paralelo, a ínsula projeta-se diretamente sobre a amígdala, que ativa a resposta autônoma de luta ou fuga por meio do hipotálamo. Isso explicaria a transpiração intensificada da pele (resposta galvânica da pele, ou RGP) que vimos em nossos pacientes com apotemnofilia.

Tudo isso é pura especulação, é claro; a essa altura não sabemos sequer se minha explicação da apotemnofilia é correta. Apesar disso, a hipótese ilustra o estilo de raciocínio necessário para explicar muitos distúrbios cerebrais. Simplesmente desconsiderá-los como sendo problemas "mentais" ou "psicológicos" não adianta nada; esse tipo de rotulação nem ilumina a função normal, nem ajuda o paciente.

Dada a existência de amplas conexões com estruturas límbicas, não surpreende muito que os lobos frontais mediais – o FVM e possivelmente o FDM – estejam também envolvidos no estabelecimento da hierarquia de valores que governa nossa ética e moralidade, traços especialmente bem desenvolvidos em seres humanos. A menos que seja um sociopata (que tem perturbações nesses circuitos, como mostrado por António Damásio), você não costuma mentir ou trapacear, mesmo quando tem 100% de certeza de que poderia se safar se tentasse. De fato, seu senso de moralidade e sua preocupação com o que os outros pensam de você são tão fortes que você até age para estendê-los além de sua morte. Imagine que você recebeu um diagnóstico de câncer terminal e tem cartas antigas em suas gavetas que poderiam ser trazidas à luz após a sua morte, incriminando-o num escândalo sexual. Se você for como a maioria das pessoas, destruirá prontamente essas evidências, mesmo que não haja uma razão lógica para que você se preocupe com sua reputação póstuma.

Já sugeri o papel dos neurônios-espelho na empatia. É quase certo que os símios têm uma espécie de empatia, mas os seres humanos têm tanto empatia quanto "livre-arbítrio", os dois ingredientes necessários para a escolha moral. Esse traço requer um uso mais sofisticado de neurônios-espelho – agindo em conjunção com o cingulado – do que aquele de que qualquer símio tenha sido capaz antes de nós.

Voltemo-nos agora para a área pré-frontal dorsomedial (FDM). Estudos de imagiologia cerebral descobriam que o FDM está envolvido em aspectos conceituais do self. Se nos pedem para descrever nossos atributos e traços de personalidade (não de outra pessoa), essa área se ilumina nas imagens do cérebro. Por outro lado, se fôssemos descrever a sensação pura de nossa corporificação, seria de esperar que nosso FVM se iluminasse, mas isso ainda não foi testado.

Por fim, há a área pré-frontal dorsolateral. O FDL é necessário para conservar coisas em nossa paisagem mental, em curso, de modo que possamos usar nosso CCA para dirigir atenção para diferentes aspectos da informação e agir de acordo com nossos desejos. (O nome técnico para essa função é memória de trabalho.) O FDL é necessário também para o raciocínio lógico, que envolve prestar atenção a diferentes facetas de um problema e manipular abstrações – como palavras e números – sintetizadas nos lobos parietais inferiores (ver capítulo 4). Não se sabe como e onde surgem as regras precisas para essa manipulação.

O FDL interage também com o lobo parietal. Os dois agem em conjunto para construir um corpo animado, conscientemente experimentado, movendo-se no espaço e no tempo (o que complementa a criação pela via ínsula-FVM de uma ancoragem mais visceralmente sentida de nosso self em nosso corpo). A fronteira subjetiva entre esses dois tipos de imagem corporal é um tanto borrada, o que nos faz lembrar a grande complexidade das conexões necessárias mesmo para algo tão "simples" quanto nossa imagem corporal. Essa ideia será mais explicitada adiante; vamos encontrar um paciente com um gêmeo fantasma junto de si. A estimulação vestibular fazia o gêmeo encolher e se mover. Isso sugere fortes interações entre (a) *input* vestibular para a ínsula, que produz uma ancoragem visceral do corpo, e (b) *input* vestibular para o lobo parietal direito, que – juntamente com sensações musculares e das articulações e visão – constrói um vívido senso de um corpo móvel conscientemente experimentado.

Unidade

E se o self for produzido não por uma única entidade, mas pela atração e repulsão de múltiplas forças de que somos em grande parte inconscientes? Agora vou usar as lentes da anosognosia e das experiências extracorpóreas para examinar a unidade – e a desunidade – do self.

Especialização hemisférica: Doutor, eu sou duas mentes

Grande parte da psicologia pop trata da questão de como os hemisférios poderiam ser especializados para diferentes papéis. Por exemplo, pensa-se que o hemisfério direito é mais intuitivo, criativo e emocional que o esquerdo, que seria mais linear, racional e parecido com o dr. Spock em sua mentalidade. Muitos gurus da Nova Era usaram a ideia para promover maneiras de desencadear o potencial oculto do hemisfério direito.

Como ocorre com a maioria das ideias pop, há um fundo de verdade em tudo isso. Em *Phantoms in the Brain*, postulei que os dois hemisférios têm estilos diferentes, mas complementares, de lidar com o mundo. Aqui vou considerar a relevância disso para a compreensão da anosognosia, a negação da paralisia vista em alguns pacientes de derrame. Em termos mais gerais, isso pode nos ajudar a compreender por que a maioria das pessoas normais – inclusive você e eu – se envolve em pequenas negações e racionalizações para fazer face aos estresses de suas vidas diárias. Qual é a função evolucionária dessas diferenças hemisféricas, se é que há alguma?

A informação que chega por meio dos sentidos é comumente fundida com lembranças preexistentes para criar um sistema de crenças sobre você mesmo e o mundo. Esse sistema de crenças internamente coerente, sugiro, é construído, sobretudo, pelo hemisfério esquerdo. Se há uma pequena informação anômala que não se encaixa no "quadro geral" de nosso sistema de crenças, o hemisfério esquerdo tenta atenuar as discrepâncias e anomalias de modo a preservar a coerência do self e a estabilidade do comportamento. Num processo chamado confabulação, o hemisfério esquerdo por vezes chega a fabricar informação para preservar sua harmonia e visão global de si mesmo. Um freudiano poderia dizer que o hemisfério esquerdo faz isso para evitar estilhaçar o ego, ou para reduzir o que os psicólogos chamam de dissonância cognitiva, uma desarmonia entre diferentes aspectos internos do self. Essas desconexões dão origem às confabulações, negações e ilusões que vemos em psiquiatria. Em outras palavras, as defesas freudianas originam-se sobretudo no hemisfério esquerdo. Em minha concepção, contudo, ao contrário do que supõe o freudismo ortodoxo, elas se desenvolveram não para "proteger o ego", mas para estabilizar o comportamento e impor um senso de coerência e narrativa à nossa vida.

Mas tem de haver um limite. Se deixado sem controle, o hemisfério esquerdo provavelmente levaria uma pessoa a desenvolver ilusões ou tornar-se maníaca. Uma coisa é depreciar algumas de nossas fraquezas para nós mesmos (um "otimismo" irrealista pode ser temporariamente útil para seguir adiante), outra é nos convencermos ilusoriamente de que somos ricos o bastante para comprar uma Ferrari (ou de que nosso braço não está paralisado) quando nenhuma das duas coisas é verdade. Parece razoável, portanto, postular um "advogado do diabo" no hemisfério direito que nos permite adotar uma visão imparcial, objetiva de nós mesmos.[9] Esse sistema no hemisfério direito seria muitas vezes capaz de detectar discrepâncias importantes que nosso egocêntrico hemisfério esquerdo ignorou ou reprimiu, mas não o deveria ter feito. Somos então alertados para isso, e o hemisfério esquerdo é impelido a revisar sua narrativa.

A noção de que muitos aspectos da psique humana poderiam surgir do antagonismo de atração e repulsão entre regiões complementares dos dois hemisférios poderia parecer uma grosseira supersimplificação; na verdade, a própria teoria pode ser resultado de "dicotomania", a tendência do cérebro a simplificar o mundo dividindo as coisas em opostos polarizados (noite e dia, yin e yang, masculino e feminino e assim por diante). Mas faz perfeito sentido de um ponto de vista de engenharia de sistemas. Mecanismos de controle que estabilizam um sistema e ajudam a evitar oscilações são a regra, não a exceção em biologia.

Vou explicar agora como a diferença entre os estilos de enfrentamento dos dois hemisférios é responsável pela anosognosia – a negação da incapacidade, nesse caso a paralisia. Como vimos antes, quando um ou outro hemisfério é danificado por um derrame, o resultado é a hemiplegia, uma completa paralisia de um lado do corpo. Se o acidente vascular cerebral é no hemisfério esquerdo, o lado direito do corpo é paralisado, e como seria de esperar o paciente se queixará da paralisia e solicitará tratamento. O mesmo pode ser dito em relação à maioria dos derrames no hemisfério direito, mas uma significativa minoria de pacientes permanece indiferente. Eles depreciam a extensão da paralisia e negam obstinadamente que não podem se mexer – ou negam até mesmo a posse de um membro paralisado! Essa negação ocorre usualmente como resultado de dano adicional ao postulado "advogado do diabo" nas regiões frontoparietais do hemisfério direito, que permite que o hemisfério esquerdo entre num "circuito aberto", levando suas negações a limites absurdos.

Recentemente examinei uma paciente inteligente, de sessenta anos, chamada Nora, que tinha uma versão especialmente notável dessa síndrome.

"Como está hoje, Nora?", perguntei.

"Muito bem, senhor, exceto pela comida de hospital. É horrível."

"Bem, vamos dar uma olhada em você. Pode andar?"

"Sim." (Na verdade, ela não deu um único passo na última semana.)

"Nora, você pode usar suas mãos, pode movê-las?"

"Sim."

"As duas mãos?"

"Sim." (Fazia uma semana que Nora não usava um garfo.)

"Pode mover sua mão esquerda?"

"Sim, é claro."

"Toque o meu nariz com sua mão esquerda."

A mão de Nora continua imóvel.

"Você está tocando o meu nariz?"

"Sim."

"Pode ver sua mão tocando o meu nariz?"

"Sim, agora ela está quase tocando o seu nariz."

Alguns minutos depois eu agarrei o braço esquerdo inerte de Nora, levantei-o em direção ao seu rosto e perguntei: "De quem é esta mão, Nora?"

"Essa mão é da minha mãe, doutor."

"Onde está a sua mãe?"

Nesse ponto, Nora pareceu perplexa e olhou à sua volta procurando a mãe. "Ela está escondida embaixo da mesa."

"Nora, você disse que pode mover sua mão esquerda?"

"Sim."

"Mostre-me. Toque seu próprio nariz com sua mão esquerda."

Sem a menor hesitação, Nora moveu sua mão direita em direção à sua flácida mão esquerda, agarrou-a e usou-a como se fosse uma ferramenta para tocar seu nariz. A surpreendente implicação era que, mesmo que estivesse negando que seu braço esquerdo estava paralisado, ela devia saber em algum nível que estava, pois do contrário, por que teria estendido espontaneamente a mão direita para agarrá-lo? E por que usa a mão esquerda "de sua mãe" para tocar seu próprio nariz? Tem-se a impressão de que há muitas Noras dentro de Nora.

O caso de Nora é uma manifestação extrema de anosognosia. Mais comumente o paciente tenta minimizar a paralisia, em vez de se envolver numa negação completa ou confabulação. "Não há problema, doutor. Está melhorando a cada dia!" Ao longo dos anos, vi muitos desses pacientes e fiquei impressionado com o fato de que muitos de seus comentários têm notável semelhança com os tipos usuais de negação e as racionalizações em que todos nós nos envolvemos para nos safar das discrepâncias de nossas vidas diárias. Sigmund (e mais especialmente sua filha Anna) Freud chamava isso de "mecanismos de defesa", sugerindo que sua função é "proteger o ego" – seja lá o que isso significa. Exemplos dessas defesas freudianas incluiriam negação, racionalização, confabulação, formação reativa, projeção, intelectualização e repressão. Esses curiosos fenômenos têm apenas uma relevância tangencial para o problema da Consciência (com C maiúsculo), mas – como Freud insistiu – eles representam a interação dinâmica entre o consciente e o inconsciente, de modo que seu estudo pode iluminar indiretamente nossa compreensão da consciência de outros aspectos relacionados na natureza humana. Por isso vou elencá-los:

1. *Negação completa* – "Meu braço não está paralisado."
2. *Racionalização* – A tendência que todos temos a atribuir algum fato desagradável sobre nós mesmos a uma causa externa. Por exemplo, poderíamos dizer: "O exame foi difícil demais" em vez de "Não estudei o suficiente". Ou "O professor é sádico" em vez de "Não sou inteligente". Essa tendência é amplificada em pacientes.

    Por exemplo, quando eu perguntava a um paciente, sr. Dobbs, "Por que você não está movendo sua mão esquerda como lhe pedi?", suas resposta variavam:

    "Sou um oficial do exército, doutor. Não recebo ordens."

    "Os estudantes de medicina passaram o dia todo me testando. Estou cansado."

    "Tenho uma artrite severa no braço; é doloroso demais movê-lo."
3. *Confabulação* – A tendência a inventar coisas para proteger a autoimagem: isso é feito inconscientemente; não há nenhuma intenção deliberada de enganar. "Posso ver minha mão se movendo, doutor. Está a três centímetros do seu nariz."
4. *Formação reativa* – A tendência a afirmar o oposto do que se sabe de forma consciente ser a verdade sobre si mesmo, ou, parafraseando Hamlet, a tendência a protestar demais. Um exemplo disso são os homossexuais

enrustidos envolvendo-se em veemente condenação de casamentos entre pessoas do mesmo sexo.

Outro exemplo: lembro-me de apontar para uma pesada mesa numa clínica de tratamento de derrames e perguntar a um paciente que estava com o braço esquerdo paralisado: "Consegue levantar aquela mesa com sua mão direita?"

"Sim."

"Até que altura consegue levantá-la?"

"Uns três centímetros."

"Consegue levantá-la com a mão esquerda?"

"Sim, até uns cinco centímetros."

Claramente "alguém" ali sabia que ela estava paralisada, pois, do contrário, por que o exagero na capacidade do braço?

5. *Projeção* – Atribuir as próprias deficiências a outra pessoa. Na clínica: "O braço [paralisado] pertence a minha mãe." Na vida comum: "Ele é racista."
6. *Intelectualização* – Transformar um fato emocionalmente ameaçador num problema intelectual, desviando assim atenção de seu impacto emocional e amortecendo-o. Muitas pessoas com um familiar ou cônjuge com doença terminal, incapazes de encarar a perda potencial, começam a tratar a doença como um desafio puramente intelectual. Isso poderia ser considerado uma combinação de negação e intelectualização, embora a terminologia não tenha importância.
7. *Repressão* – A tendência a bloquear a recuperação de lembranças que, se fossem desenterradas, seriam "penosas para o ego". Embora a palavra tenha penetrado na psicologia pop, pesquisadores da memória suspeitam há muito da repressão. Tendo a pensar que o fenômeno é real, pois vi muitos casos claros em meus pacientes, fornecendo o que os matemáticos chamam de "prova de existência".

Por exemplo, a maioria dos pacientes se recupera da anosognosia após ter passado alguns dias em negação. Eu estivera em contato com um desses pacientes, que insistiu durante nove dias seguidos que seu braço paralisado estava "funcionando muito bem", mesmo com repetido questionamento. Depois, no décimo dia, ele se recuperou por completo de sua negação.

Quando lhe perguntei sobre sua condição, ele declarou de imediato: "Meu braço está paralisado."

"Há quanto tempo ele está paralisado?", perguntei, surpreso.

Ele respondeu: "Ora, durante todos estes últimos dias em que o senhor tem vindo me ver."

"O que me disse quando perguntei pelo seu braço ontem?"

"Eu lhe disse que ele estava paralisado, é claro."

Ele estava claramente "reprimindo" suas negações.

A anosognosia é uma ilustração notável do que enfatizei reiteradamente neste livro – que "crença" não é algo único. Ela tem muitas camadas que podem ser removidas uma a uma até que o "verdadeiro" self se torne nada mais que pura abstração. Como o filósofo Daniel Dennett disse uma vez, o self assemelha-se mais, conceitualmente, ao "centro de gravidade" de um objeto complexo, seus muitos vetores cruzando-se num único ponto imaginário.

Assim, longe de ser apenas mais uma síndrome estranha, a anosognosia projeta novas luzes sobre a mente humana. Cada vez que vejo um paciente com o distúrbio, tenho a impressão de estar olhando para a natureza humana através de uma lente de aumento. Não posso deixar de pensar que, se tivesse tido conhecimento da anosognosia, Freud teria se deliciado em estudá-la. Ele poderia perguntar, por exemplo, o que determina qual defesa particular um paciente usa; por que usar racionalização em alguns casos e negação completa em outros? Dependerá isso inteiramente das circunstâncias particulares ou de sua personalidade? Iria Charlie sempre usar racionalização, e Joe, negação?

Além de explicar a psicologia freudiana em termos evolucionários, meu modelo pode também ser relevante para o transtorno bipolar (doença maníaco-depressiva). Há uma analogia entre os estilos de enfrentamento dos hemisférios esquerdo e direito – maníaco ou delirante para o esquerdo, ansioso advogado do diabo para o direito – e as oscilações de humor da doença bipolar. Nesse caso, é possível que essas oscilações de humor resultem de alternância entre os hemisférios. Como mostraram meus antigos professores dr. K.C. Nambiar e Jack Pettigrew, mesmo em indivíduos normais pode haver algumas "inversões" espontâneas entre os hemisférios e seus estilos cognitivos correspondentes. Um extremo exagero dessa oscilação pode ser considerado "disfuncional", ou "doença bipolar" por psiquiatras, embora eu tenha conhecido alguns pacientes que estão dispostos a tolerar os acessos de depressão para (por exemplo) continuar tendo suas breves comunicações eufóricas com Deus.

Experiência extracorpórea: Doutor, deixei meu corpo para trás

Como vimos antes, uma função dos hemisférios direitos é adotar uma visão geral e imparcial de nós mesmos e de nossa situação. Essa função se estende para nos permitir ver a nós mesmos do ponto de vista de um estranho. Por exemplo, se você está ensaiando uma conferência, pode se imaginar observando a si mesmo andando de um lado para outro no palanque do ponto de vista da plateia.

Essa ideia pode também explicar experiências extracorpóreas. Mais uma vez, precisamos apenas invocar perturbação dos circuitos inibitórios que comumente mantêm a atividade dos neurônios-espelho sob controle. Dano às regiões frontoparietais direitas ou anestesia com a droga cetamina (que pode influenciar os mesmos circuitos) remove essa inibição. Em consequência, você começa a sair de seu corpo, até mesmo ao ponto de não sentir sua própria dor; você vê sua dor "objetivamente", como se outra pessoa a estivesse experimentando. Por vezes você tem a impressão de que realmente saiu de seu corpo e está pairando sobre ele, observando a si mesmo a partir de fora. Veja que, se esses circuitos "incorporadores" forem especialmente vulneráveis à falta de oxigênio no cérebro, isso poderia também explicar por que essas sensações extracorpóreas são comuns em experiências de quase morte.

Ainda mais estranhos que a maioria das sensações extracorpóreas são os sintomas experimentados por um paciente chamado Patrick, um engenheiro de software de Utah que foi diagnosticado com um tumor cerebral maligno na região frontoparietal. O tumor era do lado direito do cérebro, o que era uma sorte, porque o deixava menos preocupado do que se fosse do lado esquerdo. Patrick fora informado de que lhe restavam menos de dois anos de vida, mesmo depois que o tumor tivesse sido removido, mas ele tendia a minimizar o problema. O que realmente o intrigava era muito mais estranho do que ele ou qualquer outra pessoa poderia ter imaginado.

Ele percebeu que tinha um gêmeo fantasma vividamente sentido, preso ao lado esquerdo de seu corpo. Isso era diferente do tipo mais comum de experiência extracorpórea, em que o paciente sente que está olhando para o seu corpo a partir de cima. O gêmeo de Patrick imitava cada ação sua numa sincronia quase perfeita. Pacientes como ele foram extensamente estudados por Peter Brugger do Hospital Universitário de Zurique. Eles nos lembram de que até a congruência entre diferentes aspectos de nossa mente, como "ego" subjetivo e imagem corporal, podem ser desarranjados em doenças cerebrais. Deve haver um mecanismo cerebral específico (ou uma sequência encadeada de mecanismos) que comumente preserva essa congruência; se não houvesse, ela não poderia ter sido seletivamente afetada em Patrick, deixando ao mesmo tempo outros aspectos de sua mente intactos – pois, de fato, ele era emocionalmente normal, introspectivo, inteligente e amável.[10]

Movido pela curiosidade, irriguei seu canal auditivo esquerdo com água gelada. Sabe-se que esse procedimento ativa o sistema vestibular, podendo dar certo solavanco na imagem corporal; ele pode, por exemplo, restaurar transitoriamente a consciência da paralisia do corpo num paciente com anosognosia decorrente de um acidente vascular cerebral parietal. Quando fiz isso para Patrick, ele ficou pasmo ao perceber o gêmeo encolhendo em tamanho, movendo-se e mudando de postura. Ah, como sabemos pouco sobre o cérebro!

Experiências extracorpóreas são vistas com frequência em neurologia, mas elas se mesclam de maneira imperceptível com o que chamamos de estados dissociativos, que em geral são vistos por psiquiatras. A expressão designa uma condição em que a pessoa se dissocia mentalmente do que quer que esteja se passando em seu corpo durante uma experiência extremamente traumática. (Advogados de defesa costumam usar o diagnóstico de estado dissociativo: afirmam que o acusado estava em tal estado, e que portanto observou seu corpo "perpetrando" o assassinato sem envolvimento pessoal.)

O estado dissociativo envolve o uso de algumas das mesmas estruturas neurais já discutidas, mas também de duas outras estruturas: o hipotálamo e o cingulado anterior.[11] Via de regra, quando somos confrontados com uma ameaça, dois *outputs* fluem do hipotálamo: um deles comportamental, como fugir ou lutar; e outro emocional, como medo ou agressão. (Já mencionamos o terceiro *output*: excitação autônoma levando à RGP de suor, pressão sanguínea e ritmo cardíaco aumentado.) O cingulado anterior está simultaneamente ativo; ele nos permite permanecer excitados e sempre vigilantes para novas ameaças e novas oportunidades de fuga. Mas o nível de ameaça determina o grau em que cada um desses três subsistemas é envolvido. Quando somos confrontados com uma ameaça extrema, por vezes é melhor ficar imóvel e não fazer absolutamente nada. Isso poderia ser visto com uma forma de "bancar o *possum*",* interrompendo todo *output* comportamental. O *possum* fica completamente imóvel quando um predador está tão próximo que a fuga não é mais uma opção, e de fato qualquer tentativa iria apenas ativar o instinto do carnívoro de perseguir a presa em fuga. Apesar disso, o cingulado anterior continua poderosamente envolvido o tempo todo para preservar a vigilância, para o caso de o predador não se deixar enganar ou de uma fuga rápida tornar-se viável.

Um vestígio desse "reflexo de *possum*", ou uma exaptação dele, pode se manifestar na forma de estados dissociativos em emergências humanas extremas. A pessoa interrompe tanto comportamentos manifestos quanto

---

* O *possum* é um marsupial diprotodonte quadrúpede com cauda longa e grossa, nativo da Austrália, Nova Guiné e Celebes. *"To play possum"* é uma expressão de uso comum em inglês, com o significado de fingir ignorância, indiferença ou desatenção. (N.T.)

emoções e se vê com indiferença objetiva em relação à sua própria dor ou pânico. Isso ocorre por vezes em estupro, por exemplo, em que a mulher fica num estado paradoxal: "Fiquei vendo a mim mesma sendo estuprada como se fosse um observador externo indiferente – sentindo a dor, mas não a angústia. E não havia nenhum pânico." A mesma coisa deve ter ocorrido quando o explorador David Livingstone foi atacado por um leão que lhe arrancou o braço fora a dentadas; não sentiu dor nem medo.

A razão de ativação entre esses circuitos e interações entre eles pode também dar origem a formas menos extremas de dissociação em que a ação não é inibida, mas as emoções são. Apelidamos isso de "reflexo de James Bond": seus nervos de aço lhe permitem permanecer inafetado por emoções perturbadoras enquanto persegue e enfrenta o vilão (ou faz sexo com uma mulher sem pagar a "penalidade" do amor).

Inserção social

O self se define em relação a seu ambiente social. Quando esse ambiente se torna incompreensível – por exemplo, quando pessoas conhecidas parecem desconhecidas ou vice-versa –, o self pode experimentar extremo sofrimento ou mesmo sentir-se ameaçado.

A síndrome de erro de identificação: Doutor, essa não é a minha mãe

O cérebro de uma pessoa cria uma imagem unificada, internamente consistente de seu mundo social – um palco ocupado por diferentes selves como você e eu. Essa parece uma afirmação banal, mas quando o self está perturbado começamos a compreender que há mecanismos cerebrais específicos em ação para vestir o self com um corpo e uma identidade.

No capítulo 2, ofereci uma explicação para a síndrome de Capgras em termos das vias visuais 2 e 3 quando elas divergem do giro fusiforme (figuras 9.1 e 9.2). Se a via 3 (o fluxo "e daí", que evoca emoções) estiver comprometida enquanto a via 2 (o fluxo "o quê", que permite a identificação) permanece intacto, o paciente pode evocar fatos e lembranças sobre as pessoas que lhe são mais próximas e queridas – numa palavra, pode reconhecê-las – mas, de forma perturbadora, aflitiva, não sente os cálidos sentimentos vagos que "deveria". Como a discrepância é ou penosa demais ou desconcertante demais para ser aceita, ele abraça a ilusão de um impostor idêntico. Indo mais adiante no caminho do delírio, ele pode dizer coisas como "minha outra mãe", ou até afirmar que há vários seres maternais. Isso é chamado de duplicação, ou reduplicação.

Agora pense no que acontece quando o cenário da síndrome de Capgras está invertido: via 3 intacta, via 2 comprometida. O paciente perde a capacidade de reconhecer rostos. Torna-se cego para rostos, um distúrbio chamado prosopagnosia. No entanto, sua discriminação inconsciente de rostos de pessoas continua a ser levada a cabo por seu giro fusiforme intacto, que ainda pode enviar sinais por seu fluxo "e daí" intacto (via 3) para sua amígdala. Como resultado, ele ainda responde emocionalmente a rostos familiares – dá um belo e grande sinal de RGP ao ver sua mãe, por exemplo, muito embora não faça a menor ideia de quem seja a pessoa para quem está olhando. Estranhamente, seu cérebro – e sua pele – "sabe" alguma coisa que sua mente ignora conscientemente. (Isso foi demonstrado por António Damásio numa elegante série de experimentos.) Você pode pensar, portanto, nos distúrbios de Capgras e na prosopagnosia como imagens especulares um do outro, tanto estruturalmente quanto em termos de sintomas clínicos.[12]

Para a maioria de nós sem danos cerebrais, a ideia de que a identidade (fatos conhecidos sobre uma pessoa) deveria estar segregada da familiaridade (reações emocionais a uma pessoa) parece contrária ao senso comum. Como podemos reconhecer uma pessoa e não a reconhecer ao mesmo tempo? Você poderia fazer uma ligeira ideia de como é isso se pensasse numa ocasião passada em que topou com um conhecido em algum lugar completamente fora de contexto, como um aeroporto num país estrangeiro e não conseguiu de maneira alguma se lembrar de quem ele era. Você experimentou familiaridade com falta de identidade. O fato de uma dissociação como essa poder ocorrer de alguma maneira é prova de que

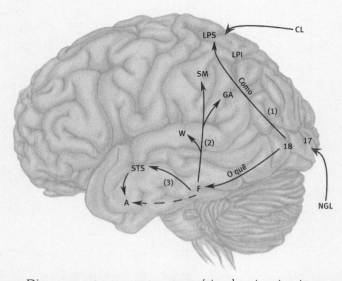

FIGURA 9.1 Diagrama extremamente esquemático das vias visuais e outras áreas invocadas para explicar sintomas de doenças mentais: o sulco temporal superior (STS) e o giro supramarginal (SM) são provavelmente ricos em neurônios-espelho. As vias 1 ("como") e 2 ("o quê") são vias anatômicas identificadas. A divisão da via "o quê" em dois fluxos – "o quê" (via 2) e "e daí" (via 3) baseia-se principalmente em considerações funcionais e neurologia. O lobo parietal superior (LPS) está envolvido na construção da imagem corporal do espaço visual. O lobo parietal inferior (LPI) está também envolvido com a imagem corporal, mas além disso com preensão em macacos e (provavelmente) símios. Só os seres humanos possuem o giro supramarginal (SM). Durante o desenvolvimento do hominíneo, ele se separou do LPI e tornou-se especializado em movimentos especializados e semiespecializados como o uso de ferramentas. A pressão seletiva para sua separação veio da necessidade de usar as mãos para fazer ferramentas, manejar armas, arremessar mísseis, bem como para manipulação fina com as mãos e os dedos. Provavelmente só nós possuímos um outro giro, o giro angular (GA). Ele se separou do LPI e originalmente serviu às capacidades de abstração transmodais, como trepar em árvores, e emparelhar tamanho e orientação visual com *feedback* de músculos e articulação. Em seres humanos, o GA foi exaptado para formas mais complexas de abstração: leitura, escrita, léxico e aritmética. A área de Wernicke (W) lida com linguagem (semântica). O STS também tem conexões com a ínsula (não mostradas). O complexo amigdaloide (A, incluindo a amígdala) lida com emoções. O núcleo geniculado lateral (NGL) do tálamo retransmite informação da retina para a área 17 (também conhecida como V1, o córtex visual primário). O colículo superior (CS) recebe e processa sinais vindos da retina que são enviados pela via antiga para o LPS (após uma retransmissão através do pulvinar, não mostrada). O giro fusiforme (F) está envolvido no reconhecimento de faces e objetos.

Um macaco com alma: Como a introspecção evoluiu

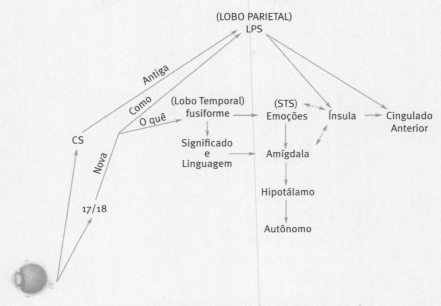

FIGURA 9.2 Versão abreviada da figura 9.1, mostrando a distinção entre emoções e semântica (significado).

mecanismos separados estão envolvidos, e nesses momentos de "aeroporto" você experimenta, passageiramente, uma síndrome em miniatura que é o oposto da de Capgras. Se você não experimenta essa discrepância cognitiva como desagradável (exceto brevemente, ganhando tempo com uma conversa trivial enquanto se compõe) é porque esses episódios não duram muito. Se esse conhecido continuasse a parecer estranho o tempo todo, independentemente do contexto e da frequência com que você conversasse com ele, é possível que ele começasse a parecer sinistro e você poderia de fato desenvolver uma forte aversão ou paranoia.

Autoduplicação: Doutor, onde está o outro David?

Assombrosamente, descobrimos que a reduplicação vista na síndrome de Capgras pode envolver até o próprio self do paciente. Como foi observado anteriormente, a atividade recursiva de neurônios-espelho pode resultar numa representação não só das mentes de outras pessoas, como também da nossa.[13] Alguma trapalhada nesse mecanismo poderia explicar por que nosso paciente apontava para uma foto de perfil de si mesmo e dizia: "Esse é um outro David." Em outras ocasiões ele se referia ao "outro David" em conversas casuais, chegando a perguntar, de maneira comovente: "Doutor, se o outro David voltar, será que meus pais vão me renegar?" É claro que todos nós nos entregamos a um faz de conta de vez em quando, mas não a tal ponto que o metafórico ("Eu estou em duas mentes", "Eu não sou o rapaz que fui outrora") se torne literal. Mais uma vez, tenha em mente que, apesar dessas interpretações errôneas da realidade de tipo onírico, David era perfeitamente normal em outros aspectos.

Eu poderia acrescentar que a rainha da Inglaterra também se refere a si mesma na terceira pessoa, mas hesitaria em atribuir isso a uma patologia.

Síndrome de Fregoli: Doutor, todo mundo se parece com a tia Cindy

Na síndrome de Fregoli, o paciente afirma que todo mundo se parece com uma pessoa prototípica que ele conhece. Por exemplo, certa vez conheci um homem que dizia que todas as pessoas se pareciam com sua tia Cindy. Talvez isso surja porque a via emocional 3 (bem como ligações da via 2 com a amígdala) foi reforçada por doença. Isso poderia acontecer porque repetidas saraivadas de sinais estão ativando acidentalmente a via 3, como na epilepsia; às vezes isso é chamado de hiperexcitabilidade neural. O resultado é que todas as pessoas parecem estranhamente familiares em vez de desconhecidas. Não está claro por que o paciente deveria se prender a um único protótipo, mas talvez isso decorra do fato de que "familiaridade difusa" não faz sentido. Por analogia, a ansiedade difusa do hipocondríaco raramente flutua livremente por muito tempo, tendendo a se prender a um órgão ou doença específica.

Autoconsciência

Antes, neste capítulo, escrevi que um self não consciente de si mesmo é um oximoro. Há, no entanto, certos distúrbios que podem distorcer seriamente a autoconsciência de uma pessoa, sejam levando pacientes a acreditar que estão mortos ou lhes inspirando a ilusão de que se tornaram uma só coisa com Deus.

Síndrome de Cotard: Doutor, eu não existo

Se você fizer um levantamento e perguntar a pessoas – sejam elas neurocientistas ou místicos orientais – qual é o aspecto mais intrigante do self, a resposta mais comum será provavelmente a consciência que o self tem de si mesmo; ele pode contemplar sua própria existência e (ai!) sua mortalidade. Nenhuma criatura não humana é capaz disso.

Com frequência visito Chennai, na Índia, durante o verão para dar conferências e ver pacientes no Instituto de Neurologia em Mount Road. Um colega meu, dr. A.V. Santhanam, costuma me convidar para dar conferências ali e chama minha atenção para casos interessantes. Em uma noite especial, depois de dar uma conferência, encontrei o dr. Santhanam à minha espera em minha sala com um paciente, um rapaz desgrenhado, de barba por fazer, de trinta anos chamado Yusof Ali. Ele sofria de epilepsia desde os últimos anos da adolescência. Tinha acessos periódicos de depressão, mas era difícil saber se isso estava relacionado com suas crises epilépticas ou à excessiva leitura de Sartre e Heidegger, tão comum entre adolescentes inteligentes. Ali me falou de seu profundo interesse por filosofia.

A estranheza do comportamento de Ali era óbvia para praticamente qualquer pessoa que o tivesse conhecido muito antes de sua epilepsia ter sido diagnosticada. Sua mãe notara que umas duas vezes por semana havia breves períodos em que ele ficava um tanto dissociado do mundo, parecia experimentar um obscurecimento da consciência e começava a estalar os lábios incessantemente e a assumir posturas contorcidas. Essa história clínica, junto com seu EEG (eletroencefalograma, um registro de suas ondas cerebrais), nos levou a diagnosticar as minicrises como uma forma de epilepsia chamada crises convulsivas parciais complexas. Essas crises convulsivas, ao contrário das crises dramáticas do grande mal (que afetam o corpo inteiro) que a maioria das pessoas associa à epilepsia, atingem sobretudo os lobos temporais e produzem mudanças emocionais. Durante seus longos intervalos livres de crises, Ali era perfeitamente lúcido e inteligente.

"O que o traz ao hospital?", perguntei-lhe.

Ali continuou em silêncio, olhando-me atentamente por quase um minuto. Depois ele cochichou lentamente: "Não há muita coisa que possa ser feita: sou um cadáver."

"Ali, onde você está?"

"No Madras Medical College, acho eu. Antes eu era um paciente no Kilpauk." (Kilpauk era o único hospital psiquiátrico em Chennai.)

"Você está dizendo que está morto?"

"Sim. Eu não existo. Você poderia dizer que sou uma casca vazia. Às vezes me sinto como um fantasma que existe num outro mundo."

"Sr. Ali, você é obviamente um homem inteligente. Não é mentalmente insano. Você tem descargas elétricas anormais em certas partes de seu cérebro que podem afetar a maneira como pensa. Foi por isso que o transferiram do hospital psiquiátrico para cá. Há certas drogas que são muito eficazes para controlar crises convulsivas."

"Não sei o que você está dizendo. Você sabe que o mundo é ilusório, como diz o hindu. É tudo *maya* [a palavra sânscrita para "ilusão"]. E se o mundo não existe, em que sentido eu existo? Damos tudo por certo, mas isso simplesmente não é verdade."

"Ali, o que você está dizendo? Está dizendo que pode não existir? Como explica que esteja falando comigo neste exato momento?"

Ali pareceu confuso e uma lágrima começou a se formar em seu olho. "Bem, eu estou morto e sou imortal ao mesmo tempo."

Na mente de Ali, como nas mentes de muitos místicos "normais" sob os demais aspectos, não há contradição essencial nessa afirmação. Por vezes me pergunto se esses pacientes com epilepsia do lobo temporal têm acesso a outra dimensão da realidade, e entram num universo paralelo por uma espécie de buraco de minhoca. Mas em geral não digo isso a meus colegas, temendo que duvidem de minha sanidade.

Ali tinha um dos mais estranhos distúrbios em neuropsiquiatria: a síndrome de Cotard. Seria muito fácil tirar a conclusão precipitada de que sua ilusão era resultado de extrema depressão. Com muita frequência a depressão acompanha a síndrome de Cotard. No entanto, a depressão sozinha não pode ser a causa do distúrbio. Por um lado, formas menos extremas de despersonalização – em que o paciente se sente como uma "casca vazia", mas, diferentemente de um paciente de Cotard, conserva uma compreensão de sua doença – podem ocorrer na completa ausência de depressão. Ao contrário, a maioria dos pacientes gravemente deprimidos não sai por aí proclamando estar morta. Portanto, mais alguma coisa deve acontecer na síndrome de Cotard.

O dr. Santhanam submeteu Ali a um regime da droga anticonvulsivante lamotrigine.

"Isto deve ajudá-lo a melhorar", disse ele. "Vamos começar com uma dose pequena, porque em alguns casos raros pacientes podem desenvolver uma erupção de pele muito severa. Se você desenvolver essa erupção, pare o remédio imediatamente e venha nos ver."

Ao longo dos meses seguintes, as crises de Ali desapareceram, e como um bônus, suas oscilações de humor desapareceram e ele ficou menos deprimido. Apesar disso, mesmo três anos depois ele continuava a sustentar que estava morto.[14]

O que estaria causando esse distúrbio kafkiano? Como observei antes, as vias 1 (incluindo partes do lobo parietal inferior) e 3 são ambas ricas em neurônios-espelho. A primeira está envolvida na inferência de intenções, e a última, em combinação com a ínsula, está envolvida na empatia emocional. Você viu também como neurônios-espelho poderiam não só estar envolvidos na modelagem do comportamento de outras pessoas – a visão convencional –, mas também se voltar "para dentro" para inspecionar seus próprios estados mentais. Isso poderia enriquecer a introspecção e a autoconsciência.

A explicação que proponho é pensar na síndrome de Cotard como uma forma extrema e mais geral de síndrome de Capgras. Pessoas com síndrome de Cotard frequentemente perdem o interesse por ver arte e ouvir música, talvez porque esses estímulos também deixam de evocar emoções. Isso é o que poderíamos esperar se todas as vias sensoriais para a amígdala, ou a maioria delas, estivessem totalmente cortadas (em contraposição à síndrome de Capgras, em que apenas a área da "face" no giro fusiforme está desconectada da amígdala). Assim, para um paciente de Cotard, todo o mundo sensorial, não apenas mamãe e papai, pareceriam esvaziados de realidade – irreais, como num sonho. Se acrescentássemos a esse coquetel um desarranjo das conexões recíprocas entre os neurônios-espelho e o sistema do lobo frontal, o senso de identidade seria perdido também. Perca a si mesmo e perca o mundo – isso é o mais perto de uma morte em vida que se pode conseguir. Não admira que depressão severa muitas vezes, embora não sempre, acompanhe a síndrome de Cotard.

Observe que nesse quadro é fácil ver como uma forma menos extrema de síndrome de Cotard poderia estar subjacente aos estados peculiares de perda de realidade ("O mundo parece irreal como num sonho") e despersonalização ("Não me sinto real") vistos com frequência na depressão clínica. Se pacientes deprimidos têm danos seletivos nos circuitos que medeiam a empatia e a saliência de objetos externos, mas circuitos intactos para a autorrepresentação, o resultado poderia ser a perda de realidade e um sentimento de alienação do mundo. De maneira inversa, se o principal prejuízo for da autorrepresentação, com reações normais ao mundo exterior e às pessoas, o resultado seria o sentimento de vacuidade interior que caracteriza a despersonalização. Em suma, o sentimento de irrealidade é atribuído ou a si mesmo ou ao mundo, dependendo do dano diferencial a essas funções estreitamente associadas.

A extrema desconexão sensório-emocional e diminuição do self que estou propondo como explicação para a síndrome de Cotard explicaria também a curiosa indiferença desses pacientes à dor. Eles sentem dor como uma sensação, mas, como Mikhey (que conhecemos no capítulo 1), não há nenhuma agonia. Como uma tentativa desesperada de restaurar a capacidade de sentir alguma coisa – qualquer coisa! –, esses pacientes podem tentar infligir dor a si mesmos para se sentir mais "ancorados" em seus corpos.

Isso explicaria também o achado paradoxal (não provado, mas sugestivo) de que alguns pacientes severamente deprimidos cometem suicídio assim que começam a tomar antidepressivos como o Prozac. Pode-se sustentar que em casos extremos de Cotard, o suicídio seria redundante, já que o self já está "morto"; não há ninguém ali que possa ou deva ser livrado de seu sofrimento. Por outro lado, uma droga antidepressiva pode restaurar apenas o grau de autoconsciência suficiente para que o paciente reconheça que sua vida e seu mundo são sem sentido; agora que importa que o mundo seja sem sentido, o suicídio pode parecer o único meio de escape. Nesse esquema, a síndrome de Cotard é apotemnofilia em relação a todo o self da pessoa, não apenas para um braço ou perna, e o suicídio é uma amputação bem-sucedida.[15]

Doutor, sou um só com Deus

Agora considere o que aconteceria se ocorresse o extremo oposto – se houvesse uma enorme superativação da via 3 causada pelo tipo de hiperexcitabilidade neural que vemos na epilepsia do lobo temporal (ELT). O resultado seria uma extrema intensificação da empatia por outros, pelo self e até pelo mundo inanimado. O universo e tudo que ele contém tornam-se profundamente significantes. Isso seria sentido como uma união com Deus. Esse fenômeno também é relatado com frequência na ELT.

Agora, como na síndrome de Cotard, imagine acrescentar a esse coquetel algum dano ao sistema nos lobos frontais que inibe a atividade dos neurônios-espelho. Ordinariamente, esse sistema preserva a empatia ao mesmo tempo que impede a "superempatia", preservando assim nosso senso de identidade. O resultado de danos a esse sistema seria uma segunda sensação, ainda mais profunda, de fusão com todas as coisas.

Essa sensação de transcender ao próprio corpo e alcançar união como uma essência imortal, atemporal, é também única dos seres humanos. Os símios, diga-se a seu favor, não têm nenhuma preocupação com teologia e religião.

Doutor, estou prestes a morrer

A "atribuição" incorreta de nossos estados mentais internos ao gatilho errado no mundo exterior é parte importante de uma complexa teia de interações que leva à doença mental em geral. A síndrome de Cotard e a "fusão com Deus" são formas extremas disso.[16] Uma forma muito mais comum é a síndrome dos ataques de pânico.

Parte das pessoas normais sob outros aspectos é tomada durante quarenta a sessenta segundos por uma súbita sensação de morte iminente – uma espécie de síndrome de Cotard passageira (combinada com forte componente emocional). O coração começa a bater mais depressa (o que é sentido como palpitações, uma intensificação dos batimentos cardíacos), as palmas suam, e há uma extrema sensação de desamparo. Esses ataques podem ocorrer várias vezes por semana.

Uma possível fonte de ataques de pânico poderiam ser breves minicrises convulsivas afetando a via 3, especialmente a amígdala, e o fluxo de sua excitação emocional e autônoma através do hipotálamo. Nesse caso, uma forte reação de luta ou fuga poderia ser desencadeada, mas, como não há nada externo a que possamos atribuir as mudanças, nós as internalizamos e começamos a nos sentir como se estivéssemos morrendo. É novamente a aversão do cérebro à discrepância – dessa vez entre o *input* externo neutro e as nada neutras sensações fisiológicas. Nosso cérebro só pode explicar essa combinação de uma única maneira: atribuindo as mudanças a uma fonte interna indecifrável e aterradora. A ansiedade livremente flutuante (inexplicável) parece menos tolerável ao cérebro que aquela que pode ser claramente atribuída a uma fonte.

Se isso estiver correto, conjecturamos se seria possível "curar" o pânico tirando partido do fato de que o paciente muitas vezes sabe com alguns segundos de antecipação que um ataque está prestes a ocorrer. Se você é o paciente, poderia, no instante em que percebe a aproximação do ataque, começar rapidamente a assistir a um filme de horror em seu iPhone, por exemplo. Isso poderia abortar o ataque ao permitir a seu cérebro atribuir a excitação fisiológica ao horror externo, e não a alguma causa interna aterradora, mas intangível. O fato de você "saber" que isso é só um filme de horror em algum nível intelectual mais elevado não exclui necessariamente esse tratamento; afinal, você sente medo quando assiste a um filme de horror, mesmo reconhecendo que "é só um filme". A crença não é monolítica; ela existe em muitas camadas cujas interações podemos manipular clinicamente usando o estratagema certo.

Continuidade

Implícita na ideia do self está a noção de lembranças sequencialmente organizadas acumuladas ao longo de uma existência. Certas síndromes podem afetar profundamente diferentes aspectos da formação e recuperação de lembranças. Os psicólogos classificam a memória (a palavra é usada livremente como sinônimo de aprendizado) em três tipos distintos que podem ter substratos neurais separados. A primeira delas, chamada memória de procedimento, permite-nos adquirir novas habilidades, como andar de bicicleta ou escovar os dentes. Essas lembranças são evocadas de maneira instantânea quando a ocasião requer; nenhuma recordação consciente está envolvida. Esse tipo de memória é universal a todos os vertebrados e a alguns invertebrados; certamente não está restrito aos seres humanos. Em segundo lugar, há memórias que compreendem nossa memória semântica, nosso conhecimento factual de objetos e eventos no mundo. Por exemplo, você sabe que o inverno é frio e que bananas são amarelas. Também essa forma de memória não pertence apenas aos seres humanos. A terceira categoria, reconhecida pela primeira vez por Endel Tulving, é chamada de memória episódica, memória para eventos específicos, como sua festa de formatura, ou o dia em que você quebrou o tornozelo jogando basquete, ou, como o expressou o psicolinguista Steve Pinker, "Quando e onde você fez o que para quem". Memórias semânticas são como um dicionário, ao passo que as episódicas são como um diário. Psicólogos referem-se também a elas como "conhecimento" *versus* "recordação"; só os seres humanos são capazes destas últimas.

O psicólogo de Harvard Dan Schacter deu a engenhosa sugestão de que as memórias episódicas podem estar intimamente vinculadas a nosso senso de identidade: precisamos de um self ao qual associar as lembranças, e estas, por sua vez, enriquecem nosso self. Além disso, tendemos a organizar as memórias episódicas mais ou menos na sequência correta e podemos nos envolver numa espécie de viagem no tempo mental, evocando-as no intuito de "visitar" ou "reviver" episódios de nossas vidas em vívidos detalhes nostálgicos. Essas habilidades são quase certamente uma exclusividade dos seres humanos. Mais paradoxal é nossa capacidade de nos envolver numa viagem no tempo de duração indeterminada no intuito de antecipar e planejar o futuro. É provável que essa habilidade também seja unicamente nossa (e talvez requeira lobos frontais bem desenvolvidos). Sem esse tipo de planejamento nossos ancestrais não poderiam ter feito ferramentas de pedra prevendo uma caçada ou lançado sementes para a próxima colheita. Chimpanzés e orangotangos envolvem-se em fabricação e uso oportunísticos de ferramentas (desfolhando galhos para pescar cupins de seus montículos), mas não podem fabricá-las com a intenção de guardá-las para uso futuro.

Doutor, quando e onde minha mãe morreu?

Tudo isso faz sentido à luz do senso comum, mas há também evidências de transtornos cerebrais – alguns comuns, outros raros – em que os diferentes componentes da memória são seletivamente comprometidos. Essas síndromes ilustram vividamente os diferentes subsistemas da memória, inclusive aqueles que só se desenvolveram em seres humanos. Quase todo mundo ouviu falar em amnésia após traumatismo na cabeça: o paciente tem dificuldade em se lembrar de incidentes específicos e as semanas ou meses anteriores à lesão, embora se mostre inteligente, reconheça as pessoas e seja capaz de adquirir novas memórias episódicas. Essa síndrome, "amnésia retrógrada", é bastante comum, sendo vista com a mesma frequência tanto na vida real quanto em Hollywood.

Muito mais rara é uma síndrome descrita por Endel Tulving, cujo paciente Jake sofrera danos em partes de seus lobos frontais e temporais. Em consequência, Jake não tinha nenhuma memória episódica de espécie alguma, fosse da infância ou do passado recente. Tampouco era capaz de formar novas memórias episódicas. No entanto, suas memórias semânticas sobre o mundo continuavam intactas; ele tinha conhecimentos sobre repolhos, reis, amor, ódio e o infinito. É muito difícil para nós imaginar o mundo interno de Jake. Contudo, apesar do que esperaríamos a partir da teoria de Schacter, não havia como negar que ele tinha um senso de identidade. Os vários atributos do self, ao que parece, são como setas apontando para um ponto imaginário: o "centro de gravidade" mental que mencionei antes. A perda de qualquer das setas poderia empobrecer o self, mas não o destrói; o self desafia valentemente as pedras e setas com que a fortuna enfurecida nos alveja.* Mesmo assim, eu concordaria com Schacter que a autobiografia que cada um de nós carrega em nossas mentes, baseada numa existência de memórias episódicas, está intimamente ligada a nosso senso de identidade.

Escondido na parte mais baixa e interna dos lobos temporais está o hipocampo, uma estrutura necessária para a aquisição de novos episódios. Quando ele está danificado em ambos os lados do cérebro, o resultado é um notável transtorno da memória chamado amnésia anterógrada. Esses pacientes são mentalmente alertas, falantes e inteligentes, mas não podem adquirir nenhuma nova memória episódica. Se você fosse apresentado a uma paciente desse tipo e em seguida se afastasse, para voltar cinco minutos depois, não haveria um vislumbre sequer de reconhecimento da parte dela; é como se nunca o tivesse visto antes. Ela poderia ler o mesmo romance policial muitas vezes sem nunca ficar entediada. No entanto, ao contrário do paciente de Tulving, suas lembranças antigas, adquiridas antes do dano, estão em sua maior parte intactas: ela se lembra do rapaz com quem estava namorando no ano de seu acidente, a festa de aniversá-

---

* Alusão a palavras de Hamlet: "Ser ou não ser, eis a questão: será mais nobre/ Em nosso espírito sofrer pedras e flechas/ Com que a Fortuna, enfurecida, nos alveja ..." (N.T.)

rio de seus quarenta anos e assim por diante. Precisamos do hipocampo, portanto, para criar novas memórias, mas não para recuperar antigas. Isso sugere que as memórias não são realmente guardadas no hipocampo. Além disso, as memórias semânticas do paciente não são afetadas. Ela ainda sabe fatos a respeito de pessoas, história, significados de palavras, etc. Muitos trabalhos pioneiros sobre esses transtornos foram feitos por meus colegas Larry Squire e John Wixted na Universidade da Califórnia em San Diego e por Brenda Milner na Universidade McGill, em Montreal.

O que aconteceria se uma pessoa perdesse tanto suas memórias semânticas quanto as episódicas, de modo que não tivesse nem conhecimento factual do mundo nem memórias episódicas de uma existência? Não existe nenhum paciente assim, e mesmo que você topasse com um que tivesse a combinação certa de lesões cerebrais, o que esperaria que ele dissesse sobre seu senso de identidade? Na verdade, se realmente não tivesse nem memórias factuais nem memórias episódicas, é improvável que conseguisse sequer falar com você ou compreender sua pergunta, que dirá compreender o significado de "eu". No entanto, suas habilidades motoras estariam inteiramente preservadas; ele poderia surpreendê-lo indo para casa de bicicleta.

Livre-arbírtrio

Um atributo do self é nossa sensação de "estar no comando" de nossas ações e, como um corolário, nossa crença de que sempre poderíamos ter agido de outra maneira se tivéssemos escolhido fazê-lo. Isso pode parecer uma questão filosófica abstrata, mas desempenha um papel importante no sistema judicial criminal. Uma pessoa só pode ser considerada culpada se (1) pôde imaginar plenamente cursos de ação alternativos a seu alcance; (2) estava plenamente consciente das consequências potenciais de suas ações, tanto a curto quanto a longo prazos; (3) poderia ter escolhido não praticar a ação; e (4) queria o resultado que se seguiu.

O giro superior que se ramifica do lobo parietal inferior esquerdo, que chamei anteriormente de giro supramarginal, está muito envolvido nessa capacidade de criar uma imagem interna dinâmica de ações antecipadas. Essa estrutura é extremamente desenvolvida em seres humanos; um dano a ela resulta num curioso transtorno chamado apraxia, definido como uma incapacidade de executar ações especializadas. Por exemplo, se você pede a um paciente apráxico para fazer um aceno de adeus, ele simplesmente olhará para a própria mão e começará a mover os dedos. Mas se você lhe perguntar, "O que significa 'dar adeus'?" ele responderá, "Bem, é acenar a mão ao se despedir de alguém". Além disso, sua mão e seus músculos do braço estão em perfeito estado; ele é capaz de desatar um nó. Seu pensamento e linguagem estão incólumes, assim como sua coordenação motora, mas ele não é capaz de traduzir pensamento em ação. Muitas vezes perguntei a mim mesmo se esse giro, que existe apenas em seres humanos, desenvolveu-se inicialmente para a manufatura e a utilização de ferramentas com vários componentes, como fixar uma cabeça de machado num punho adequadamente entalhado.

Tudo isso é apenas parte da história. Em geral pensamos em livre-arbítrio como o impulso de executar associado à nossa sensação de ser um agente dotado de intenção com múltiplas opções de escolha. Temos apenas poucas pistas com relação à origem desse senso de autonomia – nosso desejo de agir e crença em nossa habilidade. Fortes indicações vêm do estudo de pacientes com dano no cingulado anterior nos lobos frontais, que por sua vez recebem um importante *input* dos lobos parietais, inclusive do giro supramarginal. Danos aqui podem resultar no mutismo acinético, ou coma vigil, como vimos em Jason no início deste capítulo. Alguns pacientes recuperam-se ao cabo de algumas semanas e dizem coisas como: "Eu estava plenamente consciente e percebendo o que se passava, doutor. Compreendia todas as suas questões, mas simplesmente não tinha vontade de responder ou fazer qualquer coisa." A vontade, ao que se revela, é crucialmente dependente do cingulado anterior.

Outra consequência de dano ao cingulado anterior é a síndrome da mão alienígena, em que a mão da pessoa faz algo que ela não deseja. Vi uma mulher com esse transtorno em Oxford (junto com Peter Halligan). A mão esquerda da paciente se estendia e agarrava objetos sem que fosse sua intenção fazê-lo, e ela tinha de usar a mão direita para abrir seus dedos à força e soltar o objeto. (Alguns estudantes de doutorado do sexo masculino em meu laboratório apelidaram isso de "síndrome do terceiro encontro".) A síndrome da mão alienígena sublinha o importante papel do cingulado anterior no livre-arbítrio, transformando um problema filosófico num problema neurológico.

A filosofia estabeleceu uma maneira de encarar o problema da consciência considerando questões abstratas como as *qualia* e sua relação com o self. A psicanálise, embora capaz de formular o problema em termos de processos conscientes e inconscientes, não formulou claramente teorias testáveis nem possui instrumentos para testá-las. Meu objetivo neste capítulo foi demonstrar que a neurologia e a neurociência nos proporcionam uma oportunidade nova e única para compreender a estrutura e a função do self, não apenas a partir de fora, por meio da observação do comportamento, mas também por meio do estudo do funcionamento interno do cérebro.[17] Estudando pacientes como os que vimos neste capítulo, com déficits e transtornos na unidade do self, podemos ganhar uma compreensão mais profunda do que significa ser humano.[18]

Se tivermos sucesso nisso, terá sido a primeira vez na evolução que uma espécie olhou para si mesma e não só compreendeu sua própria origem, mas também descobriu o que ou quem é o agente consciente que tem a compreensão. Não sabemos qual será o desfecho dessa jornada, mas ela é certamente uma das maiores aventuras em que a humanidade se lançou.

Epílogo

> ... ao ar inconsistente, dá local de morada e até um nome...
> WILLIAM SHAKESPEARE

UM DOS PRINCIPAIS TEMAS deste livro – seja quando falamos sobre imagem corporal, evolução da linguagem ou autismo – foi a questão de como nosso self interior interage com o mundo (inclusive o mundo social), mantendo ao mesmo tempo sua privacidade. A curiosa reciprocidade entre o self e os outros está sobretudo bem desenvolvida em seres humanos e provavelmente existe apenas de forma rudimentar nos grandes símios. Sugeri que muitos tipos de doença mental podem resultar de perturbações nesse equilíbrio. A compreensão de tais transtornos pode abrir caminho para a solução do problema abstrato (talvez eu devesse dizer filosófico) do self num nível teórico, mas também para o tratamento da doença mental.

Meu objetivo foi pensar num novo quadro de referências para explicar o self e suas doenças. Espero que as ideias e observações que apresentei inspirem novos experimentos e armem o palco para uma teoria mais coerente no futuro. Quer gostemos disso ou não, é assim que a ciência muitas vezes funciona em seu estágio inicial: descobrir o arranjo e a organização do terreno antes de tentar teorias abrangentes. Ironicamente, esse é também o estágio em que a ciência é mais divertida; a cada pequeno experimento que fazemos, sentimo-nos como Darwin desenterrando um novo fóssil ou Richard Burton transpondo mais uma curva do Nilo para descobrir sua fonte. Talvez não compartilhemos a estatura elevada desses homens, mas, ao tentar imitar seu estilo, sentimos sua presença como anjos da guarda.

Para usar uma analogia tomada de outra disciplina, estamos agora no mesmo estágio em que a química se encontrava no século XIX: descobrindo os elementos básicos, agrupando-os em categorias e estudando suas interações. Ainda estamos formando os grupos que nos levarão à tabela periódica, e à longa distância da teoria atômica. A química teve muitas pistas falsas – como a postulação de uma substância misteriosa, o flogisto, que parecia explicar algumas interações químicas, até que se descobriu que para isso teria de ter peso negativo! Os químicos também conceberam algumas correlações espúrias. Por exemplo, a lei das oitavas de John Newland, que afirmava que os elementos vinham em grupos de oito, como as oito notas em uma oitava da conhecida escala *dó-ré-mi-fá-sol-lá-si* da música ocidental. (Embora errada, essa ideia abriu caminho para a tabela periódica.) Espera-se que o self não seja como o flogisto!

Comecei delineando um referencial evolucionário e anatômico para a compreensão de muitas síndromes neuropsiquiátricas estranhas. Sugeri que esses distúrbios poderiam ser vistos como perturbações da consciência e da autoconsciência, que são atributos quintessencialmente humanos. (É difícil imaginar um símio sofrendo de síndrome de Cotard ou tendo ilusões com Deus.) Alguns distúrbios surgem de tentativas do cérebro de lidar com discrepâncias intoleráveis entre os *outputs* de diferentes módulos cerebrais (como na síndrome de Capgras e na apotemnofilia) ou com incoerências entre estados emocionais internos e uma avaliação cognitiva das circunstâncias externas (como nos ataques de pânico). Outros distúrbios surgem da perturbação da interação normalmente harmoniosa entre autoconsciência e consciência do outro que envolve em parte neurônios-espelho e sua regulação pelos lobos frontais.

Comecei este livro com a pergunta retórica de Disraeli: "O homem é um macaco ou um anjo?" Examinei o conflito entre dois cientistas vitorianos, Huxley e Owen, que discutiram essa questão durante três décadas. O primeiro enfatizava a continuidade entre os cérebros de macacos e seres humanos, e o segundo a singularidade humana. Com nosso crescente conhecimento do cérebro, não precisamos mais tomar partido nessa disputa. Em certo sentido, eles estão ambos certos, dependendo do modo como formulemos a pergunta. Estética existe em pássaros, abelhas e borboletas, mas a palavra arte (com todas as suas conotações culturais) aplica-se melhor a seres humanos – embora, como vimos, a arte faça uso de muitos dos mesmos conjuntos de circuitos em nós e em outros animais. O humor é exclusivamente humano, mas o riso não. Ninguém atribuiria humor a uma hiena ou mesmo a um símio que "ri" quando lhe fazem cócegas. Imitação rudimentar (como abrir um cadeado) pode também ser levada a cabo por orangotangos, mas imitação de habilidades mais complexas como arremessar uma lança num antílope ou fixar um cabo de machado – e na esteira de tais imitações, a rápida assimilação e difusão de cultura sofisticada – é vista apenas em seres humanos. O tipo de imitação que os seres humanos fazem pode ter exigido, entre outras coisas, um sistema de neurônios-espelho mais complexamente desenvolvido do que o existente em primatas inferiores. Um macaco pode aprender coisas novas, é claro, e conservar memória. Mas não pode se envolver em recordação consciente de eventos específicos de seu passado no intuito de construir uma autobiografia, conferindo um senso de narrativa e significado à sua vida.

A moralidade – e seu antecedente necessário, o "livre-arbítrio", no sentido de antever consequências e escolher entre elas – requer estruturas do lobo frontal que incorporam valores com base nos quais escolhas são feitas por via do cingulado anterior. Esse traço é visto somente em seres humanos, embora formas mais simples de empatia estejam certamente presentes nos grandes símios.

Linguagem complexa, manipulação de símbolos, pensamento abstrato, metáfora e autoconsciência são todos, de maneira quase certa, unicamente humanos. Ofereci algumas especulações sobre suas origens evolucionárias, e sugeri também que essas funções são mediadas por estruturas especializadas, como o giro angular e a área de Wernicke. A manufatura e o desenvolvimento de ferramentas com vários componentes destinadas a uso futuro provavelmente requerem mais uma estrutura cerebral unicamente humana, o giro supramarginal, que se ramificou de seu ancestral (o lobo parietal inferior) em símios. A autoconsciência (e a palavra usada como seu equivalente, "consciência") provou-se ainda mais elusiva, mas vimos como é possível abordá-la por meio do estudo da vida mental interior de pacientes neurológicos e psiquiátricos. A autoconsciência é um traço que não só nos torna humanos, mas também, paradoxalmente, nos faz querer ser mais do que apenas humanos. Como eu disse em minhas palestras da série Reith Lectures na BBC: "A ciência nos diz que somos apenas animais, mas não nos sentimos assim. Sentimo-nos como anjos aprisionados dentro de corpos de animais, ansiando para sempre por transcendência." Essa é, em síntese, a desdita humana essencial.

Vimos que o self consiste em muitos fios, cada um dos quais pode ser desembaraçado e estudado por meio de experimentos. O palco está armado agora para compreendermos como esses fios se harmonizam em nossa consciência diária normal. Além disso, tratar pelo menos algumas formas de doença mental como distúrbios do self pode enriquecer a compreensão que temos delas e nos ajudar a inventar novas terapias para complementar as tradicionais.

O que de fato nos compele a compreender o self, porém, não é a necessidade de desenvolver tratamentos, mas um desejo mais arraigado que todos nós compartilhamos: o desejo de nos compreendermos. Depois que a autoconsciência emergiu através da evolução, era inevitável que um organismo perguntasse: "Quem sou eu?" Por vastas extensões de espaço inóspito e tempo imensurável, emergiu subitamente uma pessoa chamada "Mim" ou "Eu". De onde vem essa pessoa? Por que aqui? Por que agora? Você, que é feito de poeira de estrelas, está agora de pé sobre um penhasco, contemplando o céu estrelado e refletindo a respeito de suas próprias origens e seu lugar no cosmo. Talvez outro ser humano tenha se postado exatamente no mesmo ponto milhares de anos atrás, formulando essa mesma pergunta. Como indagou certa vez Erwin Schrödinger, o físico de inclinação mística que ganhou o Prêmio Nobel: "Era ele realmente outra pessoa?" Divagamos – por nossa conta e risco – rumo à metafísica, mas como seres humanos não o podemos evitar.

Quando informadas de que seu self emerge "simplesmente" a partir das agitações irracionais de átomos e moléculas em seus cérebros, as pessoas muitas vezes ficam decepcionadas, mas não deveriam. Muitos dos maiores físicos deste século – Werner Heisenberg, Erwin Schrödinger, Wolfgang Pauli, Arthur Eddington e James Jeans – ressaltaram que os constituintes básicos da matéria, como os *quanta*, são eles próprios profundamente misteriosos, senão completamente estranhos, com propriedades que beiram o metafísico. Não precisamos, portanto, temer que o self possa ser em alguma medida menos maravilhoso ou assombroso por ser feito de átomos. Podemos chamar esse sentimento de pasmo e perpétua perplexidade de Deus se você quiser.

O próprio Charles Darwin mostrou-se por vezes ambivalente em relação a essas questões:

Sinto muito profundamente que toda a questão da Criação é insondável demais para o intelecto humano. Seria o mesmo que um cão especular sobre a mente de Newton! Que cada homem espere e acredite no que puder.

E em outra passagem:

Confesso que não consigo ver tão claramente como outros, e como eu desejaria, evidências de desígnio e beneficência por toda parte à nossa volta. Parece-me haver demasiada miséria no mundo. Não posso me convencer de que um Deus beneficente e onipotente teria criado propositalmente os *Ichneumonidae* [uma família de vespas parasitárias] com a intenção expressa de que elas se alimentassem dentro dos corpos vivos das lagartas ou que um gato devesse brincar com camundongos... Por outro lado, não posso em absoluto ficar satisfeito ao ver este maravilhoso universo, e em especial a natureza do homem, e concluir que tudo é o resultado de força bruta.

Essas declarações[1] são explicitamente dirigidas contra os criacionistas, mas as restrições de Darwin por certo não são do tipo que esperaríamos do ateu empedernido como ele é muitas vezes retratado.

Como cientista, estou de pleno acordo com Darwin, Gould, Pinker e Dawkins. Não tenho paciência com os que defendem o projeto inteligente, pelo menos não no sentido em que a maioria das pessoas usaria a expressão. Ninguém que tenha visto uma mulher dando à luz ou uma criança morrendo numa enfermaria para leucêmicos poderia acreditar que o mundo foi fabricado sob medida para nosso benefício. No entanto, como seres humanos, temos de aceitar – com humildade – que a questão das origens últimas permanecerá sempre conosco, não importa quão profundamente compreendamos o cérebro e o cosmo que ele cria.

Glossário

Palavras e expressões EM VERSALETE têm suas próprias entradas.

Acidente vascular cerebral: Obstrução do suprimento de sangue para o cérebro, causada por um coágulo de sangue que se forma num vaso sanguíneo, pela ruptura da parede de um vaso sanguíneo ou por uma obstrução do fluxo causada por um coágulo ou glóbulo de gordura que se desprendeu de um ferimento em outro local. Privadas de oxigênio (que é transportado pelo sangue), células nervosas na área afetada não podem funcionar e por isso morrem, deixando a parte do corpo controlada por elas também incapaz de funcionar. Importante causa de morte no ocidente, o acidente vascular cerebral pode resultar em perda da consciência e do funcionamento cerebral, e na morte. Durante a última década, estudos mostraram que *feedback* a partir de um espelho pode acelerar a recuperação da função sensorial e motora no braço de alguns pacientes de acidente vascular cerebral.

Afasia: Transtorno na compreensão ou produção da linguagem, muitas vezes em decorrência de acidente vascular cerebral. Há três tipos principais de afasia: anomia (dificuldade de encontrar palavras), afasia de Broca (dificuldade com a gramática, mais especificamente a estrutura profunda da linguagem) e afasia de Wernicke (dificuldade com compreensão e expressão de significado).

Agnosia: Transtorno raro caracterizado por uma incapacidade de identificar objetos e pessoas, embora a modalidade sensorial específica (como visão ou audição) não esteja deficiente nem haja qualquer perda significativa de memória ou intelecto.

Amígdala: Estrutura na extremidade frontal dos LOBOS TEMPORAIS que é um importante componente do SISTEMA LÍMBICO. Ela recebe vários *inputs* paralelos, inclusive duas projeções que chegam do GIRO FUSIFORME. A amígdala ajuda a ativar o SISTEMA NERVOSO SIMPÁTICO (respostas de luta ou fuga). Ela envia *outputs* através do HIPOTÁLAMO para desencadear reações apropriadas a objetos – a saber, alimentação, fuga, luta e sexo. Seu componente afetivo (as emoções subjetivas) envolvem em parte conexões com OS LOBOS FRONTAIS.

Amnésia: Condição em que a memória está debilitada ou perdida. Duas das formas mais comuns são amnésia anterógrada (a incapacidade de adquirir novas memórias) e amnésia retrógrada (a perda de memórias preexistentes).

Anosognosia: Síndrome em que uma pessoa que sofre uma deficiência parece inconsciente dela, ou nega sua existência. (*Anosognosia* é a palavra grega para "negação de doença".)

Apotemnofilia: Distúrbio neurológico em que uma pessoa sob outros aspectos mentalmente capaz deseja ter um membro amputado para se "sentir inteira". A antiga explicação freudiana era que o paciente deseja um grande coto de amputação semelhante a um pênis. Também chamada de transtorno de identidade da integridade corporal.

Apraxia: Doença neurológica caracterizada por uma incapacidade de executar movimentos deliberados aprendidos, mesmo sabendo o que é esperado e tendo a capacidade física e o desejo de fazê-lo.

Aprendizado associativo: Forma de aprendizado em que a mera exposição a dois fenômenos que sempre ocorrem juntos (como Cinderela e sua carruagem) leva, subsequentemente, todas as vezes que uma das duas coisas é percebida, à evocação espontânea da memória da outra. Invocado muitas vezes, incorretamente, como uma explicação da SINESTESIA.

Área de Broca: Região localizada no LOBO FRONTAL esquerdo e responsável pela produção de fala dotada de estrutura sintática.

Área de Wernicke: Região do cérebro responsável pela compreensão da linguagem e a produção de fala e escrita significativas.

Autismo: Transtorno pertencente a um grupo de graves problemas do desenvolvimento chamados desordens do espectro do autismo que se manifesta cedo na vida, em geral antes dos três anos de idade. Embora os sintomas e a severidade variem, crianças autistas têm problemas de comunicação e interação com outras. O transtorno pode ser relacionado a defeitos no sistema de neurônios-espelho ou nos circuitos sobre os quais ele se projeta, mesmo que isso ainda deva ser claramente estabelecido.

Axônio: Extensão de um NEURÔNIO, semelhante a uma fibra, pela qual a célula envia informação para células-alvo.

Caixa preta: Antes do advento das modernas tecnologias de imagem nos anos 1980 e 1990, não havia maneira de espiar dentro do cérebro, que por isso era comparado com uma caixa preta. (A expressão é um empréstimo feito à engenharia elétrica.) A abordagem da caixa preta é também a preferida pelos psicólogos cognitivos e da percepção, que desenham diagramas de fluxo, ou gráficos, que indicam supostos estágios do processamento da informação no cérebro sem se sobrecarregarem com conhecimento de anatomia cerebral.

Célula receptora: Células sensoriais especializadas destinadas a captar e transmitir informação sensorial.

Cerebelo: Antiga região do cérebro que desempenha um importante papel no controle motor e em certos aspectos do funcionamento cognitivo. O cerebelo ("cérebro pequeno" em latim) contribui para a coordenação, precisão e cronometragem precisa dos movimentos.

Cingulado anterior: Anel de tecido cortical em forma de C que é limítrofe da parte frontal do corpo caloso (grande feixe de fibras nervosas que liga os hemisférios esquerdo e direito do cérebro) e a envolve parcialmente. O cingulado anterior "ilumina-se" num grande – quase excessivamente grande – número de estudos com imagiologia cerebral. Pensa-se que a estrutura está envolvida com o livre-arbítrio, a vigilância e a atenção.

Cognição: O processo ou os processos pelos quais um organismo adquire conhecimento, ou toma ciência de eventos ou objetos em seu ambiente e usa esse conhecimento para compreender problemas e resolvê-los.

Condicionamento clássico: Aprendizado em que um ESTÍMULO que produz naturalmente uma resposta específica (estímulo não condicionado) é repetidamente emparelhado com um estímulo neutro (estímulo condicionado). Como resultado, o estímulo condicionado evoca uma resposta semelhante àquela do estímulo não condicionado. Relacionado com o APRENDIZADO ASSOCIATIVO.

Cone: Célula receptora primária para a visão localizada na retina. Os cones são sensíveis à cor e usados principalmente para a visão diurna.

Córtex cerebral: Camada mais exterior dos dois HEMISFÉRIOS CEREBRAIS. Ele é responsável por todas as formas de funções de nível superior, incluindo percepção, emoções nuançadas, pensamento abstrato e planejamento. É especialmente bem desenvolvido em seres humanos e, em menor medida, em golfinhos e elefantes.

Córtex pré-frontal: Ver LOBO FRONTAL.

Crises convulsivas: Breve descarga paroxística de um pequeno grupo de células cerebrais que resulta em perda da consciência (crise de grande mal) ou perturbações na consciência, emoções e comportamento sem perda da consciência (EPILEPSIA DO LOBO TEMPORAL). Crises de pequeno mal são vistas em crianças na forma de uma breve "ausência". Essas crises são completamente benignas e a criança quase sempre as supera. O grande mal é com frequência familiar e começa no final da adolescência.

Dendrito: Extensão do corpo da célula neuronal semelhante a uma árvore. Junto com o corpo da célula, ele recebe informação de outros NEURÔNIOS.

Distinção self-outro: Capacidade de experimentar a si mesmo como um ser autoconsciente cujo mundo interior é separado dos mundos interiores de outros. Essa separação não implica egoísmo ou falta de empatia pelos outros, embora possa conferir certa propensão nessa direção. Transtornos nas distinções self-outro, como afirmamos no capítulo 9, podem estar subjacentes a muitos tipos estranhos de doença neuropsiquiátrica.

Eletroencefalografia (EEG): Medida da atividade elétrica do cérebro em resposta a estímulos sensoriais. Isso é obtido colocando-se eletrodos na superfície do couro cabeludo (ou, mais raramente, dentro da cabeça), administrando um estímulo repetidamente e depois usando um computador para calcular a média dos resultados. O resultado é um eletroencefalograma.

Epilepsia do lobo temporal (ELT): CRISES CONVULSIVAS confinadas principalmente aos LOBOS TEMPORAIS e por vezes ao CINGULADO ANTERIOR. A ELT pode produzir um senso de identidade intensificado e foi associada a experiências religiosas ou espirituais. A pessoa pode sofrer notáveis mudanças de personalidade e/ou ficar obsedada por pensamentos abstratos. Pessoas com ELT tendem a atribuir profunda significação a tudo que as cerca, inclusive a si mesmas. Uma explicação é que crises repetidas podem reforçar as conexões entre duas áreas do cérebro: o córtex temporal e a AMÍGDALA. É interessante notar que as pessoas com ELT tendem a ser desprovidas de humor, característica vista também em pessoas religiosas livres de crises convulsivas.

Estímulo: Evento ambiental extremamente específico que pode ser detectado por receptores sensoriais.

Exaptação: Estrutura desenvolvida por meio de SELEÇÃO NATURAL para uma função particular que passa a ser subsequentemente usada – e refinada através de mais seleção natural – para uma função completamente nova e não relacionada. Por exemplo, ossos do ouvido que se desenvolveram para amplificar sons foram exaptados de ossos reptilianos do maxilar usados para mastigar. Cientistas da computação e psicólogos evolucionários consideram a ideia irritante.

Excitação: Mudança no estado elétrico de um NEURÔNIO associada a uma maior probabilidade de potenciais de ação (sequência de picos elétricos que ocorrem quando um neurônio envia informação através de um AXÔNIO).

Fluxo "como": A via entre o córtex visual e o LOBO PARIETAL que guia as sequências de contrações musculares que determinam como movemos o braço ou a perna em relação a nosso corpo e movimento. Precisamos dessa via para estender a mão de maneira precisa para um objeto, e para agarrar, puxar, empurrar e outros tipos de manipulação. Ela deve ser diferenciada do FLUXO "O QUÊ" nos LOBOS TEMPORAIS. Os fluxos "o quê" e "como" divergem da VIA NOVA, ao passo que a VIA ANTIGA começa no colículo superior e se projeta sobre o LOBO PARIETAL, convergindo nele com o feixe "como". Também chamada de via 1.

Fluxo "e daí": Não bem definida ou anatomicamente delineada, essa via envolve partes dos LOBOS TEMPORAIS envolvidos com a significação biológica do que estamos olhando. Inclui conexões com o SULCO TEMPORAL SUPERIOR, a AMÍGDALA e a ÍNSULA. Também chamada via 3.

Fluxo "o quê": A via do LOBO TEMPORAL envolvida com o reconhecimento de objetos e seu significado e importância. Também chamado de via 2. Ver também VIA NOVA e FLUXO "COMO".

Gânglios basais: Grupos de NEURÔNIOS que incluem o núcleo caudado, o putâmen, o globo pálido e a substância negra. Profundamente enterrados no cérebro, os gânglios basais desempenham um importante papel no movimento, em especial no controle da postura, no equilíbrio e nos ajustes inconscientes de certos músculos para a execução de movimentos mais voluntários regulados pelo córtex motor (ver LOBO FRONTAL). Os movimentos dos dedos e do punho para torcer um parafuso são mediados pelo córtex motor, mas o ajuste do cotovelo e do ombro para executar isso requer os gânglios basais. A morte de células na substância negra contribui para sinais de doença de Parkinson, inclusive um andar rígido e a ausência de ajustes posturais.

Giro angular: Área cerebral situada na parte inferior do LOBO PARIETAL perto de sua junção com os LOBOS OCCIPITAL e TEMPORAL. Ela está envolvida na abstração de alto nível e em habilidades como leitura, escrita, aritmética, discriminação esquerda-direita, representação de palavras, a representação dos dedos e possivelmente também a compreensão de metáforas e provérbios. Talvez só os seres humanos possuam o giro angular. É provável também que eles sejam ricos em NEURÔNIOS-ESPELHO, que nos permitem ver o mundo do ponto de vista de outra pessoa no sentido espacial e (talvez) metafórico – um ingrediente-chave na moralidade.

Giro fusiforme: Giro próximo da parte interna inferior do LOBO TEMPORAL com subdivisões especializadas para o reconhecimento de cores, faces e outros objetos.

Giro supramarginal: Giro evolucionariamente recente que se separou do LOBO PARIETAL INFERIOR. Ele está envolvido na contemplação e execução de movimentos semiespecializados. Possuído unicamente por seres humanos, seu dano leva à APRAXIA.

Hemisférios: Ver HEMISFÉRIOS CEREBRAIS.

Hemisférios cerebrais: As duas metades do cérebro parcialmente especializadas em diferentes coisas – o hemisfério esquerdo em fala, escrita, linguagem e cálculo; o hemisfério direito em habilidades espaciais, reconhecimento visual de faces, e alguns aspectos da percepção musical (escalas, e não ritmo ou batida). Segundo uma conjectura especulativa, o hemisfério esquerdo é o "conformista", tentando pôr tudo em ordem para seguir em frente, ao passo que o hemisfério direito é nosso advogado do diabo, ou teste de realidade. Os MECANISMOS DE DEFESA freudianos provavelmente desenvolveram-se no hemisfério esquerdo para conferir coerência e estabilidade ao comportamento.

Hipocampo: Estrutura em forma de cavalo-marinho localizada dentro dos LOBOS TEMPORAIS. Funciona na memória, especialmente na aquisição de novas memórias.

Hipotálamo: Estrutura cerebral complexa composta de muitos grupos com várias funções. Estas incluem emoções, regulação das atividades de órgãos internos, monitoração de informação proveniente do SISTEMA NERVOSO AUTÔNOMO e controle da glândula pituitária.

Hominíneos: Membros da tribo Hominini, grupo taxonômico recentemente reclassificado para incluir os chimpanzés (*Pan*), os seres humanos e a extinta espécie proto-humana (*Homo*), e algumas espécies ancestrais com um misto de traços humanos e simiescos (como *Australopitecus*). Pensa-se que os hominíneos divergiram dos gorilas (tribo Gorillini).

Hormônios: Mensageiros químicos secretados por glândulas endócrinas para regular a atividade de células-alvo. Eles desempenham um papel no desenvolvimento sexual, metabolismo do cálcio e dos ossos, crescimento e muitas outras atividades.

Ilusão da sala de ames: Sala distorcida usada para criar a ilusão óptica em virtude da qual uma pessoa parada num canto parece ser um gigante, ao passo que outra parada em outro canto parece ser um anão.

Imagiologia por ressonância magnética funcional (IRMf): Técnica – na qual a atividade de base do cérebro (sem a pessoa fazer nada) é subtraída de sua atividade durante o desempenho de tarefas – que determina que regiões anatômicas do cérebro ficam ativas quando uma pessoa se envolve numa tarefa motora, perceptual ou cognitiva específica. Por exemplo, a subtração da atividade cerebral de um alemão daquela de um inglês talvez revele qual é o "centro do humor" no cérebro.

Inibição: Em referência a neurônios, uma mensagem sináptica que impede a célula receptora de se excitar.

Ínsula: Ilha de córtex enterrada nas dobras do lado do cérebro, dividida em seções anterior, média e posterior, cada uma das quais tem muitas subdivisões. A ínsula recebe *input* sensorial das vísceras (órgãos internos) bem como *inputs* do paladar, olfato e da dor. Recebe também *inputs* do córtex somatossensorial (sensações de tato, musculares e de posição) e do sistema vestibular (órgãos do equilíbrio no ouvido). Por meio dessas interações, a ínsula ajuda a pessoa a construir uma sensação "visceral", mas não plenamente articulada, de uma "imagem corporal" rudimentar. Além disso, ela tem NEURÔNIOS-ESPELHO que tanto detectam expressões faciais de nojo quanto expressam nojo em relação a comidas e cheiros desagradáveis. A ínsula está conectada com a AMÍGDALA e o CINGULADO ANTERIOR por via do núcleo parabraquial.

Koro: Distúrbio que supostamente aflige jovens asiáticos que desenvolvem a ilusão de que seus pênis estão encolhendo e podem acabar caindo. O inverso dessa síndrome – homens brancos idosos que desenvolvem a ilusão de que seus pênis estão se expandindo – é muito mais comum (como observado por nosso colega Stuart Anstis), mas não recebeu uma denominação oficial.

Lobo frontal: Uma das quatro divisões de cada hemisfério cerebral. (As outras três são os LOBOS PARIETAL, TEMPORAL e OCCIPITAL.) Os lobos frontais incluem o córtex motor, que envia comandos a músculos no lado oposto do corpo; o córtex pré-motor, que orquestra esses comandos; e o córtex pré-frontal, que é a sede da moralidade, do julgamento, da ética, da ambição, da personalidade, do caráter e outros atributos unicamente humanos.

Lobo occipital: Uma das quatro subdivisões (as outras sendo LOBOS FRONTAL, TEMPORAL E PARIETAL) de cada HEMISFÉRIO CEREBRAL. Os lobos occipitais desempenham um papel na visão.

Lobo parietal: Uma das quatro subdivisões (as outras sendo LOBOS FRONTAL, TEMPORAL E O OCCIPITAL) de cada HEMISFÉRIO CEREBRAL. Uma porção do lobo parietal no hemisfério direito desempenha um papel na atenção sensorial e na imagem corporal, enquanto o parietal esquerdo está envolvido em movimentos especializados e em aspectos da linguagem (nomeação de objetos, leitura e escrita). Comumente os lobos parietais não têm nenhum papel na compreensão da linguagem, que acontece nos LOBOS TEMPORAIS.

Lobo temporal: Uma das quatro grandes subdivisões (as outras sendo os LOBOS FRONTAL, PARIETAL E OCCIPITAL) de cada HEMISFÉRIO CEREBRAL. O lobo temporal funciona na percepção de sons, compreensão da linguagem, percepção visual de faces e objetos, aquisição de novas memórias e sentimentos e comportamento emocional.

Lobo parietal inferior (LPI): Região cortical na parte média do LOBO PARIETAL, logo abaixo do LOBO PARIETAL SUPERIOR. Nos seres humanos, ela se tornou várias vezes maior que nos símios, em especial na esquerda. Nos seres humanos o LPI se dividiu em duas estruturas inteiramente novas: o GIRO SUPRAMARGINAL (em cima), que está envolvido em ações especializadas, como o uso de ferramentas; e o GIRO ANGULAR, envolvido em aritmética, leitura, nomeação, escrita e possivelmente também no pensamento metafórico.

Lobo parietal superior (LPS): Região do cérebro situada perto do topo do LOBO PARIETAL. O LPS direito está parcialmente envolvido com a criação de nossa imagem corporal usando *inputs* da visão e da área S2 (sensações das articulações e dos músculos). O LOBO PARIETAL INFERIOR também está envolvido nessa função.

Mecanismos de defesa: Termo cunhado por Sigmund e Anna Freud. Informações potencialmente ameaçadoras para a integridade do "ego" da pessoa são defletidas inconscientemente por vários mecanismos psicológicos. Exemplos incluem a repressão de lembranças desagradáveis, negação, racionalização, projeção e formação reativa.

Membro fantasma: A sensação de existência de um membro perdido por acidente ou amputação.

Memória de procedimento: Memória para habilidades (como andar de bicicleta), em contraposição à memória declarativa, que é o armazenamento de informação específica passível de ser conscientemente recuperada (como o fato de que Paris é a capital da França).

Memória episódica: Memória para eventos específicos de nossa experiência pessoal.

Memória semântica: Memória para o significado de um objeto, evento ou conceito. A memória semântica para a aparência de um porco poderia incluir um grupo de associações: presunto, bacon, *ronc ronc*, lama, obesidade, os desenhos animados do Gaguinho e assim por diante. O que dá coesão ao grupo é o nome "porco". Mas nossa pesquisa com pacientes com anomia e AFASIA de Wernicke sugere que o nome não é meramente uma associação a mais; ele é uma chave que abre um tesouro de significados e uma ferramenta que podemos usar para manipular o objeto ou conceito em conformidade com certas regras, como aquelas requeridas para pensar. Observei que, se uma pessoa inteligente com anomia ou AFASIA de Wernicke, que é capaz de reconhecer objetos mas os nomeia incorretamente, chama um objeto inicialmente pelo nome errado (chamando, por exemplo, um pincel de pente), ela muitas vezes passa em seguida a usá-lo como um pente. Ela é forçada a entrar pelo caminho semântico errado pelo mero ato de nomear o objeto erroneamente. Linguagem, reconhecimento visual e pensamento são mais estreitamente interligados do que supomos.

Molécula receptora: Molécula específica na superfície ou no interior de uma célula com uma química e uma estrutura física características. Muitos NEUROTRANSMISSORES e HORMÔNIOS exercem seus efeitos ligando-se a receptores em células. Por exemplo, insulina liberada por células ilhotas no pâncreas age sobre receptores em células-alvo para facilitar a absorção de glicose pelas células.

Neurociência cognitiva: Disciplina que tenta fornecer explicações neurológicas da cognição e da percepção. A ênfase recai sobre a ciência básica, embora possa haver subprodutos clínicos.

Neurônio: Célula nervosa. É especializada na recepção e transmissão de informação e caracterizada por longas projeções fibrosas chamadas AXÔNIOS e projeções mais curtas, semelhantes a galhos, chamadas DENDRITOS.

Neurônio motor: Neurônio que transmite informação do sistema nervoso central para um músculo. A expressão é também usada livremente para incluir neurônios de comando motor, que programam uma sequência de contrações musculares para ações.

Neurônios-espelho: Neurônios identificados originalmente nos LOBOS FRONTAIS de macacos (numa região homóloga à área da linguagem de Broca em seres humanos). Eles se excitam quando o macaco estende a mão para pegar um objeto ou meramente vê outro macaco começar a fazer o mesmo, simulando assim as intenções do outro macaco, ou lendo sua mente. Foram encontrados neurônios-espelho também para o tato; isto é, neurônios-espelho sensoriais táteis excitam-se numa pessoa quando ela é tocada e também quando vê outra pessoa sendo afagada. Existem neurônios-espelho também para fazer e reconhecer expressões faciais (na ÍNSULA) e para a "empatia" da dor (no CINGULADO ANTERIOR).

Neurotransmissor: Substância química liberada por NEURÔNIOS numa *sinapse* com a finalidade de transmitir informação por via de receptores.

Ondas mu: Certas ondas cerebrais que são afetadas no AUTISMO. As ondas mu podem ou não ser um índice de função de neurônios-espelho, mas elas são suprimidas tanto durante o desempenho da ação quanto durante a observação da ação, sugerindo estreito vínculo com o sistema de NEURÔNIOS-ESPELHO.

Ponte: Parte do tronco sobre a qual o cérebro assenta. Junto com outras estruturas cerebrais, controla a respiração e regula ritmos cardíacos. A ponte é um importante caminho pelo qual os HEMISFÉRIOS CEREBRAIS enviam e recebem informação da medula espinhal e do SISTEMA NERVOSO PERIFÉRICO.

Protolinguagem: Supostos estágios iniciais da evolução da linguagem que podem ter estado presentes em nossos ancestrais. Ela pode transmitir sentido conectando palavras umas às outras na ordem certa (por exemplo: "Tarzan mata macaco"), mas não tem nenhuma SINTAXE. A palavra foi introduzida por Derek Bickerton da Universidade do Havaí.

Psicologia cognitiva: Estudo científico do processamento da informação no cérebro. Os psicólogos cognitivos costumam fazer experimentos para isolar os estágios do processamento da informação. Cada estágio pode ser descrito como uma CAIXA PRETA dentro da qual certas computações especializadas são executadas antes que o *output* vá para a caixa seguinte, de modo que o pesquisador pode construir um diagrama de fluxo. O psicólogo britânico Stuart Sutherland definiu a psicologia cognitiva como "a exibição ostentatória de diagramas de fluxo como substitutos para o pensamento".

Qualia: Sensações subjetivas. (Singular: *quale*.)

Recaptação: Processo pelo qual NEUROTRANSMISSORES liberados são absorvidos na SINAPSE para reutilização subsequente.

Reducionismo: Um dos métodos mais bem-sucedidos usados por cientistas para compreender o mundo. Ele faz apenas a inócua afirmação de que o todo pode ser explicado em termos de interações legais entre as partes componentes (não simplesmente a soma dessas partes). Por exemplo, a hereditariedade foi "reduzida" ao código genético e à complementaridade de fios de DNA. Reduzir um fenômeno complexo às suas partes componentes não é negar a existência do fenômeno complexo. Para facilidade de compreensão humana, fenômenos complexos podem ser também descritos em termos de interações legais entre causas e efeitos que estão no "mesmo nível" de descrição que o fenômeno (como ocorre quando o médico lhe diz: "Sua doença é causada por uma redução na vitalidade."), mas isso raramente nos leva muito longe. Muitos psicólogos e até alguns biólogos sentem-se indignados com o reducionismo, afirmando, por exemplo, que não se pode explicar o esperma conhecendo apenas seus constituintes moleculares, mas nada sobre sexo. Ao contrário, muitos neurologistas sentem-se fascinados pelo reducionismo por si mesmo, independentemente de sua capacidade de ajudar a compreender fenômenos de nível mais alto.

Resposta galvânica da pele (RGP): Quando vemos ou ouvimos algo excitante ou significativo (como uma cobra, um parceiro sexual, uma presa ou um ladrão), nosso HIPOTÁLAMO é ativado; isso nos leva a suar, o que muda a resistência elétrica de nossa pele. A medição dessa resistência fornece uma medida objetiva da excitação emocional. Também chamada resposta de condutância da pele (RCP).

Seleção natural: A reprodução sexual resulta em embaralhamento de genes em novas combinações. Mutações não letais surgem espontaneamente. As mutações ou combinações de genes que tornam uma espécie mais bem adaptada a seu ambiente atual são aquelas que sobrevivem com mais frequência porque os pais sobrevivem e se reproduzem com mais frequência. A expressão é usada em oposição a criacionismo (que sustenta que todas as espécies foram criadas ao mesmo tempo) e em contraposição à seleção artificial praticada por seres humanos para aperfeiçoar o gado e as plantas. Seleção natural não é sinônimo de evolução; é um mecanismo que impele a mudança evolucionária.

Serotonina: NEUROTRANSMISSOR monoamina que, ao que se acredita, desempenha muitos papéis, inclusive, mas não unicamente, na regulação da temperatura, percepção sensorial e indução do adormecimento. NEURÔNIOS que usam serotonina como transmissor são encontrados no cérebro e no intestino. Várias drogas antidepressivas são usadas para visar aos sistemas de serotonina no cérebro.

Sinapse: Lacuna entre dois neurônios que funciona como o local de transferência de informação de um neurônio para outro.

Síndrome da mão alienígena: Sensação de que a própria mão está à mercê de uma força exterior incontrolável, o que resulta em seu movimento real. A síndrome provém em geral de uma lesão no corpo caloso ou no CINGULADO ANTERIOR.

Síndrome de Asperger: Tipo de AUTISMO em que as pessoas têm habilidades de linguagem e desenvolvimento cognitivo normais, mas experimentam problemas importantes com a interação social.

Síndrome de Capgras: Síndrome rara em que a pessoa está convencida de que parentes próximos – em geral pais, cônjuges, filhos ou irmãos – são impostores. Ela pode ser causada por dano a conexões entre áreas do cérebro que lidam com o reconhecimento facial e aquelas que controlam respostas emocionais. Uma pessoa com síndrome de Capgras poderia reconhecer as faces de uma pessoa amada, mas não sentir a reação emocional normalmente associada a ela. Também chamada de "delírio de Capgras".

Síndrome de Cotard: Distúrbio em que um paciente afirma estar morto, sustentando até estar cheirando a carne em putrefação ou ter vermes arrastando-se por sua pele (ou alguma outra ilusão igualmente absurda). Ela pode ser uma forma exagerada da SÍNDROME DE CAPGRAS, em que não apenas uma área sensorial (como o reconhecimento facial), mas todas as áreas sensoriais estão dissociadas do sistema límbico, levando a uma completa falta de contato emocional com o mundo e consigo mesmo.

Sinestesia: Condição em que uma pessoa percebe algo num sentido além daquele que está sendo estimulado, seja saboreando formas ou vendo cores em sons ou números. A sinestesia não é apenas uma maneira de descrever experiência, como as metáforas que um escritor usaria; alguns sinestesistas realmente experimentam as sensações.

Sintaxe: Ordenação das palavras que permite a compacta representação de significado complexo para fins de comunicação; usada livremente como sinônimo de gramática. Na frase "O homem que bateu em John foi para o carro" reconhecemos de imediato que "o homem" foi para o carro, não John. Sem sintaxe não poderíamos chegar a essa conclusão.

Sistema límbico: Grupo de estruturas cerebrais – inclusive AMÍGDALA, CINGULADO ANTERIOR, fórnix, HIPOTÁLAMO, hipocampo e septo – que trabalham para ajudar a regular a emoção.

Sistema nervoso autônomo: Parte do SISTEMA NERVOSO PERIFÉRICO responsável por regular a atividade de órgãos internos. Inclui o SISTEMA NERVOSO SIMPÁTICO e o SISTEMA NERVOSO PARASSIMPÁTICO. Estes se originam no HIPOTÁLAMO; o componente simpático também envolve a ÍNSULA.

Sistema nervoso parassimpático: Ramo do SISTEMA NERVOSO AUTÔNOMO envolvido com a conservação da energia e dos recursos do corpo durante os estados relaxados. Esse sistema faz a pupilas se contraírem, o sangue ser desviado para o intestino para uma digestão vagarosa, e o ritmo cardíaco e a pressão sanguínea caírem para diminuir a carga sobre o coração.

Sistema nervoso periférico: Divisão do sistema nervoso que consiste em todos os nervos que não fazem parte do sistema nervoso central (em outras palavras, não são parte do cérebro ou da medula espinhal).

Sistema nervoso simpático: Ramo do SISTEMA NERVOSO AUTÔNOMO responsável por mobilizar a energia e os recursos do corpo em momentos de estresse e excitação. Faz isso regulando a temperatura, bem como elevando a pressão sanguínea, o ritmo cardíaco e o suor antes de um esforço.

Sulco temporal superior (STS): O mais alto de dois sulcos horizontais nos LOBOS TEMPORAIS. O STS tem células que respondem a expressões faciais cambiantes, movimentos biológicos como o andar e outros *inputs* biologicamente salientes. O STS envia *output* para a AMÍGDALA.

Tálamo: Estrutura composta de duas massas de tecido nervoso em forma de ovo, cada uma do tamanho de uma noz, profundamente enterrada no cérebro. O tálamo é a "estação retransmissora" fundamental para a informação sensorial, transmitindo e amplificando apenas informação de particular importância em meio à massa de sinais que entra no cérebro.

Teoria da mente: A ideia de que seres humanos e alguns primatas superiores podem construir em seus cérebros um modelo dos pensamentos e intenções de outros. Quanto mais preciso é o modelo, mais precisa e rapidamente a pessoa pode prever os pensamentos, crenças e intenções de outros. A ideia é que há nos cérebros humanos (e nos de alguns símios) circuitos cerebrais especializados que permitem uma teoria da mente. Uta Frith e Simon Baron-Cohen sugeriram que crianças autistas podem ter uma teoria da mente deficiente, o que complementa nossa visão de que uma disfunção dos NEURÔNIOS-ESPELHO ou seus alvos pode estar subjacente ao AUTISMO.

Teste *popout*: Teste visual que os psicólogos usam para determinar se um traço visual particular é ou não extraído cedo no processamento visual. Por exemplo, uma única linha vertical vai saltar aos olhos [*"pop out"*] numa matriz de linhas horizontais. Um único ponto azul vai se destacar em uma coleção de pontos verdes. Há células sintonizadas com orientação e cor em processamento visual de baixo nível (inicial). Por outro lado, um rosto de mulher não ressaltará de uma matriz de rostos masculinos, porque as células que respondem ao sexo de um rosto ocorrem num nível muito mais alto (posterior) no processamento visual.

Transmodal: Descreve interações através de diferentes sistemas sensoriais, como tato, audição e visão. Se eu lhe mostrasse um objeto sem nome, de forma irregular, depois vendasse seus olhos e lhe pedisse para encontrá-lo com as mãos em meio a um grupo de objetos semelhantes, você usaria as interações transmodais para isso. Essas interações ocorrem sobretudo no LOBO PARIETAL INFERIOR (em especial no GIRO ANGULAR) e em certas outras estruturas como o claustro (uma lâmina de células enterradas nos lados do cérebro que recebe *inputs* de muitas regiões cerebrais) e a ÍNSULA.

Transtorno bipolar: Transtorno psiquiátrico caracterizado por violentas oscilações de humor. O indivíduo experimenta períodos maníacos de grande energia e criatividade e períodos depressivos de baixa energia e tristeza. Também chamado distúrbio maníaco-depressivo.

Tronco cerebral: A principal via pela qual os HEMISFÉRIOS CEREBRAIS enviam e recebem informação a partir da medula espinhal e dos nervos periféricos. O tronco cerebral também dá origem diretamente a nervos cranianos que se dirigem para músculos de expressão facial (franzir as sobrancelhas, sorrir, morder, beijar, fazer beiço e assim por diante) e facilita as ações de engolir e gritar. Ele também controla, entre outras coisas, a respiração e a regulação de ritmos cardíacos.

Via antiga: A mais velha de duas vias principais no cérebro para o processamento visual. Essa via vai do colículo superior (uma estrutura primitiva no tronco cerebral) por via do TÁLAMO para os LOBOS PARIETAIS. A via antiga converge com o FLUXO "COMO" para ajudar a mover olhos e mãos em direção a objetos, mesmo quando a pessoa não os reconhece conscientemente. A via antiga está envolvida na mediação da VISÃO CEGA, quando somente a VIA NOVA está danificada.

Via nova: Passa informação de áreas visuais para os LOBOS TEMPORAIS por via do GIRO FUSIFORME, para ajudar no reconhecimento de objetos, bem como na compreensão de seu sentido e significação emocional. A via nova diverge no FLUXO "O QUÊ" e no FLUXO "COMO".

Visão cega: Condição em alguns pacientes que são efetivamente cegos em decorrência de dano ao córtex visual, mas conseguem desempenhar tarefas que pareceriam comumente impossíveis, a menos que eles pudessem ver os objetos. Por exemplo, eles podem indicar um objeto e descrever com precisão se uma vara está na vertical ou na horizontal, ainda que não possam perceber conscientemente o objeto. A explicação parece ser que a informação visual viaja através de duas vias no cérebro: a VIA ANTIGA e a VIA NOVA. Se somente a via nova estiver danificada, um paciente pode perder a capacidade de ver um objeto, mas continuar ciente de sua localização e orientação.

Notas

Prefácio (p.7-20)

1. Fiquei sabendo depois que essa observação voltou à tona de tempos em tempos, mas por razões obscuras não faz parte da pesquisa oncológica convencional. Ver, por exemplo, Havas (1990), Kolmel et al. (1991), ou Tang et al. (1991).

Introdução: Não um simples macaco (p.21-45)

1. Foi com esse método básico para estudar o cérebro que todo o campo da neurologia comportamental começou no século XIX. A principal diferença entre aquela época e a atual é que naquele tempo não havia imagem alguma do cérebro. O médico tinha de esperar cerca de duas ou três décadas até que o paciente morresse para depois dissecar seu cérebro.
2. Em contraste com os hobbits, os pigmeus africanos, também extraordinariamente baixos, são seres humanos modernos em todos os aspectos, de seu DNA a seu cérebro, que têm o mesmo tamanho do de todos os demais grupos humanos.

2. Ver e saber (p.67-106)

1. Estritamente falando, o fato de tanto polvos quanto seres humanos terem olhos complexos provavelmente não é um exemplo de evolução convergente verdadeira (ao contrário das asas das aves, morcegos e pterossauros). Os mesmos genes de controle mestre estão em ação em olhos "primitivos" e nos nossos. Por vezes a evolução reutiliza genes que ficaram guardados no sótão.
2. John foi estudado originalmente por Glyn Humphreys e Jane Riddoch, que escreveram uma bela monografia a seu respeito: *To See but Not to See: A Case Study of Visual Agnosia*, Humphreys & Riddoch, 1998. O que se segue não é uma transcrição literal, mas preserva os comentários originais do paciente em sua maior parte. John sofreu uma embolia após a apendicectomia, como indicado, mas as circunstâncias que conduziram à cirurgia são uma reconstituição da maneira como as coisas poderiam ter acontecido durante um diagnóstico rotineiro de apendicite. (Como foi mencionado no Prefácio, para preservar a confidencialidade dos pacientes, ao longo de todo o livro uso nomes fictícios para eles e altero circunstâncias de admissão hospitalar sem relevância para os sintomas neurológicos.)

3. Você consegue ver o cão dálmata na figura 2.7?
4. A distinção entre as vias "como" e "o quê" baseia-se no trabalho pioneiro realizado por Leslie Ungerleider e Mortimer Mishkin no National Institutes of Health. As vias 1 e 2 ("como" e "o quê") são de maneira clara definidas anatomicamente. A via 3 (apelidada de "e daí", ou a via emocional) é considerada atualmente uma via funcional, tal como inferido a partir de estudos fisiológicos e de lesões cerebrais (como estudos sobre a dupla dissociação entre o delírio de Capgras e a prosopagnosia; ver capítulo 9).
5. Joe LeDoux descobriu que há também uma pequena via que faz um atalho ultracurto do tálamo (e possivelmente do giro fusiforme) diretamente para a amígdala em ratos, e muito possivelmente em primatas. Mas não vamos nos ocupar disso aqui. Os detalhes neuroanatômicos são infelizmente muito mais confusos do que gostaríamos, mas isso não nos deveria impedir de procurar padrões globais de conexão funcional, como temos feito.
6. Esta ideia sobre a síndrome de Capgras foi proposta independentemente de nós por Hadyn Ellis e Andrew Young. No entanto, eles postulam um fluxo "como" preservado (via 1) e dano combinado para os dois componentes do fluxo "o quê" (vias 2 mais 3), ao passo que nós postulamos um dano seletivo somente ao fluxo emocional (via 3), com a via 2 sendo poupada.

3. Cores berrantes e gatinhas quentes: Sinestesia (p.107-56)

1. Vários experimentos apontam para a mesma conclusão. Em nosso primeiro artigo sobre sinestesia, publicado em 2001 nos *Proceedings of the Royal Society of London*, Ed Hubbard e eu observamos que em alguns sinestesistas a intensidade da cor induzida parecia depender não só do número, mas de onde ele era apresentado no campo visual (Ramachandran e Hubbard, 2001a). Quando o sujeito olhava para a frente, números ou letras apresentados afastados para um lado (mas aumentados para serem visíveis do mesmo modo) pareciam menos vividamente coloridos do que aqueles apresentados em visão central. Isso apesar do fato de serem igualmente identificáveis como números particulares e de as cores reais serem visíveis com a mesma vividez em visão fora de eixo (periférica). Mais uma vez, esses resultados excluem associações mnemônicas de alto nível como fonte de sinestesia. Memórias visuais são espacialmente invariantes. Quero dizer com isso que quando aprendemos alguma coisa numa região de nosso campo visual – reconhecer um rosto particular, por exemplo –, podemos fazê-lo se o rosto for apresentado numa localização visual completamente nova. O fato de as cores evocadas serem *distintas* em diferentes regiões depõe fortemente contra associações mnemônicas. (Eu deveria acrescentar que, até para o mesmo grau de excentricidade, a cor é por vezes diferente para as metades esquerda e direita do campo visual; possivelmente porque a ativação cruzada é mais pronunciada num hemisfério do que no outro.)

2. Este resultado básico de que os 2s são mais rapidamente segregados dos 5s por sinestesistas do que por não sinestesistas foi confirmado por outros cientistas, em especial Randolph Blake e Jamie Ward. Num experimento meticulosamente controlado, Ward e seus colegas descobriram que os sinestesistas como um grupo são significativamente melhores do que indivíduos monitorados para detectar a forma embutida feita de 2s. De maneira intrigante, alguns deles perceberam a forma antes mesmo que qualquer cor fosse evocada! Isso empresta credibilidade a nosso modelo inicial de ativação cruzada; é possível que durante breves apresentações as cores sejam evocadas com intensidade suficiente para permitir que a segregação ocorra, mas não suficiente para evocar cores conscientemente percebidas.

3. Em sinestesistas, "de projeção", inferiores há várias linhas de evidência (além da segregação) apoiando o modelo de ativação cruzada perceptual de baixo nível em contraposição à noção de que a sinestesia se baseia inteiramente em aprendizado associativo de alto nível e memórias:

(a) Em alguns sinestesistas, diferentes partes de um único número ou letra são vistas como coloridas diferentemente. (Por exemplo, a parte V de um M pode ser vermelha, ao passo que as linhas verticais podem ser verdes.)

Logo depois que o experimento de *popout*/segregação foi feito, notei algo estranho em um dos muitos sinestesistas recrutados. Ele viu os números como coloridos – até aí, nenhuma novidade –, o que me surpreendeu foi sua afirmação de que alguns dos números (por exemplo, 8) tinham distintas porções coloridas de modo diferente. Para assegurar que ele não estava inventando isso, mostramos-lhe os mesmos números um mês depois, sem lhe avisar de antemão que voltaria a ser testado. O novo desenho que ele produziu era praticamente idêntico ao primeiro, tornando improvável que estivesse fabulando.

Essa observação fornece evidências adicionais de que, pelo menos em alguns sinestesistas, as cores devem ser vistas como emergindo de (para usar uma metáfora computacional) um *bug* no hardware neural e não de um exagero de memórias ou metáforas (um *bug* no software). O aprendizado associativo não pode explicar essa observação; por exemplo, não brincamos com ímãs multicoloridos. Por outro lado, pode haver "formas primitivas" como orientação de linhas, ângulos e curvas que ficam associadas a neurônios para cores que executam um estágio do processamento de formas dentro do fusiforme anterior àquele em que grafemas plenamente desenvolvidos são reunidos.

(b) Como foi observado antes, em alguns sinestesistas a cor evocada fica menos vívida quando o número é visto fora do eixo (em visão periférica). Isso provavelmente reflete a maior ênfase sobre cor na visão central (Ramachandran e Hubbard, 2001a; Brang e Ramachandran, 2010). Em alguns desses sinestesistas, a cor também é mais saturada em um campo (esquerdo ou direito) que no outro. Nenhuma dessas observações corrobora o modelo de aprendizado associativo de alto nível para a sinestesia.

(c) Um aumento real na conectividade anatômica dentro da área fusiforme de sinestesistas inferiores foi observado por Rouw e Scholte (2007) usando imagiologia de tensores de difusão.

(d) A cor sinesteticamente evocada pode fornecer um *input* para a percepção de movimento aparente (Ramachandran e Hubbard, 2002; Kim, Blake, Palmeri, 2006; Ramachandran e Azoulai, 2006).

(e) Se você tem um tipo de sinestesia, tem maior probabilidade de ter um tipo não relacionado também. Isso apoia meu "modelo da maior ativação cruzada" da sinestesia, com o gene mutado sendo expresso de maneira mais proeminente em certas regiões (além de tornar alguns sinestesistas mais criativos).

(f) A existência de sinestesistas daltônicos que podem ver em números cores que não são capazes de ver no mundo real. O sujeito não poderia ter aprendido tais associações.

(g) Ed Hubbard e eu mostramos em 2004 que letras similares na forma (por exemplo, curvilíneas em vez de angulares) tendem a evocar cores semelhantes em sinestesistas "inferiores". Isso mostra que ocorre ativação cruzada das cores por certos elementos figurais primitivos que definem as letras antes mesmo que elas tenham sido plenamente processadas. Sugerimos que a técnica poderia ser usada para mapear um espaço de cores abstrato de maneira sistemática num espaço de formas. Mais recentemente, David Brang e eu confirmamos isso usando imagiologia cerebral (MEG ou magnetencefalografia) em colaboração com Ming Xiong Huang, Roland Lee e Tao Song.

Tomadas coletivamente, essas observações corroboram fortemente o modelo da ativação sensorial cruzada. Isso não significa negar que associações aprendidas e regras de alto nível de mapeamento entre domínios estejam também envolvidas (ver notas 8 e 9 desse capítulo). Na verdade, a sinestesia pode nos ajudar a descobrir essas regras.

4. O modelo da ativação cruzada – seja através da desinibição (perda ou enfraquecimento de inibição) de retroprojeções, ou através de brotamento – pode também explicar as muitas formas de sinestesia adquirida que descobrimos. Um paciente cego com retinite pigmentosa que estudamos (Armel e Ramachandran, 1999) experimentava vividamente fosfenos visuais (inclusive grafemas visuais) quando seus dedos eram tocados com um lápis ou quando ele estava lendo Braille. (Excluímos confabulação ao medir limiares e demonstrar sua estabilidade por várias semanas; ele não teria tido como memorizar os limiares.) Um segundo paciente cego, que testei com meu aluno Shai Azoulai, podia literalmente ver sua mão quando a acenava diante de seus olhos, mesmo na completa escuridão. Sugerimos que isso é causado ou por retroprojeções hiperativas ou por desinibição resultante da perda visual, de modo que a mão em movimento não era apenas sentida, mas também vista. Células com campos receptivos multimodais nos lobos parietais também podem estar envolvidas na mediação desse fenômeno (Ramachandran e Azoulai, 2004).

5. Embora a sinestesia muitas vezes envolva áreas cerebrais adjacentes (um exemplo é a sinestesia grafema-cor no giro fusiforme), não é necessário que isso ocorra. Mesmo regiões cerebrais afastadas, afinal, podem ter conexões preexistentes que poderiam ser amplificadas (digamos, por meio de desinibição). Estatisticamente falando, porém, áreas cerebrais adjacentes tendem a ser, antes de mais nada, unidas por mais conexão cruzada, de modo que é provável que a sinestesia as envolverá com mais frequência.
6. Já se fez alusão ao vínculo entre sinestesia e metáfora. A natureza desse vínculo permanece elusiva, porquanto a sinestesia envolve a conexão arbitrária de dois elementos não relacionados (como cor e número), ao passo que na metáfora há uma conexão conceitual não arbitrária entre eles (por exemplo, Julieta e o sol).

Uma solução potencial para esse problema emergiu de uma conversa que tive com o eminente polímata Jaron Lanier: percebemos que qualquer palavra dada tem apenas um conjunto *finito* de associações fortes, de primeira ordem (sol = quente, nutriente, radiante, brilhante) cercado por uma penumbra de associações mais fracas, de segunda ordem (sol = amarelo, flores, praia) e associações de terceira e quarta ordem que vão desaparecendo como um eco. É a região de superposição entre dois halos de associações que forma a base da metáfora. (Em nosso exemplo de Julieta e o sol, essa superposição deriva de suas observações de que ambos são radiantes, cálidos e nutrientes.) Essa superposição de halos de associações existe em todos nós, mas as superposições são maiores e mais fortes em sinestesistas porque seu gene de ativação cruzada produz maiores penumbras de associações.

Nessa formulação, sinestesia não é sinônimo de metáfora, mas o gene que produz sinestesia confere uma propensão para a metáfora. Um efeito colateral disso pode ser que associações só vagamente sentidas em todos nós (por exemplo, letras masculinas ou femininas, ou formas boas ou más produzidas por associações subliminares) tornam-se mais explicitamente manifestas em sinestesistas, uma previsão que pode ser testada de maneira experimental. Por exemplo, a maioria das pessoas considera certos nomes femininos (Julie, Cindy, Vanessa, Jennifer, Felicia e assim por diante) mais sexy que outros (como Martha e Ingrid). Embora possamos não nos dar conta disso conscientemente, isso pode ocorrer porque a pronúncia dos primeiros nomes envolve fazer beiço e outros movimentos com a língua e os lábios com sugestões sexuais inconscientes. O mesmo argumento explicaria por que a língua francesa é muitas vezes considerada mais sexy que a alemã. (Compare *Busten-halten* com *brassière*.) Talvez seja interessante ver se essas tendências e classificações espontaneamente emergentes são mais pronunciadas em sinestesistas.

Por fim, meu aluno David Brang e eu mostramos que associações completamente novas entre novas formas e cores arbitrárias também são mais facilmente aprendidas por sinestesistas.

Tomados coletivamente, esses resultados mostram que as diferentes formas de sinestesia abrangem todo o espectro da sensação à cognição e é por isso, de fato, que o estudo da sinestesia é tão interessante.

Outro tipo de metáfora visual familiar mas intrigante, em que o significado se relaciona com a forma, é o uso (em publicidade, por exemplo) de tipos que espelham o significado da palavra; por exemplo, usar letras inclinadas para imprimir "declive", e linhas sinuosas para imprimir "medo", "frio" ou "tremor". Essa forma de metáfora não foi estudada experimentalmente.
7. Efeitos semelhantes a esse foram originalmente estudados por Heinz Werner, embora ele não tenha situado isso no contexto mais amplo da evolução da linguagem.
8. Observamos que cadeias de associações, que normalmente evocariam apenas lembranças em indivíduos normais, parecem por vezes evocar impressões sensoriais carregadas de *qualia* em alguns sinestesistas superiores. Portanto, o meramente metafórico pode se tornar completamente literal. Por exemplo, R é vermelho e vermelho é quente, portanto R é quente e assim por diante. Perguntamo-nos se a hiperconectividade (quer seja o brotamento ou a desinibição) afetou retroprojeções entre diferentes áreas na hierarquia neural nesses sujeitos. Isso explicaria também uma observação que David Brang e eu fizemos – de que imagens eidéticas (memória fotográfica) são mais comuns em sinestesistas. (Considera-se que retroprojeções estão envolvidas em imagens visuais.)
9. As introspecções de alguns sinestesistas superiores são realmente desconcertantes em sua complexidade à medida que se tornam completamente de circuito aberto. Aqui está uma citação de um deles: "Os homens são em sua maioria tons de azul. As mulheres são mais coloridas. Como tanto pessoas quanto nomes têm associações de cor, as duas não se correspondem necessariamente." Observações como esta sugerem que qualquer modelo frenológico simples da sinestesia está fadado a ser incompleto, embora não seja um mau ponto de partida.

Ao fazer ciência somos muitas vezes obrigados a escolher entre fornecer respostas precisas a questões enfadonhas (ou triviais) como "Quantos cones há no olho humano?" ou respostas vagas para grandes questões como "O que é consciência?" ou "O que é metáfora?". Felizmente, de vez em quando obtemos uma resposta precisa para uma grande questão e tiramos a sorte grande (como o DNA revelando-se a resposta para o enigma da hereditariedade). Até agora, a sinestesia parece se encontrar a meio caminho entre esses dois extremos.
10. Para informação atualizada, ver a entrada "Synesthesia", escrita por David Brang e por mim, na *Scholarpedia* (www.scholarpedia.org/article/Synesthesia). A *Scholarpedia* é uma enciclopédia *online* de acesso livre escrita e revisada por estudiosos do mundo inteiro.

4. Os neurônios que moldaram a civilização (p.157-78)

1. Certa vez, um jovem orangotango no zoológico de Londres, ao ver Darwin tocando uma gaita, tomou-a dele e começou a imitá-lo; Darwin já pensava sobre as capacidades de imitação de macacos no século XIX.

2. Desde sua descoberta original, o conceito de neurônios-espelho foi confirmado repetidamente em experimentos e teve enorme valor heurístico em nossa compreensão da interface entre estrutura e função no cérebro. Mas ele foi também contestado por vários motivos. Vou elencar as objeções e responder a cada uma.
   (a) *"Espelhite": Houve grande estardalhaço na mídia em torno do sistema de neurônios-espelho (SNE), com tudo e mais alguma coisa sendo atribuído a eles.* Isso é verdade, mas a existência do estardalhaço não nega por si só o valor de uma descoberta.
   (b) *A evidência de sua existência em seres humanos é pouco convincente.* Essa crítica me parece estranha dado que estamos estreitamente relacionados aos macacos; na falta de prova em contrário, deveríamos supor que os neurônios-espelho de fato existem. Além disso, Marco Iacoboni mostrou sua presença registrando diretamente a atividade de células nervosas em pacientes humanos (Iacoboni e Dapretto, 2006).
   (c) *Se tal sistema existe, por que não há uma síndrome em que dano a uma pequena região leve a dificuldades tanto na execução quanto na imitação de ações especializadas ou semiespecializadas (como pentear o cabelo ou martelar um prego) e no reconhecimento da mesma ação executada por outra pessoa?* Resposta: existe uma síndrome assim, embora muitos psicólogos não tenham conhecimento dela. Chama-se apraxia ideacional e é vista após dano ao giro supramarginal esquerdo. Foi demonstrado que existem neurônios-espelho nessa região.
   (d) *A posição antirreducionista: "neurônios-espelho" nada mais é que uma expressão sexy, sinônimo do que os psicólogos chamam há muito tempo de "teoria da mente". Não há nada de novo neles.* Esse argumento confunde metáfora com mecanismo: é como dizer que, como sabemos o que a expressão "passagem do tempo" significa, não há necessidade de compreender como os relógios funcionam. Ou que, como já tomamos conhecimento das leis da hereditariedade de Mendel na primeira metade do século XX, compreender a estrutura e a função do DNA teria sido supérfluo. Analogamente, a ideia de neurônios-espelho não nega o conceito de teoria da mente. Ao contrário, os dois conceitos se complementam e nos permitem visar precisamente o circuito neural subjacente.

   Essa possibilidade de ter um mecanismo com o qual trabalhar pode ser ilustrada com muitos exemplos; aqui estão três: nos anos 1960, John Pettigrew, Peter Bishop, Colin Blakemore, Horace Barlow, David Hubel e Torsten Wiesel descobriram neurônios detectores de disparidade no córtex visual; esse achado por si só fornece uma explicação para a visão estereoscópica. Segundo, a descoberta de que o hipocampo está envolvido na memória permitiu a Eric Kandel descobrir uma potenciação de longo prazo (PLP), um dos mecanismos-chave do armazenamento da memória. E por fim, poderíamos afirmar que se aprendeu mais sobre a memória em cinco anos de pesquisa feita por Brenda Milner sobre o único paciente "HM", que tinha dano hipocampal, do que nos cem anos precedentes de abordagens puramente psicológicas à memória. A antítese fal-

samente construída entre reducionismo e visões holísticas da função cerebral é prejudicial para a ciência, algo que discuto longamente na nota 16 do capítulo 9.
(e) *O SNE não é um conjunto dedicado de circuitos neurais fisicamente conectados; ele pode ser construído por aprendizado associativo. Por exemplo, cada vez que você move a sua mão, há ativação de neurônios de comando motor, com ativação simultânea de neurônios visuais pela aparência da mão em movimento. Pela regra de Hebb, em resultado dessas coativações repetidas, a aparência visual da mão acaba por ativar ela própria esses neurônios motores, de tal modo que eles se tornam neurônios-espelho.*

Tenho duas respostas para essa crítica. Primeiro, mesmo que o SNE fosse estabelecido parcialmente por aprendizado, isso não diminuiria sua importância. A questão de como o sistema funciona é logicamente ortogonal à questão de como ele é estabelecido (como já foi mencionado sob o ponto d anteriormente). Segundo, se essa crítica fosse verdadeira, por que todos os neurônios de comando motor não se tornariam neurônios-espelho através de aprendizado associativo? Por que somente 20%? Uma maneira de decidir isso seria ver se há neurônios-espelho para sua nuca, que você nunca viu. Como você não toca sua nuca com frequência nem a vê sendo tocada, é improvável que construa um modelo mental interno de sua cabeça para deduzir que ela está sendo tocada. Portanto você deveria ter um número muito menor de neurônios-espelho – ou nenhum – nessa parte do seu corpo.

3. A ideia básica da coevolução entre genes e cultura não é nova. Ainda assim, minha afirmação de que o desenvolvimento de um sofisticado sistema de neurônios-espelho – conferindo uma habilidade para imitar ações complexas – foi um momento decisivo na emergência da civilização poderia ser interpretada como um exagero. Por isso vamos examinar como os eventos podem ter se passado.

Suponha que uma grande população de hominíneos primitivos (como *Homo erectus* ou *H. sapiens* primitivo) tivesse algum grau de variação genética em talento criativo inato. Se um raro indivíduo, graças a seus talentos intelectuais especiais, tivesse inventado algo de útil, se não houvesse a emergência concomitante de sofisticada habilidade para imitar entre seus pares (o que requer a adoção do ponto de vista do outro e a interpretação de suas intenções), a invenção teria morrido com o inventor. Mas assim que a habilidade de imitar emergiu, essas inovações únicas (inclusive as "acidentais") teriam se espalhado bastante rápido pela população, tanto horizontalmente, através de parentes, quanto verticalmente através dos filhos. Depois, se alguma nova "habilidade inovadora" aparecesse mais tarde em outro indivíduo, ele poderia tirar proveito na mesma hora das invenções preexistentes de novas maneiras, o que levaria à seleção e à estabilização do gene da "inovação". O processo teria se espalhado exponencialmente, produzindo uma avalanche de inovações que transforma a mudança evolucionária de darwiniana em lamarckiana, culminando nas modernas civilizações humanas. Assim, o grande salto adiante foi de fato impelido por circuitos geneticamente selecionados, mas por ironia os circuitos eram especializados na "aprendibilidade", isto é, em nos libertar de genes! Na verdade, a diversidade cultural é tão vasta em seres humanos modernos que é provável que haja maior diferença em qualidade mental e comportamento entre um professor universitário e (digamos) um vaqueiro (ou presidente) texano que entre este último e *H. sapiens* primitivo. Não só o cérebro humano é filogeneticamente único como um todo, mas o "cérebro" de cada cultura diferente é único (por efeito da "criação") – em grau muito maior do que em qualquer outro animal.

5. Onde está Steven? O enigma do autismo (p.179-98)

1. Outra maneira de testar a hipótese dos neurônios-espelho seria ver se crianças autistas não mostram subvocalização inconsciente quando ouvem outros falarem. (Laura Case e eu estamos testando isso.)
2. Muitos estudos confirmaram minha observação original (feita com Lindsay Oberman, Eric Altschuler e Jaime Pineda) de um sistema de neurônios-espelho (SNE) disfuncional no autismo (o que realizamos usando supressão da onda mu e IRMf). Um estudo com IRMf, no entanto, afirma que, numa região cerebral específica (a área pré-motora ventral, ou área de Broca), crianças autistas têm atividade semelhante à dos neurônios-espelho normal. Mesmo que aceitemos essa observação por seu valor nominal (apesar das limitações inerentes da IRMf), minhas razões teóricas para postular tal disfunção ainda se sustentam. Mais importante, tais observações realçam o fato de que o SNE é composto de muitos subsistemas distantes uns dos outros no cérebro, interconectados para uma função comum: ação e observação. (Como analogia, considere o sistema linfático do corpo, que está distribuído por toda sua extensão, mas é funcionalmente um sistema distinto.)

   Também é possível que essa parte do SNE seja ela própria normal, mas suas projeções ou zonas recipientes no cérebro sejam anormais. O resultado final seria o mesmo tipo de disfunção que sugeri originalmente. Em outra analogia, considere que o diabetes é fundamentalmente um distúrbio do metabolismo dos carboidratos; ninguém discute isso. Embora ela seja às vezes causada por dano às células ilhotas pancreáticas, causando uma redução da insulina e uma elevação da glicose no sangue, pode também ser causada por uma redução de receptores da insulina nas superfícies de células espalhadas por todo o corpo. Isso produziria a mesma síndrome que o diabetes *sem* dano para as ilhotas (em vez de ilhotas no pâncreas, pense "neurônios-espelho na área pré-motora do cérebro chamada F5"), mas a lógica do argumento original não é afetada.

   Tendo dito isso, deixe-me enfatizar que as evidências de disfunção do SNE no autismo são, até agora, muito convincentes, mas não conclusivas.
3. Os tratamentos que propus para o autismo neste capítulo foram inspirados em parte pela hipótese dos neurônios-espelho. Mas sua plausibilidade não depende ela própria dessa hipótese; seria interessante experimentá-los de qualquer maneira.

4. Para submeter a mais testes a hipótese dos neurônios-espelho como explicação para o autismo, seria interessante monitorar a atividade do músculo milo-hioideo e das cordas vocais para determinar se crianças autistas não mostram subvocalização inconsciente quando ouvem outros falarem (ao contrário das crianças normais, que o fazem). Isso poderia fornecer uma ferramenta precoce de diagnóstico.

6. O poder do balbucio: A evolução da linguagem (p.199-244)

1. Brent Berlin foi um precursor dessa abordagem. Para estudos transculturais semelhantes ao de Berlin, ver Nuckolls (1999).
2. A teoria gestual das origens da linguagem é também corroborada por vários outros argumentos engenhosos. Ver Corballis (2009).
3. Embora a área de Wernicke tenha sido descoberta há mais de um século, sabemos muito pouco sobre seu funcionamento. Uma de nossas principais questões neste capítulo foi: que aspectos do pensamento exigem a área da linguagem de Wernicke? Em colaboração com Laura Case, Shai Azoulai e Elizabeth Seckel, examinei dois pacientes (LC e KC) com quem fiz vários experimentos (além daqueles descritos no capítulo); aqui está uma breve descrição deles e de outras observações casuais reveladoras:

    (a) Mostramos duas caixas a LC: uma com um biscoito, outra sem. Um estudante voluntário entrou na sala e olhou para as duas caixas com expectativa, na esperança de abrir a que continha o biscoito. Eu tinha dado antes uma piscadela para o paciente, sugerindo que "mentisse". Sem hesitação, LC mostrou a caixa vazia para o estudante. (KC respondeu a essa situação da mesma maneira.) Esse experimento mostra que não precisamos de linguagem para uma tarefa de teoria da mente.
    (b) KC tinha senso de humor, rindo de cartuns não verbais de Gary Larson e me pregando uma peça.
    (c) Tanto KC quanto LC podiam jogar xadrez e jogo da velha razoavelmente, sugerindo ter pelo menos um conhecimento tácito de condicionais se-então.
    (d) Ambos eram capazes de compreender analogia visual (por exemplo, avião está para pássaro como submarino está para peixe) quando sondados de maneira não verbal por meio de múltipla escolha pictórica.
    (e) Ambos podiam ser treinados para usar símbolos designando a ideia abstrata de "similar, mas não idêntico" (lobo e cão, por exemplo).
    (f) Ambos eram abençoadamente inconscientes de seu profundo problema de linguagem, ainda que estivessem produzindo uma algaravia. Quando falei com eles em tâmil (uma língua do sul da Índia), um deles perguntou, "Espanhol?", ao passo que o outro fez sinal de compreensão com a cabeça e respondeu com uma algaravia. Quando mostramos de volta a LC um DVD com a gravação de seus próprios pronunciamentos, ele assentiu com a cabeça e disse, "Está certo".

(g) LC tinha uma profuda discalculia (dizendo, por exemplo, que 14 menos 5 eram 3). Podia fazer, contudo, subtração não verbal. Mostramos a ele duas canecas opacas A e B, e jogamos três biscoitos em A e quatro em B enquanto ele olhava. Quando retiramos dois biscoitos de B (enquanto ele olhava), LC foi em seguida direto para A. (KC não foi testado.)

(h) LC tinha uma profunda incapacidade de compreender mesmo gestos simples como "ok", "carona" ou "continência". Não podia tampouco compreender placas icônicas como a de banheiro. Não era capaz de equiparar um dólar com quatro moedas de 25 centavos. E testes preliminares mostraram que era deficiente em transitividade.

Surge um paradoxo: uma vez que LC, após vasto treino, era capaz de aprender associações emparelhadas (por exemplo, *pig = nagi*), por que não consegue reaprender sua própria língua? Talvez a mera tentativa de envolver sua língua preexistente introduza um *"bug"* de software que force o sistema de linguagem avariado a prosseguir no piloto automático. Nesse caso, ensinar ao paciente uma língua completamente nova talvez possa, paradoxalmente, ser mais fácil do que reinstruí-lo em sua língua original.

Poderia ele aprender *pidgin*, que exige somente que as palavras estejam enfileiradas na ordem correta (uma vez que sua capacidade de formar *conceitos* está intacta)? E se ele podia aprender algo tão complexo quanto "similar, mas não igual", por que não podia aprender a associar *símbolos* sassurianos arbitrários (isto é, palavras) a outros conceitos como "grande", "pequeno", "sobre", "se", "e" e "dar"? Será que isso não lhe permitiria compreender uma nova língua (como francês ou a língua americana de sinais), o que lhe permitiria ao menos conversar com franceses ou usuários da língua de sinais? Ou, se o problema está em associar sons ouvidos com objetos e ideias, por que não usar uma linguagem baseada em símbolos visuais (como foi feito com Kanzi, o bonobo)?

Os aspectos mais estranhos da afasia de Wernicke são a falta de percepção, por parte dos pacientes, de sua profunda incapacidade de comprender ou produzir linguagem, quer seja escrita ou falada, e sua total falta de qualquer sentimento de frustração. Certa vez, demos um livro para LC ler e saímos da sala. Embora não fosse capaz de compreender uma única palavra, ele ficou examinando as palavras impressas e virando as páginas por quinze minutos. Chegou até a marcar algumas páginas! (Ele não estava ciente de que a videocâmera que o filmava fora deixada ligada durante nossa ausência.)

7. Beleza e o cérebro: A emergência da estética (p.245-75)

1. Temos de ter cuidado para não exagerar esse tipo de pensamento reducionista sobre arte e cérebro. Recentemente ouvi um psicólogo evolucionário dar uma palestra a respeito da razão por que gostamos de arte cinética, que inclui peças

como os móbiles de Calder, feitos de formas recortadas móveis penduradas no teto. Com uma expressão absolutamente séria, ele proclamou que gostamos desse tipo de arte porque uma área em nosso cérebro chamada MT (médio-temporal) possui células especializadas em detectar a direção do movimento. Essa afirmação é absurda. A arte cinética obviamente excita essas células, mas uma tempestade de neve teria o mesmo efeito; ou uma cópia da *Mona Lisa* girando num pino. Um conjunto de circuitos neurais para movimento é certamente necessário para a arte cinética, mas não suficiente: não explica a atratividade da arte cinética por mais que forcemos a lógica. A explicação desse sujeito é como dizer que a existência de células sensíveis para rostos no giro fusiforme de nosso cérebro explica por que gostamos de Rembrandt. Certamente para explicar Rembrandt precisamos mostrar como ele aperfeiçoou suas imagens e como esses embelezamentos extraem reações dos circuitos neurais em nosso cérebro de maneira mais poderosa que uma fotografia realista. Até fazer isso, não explicamos nada.

2. Observe que a mudança de pico poderia também ser aplicável em animações. Por exemplo, podemos criar uma notável ilusão perceptual instalando minúsculos LEDs (diodos emissores de luz) nas articulações de uma pessoa e fazendo-a andar por uma sala escura. Poderíamos esperar ver apenas um punhado de LEDs perambulando ao acaso, mas em vez disso temos a nítida impressão de ver uma pessoa inteira andando, ainda que todos os seus outros traços – rosto, pele, cabelo, silhueta e assim por diante estejam invisíveis. Se a pessoa para de se mover, cessamos de vê-la de repente. Isso sugere que a informação sobre seu corpo é inteiramente transmitida pelas trajetórias de movimento dos pontos de luz. É como se nossas áreas visuais fossem primorosamente sensíveis aos parâmetros que distinguem esse tipo de movimento biológico de movimento aleatório. É possível até distinguir se a pessoa é um homem ou uma mulher olhando para o andar, e um casal dançando proporciona uma exibição especialmente divertida. Podemos explorar nossas leis para acentuar esse efeito? Dois psicólogos, Bennett Bertenthal da Universidade de Indiana e James Cutting da Universidade Cornell, analisaram matematicamente as restrições subjacentes ao movimento biológico (que dependem de movimentos permissíveis das articulações) e escreveram um programa de computador que incorpora essas restrições. O programa gera uma exibição perfeitamente convincente de uma pessoa andando. Embora essas imagens sejam muito conhecidas, seu apelo estético raramente foi comentado. Em teoria, deveria ser possível amplificar as restrições de tal modo que o programa pudesse produzir um andar feminino bastante elegante causado por uma pelve larga, quadris meneantes e saltos altos, bem como um andar especialmente masculino causado por postura ereta, passada rígida e traseiros firmes. Criaríamos um efeito de deslocamento de pico com um programa de computador.

Sabemos que o sulco temporal superior (STS) tem conjuntos de circuitos dedicados a extrair movimento biológico, de modo que uma manipulação por computador do andar humano poderia hiperativar esses circuitos explorando duas leis estéticas em paralelo: isolamento (isolando os sinais de movimento biológico de outros sinais estáticos) e efeito de deslocamento de pico (amplificando as características biológicas do movimento). O resultado poderia acabar sendo uma evocativa obra de arte cinética que supera qualquer móbile de Calder. Prevejo que células do TST para movimento biológico poderiam reagir ainda mais intensamente a caminhantes com pontos de luz submetidos a um efeito de deslocamento de pico.

8. O cérebro astuto: Leis universais (p.276-308)

1. De fato, a brincadeira de esconde-esconde em crianças talvez seja agradável precisamente pela mesma razão. No início da evolução dos primatas, quando eles ainda habitavam sobretudo as copas das árvores, a maioria dos jovens ficava muitas vezes algum tempo obliterada por folhagem. Durante o processo de evolução houve por bem tornar o esconde-esconde visualmente reforçador para os filhos e a mãe, quando eles olhavam de relance periodicamente uns para os outros, assegurando assim que o filhote continuava seguro e a razoável distância. Além disso, o sorriso e o riso de pais e filhos teriam se reforçado mutuamente uns aos outros. Gostaríamos de saber se os símios gostam de esconde-esconde.

    O riso visto após o esconde-esconde é também explicado por minhas ideias sobre o humor (ver capítulo 1), segundo as quais ele resulta de um acúmulo de expectativa seguido por deflação surpreendente. O esconde-esconde poderia ser visto como cócegas cognitivas.
2. Ver também a nota 6 do capítulo 3, em que o efeito da alteração do tipo para que corresponda ao significado da palavra foi discutido – do ponto de vista da sinestesia e não do humor na estética.
3. A essas nove leis da estética podemos acrescentar uma décima, que abrange todas as outras. Vamos chamá-la de "ressonância" porque envolve o uso hábil de múltiplas leis que se acentuam umas às outras numa única imagem. Por exemplo, em muitas esculturas indianas, uma ninfa sensual é representada postada langorosamente sob um galho de árvore do qual pendem frutas maduras. Há os deslocamentos de pico em postura e forma (por exemplo, seios grandes) que a tornam delicadamente feminina e voluptuosa. Além disso, as frutas são um eco visual de seus seios, mas elas também simbolizam conceitualmente, assim como os seios da ninfa, a fecundidade e a fertilidade da natureza; dessa maneira os elementos perceptuais e conceptuais fazem eco uns aos outros. O escultor acrescentará também muitas vezes joias ornamentadas barrocas em seu torso nu para acentuar, por contraste, a maciez e a elasticidade de sua pele jovem, carregada de estrogênio. (Refiro-me aqui a contraste de textura e não de luminosidade.) Um exemplo mais conhecido seria um Monet em que esconde-esconde, efeito de deslocamento de pico e isolamento estão todos combinados numa única pintura.

9. Um macaco com alma: Como a introspecção evoluiu (p.309-60)

1. Duas questões podem ser legitimamente levantadas com relação a metarrepresentações. Primeiro, não se trata apenas de uma questão de grau? Talvez um cachorro tenha uma espécie de metarrepresentação mais rica que a de um rato, mas não tão rica quanto as dos seres humanos (o problema do "quando é que começamos a chamar um homem de careca?"). Essa questão foi suscitada e respondida na Introdução, na qual observamos que não linearidades são comuns na natureza – em especial na evolução. Uma coemergência fortuita de atributos pode produzir um salto qualitativo relativamente súbito, resultando numa nova habilidade. Uma metarrepresentação não implica meramente associações mais ricas; requer também a habilidade de evocá-las de maneira intencional, prestar atenção à sua vontade e manipulá-las mentalmente. Essas habilidades exigem estruturas do lobo frontal, entre as quais o cingulado anterior, para dirigir a atenção para diferentes aspectos da imagem interna (embora conceitos como "atenção" e "imagem interna" ocultem vastas profundidades de ignorância). Uma ideia semelhante a essa foi originalmente proposta por Marvin Minsky.

   Segundo, postular uma metarrepresentação não nos faz cair na armadilha do homúnculo? (Ver capítulo 2, no qual a falácia do homúnculo é discutida.) Não implica um homenzinho no cérebro observando a metarrepresentação e criando uma meta-metarrepresentação em seu cérebro? A resposta é não. Uma metarrepresentação não é uma réplica semelhante a uma imagem de uma representação sensorial; ela resulta de processamento adicional de representações sensoriais adicionais e de seu empacotamento em pedaços mais manejáveis para associação com a linguagem e manipulação simbólica.

   A síndrome do telefone, de que Jason sofria, foi estudada por Axel Klee e Orrin Devinsky.
2. Recordo uma palestra proferida no Salk Institute por Francis Crick, que descobriu com James Watson a estrutura do DNA e decifrou o código genético, desvendando assim a base física da vida. A palestra de Crick foi sobre a consciência, mas antes que ele pudesse começar, um filósofo na plateia (de Oxford, creio) levantou a mão e protestou: "Professor Crick, você diz que vai falar a respeito dos mecanismos neurais da consciência, mas não se deu sequer ao trabalho de definir a palavra apropriadamente." Resposta de Crick: "Meu caro, nunca houve um momento na história da biologia em que um grupo de nós tenha sentado à volta de uma mesa dizendo: 'Primeiro vamos definir vida.' Nós simplesmente fomos lá e descobrimos o que ela era – uma hélice dupla. Deixamos as questões das distinções semânticas e das definições para vocês, os filósofos."
3. Quase todo mundo tem conhecimento de Freud como o pai da psicanálise, mas poucos sabem que ele começou sua carreira como neurologista. Quando ainda era um estudante, ele publicou um artigo sobre o sistema nervoso de uma criatura primitiva assemelhada a um peixe chamada lampreia, convencido de

que a maneira mais segura de compreender a mente era abordá-la através da neuroanatomia. Mas logo se aborreceu com as lampreias e começou a sentir que suas tentativas de estabelecer uma ponte entre a neurologia e a psiquiatria eram prematuras. Assim, passou a se dedicar à psicologia "pura", inventando todas as ideias que hoje associamos a seu nome: id, ego, superego, complexo de Édipo, inveja do pênis, tanatos e assim por diante.

Em 1896, mais uma vez desiludido, ele escreveu seu hoje famoso "Projeto para uma psicologia científica", encorajando uma abordagem neurocientífica da mente humana. Lamentavelmente, Freud estava muito à frente de seu tempo.

4. Embora compreendamos intuitivamente o que Freud quis dizer, poderíamos alegar que a expressão "self inconsciente" é um oximoro, pois a autoconsciência (como veremos) é uma das características definidoras do self. Talvez a expressão "mente inconsciente" seja melhor, mas a terminologia exata não é importante neste estágio. (Ver também nota 2 para este capítulo.)

5. Desde a era de Freud, houve três abordagens principais à doença mental. Primeiro, há a terapia "psicológica", ou pela fala, que incluiria a concepção psicodinâmica (freudiana), bem como outras mais recentes, "cognitivas". Segundo, há as abordagens anatômicas, que simplesmente chamam atenção para correlações entre certos distúrbios mentais e anormalidades físicas em estruturas específicas. Por exemplo, há uma ligação presumida entre o núcleo caudado e o distúrbio obsessivo-compulsivo, ou entre o hipometabolismo do lobo frontal direito e a esquizofrenia. Terceiro, há interpretações neurofarmacológicas: pense em Prozac, Ritalina, Xanax. Destas três, a última abordagem pagou ricos dividendos (pelo menos para a indústria farmacêutica) em termos de tratamento de doenças psiquiátricas; para o bem ou para o mal, ela revolucionou o campo.

O que está faltando, porém, e o que tentei abordar neste livro, é o que poderia ser chamado de "anatomia funcional" – para explicar o grupo de sintomas único de um dado distúrbio em termos de funções únicas de certos circuitos especializados do cérebro. (Aqui devemos distinguir entre uma vaga correlação e uma explicação real.) Dada a complexidade inerente do cérebro humano, é improvável que haja uma única solução culminante como o DNA (embora eu não descarte isso). Mas pode haver muitos casos em que uma síntese desse tipo é possível numa menor escala, levando a previsões testáveis e novas terapias. Esses exemplos poderão até abrir caminho para uma teoria da grande unificação da mente – como aquela com que os físicos vêm sonhando para o universo material.

6. A ideia de um andaime genético fisicamente conectado para nossa imagem corporal ficou também muito clara para mim recentemente, quando Paul McGeoch e eu vimos uma mulher de 55 anos com uma mão fantasma. Ela havia nascido com um defeito congênito chamado focomelia; era desprovida da maior parte do braço direito desde o nascimento, exceto por uma mão pendurada no seu ombro com apenas dois dedos e um pequenino polegar. Quando tinha 21 anos, sofreu um acidente de carro que exigiu a amputação da mão esmagada, mas, para sua

grande surpresa, passou a experimentar uma mão fantasma com cinco dedos em vez de dois! É como se sua mão inteira estivesse fisicamente conectada e jazendo inativa em seu cérebro, tendo sido reprimida e remodelada pela propriocepção (sensação da articulação e dos músculos) anormal e pela imagem visual da mão deformada. Isso até os 21 anos, quando a remoção da mão deformada permitiu que a mão fisicamente conectada dormente reemergisse à consciência como um fantasma. O polegar não retornou de início, mas quando ela usou a caixa de espelho (aos 55 anos) ele também foi ressuscitado.

Em 1998, num artigo publicado em *Brain*, relatei que usando *feedback* visual com espelhos posicionados da maneira certa, era possível fazer a mão fantasma adotar posições anatomicamente impossíveis (como dedos curvando-se para trás) – apesar do fato de que o cérebro nunca havia computado ou experimentado aquilo antes. Desde então a observação foi confirmada por outros.

Achados como esses enfatizam a complexidade das interações entre natureza e criação na construção da imagem corporal.

7. Não sabemos onde a discrepância entre S2 e o LPS é percebida, mas minha intuição diz que a ínsula direita está envolvida, dado o aumento da RGP. (A ínsula está parcialmente envolvida na geração do sinal RGP.) Em conformidade com isso, a ínsula está também envolvida em náusea e vômito em decorrência de discrepâncias entre os sentidos vestibular e visual (que produz comumente enjoos em viagens marítimas, por exemplo).
8. Intrigantemente, até alguns homens normais sob os demais aspectos relatam ter principalmente ereções fantasma, em vez de ereções reais, como meu colega Stuart Anstis me fez observar.
9. Essa "adoção de uma visão objetiva" em relação nós mesmos é também uma exigência essencial para descobrirmos e corrigirmos nossas próprias defesas freudianas, o que é parcialmente realizado através da psicanálise. As defesas são comumente inconscientes; o conceito de "defesas conscientes" é um oximoro. O objetivo do terapeuta, portanto, é trazer as defesas para a superfície de nossa consciência de modo que possamos lidar com elas (assim como uma pessoa obesa precisa analisar a fonte de sua obesidade para tomar medidas corretivas). Perguntamos a nós mesmos se seria mais fácil encorajar uma pessoa a adotar uma posição *conceitual* alocêntrica (em linguagem simples: encorajar o paciente a adotar uma visão imparcial e realista de si mesmo e de suas loucuras) para a psicanálise encorajando-a a adotar uma posição alocêntrica *perceptual* (como fingir que é outra pessoa assistindo à sua própria conferência). Isso poderia, por sua vez, teoricamente, ser facilitado por anestesia por cetamina. Essa substância gera experiências extracorpóreas, fazendo a pessoa se ver a partir de fora.

Ou talvez pudéssemos imitar os efeitos da cetamina usando espelhos e videocâmeras, o que pode também produzir experiências extracorpóreas. Parece ridículo sugerir o uso de truques ópticos a psicanalistas, mas acredite-me, vi coisas mais estranhas em minha carreira na neurologia. (Por exemplo, Elizabeth Seckel e eu usamos uma combinação de múltiplos reflexos, *feedback* atrasado por vídeo e maquiagem para criar uma experiência extracorpórea num paciente com fibromialgia, um misterioso distúrbio de dor crônica que afeta o corpo inteiro. O paciente relatou uma redução substancial da dor durante a experiência. Como para todos os distúrbios que envolvem dor, isso requer avaliação controlada por placebo.)

Retornando à psicanálise: certamente remover defesas psicológicas suscita um dilema para o analista; é uma espada de dois gumes. Se defesas são normalmente uma resposta adaptativa do organismo (sobretudo da parte do hemisfério esquerdo) para evitar a desestabilização do comportamento, desnudá-las não seria um fator de inadaptação, perturbando o senso que uma pessoa tem de um self internamente coerente junto com sua paz interior? Para escapar desse dilema é preciso compreender que doença mental e neurose surgem de um *mau* uso de defesas – nenhum sistema biológico é perfeito. Em vez de restaurar a coerência esse mau uso levaria, na verdade, ao caos adicional.

E há duas razões para isso. Primeiro, caos pode resultar de "vazamento" de emoções indevidamente reprimidas do hemisfério direito, levando à ansiedade, sensação interna vagamente expressa de falta de harmonia na própria vida. Segundo, pode haver situações em que defesas podem ser um fator de desadaptação para a pessoa em sua vida real; um pouco de excesso de confiança é adaptativo, mas demais, não; leva à presunção e a ideias irrealistas a respeito de suas habilidades; ela começa a comprar Ferraris que não tem condições de pagar. Há uma linha tênue entre o que prejudica ou não a adaptação, mas um terapeuta experiente sabe como corrigir somente o que é prejudicial à adaptação (trazendo-o à luz) ao mesmo tempo em que preserva o que a favorece, evitando assim provocar o que os freudianos chamam de reação catastrófica (um eufemismo para "O paciente se descontrola e começa a chorar").

10. Nossa sensação de coerência e unidade como uma única pessoa pode – ou não – exigir uma única região cerebral, mas se o fizer, candidatos razoáveis incluiriam a ínsula e o lobo parietal inferior – que recebem ambos uma convergência de múltiplos *inputs* sensoriais. Mencionei essa ideia para meu colega Francis Crick pouco antes de sua morte. Com uma piscadela conspiratória dissimulada, ele me falou que uma estrutura misteriosa chamada claustro – uma lâmina de células enterradas nos lados do cérebro – também recebe *inputs* de muitas regiões cerebrais, podendo portanto mediar a unidade da experiência consciente. (Talvez nós dois tenhamos razão!) Ele acrescentou que acabara de escrever um artigo exatamente sobre esse tópico com o colega Christof Koch.

11. Esta especulação é baseada num modelo proposto por German Berrios e Mauricio Sierra da Universidade de Cambridge.

12. A distinção entre as vias "como" e "o quê" foi feita pela primeira vez por Leslie Ungerleider e Mortimer Mishkin dos National Institutes of Health; ela se baseia em anatomia e fisiologia meticulosa. As subdivisões adicionais da via "o quê" nas vias 2 (semântica e significado) e 3 (emoções) é mais especulativa e baseada em

critérios funcionais: uma combinação de neurologia e fisiologia. (Por exemplo, células no sulco temporal superior (STS) respondem a mudanças de expressão facial e movimento biológico, e o STS tem conexões com a amígdala e a ínsula – ambas envolvidas nas emoções.) A postulação de uma distinção funcional entre vias 2 e 3 também ajuda a explicar a síndrome de Capgras e a prosopagnosia, que são imagens especulares uma da outra, em termos tanto de sintomas quanto de RGP. Isso não poderia ocorrer se as mensagens fossem inteiramente processadas numa sequência de significado para emoção e não houvesse nenhum *output* paralelo da área fusiforme para a amígdala (seja diretamente ou através do STS).

13. Aqui e nas demais passagens, embora eu invoque o sistema de neurônios-espelho como um candidato a sistema neural, a lógica do argumento não depende decisivamente desse sistema. O ponto crucial da argumentação é que deve haver um sistema de circuitos cerebrais para autorrepresentação recursiva e para manter uma distinção – e reciprocidade – entre o self e o outro no cérebro. Uma disfunção desse sistema contribuiria para muitas das síndromes aparentemente bizarras descritas neste capítulo.

14. Para complicar mais as coisas, Ali começou a desenvolver outras ilusões também. Um psiquiatra o diagnosticou como tendo esquizofrenia ou "traços esquizoides" (além de sua epilepsia) e lhe prescreveu medicação antipsicótica. A última vez em que vi Ali, em 2009, ele estava afirmando que, além de estar morto, havia crescido até um tamanho enorme, podendo estender a mão para o cosmo a fim de tocar a lua, tornando-se um com o universo – como se não existência e união com o cosmo fossem sinônimos. Comecei a me perguntar se sua atividade de crises convulsivas teria se espalhado para seu lobo parietal direito, onde a imagem corporal é construída, o que poderia explicar por que perdera seu senso de escala. Mas ainda não tive uma oportunidade para investigar esse palpite.

15. Seria de esperar, portanto, que na síndrome de Cotard não haveria a princípio absolutamente nenhuma RGP, mas ela deveria ser parcialmente restaurada com inibidores seletivos da recaptação da serotonina (ISRS). Isso pode ser testado de forma experimental.

16. Quando faço observações dessa natureza em relação a Deus (ou uso a palavra "ilusão") não desejo sugerir que Deus não existe; o fato de alguns pacientes desenvolverem essas ilusões não refuta Deus – certamente não o Deus abstrato de Spinoza ou Shankara. A ciência tem de permanecer em silêncio a respeito dessas questões. Eu afirmaria, como Erwin Schrödinger e Stephen Jay Gould, que ciência e religião (no sentido filosófico não doutrinário) pertencem a domínios diferentes de discurso e uma não pode negar a outra. Minha própria concepção, se que é que ela vale alguma coisa, é mais bem exemplificada pela poesia do bronze Nataraja ("O Shiva dançante"), que descrevi no capítulo 8.

17. Existe há muito tempo uma tensão na biologia entre os que defendem uma abordagem puramente funcional, ou do tipo caixa preta, e os que advogam o reducionismo, ou a compreensão de como partes componentes interagem para

gerar funções complexas. Os dois grupos são muitas vezes desdenhosos um em relação ao outro.

Os psicólogos muitas vezes promovem o funcionalismo da caixa preta e atacam a neurociência reducionista – uma síndrome que apelidei de "inveja do neurônio". A síndrome é em parte uma reação legítima ao fato de que a maior parte das verbas de agências que concedem bolsas tende a ser absorvida, injustamente, por neurorreducionistas. A neurociência também abocanha a parte do leão da atenção da imprensa popular, em parte porque as pessoas (inclusive os cientistas) gostam de olhar os resultados de exames de imagem; todos aqueles lindos pontos coloridos em imagens do cérebro. Num encontro recente da Society for Neuroscience, um colega aproximou-se de mim para descrever um elaborado experimento com exames de imagem cerebral feito por ele em que usava uma complexa tarefa cognitivo-perceptual para explorar mecanismos cerebrais. "Você nunca adivinhará que área do cérebro se iluminou, dr. Ramachandran", disse ele, transbordante de entusiasmo. Respondi com uma piscadela dissimulada, dizendo: "Foi o cingulado anterior?" O homem ficou pasmo, não se dando conta de que o cingulado anterior se ilumina em tantas dessas tarefas que eu já tinha uma grande probabilidade a meu favor, embora estivesse apenas chutando.

É improvável, porém, que a psicologia pura por si mesma, ou "caixologia preta" (que Stuart Sutherland definiu certa vez como "a exibição ostentatória de diagramas de fluxo como substituto para pensamento"), gere avanços revolucionários em biologia, em que o mapeamento de função na estrutura tem sido a estratégia mais eficaz. (E eu consideraria a psicologia como um ramo da biologia.) Vou explicitar essa ideia usando uma analogia tomada da história da genética e da biologia molecular.

As leis da hereditariedade de Mendel, que estabeleceram a natureza particulada dos genes, foram um exemplo da abordagem da caixa preta. Essas leis foram estabelecidas mediante o simples estudo dos padrões de herança que resultavam do cruzamento de diferentes ervilhas. Mendel extraiu suas leis da simples observação da aparência superficial de híbridos e da dedução da existência de genes. Mas ele não sabia o que eram os genes ou onde estavam. Isso se tornou conhecido quando Thomas Hunt Morgan submeteu os cromossomos de moscas-da-fruta a raios X e descobriu que as mudanças hereditárias na aparência que ocorriam nas moscas (mutações) se correlacionavam com padrões de bandas de cromossomos. (Isso seria análogo a estudos de lesão em neurologia.) Essa descoberta permitiu a biólogos apontar diretamente para os cromossomos – e o DNA dentro deles – como os transmissores da hereditariedade. Isso, por sua vez, abriu caminho para a decodificação da estrutura em hélice dupla do DNA e do código genético da vida. Mas, depois que o mecanismo molecular da vida foi decodificado, ele explicou não só a hereditariedade, como muitos outros fenômenos biológicos anteriormente misteriosos também.

A ideia-chave veio quando Crick e Watson viram a analogia entre a complementaridade entre os dois fios de DNA e a aquela entre pai e cria, e reconheceu que a lógica estrutural do DNA dita a lógica funcional da hereditariedade: um fenômeno de alto nível. Esse *insight* deu origem à biologia moderna. Acredito que a mesma estratégia de mapear função na estrutura é a chave para a compreensão da função cerebral.

Mais relevante para este livro é a descoberta de que o dano ao hipocampo leva à amnésia anterógrada. Isso permitiu a biólogos focalizar as sinapses no hipocampo, o que levou à descoberta da PLP (potenciação de longo prazo), a base física da memória. Essas mudanças foram originalmente descobertas por Eric Kandel num molusco chamado *Aplysia*.

Em geral, o problema com a abordagem pura da caixa preta (psicologia) é que mais cedo ou mais tarde obtemos múltiplos modelos concorrentes para explicar um pequeno conjunto de fenômenos, e a única maneira de descobrir qual deles está certo é o reducionismo – abrir a(s) caixa(s). Um segundo problema é que eles têm muitas vezes uma qualidade *ad hoc* "de nível superficial", isto é, podem "explicar" parcialmente um dado fenômeno de "alto nível" ou macroscópico, mas não explicam outros fenômenos macroscópicos, e seu poder preditivo é limitado. O reducionismo, por outro lado, explica muitas vezes não só o fenômeno em questão num nível mais profundo, mas, com frequência, acaba explicando vários outros fenômenos também.

Infelizmente, para muitos fisiologistas o reducionismo torna-se um fim em si mesmo, quase um fetiche. Uma analogia para ilustrar essa premissa vem de Horace Barlow. Imagine que um biólogo marciano assexuado (partenogênico) pousa na Terra. Ele não tem a menor ideia do que é sexo, pois se reproduz dividindo-se em dois, como uma ameba. Ele examina um ser humano e descobre dois objetos redondos (que chamamos de testículos) pendurados entre as pernas. Sendo um marciano reducionista, ele os disseca, e examinando-os ao microscópio, descobre que estão repletos de espermatozoides; mas não saberia para que eles servem. O que Barlow quer dizer é que por mais meticuloso que o marciano seja na dissecação dos testículos, e por mais detalhada que seja a análise a que os submete, ele nunca compreenderá verdadeiramente sua função, a menos que tenha conhecimento do fenômeno "macroscópico" do sexo; ele pode até pensar que os espermatozoides são parasitas coleantes. Muitos (felizmente não todos!) dos nossos fisiologistas que fazem registros de células cerebrais estão na mesma posição que o marciano assexuado.

O segundo ponto, relacionado, é que precisamos ter a intuição de focalizar o nível apropriado de reducionismo para explicar uma dada função de nível mais alto (como sexo). Se tivessem se concentrado no nível subatômico ou atômico dos cromossomos, não no nível macromolecular (DNA), ou se tivessem focalizado as moléculas erradas (as histonas nos cromossomo em vez do DNA), Watson e Crick não teriam feito nenhum avanço na descoberta do mecanismo da hereditariedade.

18. Mesmo experimentos simples com sujeitos normais podem ser instrutivos nesse aspecto. Vou mencionar um experimento que fiz (com minha aluna Laura Case) inspirado pela "ilusão da mão de borracha" descoberta por Botvinick e Cohen

(1998) e pela ilusão da cabeça de manequim (Ramachandran e Hirstein, 1998). Você, o leitor, se posta cerca de trinta centímetros atrás de um manequim careca, olhando para sua cabeça. Eu me posto do lado direito dos dois e dou batidinhas e passo a mão na parte de *trás* da sua cabeça (sobretudo orelhas) com minha mão esquerda (de modo que você não possa ver minha mão), fazendo a mesma coisa simultaneamente na cabeça de plástico com minha mão direita, em perfeita sincronia. Em cerca de dois minutos, você vai ter a impressão de que os afagos e batidas na sua cabeça estão emergindo do manequim para o qual está olhando. Algumas pessoas desenvolvem a ilusão de uma cabeça gêmea ou fantasma diante delas, em especial se começam imaginando sua cabeça deslocada para a frente. O cérebro considera extremamente improvável que a cabeça de plástico seja *vista*, por acaso, sendo afagada na mesma sequência precisa em que você *sente* os afagos em sua própria cabeça, por isso se dispõe a projetar por algum tempo sua cabeça para cima dos ombros do manequim. Isso tem poderosas implicações, pois, ao contrário do que se propôs recentemente, exclui o simples aprendizado associativo como base da ilusão da mão de borracha. (Cada vez que você via sua mão sendo tocada, *sentia-a* sendo tocada também.) Afinal, você nunca viu a parte de trás de sua cabeça sendo tocada. Uma coisa é ver as sensações em sua mão como estando ligeiramente deslocadas em relação a sua mão real, mas projetá-las para a parte de trás da cabeça de um manequim é outra completamente diferente!

O experimento prova que seu cérebro construiu um modelo interno de sua cabeça – até das partes que você não vê – e usou inferência bayesiana para experimentar (incorretamente) suas sensações como provenientes da cabeça do manequim, embora isso seja logicamente absurdo. Pergunto a mim mesmo: será que fazer uma coisa parecida ajudaria a aliviar seus sintomas de enxaqueca ("o manequim está experimentando enxaqueca; não eu")?

Olaf Blanke e Henrik Ehrsson do Instituto Karolinska na Suécia mostraram que é possível induzir experiências extracorpóreas fazendo os sujeitos assistirem a vídeos com imagens de si mesmos movendo-se ou sendo tocados. Laura Case, Elizabeth Seckel e eu descobrimos que essas ilusões são intensificadas se você usa uma máscara de Dia das Bruxas e introduz um pequenino atraso junto com uma inversão esquerda-direita na imagem. De repente, você começa a habitar e controlar o "estranho" na imagem do vídeo. Notavelmente, se você usar uma máscara sorridente, vai se sentir realmente feliz porque "você lá na tela" parece feliz! O que me pergunto é se seria possível usar isso para "curar" a depressão.

Epílogo (p.361-66)

1. Essas duas citações de Darwin vêm do *London Illustrated News*, 21 de abril de 1862 ("Sinto-me muito profundamente..."), e de carta de Darwin a Asa Gray, 22 de maio de 1860 ("Confesso que não consigo ver...").

Bibliografia

Entradas marcadas com asterisco são sugestões para leitura adicional.

Aglioti, S., A. Bonazzi e F. Cortese. "Phantom lower limb as a perceptual marker of neural plasticity in the mature human brain", in *Proceedings of the Royal Society of London, Series B: Biological Sciences*, vol.255, 1994, p.273-78.

Aglioti, S., N. Smania, A. Atzei e G. Berlucchi. "Spatio-temporal properties of the pattern of evoked phantom sensations in a left index amputee patient", in *Behavioral Neuroscience*, vol.111, 1997, p.867-72.

Altschuler, E.L. e J. Hu. "Mirror therapy in a patient with a fractured wrist and no active wrist extension", in *Scandinavian Journal of Plastic and Reconstructive Surgery and Hand Surgery*, vol.42, n.2, 2008, p.110-11.

_____, A. Vankov, E.M. Hubbard, E. Roberts, V.S. Ramachandran e J.A. Pineda. "Mu wave blocking by observer of movement and its possible use as a tool to study theory of other minds", sessão de pôsteres apresentada na 30ª reunião anual da Society for Neuroscience, Nova Orleans, Luisiana, nov 2000.

_____, A. Vankov, V. Wang, V.S. Ramachandran e J.A. Pineda. "Person see, person do: Human cortical electrophysiological correlates of monkey see monkey do cells", sessão de pôsteres apresentada no 27º Encontro Anual da Society for Neuroscience, Nova Orleans, Luisiana, 1997.

_____, S.B. Wisdom, L. Stone, C. Foster, D. Galasko, D.M.E. Llewellyn et al. "Rehabilitation of hemiparesis after stroke with a mirror", in *The Lancet*, vol.353, 1999, p.2.035-36.

Arbib, M.A. "From monkey-like action recognition to human language: An evolutionary framework for neurolinguistics", in *The Behavioral and Brain Sciences*, vol.28, n.2, 2005, p.105-24.

Armel, K.C. e V.S. Ramachandran. "Acquired synesthesia in retinitis pigmentosa", in *Neurocase*, vol.5, n.4, 1999, p.293-96.

_____. "Projecting sensations to external objects: Evidence from skin conductance response", in *Proceedings of the Royal Society of London, Series B: Biological Sciences*, vol.270, n.1.523, 2003, p.1.499-506.

Armstrong, A.C., W.C. Stokoe e S.E. Wilcox. *Gesture and the nature of language*. Cambridge, Reino Unido, Cambridge University Press, 1995.

Azoulai, S., E.M. Hubbard e V.S. Ramachandran, "Does synesthesia contribute to mathematical savant skills?", in *Journal of Cognitive Neuroscience*, vol.69 (Supl.), 2005.

Babinski, J. "Contribution a l'étude des troubles mentaux dans l'hémiplégie organique cérébrale (anosognosie)", in *Revue Neurologique*, vol.12, 1914, p.845-47.

Bach-y-Rita, P., C.C. Collins, F.A. Saunders, B. White e L.Scadden. "Vision substitution by tactile image projection", in *Nature*, vol.221, 1969, p.963-64.
Baddeley, A.D. *Working memory*. Oxford, Reino Unido, Churchill Livingstone, 1986.
*Barlow, H.B. "The biological role of consciousness", in C. Blakemore e S. Greenfield (orgs.), *Mindwaves*. Oxford, Reino Unido, Basil Blackwell, 1987, p.361-74.
Barnett, K.J., C. Finucane, J.E. Asher, G. Bargary, A.P. Corvin, F.N. Newell et al. "Familial patterns and the origins of individual differences in synaesthesia", in *Cognition*, vol.106, n.2, 2008, p.871-93.
Baron-Cohen, S. *Mindblindness*. Cambridge, Massachusetts, MIT Press, 1995.
_____, L. Burt, F. Smith-Laittan, J. Harrison e P. Bolton. "Synaesthesia: Prevalence and familiality", in *Perception*, vol.9, 1996, p.1.073-79.
_____ e J. Harrison. *Synaesthesia: Classic and contemporary readings*. Oxford, Reino Unido, Blackwell, 1996.
Bauer, R.M. "The cognitive psychophysiology of prosopagnosia", in H.D. Ellis, M.A. Jeeves, F. Newcombe e A.W. Young (orgs.), *Aspects of face processing*. Dordrecht, Países Baixos, Martinus Nijhoff, 1986, p.253-78.
Berlucchi, G. e S. Aglioti. "The body in the brain: Neural bases of corporeal awareness", in *Trends in Neurosciences*, vol.20, n.12, 1997, p.560-64.
Bernier, R., G. Dawson, S. Webb e M. Murias. "EEG mu rhythm and imitation impairments in individuals with autism spectrum disorder", in *Brain and Cognition*, vol.64, n.3, 2007, p.228-37.
Berrios, G.E. e R. Luque. "Cotard's syndrome", in *Acta Psychiatrica Scandinavica*, vol.91, n.3, 1995, p.185-88.
*Bickerton, D. *Language and human behavior*. Seattle, University of Washington Press, 1994.
Bisiach, E. e G. Geminiani. "Anosognosia related to hemiplegia and hemianopia", in G.P. Prigatano e D.L. Schacter (orgs.), *Awareness of deficit after brain injury: Clinical and theoretical issues*. Oxford, Oxford University Press, 1991.
Blake, R., T.J. Palmeri, R. Marois e C.Y. Lim. "On the perceptual reality of synesthetic color", in L. Robertson e N. Sagiv (orgs.), *Synesthesia: Perspectives from cognitive neuroscience*. Nova York, Oxford University Press, 2005, p.47-73.
*Blackmore, S. *The meme machine*. Oxford, Oxford University Press, 1999.
Blakemore, S.-J., D. Bristow, G. Bird, C. Frith e J. Ward "Somatosensory activations during the observation of touch and a case of vision-touch synaesthesia", in *Brain*, vol.128, 2005, p.1.571-83.
*_____ e Frith, U. *The learning brain*. Oxford, Reino Unido, Blackwell, 2005.
Botvinick, M. e J. Cohen. "Rubber hands 'feel' touch that eyes see", in *Nature*, vol.391, n.6.669, 1998, p.756.
Brang, D., L. Edwards, V.S. Ramachandran e S. Coulson. "Is the sky 2? Contextual priming in grapheme-color synaesthesia", in *Psychological Science*, vol.19, n.5, 2008, p.421-28.
_____, P. McGeoch e V.S. Ramachandran, in *Apotemnophilia: A neurological disorder*. *Neuroreport*, vol.19, n.13, 2008, p.1305-6.

_____ e V.S. Ramachandran. "Psychopharmacology of synesthesia: The role of serotonin S2a receptor activation", in *Medical Hypotheses*, vol.70, n.4, 2007a, p.903-4.

_____. "Tactile textures evoke specific emotions: A new form of synesthesia." Sessão de pôsteres apresentada no 48º Encontro Anual da Psychonomic Society, Long Beach, Califórnia, 2007b.

_____. "Tactile emotion synesthesia", in *Neurocase*, vol.15, n.4, 2008, p.390-99.

_____. "Visual field heterogeneity, laterality, and eidetic imagery in synesthesia", in *Neurocase*, vol.16, n.2, 2010, p.169-74.

Buccino, G., S. Vogt, A. Ritzl, G.R. Fink, K. Zilles, H.J. Freund et al. "Neural circuits underlying imitation of hand actions: An event related fMRI study", in *Neuron*, vol.42, 2004, p.323-34.

Bufalari, I., T. Aprile, A. Avenanti, F. Di Russo e S.M. Aglioti. "Empathy for pain and touch in the human somatosensory cortex", in *Cerebral Cortex*, vol.17, 2007, p.2.553-61.

Bujarski, K. e M.R. Sperling. "Post-ictal hyperfamiliarity syndrome in focal epilepsy", in *Epilepsy and Behavior*, vol.13, n.3, 2008, p.567-69.

Caccio, A., E. De Blasis, S. Necozione e V. Santilla. "Mirror feedback therapy for complex regional pain syndrome", in *The New England Journal of Medicine*, vol.361, n.6, 2009, p.634-36.

Campbell, A. (out 1837). "Opinionism [Remarks on 'New School Divinity', in *The Cross and Baptist Journal*]", *The Millennial Harbinger* [New Series], vol.1, p.439. Extraído em ago 2010 de http://books.google.com.

Capgras, J. e J. Reboul-Lachaux. "L'illusion des 'sosies' dans un délire systématisé chronique", in *Bulletin de la Société* Clinique de Médecine Mentale, n.11, 1923, p.6-16.

Carr, L., M. Iacoboni, M.C. Dubeau, J.C. Mazziotta e G.L. Lenzi. "Neural mechanisms of empathy in humans: A relay from neural systems for imitation to limbic areas", in *Proceedings of the National Academy of Sciences of the USA*, vol.100, 2003, p.5.497-502.

*Carter, R. *Exploring consciousness*. Berkeley, University of California Press, 2003.

*Chalmers, D. *The conscious mind*. Nova York, Oxford University Press, 1996.

Chan, B.L., R. Witt, A.P. Charrow, A. Magee, R. Howard, P.F. Pasquina et al. "Mirror therapy for phantom limb pain", in *The New England Journal of Medicine*, vol.357, 2007, p.2.206-7.

*Churchland P.S. *Neurophilosophy: Toward a unified science of the mind/brain*. Cambridge, Massachusetts, MIT Press, 1986.

*_____, V.S. Ramachandran e T. Sejnowski. "A critique of pure vision", in C. Koch e J. Davis (orgs.), *Large-scale neuronal theories of the brain*. Cambridge, Massachusetts, MIT Press, 1994, p.23-47.

Clarke, S., L. Regli, R.C. Janzer, G. Assal e N. de Tribolet. "Phantom face: Conscious correlate of neural reorganization after removal of primary sensory neurons", in *Neuroreport*, vol.7, 1996, p.2.853-7.

*Corballis, M.C. *From hand to mouth: The origins of language*. Princeton, Nova Jersey, Princeton University Press, 2002.

_____. "The evolution of language", in *Annals of the New York Academy of Sciences*, vol.1.156, 2009, p.19-43.

*Craig, A.D. "How do you feel – now? The anterior insula and human awareness", in *Nature Reviews Neuroscience*, n.10, 2009, p.59-70.

*Crick, F. *The astonishing hypothesis: The scientific search for the soul*. Nova York, Charles Scribner's Sons, 1994.

*Critchley, M. *The parietal lobes*. Londres, Edward Arnold, 1953.

*Cytowic, R.E. *Synesthesia: A union of the senses*. Nova York, Springer, 1989.

*_____. *The man who tasted shapes*. Cambridge, Massachusetts, MIT Press, 2003. (Trabalho original publicado em 1993 por G.P. Putnam's Sons)

*Damasio, A. *Descartes' error*. Nova York, G.P. Putnam, 1994.

*_____. *The feeling of what happens: Body and emotion in the making of consciousness*. Nova York, Harcourt, 1999.

*_____. *Looking for Spinoza: Joy, sorrow and the feeling brain*. Nova York, Harcourt, 2003.

Dapretto, M., M.S. Davies, J.H. Pfeifer, A.A. Scott, M. Sigman, S.Y. Bookheimer et al. "Understanding emotions in others: Mirror neuron dysfunction in children with autism spectrum disorders", in *Nature Neuroscience*, vol.9, 2006, p.28-30.

*Dehaene, S. *The number sense: How the mind creates mathematics*. Nova York, Oxford University Press, 1997.

*Dennett, D.C. *Consciousness explained*. Boston, Little, Brown, 1991.

Devinsky, O. "Right hemisphere dominance for a sense of corporeal and emotional self", in *Epilepsy and Behavior*, vol.1, n.1, 2000, p.60-73.

*_____. "Delusional misidentifications and duplications: Right brain lesions, left brain delusions", in *Neurology*, vol.72, 2009, p.80-7.

Di Pellegrino, G., L. Fadiga, L. Fogassi, V. Gallese e G. Rizzolatti. "Understanding motor events: A neurophysiological study", in *Experimental Brain Research*, vol.91, 1992, p.176-80.

Domino, G. "Synesthesia and creativity in fine arts students: An empirical look", in *Creativity Research Journal*, vol.2, 1989, p.17-29.

*Edelman, G.M. *The remembered present: A biological theory of consciousness*. Nova York, Basic Books, 1989.

*Ehrlich, P. *Human natures: Genes, cultures, and human prospect*. Harmondsworth, Reino Unido, Penguin Books, 2000.

Eng, K., E. Siekierka, P. Pyk, E. Chevrier, Y. Hauser, M. Cameirao et al. "Interactive visuo-motor therapy system for stroke rehabilitation", in *Medical and Biological Engineering and Computing*, vol.45, 2007, p.901-7.

*Enoch, M.D., e W.H. Trethowan. *Uncommon psychiatric syndrome*. Oxford, Butterworth-Heinemann, 3ª ed., 1991.

*Feinberg, T.E. *Altered egos: How the brain creates the self*. Nova York, Oxford University Press, 2001.

Fink, G.R., J.C. Marshall, P.W. Halligan, C.D. Frith, J. Driver, R.S. Frackowiak et al. "The neural consequences of conflict between intention and the senses", in *Brain*, vol.122, 1999, p.497-512.

First, M. "Desire for an amputation of a limb: Paraphilia, psychosis, or a new type of identity disorder", in *Psychological Medicine*, vol.35, 2005, p.919-28.

Flor, H., T. Elbert, S. Knecht, C. Wienbruch, C. Pantev, N. Birbaumer et al. "Phantom-limb pain as a perceptual correlate of cortical reorganization following arm amputation", in *Nature*, vol.375, 1995, p.482-4.

Fogassi, L., P.F. Ferrari, B. Gesierich, S. Rozzi, F. Chersi e G. Rizzolatti. "Parietal lobe: From action organization to intention understanding", in *Science*, vol.308, 29 abr 2005, p.662-7.

Friedmann, C.T.H. e R.A. Faguet. *Extraordinary disorders of human behavior*. Nova York, Plenum Press, 1982.

Frith, C. e U. Frith. "Interacting minds – A biological basis", in *Science*, vol.286, 26 nov 1999, p.1.692-5.

Frith, U. e F. Happé. "Theory of mind and self consciousness: What is it like to be autistic?", in *Mind and Language*, vol.14, 1999, p.1-22.

Gallese, V., L. Fadiga, L. Fogassi e G. Rizzolatti. "Action recognition in the premotor cortex", in *Brain*, vol.119, 1996, p.593-609.

Gallese, V. e A. Goldman. "Mirror neurons and the simulation theory of mind-reading", in *Trends in Cognitive Sciences*, vol.12, 1998, p.493-501.

Garry, M.I., A. Loftus e J.J. Summers. "Mirror, mirror on the wall: Viewing a mirror reflection of unilateral hand movements facilitates ipsilateral M1 excitability", in *Experimental Brain Research*, n.163, 2005, p.118-22.

*Gawande, A. "Annals of medicine: The itch", in *New Yorker*, 30 jun 2008, p.58-64.

*Gazzaniga, M. *Nature's mind*. Nova York, Basic Books, 1992.

*Glynn, I. *An anatomy of thought*. Londres, Weidenfeld & Nicolson, 1999.

*Greenfield, S. *The human brain: A guided tour*. Londres, Weidenfeld & Nicolson, 2000.

*Gregory, R.L. *Eye and brain*. Londres, Weidenfeld & Nicolson, 1966.

_____. *Odd perceptions*. Nova York, Routledge, 1993.

Grossenbacher, P.G., e C.T. Lovelace. "Mechanisms of synesthesia: Cognitive and physiological constraints", in *Trends in Cognitive Sciences*, vol.5, n.1, 2001, p.36-41.

Happé, F., e U. Frith. "The weak coherence account: Detail-focused cognitive style in autism spectrum disorders", in *Journal of Autism and Developmental Disorders*, vol.36, n.1, 2006, p.5-25.

_____ e A. Ronald. "The 'fractionable autism triad': A review of evidence from behavioural, genetic, cognitive and neural research", in *Neuropsychology Review*, vol.18, n.4, 2008. p.287-304.

Harris, A.J. "Cortical origin of pathological pain", in *The Lancet*, vol.355, 2000, p.318-19.

Havas, H., G. Schiffman e M. Bushnell. "The effect of bacterial vaccine on tumors and immune response of ICR/Ha mice", in *Journal of Biological Response Modifiers*, vol.9, 1990, p.194-204.

Hirstein, W., P. Iversen e V.S. Ramachandran. "Autonomic responses of autistic children to people and objects", in *Proceedings of the Royal Society of London, Series B: Biological Sciences*, vol.268, n.1.479, 2001, p.1.883-8.

_____ e V.S. Ramachandran. "Capgras syndrome: A novel probe for understanding the neural representation and familiarity of persons", in *Proceedings of the Royal Society of London, Series B: Biological Sciences*, vol.264, n.1.380, 1997, p.437-44.

Holmes, N.P. e C. Spence. "Visual bias of unseen hand position with a mirror: Spatial and temporal factors", in *Experimental Brain Research*, vol.166, 2005, p.489-97.

Hubbard, E.M., A.C. Arman, V.S. Ramachandran e G. Boynton. "Individual differences among grapheme-color synesthetes: Brain-behavior correlations", in *Neuron*, vol.45, n.6, 2005, p.975-85.

_____, S. Manohar e V.S. Ramachandran. "Contrast affects the strength of synesthetic colors", in *Cortex*, vol.42, n.2, 2006, p.184-94.

_____ e V.S. Ramachandran. "Neurocognitive mechanisms of synesthesia", in *Neuron*, vol.48, n.3, 2005, p.509-20.

*Hubel, D. *Eye, brain, and vision*. Scientific American Library Series. Nova York, W.H. Freeman, 1988.

Humphrey, N. *A history of the mind*. Nova York, Simon & Schuster, 1992.

Humphrey, N.K. "Nature's psychologists", in B.D. Josephson e V.S. Ramachandran (orgs.), *Consciousness and the physical world: Edited proceedings of an interdisciplinary symposium on consciousness held at the University of Cambridge in January 1978*. Oxford, Reino Unido/Nova York, Pergamon Press, 1980.

*Humphreys, G.W. e M.J. Riddoch. *To see but not to see: A case study of visual agnosia*. Hove, East Sussex, Reino Unido, Psychology Press, 1998.

*Iacoboni, M. *Mirroring people: The new science of how we connect with others*. Nova York, Farrar, Straus and Giroux, 2008.

_____ e M. Dapretto. "The mirror neuron system and the consequences of its dysfunction", in *Nature Reviews Neuroscience*, vol.7, n.12, dez 2006, p.942-51.

_____, I. Molnar-Szakacs, V. Gallese, G. Buccino, J.C. Mazziotta e G. Rizzolatti. "Grasping the intentions of others with one's own mirror neuron system", in *PLoS Biology*, vol.3, n.3, 2005, p.79.

_____, R.P. Woods, M. Brass, H. Bekkering, J.C. Mazziotta e G. Rizzolatti. "Cortical mechanisms of human imitation", in *Science*, vol.286, 24 dez 1999, p.2.526-8.

Jellema, T., M.W. Oram, C.I. Baker e D.I. Perrett. "Cell populations in the banks of the superior temporal sulcus of the macaque monkey and imitation", in A.N. Melzoff e W. Prinz (orgs.), *The imitative mind: Development, evolution, and brain bases*. Cambridge, Reino Unido, Cambridge University Press, 2002, p.267-90.

Johansson, G. "Visual motion perception", in *Scientific American*, vol.236, n.6, 1975, p.76-88.

*Kandel, E. *Psychiatry, psychoanalysis, and the new biology of the mind*. Washington, DC, American Psychiatric Publishing, 2005.

*_____, J.H. Schwartz e T.M. Jessell (orgs.). *Principles of neural science*. Norwalk, CT, Appleton & Lange, 3ª ed., 1991.

Kanwisher, N. e G. Yovel. "The fusiform face area: A cortical region specialized for the perception of faces", in *Philosophical Transactions of the Royal Society of London, Series B: Biological Sciences*, vol.361, 2006, p.2.109-28.

Karmarkar, A. e I. Lieberman. "Mirror box therapy for complex regional pain syndrome", in *Anaesthesia*, vol.61, 2006, p.412-13.

Keysers, C. e V. Gazzola. "Expanding the mirror: Vicarious activity for actions, emotions, and sensations", in *Current Opinion in Neurobiology*, vol.19, 2009, p.666-71.

_____, B. Wicker, V. Gazzola, J.L. Anton, L. Fogassi e V. Gallese. "A touching sight: SII/PV activation during the observation and experience of touch", in *Neuron*, vol.42, 2004, p.335-46.

Kim, C.-Y., R. Blake e T.J. Palmeri. "Perceptual interaction between real and synesthetic colors", in *Cortex*, vol.42, 2006, p.195-203.

*Kinsbourne, M. "Hemispheric specialization", in *American Psychologist*, vol.37, 1982, p.222-31.

Kolmel, K.F., K. Vehmeyer e E. Gohring et al. "Treatment of advanced malignant melanoma by a pyrogenic bacterial lysate: A pilot study", in *Onkologie*, vol.14, 1991, p.411-17.

Kosslyn, S.M., B.J. Reiser, M.J. Farah e S.L. Fliegel. "Generating visual images: Units and relations", in *Journal of Experimental Psychology, General*, vol.112, 1983, p.278-303.

Lakoff, G. e M. Johnson. *Metaphors we live by*. Chicago, University of Chicago Press, 2003.

Landis, T. e G. Thut. "Linking out-of-body experience and self processing to mental own-body imagery at the temporoparietal junction", in *The Journal of Neuroscience*, vol.25, 2005, p.550-7.

*LeDoux, J. *Synaptic self. How our brains become who we are*. Nova York, Viking Press, 2002.

*Luria, A. *The mind of a mnemonist*. Cambridge, Massachusetts, Harvard University Press, 1968.

MacLachlan, M., D. McDonald e J. Waloch. "Mirror treatment of lower limb phantom pain: A case study", in *Disability and Rehabilitation*, vol.26, 2004, p.901-4.

Matsuo, A., Y. Tezuka, S. Morioka, M. Hiyamiza e M. Seki. "Mirror therapy accelerates recovery of upper limb movement after stroke: A randomized cross-over trial [Abstract]". Artigo apresentado na 6th World Stroke Conference, Viena, Áustria, 2008.

Mattingley, J.B., A.N. Rich, G. Yelland e J.L. Bradshaw. "Unconscious priming eliminates automatic binding of colour and alphanumeric form in synaesthesia", in *Nature*, vol.401, n.6.828, 2001, p.580-2.

McCabe, C.S., R.C. Haigh, P.W. Halligan e D.R. Blake. "Simulating sensory-motor incongruence in healthy volunteers: Implications for a cortical model of pain", in *Rheumatology* (Oxford), vol.44, 2005, p.509-16.

_____, R.C. Haigh, E.F. Ring, P.W. Halligan, P.D. Wall e D.R. Blake. "A controlled pilot study of the utility of mirror visual feedback in the treatment of complex regional pain syndrome (type 1)", in *Rheumatology* (Oxford), vol.42, 2003, p.97-101.

McGeoch, P., D. Brang e V.S. Ramachandran. "Apraxia, metaphor and mirror neurons", in *Medical Hypotheses*, vol.69, n.6, 2007, p.1.165-68.

*Melzack, R.A. e P.D. Wall. "Pain mechanisms: A new theory", in *Science*, vol.150, n.3.699, 19 nov 1965, p.971-79.

Merzenich, M.M., J.H. Kaas, J. Wall, R.J. Nelson, M. Sur e D. Felleman. "Topographic reorganization of somatosensory cortical areas 3b and 1 in adult monkeys following restricted deafferentation", in *Neuroscience*, vol.8, 1983, p.33-55.

*Milner, D. e M. Goodale. *The visual brain in action*. Nova York, Oxford University Press, 1995.

Mitchell, J.K. "On a new practice in acute and chronic rheumatism", in *The American Journal of the Medical Sciences*, vol.8, n.15, 1831, p.55-64.

Mitchell, S.W. *Injuries of nerves and their consequences*. Filadélfia, J.B. Lippincott, 1872.

_____, G.R. Morehouse e W.W. Keen. *Gunshot wounds and other injuries of nerves*. Filadélfia, J.B. Lippincott, 1864.

*Mithen, S. *The prehistory of the mind*. Londres, Thames & Hudson, 1999.

Money, J., R. Jobaris e G. Furth. "Apotemnophilia: Two cases of selfdemand amputation as a paraphilia", in *Journal of Sex Research*, vol.13, 1977, p.115-25.

Moseley, G.L., N. Olthof, A. Venema, S. Don, M. Wijers, A. Gallace et al. "Psychologically induced cooling of a specific body part caused by the illusory ownership of an artificial counterpart", in *Proceedings of the National Academy of Sciences of the USA*, vol.105, n.35, 2008, p.13.169-173.

Moyer, R.S. e T.K. Landauer. "Time required for judgements of numerical inequality", in *Nature*, vol.215, n.5.109, 1967, p.1.519-20.

Nabokov, V. *Speak, memory: An autobiography revisited*. Nova York, G.P. Putnam's Sons, 1966.

Naeser, M.A., P.I. Martin, M. Nicholas, E.H. Baker, H. Seekins, M. Kobayashi et al. "Improved picture naming in chronic aphasia after TMS to part of right Broca's area: An open-protocol study", in *Brain and Language*, vol.93, n.1, 2005, p.95-105.

Nuckolls, J.B. "The case for sound symbolism", in *Annual Review of Anthropology*, vol.28, 1999, p.225-52.

Oberman, L.M., E.M. Hubbard, J.P. McCleery, E.L. Altschuler e V.S. Ramachandran. "EEG evidence for mirror neuron dysfunction in autism spectrum disorders", in *Cognitive Brain Research*, vol.24, n.2, 2005, p.190-98.

_____, J.P. McCleery, V.S. Ramachandran e J.A. Pineda. "EEG evidence for mirror neuron activity during the observation of human and robot actions: Toward an analysis of the human qualities of interactive robots", in *Neurocomputing*, vol.70, 2007, p.2.194-203.

_____, J.A. Pineda e V.S. Ramachandran. "The human mirror neuron system: A link between action observation and social skills", in *Social Cognitive and Affective Neuroscience*, vol.2, 2007, p.62-6.

_____ e V.S. Ramachandran. "Evidence for deficits in mirror neuron functioning, multisensory integration, and sound-form symbolism in autism spectrum disorders", in *Psychological Bulletin*, vol.133, n.2, 2007a, p.310-27.

_____. "The simulating social mind: The role of the mirror neuron system and simulation in the social and communicative deficits of autism spectrum disorders", in *Psychological Bulletin*, vol.133, n.2, 2007b, p.310-27.

_____. "How do shared circuits develop?", in *Behavioral and Brain Sciences*, vol.31, 2008, p.1-58.

_____ e J.A. Pineda. "Modulation of mu suppression in children with autism spectrum disorders in response to familiar or unfamiliar stimuli: the mirror neuron hypothesis", in *Neuropsychologia*, vol.46, 2008, p.1.558-65.

_____, P. Winkielman e V.S. Ramachandran. "Face to face: Blocking facial mimicry can selectively impair recognition of emotional faces", in *Social Neuroscience*, vol.2, n.3, 2007, p.167-78.

Palmeri, T.J., R. Blake, R. Marois, M.A. Flanery e W. Whetsell Jr. "The perceptual reality of synesthetic colors", in *Proceedings of the National Academy of Sciences of the USA*, vol.99, 2002, p.4.127-31.

Penfield, W. e E. Boldrey. "Somatic motor and sensory representation in the cerebral cortex of man as studied by electrical stimulation", in *Brain*, vol.60, 1937, p.389-443.

*Pettigrew, J.D., e S.M. Miller. "A 'sticky' interhemispheric switch in bipolar disorder?", in *Proceedings of the Royal Society of London, Series B: Biological Sciences*, vol.265, n.1.411, 1998, p.2.141-48.

Pinker, S. *How the mind works*. Nova York, W.W. Norton, 1997.

*Posner, M. e M. Raichle. *Images of the mind*. Nova York, W.H. Freeman, 1997.

*Premack, D. e A. Premack. *Original intelligence*. Nova York, McGraw-Hill, 2003.

*Quartz, S. e T. Sejnowski. *Liars, lovers and heroes*. Nova York, William Morrow, 2002.

Ramachandran, V.S. "Behavioral and magnetoencephalographic correlates of plasticity in the adult human brain", in *Proceedings of the National Academy of Sciences of the USA*, vol.90, 1993, p.10.413-20.

_____. "Phantom limbs, neglect syndromes, repressed memories, and Freudian psychology", in *International Review of Neurobiology*, vol.37, 1994, p.291-333.

_____. *Decade of the brain*. Simpósio organizado pela School of Social Sciences, Universidade da Califórnia, San Diego, La Jolla, out 1996.

_____. "Consciousness and body image: Lessons from phantom limbs, Capgras syndrome and pain asymbolia", in *Philosophical Transactions of the Royal Society of London, Series B: Biological Sciences*, vol.353, n.1.377, 1998, p.1.851-59.

_____. "Mirror neurons and imitation as the driving force behind 'the great leap forward' in human evolution", in *Edge: The Third Culture*, 29 jun 2000, p.1-6. Extraído de http://www.edge.org/3rd_culture/ramachandran/ ramachandran_pl.html.

_____. "The phenomenology of synaesthesia", in *Journal of Consciousness Studies*, vol.10, n.8, 2003, p.49-57.

_____. "The astonishing Francis Crick", in *Perception*, vol.33, n.10, 2004, p.1.151-54.

_____. "Plasticity and functional recovery in neurology", in *Clinical Medicine*, vol.5, n.4, 2005, p.368-73.

_____ e E.L. Altschuler. "The use of visual feedback, in particular mirror visual feedback, in restoring brain function", in *Brain*, vol.132, n.7, 2009, p.16.

_____, E.L. Altschuler e S. Hillyer. "Mirror agnosia", in *Proceedings of the Royal Society of London, Series B: Biological Sciences*, vol.264, 1997, p.645-47.

_____ e S. Azoulai. "Synesthetically induced colors evoke apparent-motion perception", in *Perception*, vol.35, n.11, 2006, p.1.557-60.
_____ e S. Blakeslee. *Phantoms in the brain*. Nova York, William Morrow, 1998.
_____ e D. Brang. "Tactile-emotion synesthesia", in *Neurocase*, vol.14, n.5, 2008, p.390-99.
_____. "Sensations evoked in patients with amputation from watching an individual whose corresponding intact limb is being touched", in *Archives of Neurology*, vol.66, n.10, 2009, p.1.281-84.
_____, D. Brang e P.D. McGeoch. "Size reduction using Mirror Visual Feedback (MVF) reduces phantom pain", in *Neurocase*, vol.15, n.5, 2009, p.357-60.
_____ e W. Hirstein. "The perception of phantom limbs. The D.O. Hebb lecture", in *Brain*, vol.121, n.9, 1998, p.1.603-30.
_____, W. Hirstein, K.C. Armel, E.Tecoma e V. Iragul. "The neural basis of religious experience", artigo apresentado na 27ª reunião anual da Society for Neuroscience, Nova Orleans, Louisiana, 25-30 out 1997.
_____ e E.M. Hubbard. "Psychophysical investigations into the neural basis of synaesthesia", in *Proceedings of the Royal Society of London, Series B: Biological Sciences*, vol.268, n.1.470, 2001a, p.979-83.
_____ e E.M. Hubbard. "Synaesthesia: A window into perception, thought and language", in *Journal of Consciousness Studies*, vol.8, n.12, 2001b, p.3-34.
_____. "Synesthetic colors support symmetry perception and apparent motion", in *Abstracts of the Psychonomic Society's 43rd Annual Meeting*, vol.7, 2002a, p.79.
_____. "Synesthetic colors support symmetry perception and apparent motion", sessão de pôsteres apresentada na 43º Encontro Anual da Psychonomic Society, Kansas City, Missouri, nov 2002b.
_____. "Hearing colors, tasting shapes", in *Scientific American*, vol.288, n.5, 2003, p.42-9.
_____. "The emergence of the human mind: Some clues from synesthesia", in L.C. Robertson e N. Sagiv (orgs.), *Synesthesia: Perspectives from cognitive neuroscience*. Nova York, Oxford University Press, 2005a, p.147-90.
_____. "Synesthesia: What does it tell us about the emergence of qualia, metaphor, abstract thought, and language?", in J.L. van Hemmen e T.J. Sejnowski (orgs.), *23 problems in systems neuroscience*. Oxford, Reino Unido, Oxford University Press, 2005b.
_____. "Hearing colors, tasting shapes. Secrets of the senses" [Número especial], in *Scientific American*, out 2006, p.76-83.
_____ e P.D. McGeoch. "Occurrence of phantom genitalia after gender reassignment surgery", in *Medical Hypotheses*, vol.69, n.5, 2007, p.1.001-3.
_____, P.D. McGeoch e D. Brang. "Apotemnophilia: A neurological disorder with somatotopic alterations in SCR and MEG activation", artigo apresentado na reunião anual[1] da Society for Neuroscience, Washington, DC, 2008.
_____ e L.M. Oberman. "Autism: The search for Steven", in *New Scientist*, 2006a, 13 mai, p.48-50.
_____. "Broken mirrors: A theory of autism", in *Scientific American*, vol.295, n.5, nov 2006b, p.62-9.

_____ e D. Rogers-Ramachandran. "Sensations referred to a patient's phantom arm from another subject's intact arm: Perceptual correlates of mirror neurons", in *Medical Hypotheses*, vol.70, n.6, 2008, p.1.233-34.

_____, D. Rogers-Ramachandran e S. Cobb, S. "Touching the phantom limb", in *Nature*, vol.377, 1995, p.489-90.

*Restak, R. *Mysteries of the mind*. Washington, DC, National Geographic Society, 2000.

Rizzolatti, G., e M.A. Arbib. "Language within our grasp", in *Trends in Neurosciences*, vol.21, 1998, p.188-94.

_____ e M.F. Destro. "Mirror neurons", in *Scholarpedia*, vol.3, n.1, 2008, p.2.055.

_____, L. Fadiga, L. Fogassi e V. Gallese. "Premotor cortex and the recognition of motor actions", in *Cognitive Brain Research*, vol.3, 1996, p.131-41.

_____, L. Fogassi e V. Gallese. "Neurophysiological mechanisms underlying the understanding and imitation of action", in *Nature Reviews Neuroscience*, vol.2, 2001, p.661-70.

Ro, T., A. Farne, R.M. Johnson, V. Wedeen, Z. Chu, Z.J. Wang et al. "Feeling sounds after a thalamic lesion", in *Annals of Neurology*, vol.62, n.5, 2007, p.433-41.

*Robertson, I. *Mind sculpture*. Nova York, Bantam Books, 2001.

Robertson, L.C. e N. Sagiv. *Synesthesia: Perspectives from cognitive neuroscience*. Nova York, Oxford University Press, 2005.

*Rock, I. e J. Victor. "Vision and touch: An experimentally created conflict between the two senses", in *Science*, vol.143, 1964, p.594-96.

Rosén, B. e G. Lundborg. "Training with a mirror in rehabilitation of the hand", in *Scandinavian Journal of Plastic and Reconstructive Surgery and Hand Surgery*, vol.39, 2005, p.104-8.

Rouw, R. e H.S. Scholte. "Increased structural connectivity in graphemecolor synesthesia", in *Nature Neuroscience*, vol.10, n.6, 2007, p.792-97.

Saarela, M.V., Y. Hlushchuk, A.C. Williams, M. Schurmann, E. Kalso e R. Hari. "The compassionate brain: Humans detect intensity of pain from another's face", in *Cerebral Cortex*, vol.17, n.1, 2007, p.230-37.

Sagiv, N., J. Simner, J. Collins, B. Butterworth e J. Ward. "What is the relationship between synaesthesia and visuo-spatial number forms?", in *Cognition*, vol.101, n.1, 2006, p.114-28.

*Sacks, O. *The man who mistook his wife for a hat*. Nova York, HarperCollins, 1985. [Ed. bras.: *O homem que confundiu sua mulher com um chapéu*. São Paulo, Companhia das Letras, 1997.]

*_____. *An anthropologist on Mars*. Nova York, Alfred A. Knopf, 1995. [Ed.bras.: *Um antropólogo em Marte*. São Paulo, Companhia de Bolso, 2006.]

*_____. *Musicophilia: Tales of music and the brain*. Nova York, Alfred A. Knopf, 2007. [Ed. bras.: *Alucinações musicais: Relatos sobre a música e o cérebro*. São Paulo, Companhia das Letras, 2007.]

Sathian, K., A.I. Greenspan e S.L. Wolf. "Doing it with mirrors: A case study of a novel approach to neurorehabilitation", in *Neurorehabilitation and Neural Repair*, vol.14, 2000, p.73-6.

Saxe, R. e A. Wexler. "Making sense of another mind: The role of the right temporo-parietal junction", in *Neuropsychologia*, vol.43, 2005, p.1.391-99.
*Schacter, D. L. *Searching for memory*. Nova York, Basic Books, 1996.
Schiff, N.D., J.T. Giacino, K. Kalmar, J.D. Victor, K. Baker, M. Gerber et al."Behavioural improvements with thalamic stimulation after severe traumatic brain injury", in *Nature*, vol.448, 2007, p.600-3.
Selles, R.W., T.A. Schreuders e H.J. Stam. "Mirror therapy in patients with causalgia (complex regional pain syndrome type II) following peripheral nerve injury: Two cases", in *Journal of Rehabilitation Medicine*, vol.40, 2008, p.312-14.
*Sierra, M. e G.E. Berrios. "The phenomenological stability of depersonalization: Comparing the old with the new", in *The Journal of Nervous and Mental Disease*, vol.189, n.9, 2001, p.629-36.
Simner, J. e J. Ward. "Synaesthesia: The taste of words on the tip of the tongue", in *Nature*, vol.444, n.7.118, 2006, p.438.
Singer, T. "The neuronal basis and ontogeny of empathy and mind reading: Review of literature and implications for future research", in *Neuroscience and Biobehavioral Reviews*, vol.6, 2006, p.855-63.
Singer, W. e C.M. Gray. "Visual feature integration and the temporal correlation hypothesis", in *Annual Review of Neuroscience*, vol.18, 1995, p.555-86.
Smilek, D., A.Callejas, M.J. Dixon e P.M. Merikle. "Ovals of time: Timespace associations in synaesthesia", in *Consciousness and Cognition*, vol.16, n.2, 2007, p.507-19.
Snyder, A.W., E. Mulcahy, J.L. Taylor, D.J. Mitchell, P. Sachdev e S.C. Gandevia. "Savant-like skills exposed in normal people by suppressing the left fronto-temporal lobe", in *Journal of Integrative Neuroscience*, vol.2, n.2, 2003, p.149-58.
*Snyder, A. e M. Thomas, "Autistic savants give clues to cognition", in *Perception*, vol.26, n.1, 1997, p.93-6.
*Solms, M. e O. Turnbull. *The brain and the inner world: An introduction to the neuroscience of subjective experience*. Nova York, Other Press, 2002.
Stevens, J.A. e M.E. Stoykov. "Using motor imagery in the rehabilitation of hemiparesis", in *Archives of Physical Medicine and Rehabilitation*, vol.84, 2003, p.1.090-92.
_____. "Simulation of bilateral movement training through mirror reflection: A case report demonstrating an occupational therapy technique for hemiparesis", in *Topics in Stroke Rehabilitation*, vol.11, 2004, p.59-66.
Sumitani, M., S. Miyauchi, C.S. McCabe, M. Shibata, L. Maeda, Y. Saitoh et al. "Mirror visual feedback alleviates deafferentation pain, depending on qualitative aspects of the pain: A preliminary report", in *Rheumatology* (Oxford), vol.47, 2008, p.1.038-43.
Sütbeyaz, S., G. Yavuzer, N. Sezer e B.F. Koseoglu. "Mirror therapy enhances lower-extremity motor recovery and motor functioning after stroke: A randomized controlled trial", in *Archives of Physical Medicine and Rehabilitation*, vol.88, 2007, p.555-59.
Tang, Z.Y., H.Y. Zhou, G. Zhao, L.M. Chai, M. Zhou, J. Lu et al. "Preliminary result of mixed bacterial vaccine as adjuvant treatment of hepatocellular carcinoma", in *Medical Oncology & Tumor Pharmacotherapy*, vol.8, 1991, p.23-8.

Thioux, M., V. Gazzola e C. Keysers. "Action understanding: How, what and why", in *Current Biology*, vol.18, n.10, 2008, p.431-34.
*Tinbergen, N. *Curious naturalists*. Nova York, Basic Books, 1954.
Tranel, D. e A.R. Damasio. "Knowledge without awareness: An autonomic index of facial recognition by prosopagnosics", in *Science*, vol.228, n.4.706, 1985, p.1.453-54.
Tranel, D. e A.R. Damasio. "Non-conscious face recognition in patients with face agnosia", in *Behavioural Brain Research*, vol.30, n.3, 1988, p.239-49.
*Ungerleider, L.G. e M. Mishkin. "Two visual streams", in D.J. Ingle, M.A. Goodale e R.J.W. Mansfield (orgs.), *Analysis of visual behavior*. Cambridge, Massachusetts, MIT Press, 1982.
Vallar, G. e R. Ronchi. "Somatoparaphrenia: A body delusion. A review of the neuropsychological literature", in *Experimental Brain Research*, vol.192, n.3, 2008, p.533-51.
Van Essen, D.C. e J.H. Maunsell. "Two-dimensional maps of the cerebral cortex", in *Journal of Comparative Neurology*, vol.191, n.2, 1980, p.255-81.
Vladimir Tichelaar, Y.I., J.H. Geertzen, D. Keizer e P.C. van Wilgen. "Mirror box therapy added to cognitive behavioural therapy in three chronic complex regional pain syndrome type I patients: A pilot study", in *International Journal of Rehabilitation Research*, vol.30, 2007, p.81-188.
*Walsh, C.A., E.M. Morrow e J.L. Rubenstein. "Autism and brain development", in *Cell*, vol.135, n.3, 2008, p.396-400.
Ward, J., C. Yaro, D. Thompson-Lake e N. Sagiv. "Is synaesthesia associated with particular strengths and weaknesses?" reunião da UK Synaesthesia Association, 2007.
*Weiskrantz, L. *Blindsight: A case study and implications*. Nova York, Oxford University Press, 1986.
Wicker, B., C. Keysers, J. Plailly, J.P. Royet, V. Gallese e G. Rizzolatti. "Both of us disgusted in my insula: The common neural basis of seeing and feeling disgust", in *Neuron*, vol.40, 2003, p.655-64.
Winkielman, P., P.M. Niedenthal e L.M. Oberman. "The Embodied Emotional Mind", in G. R. Smith e E. R. Smith (orgs.), *Embodied grounding: Social, cognitive, affective, and neuroscientific approaches*. Nova York, Cambridge University Press, 2008.
Wolf, S.L., C.J. Winstein, J.P. Miller, E. Taub, G. Uswatte, D. Morris et al. "Effect of constraint-induced movement therapy on upper extremity function 3 to 9 months after stroke: The EXCITE randomized clinical trial", in *Journal of the American Medical Association*, vol.296, 2006, p.2.095-104.
Wolpert, L. *Malignant sadness: The anatomy of depression*. Nova York, Faber and Faber, 2001.
Yang, T.T., C. Gallen, B. Schwartz, F.E. Bloom, V.S. Ramachandran e S. Cobb. "Sensory maps in the human brain", in *Nature*, vol.368, 1994, p.592-93.
Yavuzer, G., R.W. Selles, N. Sezer, S. Sütbeyaz, J.B. Bussmann, F. Köseoglu et al. "Mirror therapy improves hand function in subacute stroke: A randomized con-

trolled trial", in *Archives of Physical Medicine and Rehabilitation*, vol.89, n.3, 2008, p.393-98.
Young, A.W., K.M. Leafhead e T.K. Szulecka. "Capgras and Cotard delusions", in *Psychopathology*, vol.27, 1994, p.226-31.
*Zeki, S. *A Vision of the Brain*. Oxford, Oxford University Press, 1993.
_____. "Art and the brain", in *Proceedings of the American Academy of Arts and Sciences*, vol.127, n.2, 1998, p.71-104.

Créditos das ilustrações

FIGURA INT.1 V.S. Ramachandran
FIGURA INT.2 V.S. Ramachandran
FIGURA INT.3 De *Brain, Mind, and Behavior*, segunda edição, de Floyd Bloom e Arlyne Lazerson
FIGURA 1.1 V.S. Ramachandran
FIGURA 1.2 V.S. Ramachandran
FIGURA 1.3 V.S. Ramachandran
FIGURA 1.4 V.S. Ramachandran
FIGURA 2.1 V.S. Ramachandran
FIGURA 2.2 Com a permissão de Al Seckel
FIGURA 2.3 V.S. Ramachandran
FIGURA 2.4 V.S. Ramachandran
FIGURA 2.5 V.S. Ramachandran
FIGURA 2.6 Com a permissão de David van Essen
FIGURA 2.7 De Richard Gregory, *The Intellingent Eye*, com a permissão do fotógrafo Ronald C. James
FIGURA 2.8 V.S. Ramachandran
FIGURA 2.9 V.S. Ramachandran
FIGURA 2.10 V.S. Ramachandran
FIGURA 2.11 Com a permissão de Glyn Humphreys
FIGURA 3.1 V.S. Ramachandran
FIGURA 3.2 V.S. Ramachandran
FIGURA 3.3 V.S. Ramachandran
FIGURA 3.4 V.S. Ramachandran
FIGURA 3.5 V.S. Ramachandran
FIGURA 3.6 V.S. Ramachandran
FIGURA 3.7 V.S. Ramachandran
FIGURA 3.8 De Francis Galton, "Visualised Numerals", in *Journal of the Anthropological Institute*, vol.10, 1881, p.85-102.
FIGURA 4.1 Com a permissão de Giuseppe di Pellegrino
FIGURA 6.1 V.S. Ramachandran
FIGURA 6.2 V.S. Ramachandran
FIGURA 7.1 Ilustração de *Animal Architecture* de Karl von Frisch e Otto von Frisch, copyright das ilustrações © 1974 de Turid Holldober, reproduzido com a permissão de Harcourt, Inc.
FIGURA 7.2 Com a permissão de Amita Chatterjee

FIGURA 7.3   *Le couronnement de la Vierge*, Fra Angelico, Guido di Pietro (c.1400-55) Réunion des Musées Nationaux – Grand Palais (musée du Louvre)/
              Jean-Gilles Berizzi
FIGURA 7.4   V.S. Ramachandran
FIGURA 7.5   V.S. Ramachandran
FIGURA 7.6   V.S. Ramachandran
FIGURA 7.7   Fotografia de Rosemania para Wikicommons
FIGURA 7.8   V.S. Ramachandran
FIGURA 8.1   De *Nadia: A Case of Extraordinary Drawing Ability in an Autistic Child*, 1978, de Lorna Selfe
FIGURA 8.2   V.S. Ramachandran
FIGURA 8.3   V.S. Ramachandran
FIGURA 8.4   V.S. Ramachandran
FIGURA 8.5   © The Metropolitan Museum of Art/Art Resource, NY
FIGURA 9.1   V.S. Ramachandran
FIGURA 9.2   V.S. Ramachandran

Agradecimentos

Embora seja em boa medida uma odisseia pessoal, este livro baseia-se em grande parte no trabalho de muitos de meus colegas que revolucionaram o campo de maneiras que não teríamos podido sequer imaginar apenas poucos anos atrás. Não posso exagerar a medida em que me beneficiei da leitura de seus livros. Mencionarei apenas alguns deles aqui: Joe LeDoux, Oliver Sacks, Francis Crick, Richard Dawkins, Stephen Jay Gould, Dan Dennett, Pat Churchland, Gerry Edelman, Eric Kandel, Nick Humphrey, Tony Damásio, Marvin Minsky, Stanislas Dehaene. Se vi mais longe, foi por estar de pé sobre o ombro desses gigantes. Alguns desses livros resultaram da presciência de dois agentes iluminados – John Brockman e Katinka Matson – que criaram um novo espírito científico nos Estados Unidos e no mundo todo. Eles foram capazes de reacender a mágica e o assombro provocados pela ciência na era do Twitter, Facebook, YouTube, slogans e *reality shows* –, uma era em que os valores do Iluminismo, arduamente conquistados, estão em declínio lamentável.

Angela von der Lippe, minha editora, sugeriu uma vasta reorganização dos capítulos e forneceu-me um retorno valioso a cada passo da revisão. Suas sugestões melhoraram enormemente a clareza da apresentação.

Um agradecimento especial para quatro pessoas que tiveram influência direta sobre minha carreira científica: Richard Gregory, Francis Crick, John D. Pettigrew e Oliver Sacks.

Gostaria também de agradecer às muitas pessoas que ou deram estímulo para que eu me dedicasse à medicina e à ciência como carreira ou influenciaram meu pensamento ao longo dos anos. Como sugeri antes, eu não estaria onde estou se não fossem minha mãe e meu pai. Quando ele estava me convencendo a cursar medicina, recebi um conselho semelhante dos drs. Rama Mani e M.K. Mani. Jamais me arrependi de tê-los deixado me persuadir. Como digo com frequência a meus alunos, a medicina nos dá uma certa amplitude de visão, ao mesmo tempo que confere um atitude intensamente pragmática. Se nossa teoria estiver certa, nossos pacientes melhoram. Se estiver errada – por mais elegante ou convincente que possa ser –, eles pioram ou morrem. Não há melhor maneira de testar se estamos ou não no caminho certo. E essa atitude pragmática se reflete depois sobre nossa pesquisa também.

Agradecimentos

Tenho, do mesmo modo, uma dívida intelectual para com meu irmão V.S. Ravi, cujo vasto conhecimento de literatura inglesa e telinga (sobretudo Shakespeare e Thyagaraja) é incomparável. Logo depois que entrei na escola de medicina (no *premed*), ele costumava ler para mim passagens de Shakespeare e do *Rubáiyát* de Omar Khayyám, que tiveram profundo impacto sobre meu desenvolvimento mental. Lembro-me de ouvi-lo citar o famoso solilóquio "som e fúria" de Macbeth e pensar: "Uau! Isso diz praticamente tudo." Isso me convenceu da importância da economia de expressão, seja na literatura ou na ciência.

Agradeço a Matthew Blakeslee, que fez um excelente trabalho ajudando a editar este livro. Mais de quinze anos atrás, como meu aluno, ele também me ajudou a construir o primeiro protótipo, muito tosco mas eficaz, da "caixa de espelho" que inspirou a construção subsequente de elegantes caixas de mogno marchetadas de marfim em Oxford (e que estão agora disponíveis comercialmente, embora eu não tenha nenhum interesse financeiro pessoal nelas). Várias companhias farmacêuticas e organizações filantrópicas distribuíram milhares dessas caixas a veteranos de guerra vindos do Iraque e a amputados no Haiti.

Tenho também uma dívida de gratidão para com vários pacientes que cooperaram comigo ao longo dos anos. Muitos deles estavam em situações deprimentes, é obvio, mas a maioria deles se mostrou disposta, de modo altruísta, a ajudar a fazer a ciência básica avançar de todas as maneiras que podiam. Sem eles este livro não teria sido escrito. Naturalmente, preocupei-me em proteger sua privacidade. No interesse da confidencialidade, todos os nomes, datas e lugares, e em alguns casos as circunstâncias que envolveram a admissão do paciente, foram disfarçados. As conversas com pacientes (como aqueles com problemas de linguagem) são transcrições literais de videoteipes, exceto nos poucos casos em que tive de recriar nossos diálogos com base na memória. Em um caso ("John", no capítulo 2, que desenvolveu uma embolia cerebral originária de veias em torno de um apêndice inflamado) descrevi a apendicite como ela costuma se apresentar, porque não dispunha de notas a respeito desse caso particular. E o diálogo com esse paciente é um resumo editado da conversa tal como narrada pelo médico que o atendeu originalmente. Em todos os casos a história, os sintomas essenciais e os sinais relevantes para o aspecto neurológico dos problemas dos pacientes são apresentados com a maior precisão possível. Mas outros aspectos foram alterados – por exemplo, um paciente que tem cinquenta anos, não 55, pode ter tido uma embolia originária do coração e não da perna –, de tal modo que mesmo um amigo íntimo ou parente seria incapaz de reconhecê-lo a partir da descrição.

Passo agora a agradecer a amigos e colegas com quem tive conversas proveitosas ao longo dos anos: Krishnaswami Alladi, John Allman, Eric Altschuler, Stuart Anstis, Carrie Armel, Shai Azoulai, Horace Barlow, Mary Beebe, Roger Bingham, Colin Blakemore, Sandy Blakeslee, Geoff Boynton, Oliver Braddick, David Brang, Mike Calford, Fergus Campbell, Pat Cavanagh, Pat e Paul Churchland, Steve Cobb, Francis Crick, Tony e Hanna Damásio, Nikki de Saint Phalle, Anthony Deutsch, Diana Deutsch, Paul Drake, Gerry Edelman, Jeff Elman, Richard Friedberg, sir Alan Gilchrist, Beatrice Golomb, Al Gore (o "verdadeiro" presidente), Richard Gregory, Mushirul Hasan, Afrei Hesam, Bill Hirstein, Mikhenan ("Mikhey") Horvath, Ed Hubbard, David Hubel, Nick Humphrey, Mike Hyson, Sudarshan Iyengar, Mumtaz Jahan, Jon Kaas, Eric Kandel, Dorothy Kleffner, E.S. Krishnamoorthy, Ranjit Kumar, Leah Levi, Steve Link, Rama Mani, Paul McGeoch, Don McLeod, Sarada Menon, Mike Merzenich, Ranjit Nair, Ken Nakayama, Lindsay Oberman, Ingrid Olson, Malini Parthasarathy, Hal Pashler, David Peterzell, Jack Pettigrew, Jaime Pineda, Dan Plummer, Alladi Prabhakar, David Presti, N. Ram e N. Ravi (editores de *The Hindu*), Alladi Ramakrishnan, V. Madhusudhan Rao, Sushila Ravindranath, Beatrice Ring, Bill Rosar, Oliver Sacks, Terry Sejnowski, Chetan Shah, Naidu ("Spencer") Sitaram, John Smythies, Allan Snyder, Larry Squire, Krishnamoorthy Srinivas, A.V. Srinivasan, Krishnan Sriram, Subramaniam Sriram, Lance Stone, Somtow ("Cookie") Sucharitkul, K.V. Thiruvengadam, Chris Tyler, Claude Valenti, Ajit Varki, Ananda Veerasurya, Nairobi Venkataraman, Alladi Venkatesh, T.R. Vidyasagar, David Whitteridge, Ben Williams, Lisa Williams, Chris Wills, Piotr Winkielman e John Wixted.

Obrigado a Elizabeth Seckel e Petra Ostermuencher por sua ajuda.

Agradeço também a Diane, Mani e Jaya, que são uma inesgotável fonte de deleite e inspiração. O artigo que eles publicaram comigo na *Nature* a respeito da camuflagem do linguado provocou um enorme furor no mundo da ictiologia.

Julia Kinky Langley despertou minha paixão pela ciência da arte.

Por fim, sou grato ao National Institutes of Health por financiar grande parte da pesquisa relatada neste livro, e a doadores e patrocinadores privados: Abe Pollin, Herb Lurie, Dick Geckler e Charlie Robins.

Índice

Números de página em *itálico* referem-se a ilustrações.

ação:
    antecipada, 41, 173-4, 187-8, 229, 317-8, 358-60
    ver também sistema nervoso autônomo; livre-arbítrio
acidente vascular cerebral:
    cegueira para metáforas posterior a, 26
    dano visual posterior a, 71-4, 89-90
    dificuldade de linguagem posterior a, 200-7
    dificuldades aritméticas posteriores a, 135
    hemisfério direito, 164-5, 322-3, 324-6, 336-7
    hemisfério esquerdo, 136, 200-1, 206-7, 322, 324-5, 336-7
    negação da paralisia posterior a, 164, 322-3, 325, 334-5, 336-8, 339-40, 342-3
    sinal de Babinski posterior a, 47, 200
    tratamento com feedback visual do espelho para, *57*, 58-60
afasia de Broca, 202-7, 227, 235, 239, 241
afasia de Wernicke, 208, 227, 235, 239, 240, 241, 388-9n
Aglioti, Salvatore, 53
agnosia, 69, 70-3, 96-9, *98*, 379
Alexander, Jason, 200
Allen, Woody, 10
Altschuler, Eric, 59, 165, 184, 240, 387n
alucinação, 289-90
amígdala, *38*, 40, *346*, 380n, 396n
    ativação auditiva da, 102-3
    ativação visual da, 95-6, 99-100, 101, 193-4, 195, 344-5, 348-9
    conexões sensoriais com, 194-5, 197-8, 351-2
    interações da ínsula com, 134-5, 323, 331-2
    projeções para trás da, 261-2
    sinais da excitação vindos da, 95-6, 101, 193-4, 195, 323-4, 331-2, 359

amnésia, 356-7
    anterógrada, 356-8, 398n
anemia falciforme, 144-5
animais:
    comunicação por, 209-10, 211-2
    exaptação em, 215-6, 243-4
    resposta a estímulo ultranormal em, 266-9, *267*
    respostas de pico em, 261-3, *263*, 268
    visão em, 11-2, 67-9, 70, 73, 83, 84, *85*, 88-9, 90-1, 92, 93, 139, 261-3, *263*, 265-9, *267*
    ver também primatas
anomia, 135-6, 233-4
anorexia, 47-8
anosognosia, 164, 322-3, 324-5, 334, 335-40, 342-3
Anstis, Stuart, 320, 394n
antropologia, 26-7
apendicite, 70-1
apotemnofilia, 321-2, 331, 332, 362-3
apraxia, 187-8, 229-30, 234-5, 359-60
    ideacional, 385n
    ideomotora, 173-4
área de Broca, 163, *201*, 387n
    estrutura sintática na, 204, 207-8, *228*, 234, 235, 242
    mapas da fala na, 222-3, 225, *228*
área de Wernicke, *201*, *363*, 388n
    ativação visual da, 95
    evolução da, 40, 43
    função semântica da, 40, 95, 208, 227, *228*, 234, 242, *346*
área temporal média (TM), percepção do movimento na, 89-91, 390n
área ventral pré-motora, 163-4
Arnheim, Rudolf, 295
arte, 13, 14-5
    abstrata, 265, 268-9, 278-9
    agrupamento na, 256-7, *257*, 298-9
    apreciação da, 86-7, 88-9, 103-4, 269-71, 272-5, 304, 307-8, 389-90n

base neural da, 246-7, 252-4, 274-5, 302-5
cinética, 389-91n
contraste na, 278-9, 391n
criação de, 306-8
desenvolvimento da, 33-4
efeito de deslocamento de pico na, 251, 261-2, 263-5, 305, 391
emoções na, 306-7
formas de, 245-7, 249-53
impressionista, 268-70, 280-1
indiana, 245, 248-52, 251, 263-5, 265, 278-9, 298-300, 299, 300-3, 301, 391n
influência cultural sobre, 253-5
isolamento na, 279-80, 281-2, 305-6
metáfora na, 298-300, 301-3, 307-8, 391n
ordem visual na, 294-5, 296
princípios da, 247, 248-9, 252-3
realismo na, 249-53, 268-9
Renascimento, 256-7, 257
resposta emocional a, 289-90, 291, 351-2
rupestre, 305, 306-7
teoria evolucionária da, 304-6
valor da, 304-7
ver também estética; criatividade
articulações, *feedback* sensorial das, 38-9, 40, 54, 55, 266-7, 221-2, 322-3, 331, 334-5, 346
Asperger, Hans, 179
ataques de pânico, 191, 354, 362
ataxia, 183
atenção, 279-81, 282, 283-4, 296
atração sexual, 104-6, 269-70, 271-2, 288-9, 323-5
atrofia de Sudek, 60
Attenborough, David, 73
audição:
consciência e, 26-7, 311-2
evolução da, 214, 243-4
imitação falada da, 188-9
interação visual com, 146-8, 147, 221-2, 223, 224, 225-6, 228, 229
processamento neural da, 39-40, 131-2, 172-3, 228, 229, 310-1, 312
respostas emocionais a, 102-3
ver também sinestesia som-cor
autismo, 179-98
abordagens terapêuticas ao, 190-3, 194-7
autoconsciência e, 188-90, 197, 198, 329-31
comportamento social e, 180-1, 182-3, 192-3, 189-90, 329-31

descoberta do, 179-80
dificuldades de linguagem no, 189-90, 331
e neurônios-espelho, 13-4, 180-1, 182-4, 185-93, 194-5, 197-8, 230-1, 329-30, 387-8n
habilidade artística e, 280-4, 285
habilidade para cálculos e, 282-3, 284-5
imagiologia cerebral e, 182-3, 185-7
interpretação de metáforas prejudicada por, 187-8
predisposições ao, 196-8n
sintomas de, 180-2, 183, 186-8, 189-90, 192-7
sistema motor e, 180-1, 185, 186-7
supressão da onda mu e, 185-6, 188-9, 190-2, 387n
teoria da paisagem de saliências do, 193-6, 197-8
teorias sobre, 181-2, 197-8
autoconsciência, 13, 14-5, 26-7, 349-55, 393n
aspectos conceituais da, 333
aspectos da, 315-9
base neural para, 364-5
continuidade na, 316, 355-8
desenvolvimento da, 31-2, 309-60, 361, 363, 364-5
em autistas, 188-90, 197-8, 219-31
em casos de membro fantasma, 24-5
incorporação na, 316-7, 320-7
inserção social na, 317-8, 344-7
livre-arbítrio na, 317-8, 358-60
memória e, 355, 356, 357-8
neurônios-espelho e, 170, 318-9, 327-9, 347-9, 351-2, 362-3, 396n
perturbações na, 40, 197-8, 310-2, 315, 318-9, 361, 362-3, 398-9n
privacidade em, 317, 327-35
reduplicação na, 347-8
unidade na, 315-7, 320, 334-44, 395n,
ver também imagem corporal; consciência
axônios, 34-5, 36
Azoulai, Shai, 149, 150, 382n, 388n

Babinski, sinal de, 200
Bach y Rita, Paul, 62
Barlow, Horace, 255, 293, 385n, 398n
Baron-Cohen, Simon, 160, 181
BBC Radio Reith Lectures, 169, 364
behaviorismo, 9
Berlin, Brent, 222, 272, 388n
Berlucchi, Giovanni, 53

Berrios, German, 395n
Bertenthal, Bennett, 390n
Bickerton, Derek, 211
biofeedback, 191
biologia, 15-6
    abordagem da caixa preta na, 396-7n, 398n
    estética e, 254-6
    leis da, 253-4
    mecanismos de controle na, 335
    primata, 32, 43-4
    progresso na, 8-10
    sistemas na, 10-1
    ver também natureza
Birdwood, George Christopher Molesworth, 252
Bishop, Peter, 385n
Blake, Randolph, 381n
Blakemore, Colin, 385n
Blanke, Olaf, 399n
Blyth, Edward, 7
botânica, 16-7
Boynton, Geoff, 136
Brang, David, 119, 132, 241, 322, 382n, 383n, 384n
Brewster, David, 79
Brief Tour of Human Consciousness, A (Ramachandran), 8
brinquedo, 180-1
Brugger, Peter, 342

canto, em pacientes de afasia de Broca, 205-6
Capgras, síndrome de, 14, 99-101, 103-5, 106, 291, 323, 325, 344-5, 347-8, 352, 362, 380n, 396n
caricatura, 88-9, 261-2, 263-4, 273-4, 308
Case, Laura, 190, 387n, 388n, 398n, 399n
cegueira para metáforas, 26, 142-4, 173-4, 231-2
cerebelo, 380-9, 53-4
    dano ao, 183
    em crianças autistas, 182-3
cérebro humano:
    abstração transmodal no, 171-4, 222, 223-4, 225-7, 228, 229-31, 233-4, 346
    anatomia do, 34-44, *37*, *38*, 380n, 393n
    apreciação estética e, 269-71
    áreas auditivas no, 40, 131-2, 172-3, 228, 229, 310, 311-2

    áreas da linguagem no, 160-1, 162-3, 164, 201, 206, 207-9, 221-33, *228*, 233-5, 240-2, *346*
    áreas de cor no, 90-1, 97, 128, 129-30, *129*, 131, 132, 135, 138-9, 153-5, 260-1, 268-70
    áreas de metáfora no, 41-2, 142-3, 144, 229, 231-2, 299-300, 307-8, 363-4
    áreas de números, 128-30, *129*, 131-2, 135-7, 141, 151-2, 154-5, 282-3
    áreas do tato no, 36, 39-40, 133-4, 172-3, 227-8, 322-3
    ativação cruzada no, 128-32, 133, 134, 135-7, 141-3, 145-6, 153-4, 155
    aversão à discordância no, 322-3, 325-8, 330-1, 344-5, 354-5, 362-3
    capacidades do, 22-3
    circuitos no, 34-6, 43-5, 50-1, 62-3, 167-8, 190, 206-7, 234-5
    consciência no, 314-5
    especialização no, 129-32, 282-3
    estudo do, 8-9, 23-4, 83-4, 379n
    evolução do, 10-2, 33-4, 36, 40-1, 43-5, 62-4, 158-60, 161-2, 172-3, 174, 175-6, 190, 229, 230-2, 233-4, 242, 259, 310-1, 332, *346*, 355-6, 359-60, 363-4, 392n
    hemisfério direito no, 164-5, 206-7, 299-300, 306-7, 322-3, 324-6, 335-6, 337, 339-41, 395n
    hemisfério esquerdo no, 135-6, 200-1, 206-7, 299-300, 306-7, 322-3, 324-5, 326, 334-5, 336-7, 339-42
    hemisférios no, *37*, 40, 299-300, 306-7, 326, 334-7, 339-42, 380n
    ilusões no, 101, 102-3
    imagem corporal no, 41, 320, 322-4, 325-6, 331, 332, 333-5, 342-3, *346*
    impacto da epilepsia do lobo temporal no, 197-8
    interações transmodais no, 146-8, *147*, 220-2
    irregularidades anatômicas no, 283-4
    mapas corporais no, 322-6
    papel da cultura no, 276-7
    papel da genética no, 276-7
    pensamento abstrato no, 108, 143-4, 170, 175-6, 217, 235-40, 310-1, 333, 363-4
    plasticidade do, 112, 50-3, 62-4
    potencial latente no, 158-60, 284-7
    processamento visual no, 40, 67-9, 70, 73-4, 75-6, 83-4, 89-96, *92*, 122, *123*, 124,

125, 130-1, 155-6, 172-3, 229, 259, 260-1, 268-70, 279-80, 288-91, 293-5, 298-9, 307-8, 310, 312, 314-5, 344-5, *346*, 348-9, 351-2, 354-5
    recursos de atenção no, 279-81, 282-3, 284, 295-6
    sistema motor no, 36, 38-9, 41-2, 53-7, 161-2, 165-6
    supressão da onda mu no, 164-5, 185-6, 188-9, 190-2, 387n
    viagem no tempo no, 316-7, 355-6
    ver também consciência; neurônios-espelho; sistema motor; neurônios; percepção; sistema sensorial; sinestesia; teoria da mente; *áreas específicas*
cetamina, 341, 394n
chimpanzés, habilidade para a linguagem dos, 207-8
Chomsky, Noam, 161, 207, 214, 216, 241
Churchland, Pat, 84
ciência:
    evolução cultural e, 177-8
    progresso na, 8, 9
    tecnologia na, 18, 19, 20
cingulado anterior, 397n
    dano ao, 309, 310-1, 359-60, 392n
    em primatas, 223-4
    livre-arbítrio no, 310-1, 317-8, 331-2, 333, 359-60, 363-4
    processamento da dor no, 24-5, 64-5, 165-6, 191-2
    resposta à ameaça no, 343-4
circuitos controladores de servo, 38-9, 53-4
cócegas, 65
cognição, teorias da, 9
cognição corporificada, 187-8
Cohen, Leonardo, 62
colículo superior, 92, *92, 346*
coma, 309-10
complexo de Édipo, 200
comportamento, 35-6
    neurônios-espelho e, 166-7
    ver também ação; comportamento social
comportamento social:
    conexões neurais permitindo, 44-5, 182-3
    de autistas, 180-1, 182-3, 192-3, 329-31
    olfato como regulador do, 192-3
confabulação, 335-6, 338-9

consciência:
    áreas do cérebro para, 314-5
    definições de, 312-3, 314, 392n
    desenvolvimento da, 33-4, 311-2
    estudo da, 359-60, 363-4
    fenômenos freudianos na, 337-40
    neurônios-espelho e, 166-7
    perturbações da, 23, 27-8
    sinestesia e, 108-9, 154-6
    visual, 24-5, 94-5, 155-6, 314-6, 344-5
    ver também autoconsciência
consciência espacial, 41-2, *346*
Coolidge, efeito de, 105-6
Coomaraswamy, Ananda, 302
cor, 9
    agrupamento visual da, *123*, 124-5, 126, *127*, 128, 256-9, *257*, 260-1
    contraste na, 278-9
    emoção e, 116-7, 137-9
    na arte, 280-2
    percepção da, 68-9, 77-9, 83-4, 90-1, 97, 128, *129*, 130, 131, 143, 129, 135, 138-9, 153-4, 268-70, 280-2, 382n
    teoria newtoniana da, 108-9
    ver também sinestesia letra-cor; sinestesia número-cor; sinestesia som-cor
coreias, 39-40
córtex cerebral, 26
    anatomia do, 36, 39-43
    áreas visuais no, 73-4, 91-6, *92*
    mapas sensoriais no, 50-4
    ver também cérebro humano
córtex dorsolateral pré-frontal (DLF), *37*, 331-2, *333*
córtex dorsomedial pré-frontal (DMF), *332, 333*
córtex inferotemporal, *228*
córtex motor, 38-9, 41-2, 55-6, 200-1, *228*, 331-2
    em autistas, 187
córtex orbitofrontal (COF), *37*, 134
córtex pré-frontal, 42, 43-4, 331-2
córtex pré-frontal ventromedial (FVM), *37*, 331-2, *333*
córtex sensorial, 38-9
    conexões da amígdala com, 194-5, 197-8, 351-2
    feedback negativo no, 55-6
córtex somatossensorial primário (S1), *133*, 322-3, 324, 325-6, 331
córtex somatossensorial secundário (S2), *133*, 322-3, 324, 325-6, 331, 394n
córtex ventromedial, 307

córtex visual, 91-2, 93-4, 279-80, 385n
    em autistas, 186-7
    esquerdo, 93
    via 1 no, 92-3, 66-7, 298-9, *346*, 351, 380n, 395n
    via 2 no, 93, 94-5, 100, 194, 298, 344, 345, 348, 380n, 395-6n
    via 3 no, 95, 96, 100, 195, 196, 264, 344, 345, 348, 351, 353, 354, 380n, 395-6n
cosmologia, 9
Cotard, síndrome de, 349-53, 396n
Courchesne, Eric, 183
couvade, síndrome da, 328-9
Craig, Arthur D. "Bud", 331
criatividade:
    em autistas, 281-4, 285
    em pacientes de demência, 25-6, 284, 287
    e sinestesia, 12, 23-4, 108-9, 139-45, 146, 382n
    estímulo magnético afetando, 25-6, 286-7
    latente, 284-7
Crick, Francis, 215, 392n, 395n, 397n, 398n
crioulo, 218-9
cultura:
    arte e, 253-5
    cérebro como formado pela, 276-7
    evolução e, 11-2, 13, 33-4, 44-5, 63-4, 174-5, 176, 177-8, 363-4, 386-7n
    matemática e, 152-3
    transmissão de, 157-8, 161-2, 174-5, 363-4, 386-7n
Cutting, James, 390n
Cytowic, Richard, 111

Da Vinci, Leonardo, 282
dadaísmo, 245-6
daltonismo, 152-4, 382n
Damásio, António, 43, 332, 345
dança:
    como terapia para o autismo, 193
    exagero do movimento na, 264-5
dano cerebral, 7-9, 23-4, 38-9
    criatividade e, 25-6, 283, 284-5, 287-8
    especificidade do, 130-1, 140-1
    ver também condições específicas
Darwin, Charles, 16-7, 21, 30, 31, 32, 109, 157, 158, 166, 223, 308, 365, 384n
Dawkins, Richard, 158, 213, 365

Day, Sean, 140
"Década do cérebro"?, 60-1
de Clérembault, síndrome, 319
demência, criatividade e, 25-6, 283-4, 287
dendritos, 34, *35*
Dennett, Daniel, 84, 340
depressão, 42-3, 118-9, 350-1, 352-3
Descendência do homem, A (Darwin), 308
design, 296-8
    assimetria em, 296-8
    metáfora em, 299-302, 384n
    ordem, 294-5
Devinsky, Orrin, 392
Di Pellegrino, Giuseppe, 161
diabetes, 184, 387n
Diamond, Jared, 160
Disraeli, Benjamin, 21, 362
Dobzhansky, Theodosius, 11, 255
doença de Parkinson, 39
doença mental:
    abordagens à, 393n
    ver também dano cerebral
Dohle, Christian, 59
Donald, Merlin, 175
Donovan, Tara, 279
dopamina, 39
dor:
    crônica, 57, 59-62, 191-2, 395n
    experiência extracorpórea durante, 341-2
    indiferença à, 352-3
    neurônios-espelho para, 165-6, 167
    processamento neural da, 24-5, 36, 65, 331
    riso como reação à, 47, 64, 65
    ver também dor fantasma
dor fantasma:
    neurônios-espelho e, 167-8
    tratamento com espelho para, 53-4, 58-9, *57*
drogas:
    antidepressivos, 353
    experiência extracorpórea causada por, 341-2, 394n
    sinestesia e, 132-3
    tratamento do autismo com, 191-2
Duchamp, Marcel, 246

ecopraxia, 166
Eddington, Arthur, 365
efeito bouba-kiki, 146-8, *147*, 171, 173-4, 221-2, 224-5, 226, *228*, 229, 231-2

Ehrsson, Henrik, 399n
Einstein, Albert, 8, 25, 283
eletroencefalograma (EEG), 184-5
Ellis, Hadyn, 380
emoções, 346, 347
    ativação auditiva, 102-3
    ativação visual das, 95-6, 98-102, 259-62, 279-80, 288-9, 290-2, 344-5, 348-9
    cor e, 116-7, 137-9
    dissociação das, 352-3
    e arte, 306-7
    epilepsia do lobo temporal afetando, 197-8, 349-50
    e sinestesia, 107, 116-7, 118-9, 132-3, 134, 137-9
    geração de, 134-5
    impropriamente reprimida, 395n
    input externo contradizendo, 354-5, 362-3
    medição científica das, 101-2
    percepção e, 40, 100-3, 194-5
    sociais, 317-8
    teorias da, 9-10
    ver também sistema límbico
empatia:
    em autistas, 180, 191-3, 194-5
    em primatas, 333, 363
    imagem corporal e, 43-4, 197-8
    intensificação da, 353-4
    neurônios-espelho e, 12, 24-5, 43-4, 165-6, 316-7, 327-8, 329, 333, 351-2
    reforçada com drogas, 192-3
epilepsia, 348
    lobo temporal, 197-8, 284, 349-51, 353-4
equilíbrio, processamento neural do, 40, 322-3, 330-1
esconde-esconde, 288-92, 391n
esquizofrenia:
    base genética da, 144-5
    pensamento abstrato e, 143-4
    sinestesia erroneamente diagnosticada como, 110-1
estados dissociativos, 342-3
estética, 245-75, 362-3
    abordagens experimentais a 272-5, 287-8
    agrupamento em, 256-62, 257, 260, 277-9
    aversão à coincidência na, 292-5, 298-9
    contraste na, 277-9
    efeito de deslocamento de pico, 261-75, 263, 305-6, 307-8

estímulos ultranormais em, 268-9
imagem corporal e, 324-5
isolamento em, 279-88, 305-6, 390n, 391n
metáfora em, 298-305
ordem na, 294-6
perspectiva biológica na, 254-6
princípios da, 13, 246-9, 253, 254-6, 276-7, 305-6, 391n
resposta emocional a, 290-2
simetria na, 296-9
solução de problemas perceptuais na, 288-92
ver também arte
estimulação magnética transcraniana (EMC), 90-1, 186-7, 286
estro, 68
estudos de caso:
    Becky (sinestesia), 117-8
    Chuck (membro fantasma), 61
    David (síndrome de Capgras), 99-101, 102, 291-2, 347-8
    Dorothy (reação de dor), 65
    dr. Hamdi (acidente vascular cerebral), 199-206, 207, 208
    Esmeralda (sinestesia), 107, 132
    Francesca (sinestesia), 107, 118-20, 128, 133, 134
    Gy (visão cega), 93
    Humphrey (membro fantasma), 24, 166-7
    Ingrid (percepção visual), 90-1
    Jake (dano à memória), 357
    Jason Murdoch (mutismo acinético), 26-7, 309-10, 311-2, 359, 392n
    Jimmie (membro fantasma), 58
    John (agnosia), 70, 71-3, 96-9, 98, 379n
    Jonathan (imaginação de números), 25, 104
    Justin (autismo), 185-6
    Mikhey (reação de dor), 47, 64, 352-3
    Mirabelle (sinestesia), 107, 120-1, 125-6, 128
    Nadia (autismo), 281-3, *281*
    Nora (anosognosia), 336-8
    Patrick (tumor frontoparietal), 342
    Petra (sinestesia), 150
    Robert (sinestesia), 137, 138
    Ron (dor fantasma), 58
    Smith (neurônios da dor), 24
    Spike Jahan (sinestesia), 152, 153, 154

Índice

sr. Dobbs (anosognosia), 104, 338
sr. Jackson (cegueira para metáforas), 26
sr. Turner (síndrome de Capgras), 103
Steven (autismo), 179-8
Susan (sinestesia), 24, 113-8
Victor (membro fantasma), 48-9, 53
Yusof Ali (síndrome de Cotard), 349-51, 396n
estupro, 343-4
euforia, 42-3
eugenia, 109-10
evolução humana, 22, 23-4, 362-3, 364-5
    arte e, 304-5, 362-3
    compreensão da, 9-10
    cultura e, 11-2, 13-4, 33-4, 44-5, 63-4, 174-5, 176, 177-8, 386-7n
    desenvolvimento cerebral e, 10-2, 33-4, 36, 39-41, 43-5, 62-4, 158-60, 161-2, 172, 173-4, 175-6, 190, 229, 230-1, 233-4, 242, 259, 310-1, 331-2, 346, 355-6, 359-60, 363-4, 392n
    desenvolvimento visual na, 67-9, 70, 73-4, 125, 212-4, 258-9, 266-7, 277-9, 290, 296-7, 305, 391n
    espécie extinta na, 27-9
    genética e, 144-5, 231-2, 233-4, 379n, 386-7n
    humor e, 66
    linguagem e, 12, 33-4, 69-70, 160-1, 162, 172-3, 208-9, 211-27, 228, 229-31, 232-5, 242-4, 363-4
    matemática e, 151-2, 177
    neurônios-espelho e, 177-8, 190, 327-8, 386-7n
    pensamento abstrato e, 143-4, 170, 175-6, 235, 239-40
    percepção e, 82-3
    teorias vitorianas da, 30-2
exaptação, 214-6, 217, 229, 231, 232-3, 243-4, 346n
experiência extracorpórea, 41-2, 327-8, 329, 341-4, 394-5n, 399n
experiência religiosa, 47, 353
Eye and Brain (Gregory), 47

faces:
    mapas táteis em, 48-50, 51-2, *52*
    mapeamento cerebral de, 50, *51*, 52-3, 228n

reconhecimento de, 71, 86-7, 88-90, 97, 99-100, 137-8, 273-5, 276, 344-7, *346*
simetria em, 297
Fadiga, Luciano, 161
fala, 221, 222-3, 225-6, *228*; *ver também* linguagem
Faraday, Michael, 18
Farah, Martha, 307
fascículo arcuato, *201, 228*
febre, autismo aliviado pela, 194-7
feedback visual do espelho (FVE):
    no tratamento da dor crônica, 60-2
    no tratamento de membros fantasma, 53-4, 56-9, *57*, 60-1, 394n
    no tratamento de paralisias posteriores a acidentes vasculares cerebrais, *57*, 58-60
fenilcetonúria (FCU), 219
ferramentas, 159, 233-5, 244, *346*, 356-7, 360, 363-4
filosofia, 312-3, 360
física, 8, 364-5
fisiologia, função cerebral e, 34-5, 38-9
Flor, Herta, 59
folie à deux, 328
forma, percepção de, 79-83
formação reativa, 338-9
Fregoli, síndrome de, 348
frenologia, 129
Freud, Anna, 338
Freud, Sigmund, 96, 100, 270, 314, 338, 392-3n
Frith, Uta, 160, 181, 182

gaivotas-prateadas, 265-9, *267*
Galilei, Galileu, 16, 18, 177, 271
Gallese, Vittorio, 161, *163*
Galton, Francis, 109, 128, 131, *148*, 149
gânglios basais, *38*, 38-40
gêmeo fantasma, 342-3
genética, 9, 392n, 397-8n
    competência para a linguagem controlada pela, 221
    e desenvolvimento cerebral, 276-7
    e evolução, 145, 233, 234, 379, 386
    e imagem corporal, 393n
    sinestesia e, 145, 231, 233-4, 379n, 386-7n
genitais, mapeamento cerebral dos, 53
gesticulação, 213-4, 225-6, *228*, 388n
giro angular, 41-2, 130-1, 363-4
    abstração no, 143-4, *228*, 229, 234-5, *346*

computação numérica no, 130, 131-2, 135-6, 137, 141, 152-3
   e sinestesia superior, 136-7
   em Albert Einstein, 283
   evolução do, 43-4, 143-4, 172-3, 230, 231-2, 346
   funções de linguagem do, 173-4, 201, 226-7, 228, 231-2
   síntese transensorial em, 135-7, 143-4, 228, 229, 346
giro angular direito:
   habilidade numérica no, 151-2
   habilidades artísticas no, 283-4, 307-8
   imagem corporal no, 41-2
giro angular esquerdo:
   abstração no, 41-2, 173-4, 308
   dano ao, 41-2, 135-6
   habilidade numérica no, 135-6, 151-2
giro fusiforme, 380n
   em sinestesistas, 382n
   percepção de cores no, 128, 129, 130, 131-2, 135, 136-7, 154-5
   percepção de números no, 129-30, 129, 131, 132, 125, 136-7, 154-5
   processamento de formas no, 381n
   reconhecimento visual no, 94-5, 96, 97, 99-100, 137-8, 228, 273-5, 308, 344-5, 346, 351-2
giro pós-central, 50, 51, 322-3
giro supramarginal:
   dano ao, 173, 187-8, 227-8, 234-5
   evolução do, 41, 43-4, 172-3, 229, 231, 233-4, 359-60, 363-4
   neurônios-espelho em, 187-8, 233-4, 346
giro supramarginal esquerdo, ação antecipada no, 41, 187-8, 229, 318, 359-60, 385n
golfinhos, córtex cerebral em, 36
Gombrich, Ernst, 295
Gould, Stephen Jay, 11, 214, 216, 365, 396n
Grandin, Temple, 330
Gray, Charles, 260
Gregory, Richard, 47
Guns, Germs, and Steel (Diamond), 160

Halligan, Peter, 360
Hamdi, John, 199
Hari, Riitta, 186
Hauser, Marc, 160, 241
Heisenberg, Werner, 8, 365
Herrnstein, Richard, 8, 365

hipergrafia, 21, 30, 31-2, 199, 362
hipocampo, 38, 39-40, 356-8, 385n, 398n
hipotálamo, 38, 95-6, 101, 134, 193-4, 196, 332, 343, 354
Hirstein, Bill, 193, 196, 274
história em quadrinhos, 300-2
hobbits, 29, 379n
hormônios, 95-6
   tratamento do autismo com, 192-3
Hoyle, Fred, 302
Hubbard, Ed, 112, 113, 115, 120, 129, 136, 149, 382n
Hubel, David, 385
humor, 63-5, 66, 362-3, 391n
Humphrey, Nicholas, 160, 182
Humphreys, Glyn, 98-9, 98, 379n
Huxley, Thomas Henry, 21, 30, 31, 32, 199, 362

Iacoboni, Marco, 385n
ilusão da cabeça de manequim, 398-9n
imagem corporal:
   andaime genético para, 393-5n
   construção da, 41, 316-7, 320, 322-4, 325-6, 331, 332, 333-5, 342-3, 346
   e casos de membros fantasma, 53-4, 56-7
   e membros fantasma, 322-3, 393-4n
   empatia e, 43-4, 197-8
   estimulação da, 342-3
   mapeamento cerebral da, 322-6
   sexual, 326-8
   transtornos na, 320-6
   ver também experiência extracorpórea; autoconsciência
imaginação, 305-7
   sinestesia e, 108
   visão e, 69, 120-1, 305-6, 307-8
imagiologia cerebral, 20, 83-4, 183-6, 379, 397
   da resposta estética, 287-8
   de crianças autistas, 182-3, 185-7
   de imagens visuais, 305-6, 307-8
   de mapas sensoriais, 50-3
   de neurônios sensoriais da dor, 165-6
   de pacientes de apotemnofilia, 324
   de sinestesistas, 382n
imitação:
   dificuldade dos autistas com, 181
   em primatas, 174-5, 362-3, 384-5n
   linguagem e, 158-9, 162-3, 188-9, 224-5
   neurônios-espelho, papel na, 157-8, 161-2, 168-70, 174-5, 188-9

por bebês, 169, 188-9
transferência cultural por meio da,
157-8, 161-2, 174-5, 363-4, 386-7n
Índia, arte na, 245-6, 248-52, *251*, 263-5, *265*,
279, 298-300, *299*, 301-3, *301*, 391n
ínsula, *37*, *346*, 351-2, 396n
direita, 323, 325-6, 394n
e percepção da cor, 138-9
neurônios-espelho na, 195
processamento da dor na, 65
processamento da informação sensorial na, 134, 196-7, 322-3, 324, 331, 332, 334, 395n
intelectualização, 339
inteligência, 176, 181-2, 219-21
teorias da, 9-10
investigação científica, 14, 15, 16-7
IRMf, 90-1, 186, 287, 387n
Iversen, Portia, 193

Jahan, Spike, 152
James Bond, reflexo de, 344
Jeans, James, 365
Jensen, Arthur, 220
junção têmporo-parieto-occipital, 227

Kaas, John, 62
Kandel, Eric, 385n, 389n
Kandinsky, Wassily, 139
Kanizsa, Gaetano, 293
Kanner, Leo, 179, 330
Keysers, Christian, 165
Kingsley, Charles, 31
Klee, Axel, 392
Koch, Christof, 395
Koro, 320
Kosslyn, Steven, 88, 306, 307

Lancet, 59
Lanier, Jaron, 174, 383n
LeDoux, Joe, 380n
lei de Müller das energias nervosas específicas, 260
linguagem:
acidente vascular cerebral como afetando, 200-7
áreas cerebrais para, 160-1, 162, 164, 201, 206-7, 208-9, 222-33, *228*, 234-5, 240-2, *346*

base genética para, 220-1
circuitos neurais especializados para, 206-7
compreensão da, 40, 41
dificuldade dos autistas com, 188-90, 331
em primatas, 207-8, 218-9, 223
envolvimento dos neurônios-espelho na, 13, 164, 222, 224-5, 226-7, 233-4
modularidade do, 240-4
evolução da, 12, 33-4, 69-70, 160-1, 162-4, 172-3, 208-9, 211-27, *228*, 229-31, 232-5, 242-4, 363-4
imitação e, 158-9, 162-3, 188-9, 224-5
léxico da, 206-7, 208, 210, 224-5, 226-7
limitações da, 306-7
metarrepresentações e, 392n
não verbal, 204
natureza *versus* criação, debate sobre, 217-20
off-line, 210-2, 238-9
palavras de função na, 210
pensamento e, 214, 215-6, 235-40, 244
reconhecimento de objetos e, 232-3
recursão em, 204-5, 206-7, 235, 240-2
semântica da, 206-7, 208-9, 212-3, 226-9, *228*, 233-4, 240-1, 244, *346*
simbólica, 211-2
sincinesia na, 223-5, 226, *228*
sintaxe na, 204-5, 206-8, 211, 212, 226-7, *228*, 232-5, 240-2, 244
teoria do *bootstrapping* sinestético, 217, 225-6
tradução som-forma na, 220-2, 224, 225-6
transferência cultural por meio de, 157-8
ver também metáfora; afasia de Wernicke
Liszt, Franz, 140
Livingstone, David, 344
livre-arbítrio, 310-1, 317-8, 331-2, 333, 358-60, 363-4
lobo direito superior, 41
lobo frontal, síndrome do, 166
lobo parietal direito:
autoconsciência no, 333-5
dano ao, 40
funções do, 41-2, 47-8
habilidade artística no, 282, 283-4
lobo parietal esquerdo:
funções do, 41
habilidade computacional no, 282-3

lobo parietal inferior (LPI), direito, 308
lobo parietal inferior (LPI), esquerdo:
    evolução do, 229
    funções de linguagem do, 143, 164, 231-3
    funções motoras do, 166, 359-60
lobo parietal superior (LPS), 322-4, 331, 346, 394n
    direito, 323-4, 325-6
    distorções no, 325-6
lobos frontais, 37, 201, 284
    autoconsciência e, 351-2, 355-6, 357, 359-60
    circuitos inibitórios, 166-7, 327-8, 329, 341-2, 353, 362-3
    conexões do sistema límbico com, 194-5, 331-2
    dano aos, 201, 202
    função dos, 41-3, 73, 331-5
    imagens visuais nos, 307-8, 392n
    input para amígdala vindo dos, 95-6
    neurônios canônicos nos, 69
    sensação de dor nos, 65
    valores nos, 317-8, 331-3, 363-4
    ver também área de Broca
lobos occipitais:
    áreas visuais nos, 84
    função dos, 40
lobos parietais, 43-4, 201
    cálculo numérico nos, 151-2
    feedback sensorial nos, 54, 55-7
    funções dos, 40-1
    habilidade artística nos, 283-4
    imagem corporal nos, 39-40, 41-2, 333-5, 359-60
    ligações visomotoras nos, 92-3, 94-5
    neurônios-espelho nos, 165
    processamento nos, 40, 41-2, 84, 91-2, 92, 93, 94, 130-1, 135, 298-9, 315
    receptores multimodais nos, 382n
lobos parietais inferiores (LPI), 37
    abstração transmodal nos, 172-4, 225-7, 229-31, 333
    ativação visual dos, 95-6
    em primatas, 172-3, 230-1, 346
    evolução dos, 40-1, 434, 233-4, 346, 363-4
    imagem corporal nos, 331, 346
    múltiplos *inputs* sensoriais nos, 395n
    neurônios-espelho nos, 233-4, 351-2
lobos pré-fontais, danos aos, 42-3

lobos temporais, 65, 283-4, 331, 356-7
    área auditiva nos, 132
    áreas visuais no, 83-4, 88-9, 90-1, 94-6, 130-1, 298, 307-8
    crises convulsivas do, 47
    função conceitual dos, 40, 141
    percepção de cor nos, 128-9
    ver também área de Wernicke
lobo temporal, epilepsia, 197, 283-4, 349-51, 353
lobo temporal esquerdo, 38-9, 43, 208-9
luz, suposições perceptuais sobre, 79-80, 80, 81, 82, 83

macacos:
    agrupamento visual por, 260-1
    comunicação por, 209-10
    neurônios-espelho em, 158-9, 160-4, 163, 178, 188, 225-6, 231, 363-4, 384-5
    reconhecimento facial em, 88-90
Mackey, Sean, 191
magnetencefalografia (MEG), 52, 53, 186, 382n
Man Who Tasted Shapes, The (Cytowic), 111
mão, mapeamento cerebral da, 48-53, 51, 228
mão de borracha, ilusão da, 398-9n
mapas cerebrais:
    conceitual, 140-2
    de rostos, 49-50, 51, 51-2, 53, 228
    e evolução da linguagem, 225-6, 228
    para a fala, 221-2, 223, 225-6, 228
    para a imagem corporal, 322-6
    sensoriais, 49-54, 134-5, 322-3
    traduzidos por neurônios-espelho, 168-9, 171-2, 173-4, 188-9, 224, 225-6, 228
Marshall, Barry, 19
matemática, 9, 41, 147-9, 150-2, 177-8, 282-3
Mattingley, Jason, 137
Maxwell, James Clerk, 18
McCulloch, Warren, 141
McFee, David, 70
McGeoch, Paul, 230, 241, 322, 393
Medawar, Peter, 15, 78, 219, 272
medula, 369
medula espinhal, 36, 38-9, 200
Meltzoff, Andrew, 168-9
membros fantasma, 12, 14-5
    desaparecimento de, 58-9
    encolhimento de, 60-1
    imagem corporal e, 322-3, 393-4n
    mapeamento cerebral de, 49-54
    movimento de, 54-5

Índice

neurônios-espelho e, 166-8
paralisia de, 54-9, 57
sensação de tato em, 24-5, 48-54, 49, 52, 166-8
memória, 40, 42-3, 384
   armazenamento da, 385-6n, 398n
   dano à, 357-9, 398
   e autoconsciência, 355, 356, 357-8
   e sinestesia, 111-2, 121-2, 154-5, 380-1n
   funcionamento, 308
   interação sensorial com, 334-5
   semântica, 95-6, 355, 356, 357-8
   tipos de, 355
   visão e, 89-90, 95-6, 97
Mendel, Gregor, 83, 397
Merzenich, Mike, 62
mesencéfalo, 36
metáfora:
   áreas cerebrais para, 41-2, 142-3, 144, 187-8, 229, 231-2, 299-300, 308, 363-4
   dificuldades dos autistas com, 187-8
   estética, 298-305, 308, 384n
   origens da, 217
   sinestesia e, 108-9, 112, 142-5, 146, 383n, 384n
   transensorial, 174-5
   uso da, 142-3, 211
Metropolitan Museum of Art, 239
Miller, Bruce, 284, 287
Miller, Geoffrey, 304, 305
Milner, Brenda, 358, 385n
Minsky, Marvin, 392
Mishkin, Mortimer, 380n, 395n
moda:
   agrupamento na, 256-8, 259, 278-9
   contraste na, 278-9
Morgan, Thomas Hunt, 397n
Mountcastle, Vernon, 161
movimento:
   percepção sinestética do, 382n
   percepção visual do, 89-91, 130-1, 264-5, 389-91n
Munchausen, síndrome de, por procuração, 328
Murray, Charles, 220
músculos:
   feedback sensorial recebido dos, 38-9, 40, 54, 55, 56, 231, 323-4, 331, 334-5, 346
   mensagens neurais para, 36, 38-9, 54

Museu de Arte Contemporânea de San Diego, 279
Museum of Modern Art (MoMA), 273
música e sinestesia, 107, 108-9, 131-2
mutismo acinético, 25-8, 309-10, 311-2, 359-60

Nabokov, Vladimir, 139
Nambiar, K.C., 341
Nataraja, 252, 300-3, *301*, 396n
Nature, 109, 148
natureza:
   contraste de cor na, 277-9
   estética em, 246-9
   fontes de luz na, 79-80, 82
   simetria na, 296, 297
   sistemas complexos na, 32-3, 212-4, 217-8
natureza humana, atributos da, 42-3
neandertais, 27-9
Necker, Louis Albert, 75
negação, 337-8
negligência hemiespacial, 40
neotenia, 63, 157-8
neurociência, 397n
   avanços na, 8, 9-11
neurocirurgia, 24-5, 165
neurofisiologia, 83-4, 255-6
neurologia, 9, 23, 83, 379n
neurônios, 35
   associações semânticas nos, 89-90
   ativação estética dos, 272, 273-5
   canônicos, 69, 172-3
   conexões entre, 132-3
   função dos, 34-5
   modificação nos, 55-6
   plasticidade dos, 50-3
   redes de, 35-6 50-2, 206-7, 234-5
   respostas de empatia em, 24-5
   sequências de picos nos, 226-7
   ver também neurônios-espelho
neurônios-espelho, 12-3, 157-78, 346, 385-6n, 387n
   aprendizado e, 167-9, 172-3, 176, 190, 386-7n
   ativação da postura, 264-5
   autoconsciência, 170-1, 318-9, 327-8, 346, 347, 351-2, 362-3, 396n
   cognição incorporada e, 187-8
   conexões do sistema límbico com, 198
   dados anatômicos para, 190

e autismo, 13-4, 180-1, 182-4, 185-93, 195, 196-8, 230, 329-30, 387-8n
e empatia, 12, 317, 327, 328-9, 333, 351-2
e evolução da linguagem, 13, 164, 221-2, 224-5, 226-7, 233-4
em humanos, 162, 172-3, 187-8, 190, 363-4
em macacos, 158-9, 160-4, *163*, 178, 188, 230, 363, 384-5n
em primatas, 13, 363-4
evidências para, 164-5, 385n
evolução e, 177-8, 190, 327-8, 386-7n
função dos, 44-5, 62-3, 69-70, 168-9, 170-5, 190, 316-7
imitação e, 157-9, 161-3, 169-70, 173, 174-5, 188-9
inibição e, 166-7, 327-8, 329, 341, 353, 362-3
rede de, 44-5, 62-3, 190
síndromes exóticas e, 328-30
sistema motor e, 166-7, 173-4, 188, 229-30, 386n
para a dor, 165-6, 167
para o tato, 165, 166-8, 316-7, 327-8
teorias sobre, 167-70, 190
neurorreabilitação, 62-3
Newton, Isaac, 18, 78, 108-9
nistagmo, 183
núcleo geniculado lateral (NGL), 92, *346*
números:
áreas do cérebro especializadas em, 128-9, *129*, 130-2, 135-7, 141, 152, 154-5, 282-3
como conceitos abstratos, 141, 150-2
computação de, 131-2, 135-7, 152, 282-3
imagens espaciais de, 25, 147-8, 149-50, 151, 152, 282-3
ver também sinestesia matemática; sinestesia número-cor; sinestesia número-espaço

Oberman, Lindsay, 187, 192, 387n
olfato, comportamento social regulado pelo, 192-3
olhos:
evolução dos, 67-8, 379n
ver também visão
orangotangos, imitação em, 175
Owen, Richard, 30, 31, 43, 362n

paladar, sinestesia e, 134
parasitas, 297

Parvati, 250, *251*, 264
pássaros-arquitetos, 248-9, *247*
Pauli, Wolfgang, 365
pé, mapeamento cerebral do, 53
pele:
feedback sensorial da, 36, 53-4, 55, 56-7, 166-7
mapeamento cerebral da, 49-50
Penfield, mapa de, *57*, *228*
Penfield, Wilder, 10
Penrose, Roland, 246
pensamento, 36
abstrato, 108, 143, 170, 176, 217, 235-40, 310-1, 333, 363-4
linguagem evoluindo a partir do, 214-5, 216, 244
manipulação de símbolos no, 235, 236-9, 363-4, 392n
pensamento linear, 32
percepção, 36
emoção e, 40, 100-3
envolvimento do lobo temporal na, 39-40
estudo da, 82-4, 117-8
evolução e, 82-3
julgamento na, 76, 77-8, 82-3, 86-7
representações simbólicas na, 74-5, 310-2, 392n
sistema motor ligado a, 186-7, 188, 229-31
solução de problemas na, 288-92
teorias da, 9-10
transtornos na, 23
ver também reconhecimento; sistema sensorial; sinestesia; *sentidos específicos*
Pettigrew, John [Jack], 47, 341, 385n
Phantoms in the Brain (Ramachandran), 8, 99, 282, 331, 334
Picasso, Pablo, 245, 251
pidgin, 219, 389n
pigmeus africanos, 379n
Pineda, Jaime, 165, 184, 192, 387n
Pinker, Steven, 216, 304, 305, 355, 365
polegar, 68-9
Pollock, Jackson, 139
ponte, 36-8, 39
postura, 264-5, 298-9
Premack, David, 182

primatas:
    abstração transmodal em, 69-70, 172
    aparelho vocal nos, 160
    apreciação estética, 274-5
    biologia dos, 32, 43-4
    córtex cerebral nos, 36, 39-40
    empatia em, 333, 363
    imitação em, 174-5, 362-4, 384-5n
    linguagem em, 207-8, 218-9, 222-3
    lobo parietal inferior nos, 172-3, 230-1, 346
    neurônios-espelho em, 13, 363-4
    plasticidade cerebral em, 62-3
    riso em, 64
    sorriso em, 66
    uso de ferramentas em, 355-7
    visão em, 67-8, 69-70, 73, 83-4, 85, 89-90, 91, 93, 138-9, 391n
    ver também macacos
Proceedings of the Royal Society of London, 103, 386n
procura de palavras, 41
projeção, 338-9
prosopagnosia, 345, 380n, 396n
psicanálise, 360, 392-3n, 394-5n
psicologia, 9, 23, 397n, 398n
    evolucionária, 255-6
    da Gestalt, 255, 256
psicologia freudiana, 9, 329, 335, 338-40, 394n, 395n
psiquiatria, 9
pulvinar, 346

qualia, 108, 155, 313, 315, 384n
química, 8-9, 15-6, 361-3

racionalização, 338
rasa, 252, 262, 263, 280-1
reconhecimento:
    anomia e, 135
    de faces, 70-1, 86-7, 88-90, 97, 100, 137-8, 273-5, 276, 344-7, 346
    dissociação no, 345-7
    linguagem e, 231-3
    visual, 70-3, 75-6, 86-90, 93-4, 95-6, 97-9, 100, 101, 289-90, 310-1, 344-5, 346, 348
região frontoparietal direita, 336, 342
Reith, lorde, 15
religião, 33-4, 317-8, 396n
repressão, 339
resposta galvânica da pele (RGP), 101-2
    apreciação artística medida pela, 272-4
    em autistas, 195, 196
    em pacientes de apotemnofilia, 322, 323, 332
    em pacientes de prosopagnosia, 345
    em pacientes da síndrome de Capgras, 102-3
    em sinestesistas texturais, 119-20
retinas, 74, 75, 91-2, 92, 93, 130, 154, 315, 346
Reza, Yasmina, 277
Rickard, Tim, 129
Riddoch, Jane, 379
Rimbaud, Arthur, 140
riso, 64-6, 362-3
    como reação de dor, 47, 64, 65
Rizzolatti, Giacomo, 161, 162, 163
Rodin, Auguste, 301
Rouw, Romke, 136

sala de Ames, 76-8, 77
Santhanam, A.V., 349, 351
Saraswati, 245
Schacter, Dan, 356, 357
Scholte, Steven, 136
Schrödinger, Erwin, 365, 396n
Science, 241
Scientific American, 192
Seckel, Elizabeth, 388n, 394-5n, 399n
seleção natural:
    em sistemas complexos, 212-4, 217
    exaptação e, 214-6
semântica, 347
    codificação neural da, 89-90, 226-7, 310-2
    da linguagem, 206-7, 208-9, 212-3, 226-9, 228, 233-4, 240-1, 244, 346
    na área de Wernicke, 40, 95, 208, 227, 228, 234, 241, 2, 346n
    na memória, 95-6, 355, 356-7, 358
sexualidade, 326-8
Shakespeare, William, 309
Shiva dançante, 252-3, 300-3, 301, 396n
Shockley, William, 220
Sierra, Mauricio, 395n
significado:
    compreensão do, 40, 310-1, 312
    ver também semântica
Simner, Julia, 137
sinapses, 34
    modificação de, 55-7, 59-60, 197-8
sincinesia, 223-4, 225-6, 228
síndrome da dor regional complexa, 57-8, 59-60

síndrome da mão alienígena, 359-60
síndrome de Asperger, 138, 190
síndrome do telefone, 309, 310-2, 392n
síndromes psiquiátricas, 319-20
sinestesia, 12, 14, 107-56
    ativação cruzada e, 12, 128-32, 133, 134-5, 136-7, 146, 381n, 382n, 383n
    base genética da, 12, 131-2, 145-6, 383n
    criatividade e, 12, 23-4, 108, 139-45, 146-7, 382n
    diagnóstico de, 114-5, 117-8, 119-20, 121-2, 125-6, 128-9, 137-8, 148-51
    drogas alucinógenas e, 132-3
    e consciência, 108-9, 154-6
    e memória, 111-2, 121-2, 154-5, 380n, 381n
    e metáfora, 108-9, 111-2, 121-2, 141-5, 146, 383-4n
    emoções e, 107, 116-7, 119-21, 132-3, 134, 137-9
    faces e, 137-8
    formas incomuns de, 134-5, 136-8, 382n, 383n
    inferior, 127, 136-7, 381n
    letra-cor, 136-7, 138-40, 154-5, 381n
    número-cor, 107, 109-10, 113-8, 120-1, 121-2, 125-30, 127, 131-2, 134, 135-7, 152-5, 380-1n, 382n
    número-espaço, 148-51, 152
    pontos de vista científicos sobre, 109-12
    som-cor, 107, 108, 109-10, 131-2, 139-40
    superior, 136, 147-8, 384n
    textural, 107, 119-21, 132-3, 134, 382n
Singer, Tania, 165
Singer, Wolf, 260
sistema límbico:
    ativações visuais do, 95-6, 100, 288-9, 290-2
    conexões de neurônios-espelho para, 198
    conexões do lobo frontal para, 194-5, 332
    crises convulsivas no, 197-8
    em primatas, 223
    imagem corporal e, 324-5
    projeções para trás do, 261-2
    ver também amígdala
sistema motor, 36, 38-9
    abstração transmodal no, 171-4, 222-3, 225-6, 228, 346

ativação cruzada no, 222-4, 225-6
em autistas, 180-1, 185-6, 187
estrutura sintática no, 232-4
fala controlada por, 222, 223, 225-6
interação do sistema sensorial com, 54, 55-7, 187-8, 189
neurônios controlando, 161-2
neurônios-espelho e, 165-7, 173-4, 187-8, 229-30, 386n
percepção associada a, 186-7, 188, 229-30
posterior a acidente vascular cerebral, 59-60
na imitação da fala, 188-9
transtornos no, 38-40, 41
tratos piramidais no, 200
visão e, 53-4, 55, 56-7, 61, 68-9, 70, 92-3, 230-2, 310-1, 386n
sistema nervoso autônomo, 95-6, 134-5, 343-4, 354-5
    em autistas, 194-5, 196, 197-8
    medição das reações no, 101-3
sistema sensorial, 12
    abstração transmodal no, 171-4, 228, 229
    após acidente vascular cerebral, 59-60
    cognição corporificada e, 187-8
    e membros fantasma, 53-5, 58-9, 166-8
    e plasticidade cerebral, 62-3
    em autistas, 180-1
    feedback do, 38-9, 54-5, 320, 323-4, 327-8, 331-2, 334-5
    interação do giro angular com, 135-6
    interação do sistema motor com, 54-7, 187-8, 189
    interno, 134-5
    mapas cerebrais do, 50-4, 322-3
    subjetividade do, 118
    ver também percepção; sinestesia; *sentidos específicos*
sistema vestibular, 196-7, 331, 334-5, 342
Snyder, Allan, 284-5, 287
Sociedade Linguística de Paris, 211
sociedade:
    autoconsciência e, 316-8
    sistemas complexos na, 33-4
Society for Neuroscience, 165, 186
sociopatas, 42-3, 331-3
somatoparafrenia, 40, 322-3, 325-6
sorriso, 66
Squire, Larry, 358

Índice

Sriram, Subramaniam, 26, 309
sulco temporal superior (STS), 95, 100, 390-1n, 396n
    neurônios-espelho no, 194-5, 263-4, 346
Sutherland, Stuart, 397n
Synesthesia: A Union of the Senses (Cytowic), 111

Taj Mahal, 297
tálamo, 39, 346, 380n
tato:
    e sinestesia, 107, 118-21, 132-3, 134, 382n
    neurônios-espelho para, 165, 166-8, 316-7, 327-8
    processamento neural do, 36, 40, 133-4, 172, 220, 322-3
    sentido no membro fantasma, 24, 48-54, 49, 52, 166-8
teoria da mente, 158, 159-61, 170-1, 181-3, 385n
    em autistas, 188-90
Tinbergen, Nikolaas, 265-7, 268
transexualidade, 326-7
transição de fase, 33-4
transtorno bipolar, 144-5, 339-42
"transtorno desafiador oposicionista", 320
tratos piramidais, 200
tremor de intenção, 38-9, 183
trocadilhos, 144
tronco cerebral, 36-9
Tsao, Jack, 59
Tulving, Endel, 316, 355, 357
Turing, Alan, 11

Ungerleider, Leslie, 380n, 395n

V1, 92, 94, 314, 346
V4, 91, 97, 128, 129, 130, 131, 132, 136, 154, 269
V5, 130
Van Essen, David, 84, 85
Villalobos, Michele, 186
visão:
    agrupamento na, 123, 124-5, 123, 126, 127, 128, 256-62, 257, 260, 291-2
    arte e, 253-4, 270-1, 273-4
    aspectos analíticos da, 93, 94-6
    aspectos espaciais da, 91-2, 93, 96-7, 152, 269-70, 282-3, 298-9, 346, 380n
    camuflagem e, 84-7, 124-5, 258
    circuitos de *feedback* na, 84-7, 85, 261-2, 288-9, 382n, 384n
    consciência e, 26-7, 94-5, 155-6, 314-5, 344-5
    danificada por acidente vascular cerebral, 71-4, 89-90
    e imaginação, 69-70, 120-1, 305-6, 307-8
    e memória, 89-90, 95-6, 97, 98, 307
    em animais, 12, 67-8, 69, 73, 84, 85, 88-9, 91, 92, 93, 138-9, 262-3, 263
    em primatas, 67-9, 70, 73, 83-4, 85, 89-90, 91, 93, 138-9, 391n
    estímulos ultranormais na, 266-70, 276-7
    estudo da, 82-4
    evolução da, 67-8, 69-70, 73, 124-5, 212-4, 258-9, 266-7, 277-8, 290, 295-7, 305-6, 391n
    falácia do homúnculo e, 74, 75-6
    feedback sensorial da, 40, 54, 55, 56-7, 61-2, 322-3, 334-5
    ilusões na, 75-83
    interação da audição com, 146-8, 147, 220-2, 223, 224, 225-6, 228, 229
    mudança de pico na, 261-4, 263, 276-7, 307-8, 390-1n
    popout na, 121-8, 381n
    processamento neural da, 12, 14, 39-40, 67-9, 70, 73, 74-6, 83-96, 92, 122, 123-4, 123, 124, 125, 130-1, 155-6, 172-3, 229, 259, 260-2, 268-9, 279-80, 288-91, 293-5, 298-9, 307-8, 310-1, 312, 315, 344-5, 346, 348-9, 352, 354-5
    respostas emocionais à, 95-6, 97-101, 259-62, 279-80, 288-9, 290-2, 344-5, 348
    segmentação na, 96-7, 121-9, 122, 123
    simetria e, 297-9
    sistema motor e, 54, 55, 56-7, 61-2, 68-9, 70, 92-3, 230-1, 310-1, 386n
    transtornos da, 70-3, 89-91, 92-5, 96-101, 102-4
    via antiga na, 92, 91-2, 93, 94-5, 315
    via nova na, 92, 92-3, 94-5, 315
    ver também estética; cor; sinestesia letra-cor; sinestesia número-cor; sinestesia som-cor
visão cega, 93-5, 314-5

Wagner, Richard, 276
Wallace, Alfred Russel, 30, 159, 243
Ward, Jamie, 127, 137, 381n
Water-Babies, The (Kingsley), 31
Watson, James, 392n, 397, 398n

Weizkrantz, Larry, 93
Werner, Heinz, 147, 384n
Whitten, Andrew, 184
Wiesel, Torsten, 385n
Wilberforce, Samuel, 31
Wilson, Woodrow, 164
Winkielman, Piotr, 187
Wittgenstein, Ludwig, 179
Wixted, John, 358

Yarbus, Alfred, 273-4
Young, Andrew, 380n
Young, Thomas, 78, 83

Zeki, Semir, 128, 253
Zimmer, Heinrich, 302

1ª EDIÇÃO [2014] 3 reimpressões

ESTA OBRA FOI COMPOSTA POR MARI TABOADA EM DANTE PRO
E IMPRESSA EM OFSETE PELA GRÁFICA BARTIRA SOBRE PAPEL PÓLEN DA
SUZANO S.A. PARA A EDITORA SCHWARCZ EM NOVEMBRO DE 2024

A marca FSC® é a garantia de que a madeira utilizada na fabricação do papel deste livro provém de florestas que foram gerenciadas de maneira ambientalmente correta, socialmente justa e economicamente viável, além de outras fontes de origem controlada.